污染减排工作手册

朱京海　主编

中国环境科学出版社·北京

图书在版编目（CIP）数据

污染减排工作手册/朱京海主编. —北京：中国环境科学出版社，2009.7
ISBN 978-7-5111-0030-6

Ⅰ. 污… Ⅱ. 朱… Ⅲ. 污染物—总排污量控制—中国—手册 Ⅳ. X506-62

中国版本图书馆 CIP 数据核字（2009）第 107057 号

责任编辑 郑 委 易 萌
责任校对 刘凤霞
封面设计 龙文视觉

出版发行 中国环境科学出版社
（100062 北京崇文区广渠门内大街 16 号）
网 址：http://www.cesp.com.cn
联系电话：010-67112765（总编室）
发行热线：010-67125803
印 刷 北京东海印刷有限公司
经 销 各地新华书店
版 次 2009 年 7 月第 1 版
印 次 2009 年 7 月第 1 次印刷
开 本 787×960 1/16
印 张 25
字 数 500 千字
定 价 65.00 元

《污染减排工作手册》编委会

主　　编：朱京海

副 主 编：宫洪波　胡　涛　叶　青

编　　委：侯永顺　郭海军　孙晓艳

　　　　　张　扬　王晓臣　吕雪峰

　　　　　孙书晶　林永茂

序

主要污染物实行总量减排是党中央、国务院的一项重大工作部署。《国民经济和社会发展第十一个五年规划纲要》明确提出了“十一五”期间主要污染物排放量减少 10% 的约束性指标，辽宁省也确定了到 2010 年，化学需氧量和二氧化硫排放量分别比 2005 年下降 12.9%和 12%的目标。这是深入学习实践科学发展观，构建社会主义和谐社会的重大举措，为进一步深化环境保护工作，推进经济结构调整，转变增长方式，建设资源节约型、环境友好型社会，提供了难得的发展机遇和大好的历史舞台。

辽宁省委、省政府高度重视节能减排工作，成立了节能减排工作领导小组，举全省之力做好节能减排工作。全省上下把两大主要污染物减排作为一场硬仗来打，省、市、县层层分解落实任务，有关部门通力协作，企业积极进行环境治理，通过污染治理工程建设、控制资源、能源消费增量、淘汰关停落后产能企业、创新监管手段、强化舆论监督等措施，污染减排取得了阶段性成果。

但由于辽宁经济结构转型需要一定的时间和过程，国际金融危机造成的影响仍在持续，短时期内大量的减排工程资金集中投入存在一定困难，统计、监测、考核“三大体系”建设还不能满足当前工作的要求，减排工作仍然面临着很大压力。我们必须乘势前进，进一步秉持“铁的决心、铁的手腕、铁石心肠”的“三铁”精神，坚决关停取缔污染严重企业，加快完成污水处理厂和重点脱硫工程建设任务，加大环境执法力度，落实好问责制和“一票否决”制，保证按期实现“十一五”主要污染物总量减排目标。

目前，污染减排工作进入关键时期，实现减排目标进入攻坚阶段。为帮助有关人员系统了解、掌握国家和省污染减排的规定、政策和要求，以及相关技术、方法和标准，省环境保护厅依据国家现行的节能减排政策规定，结合辽宁工作实际，组织编撰了《污染减排工作手册》，希望能对各级领导、企事业单位和环保工作者掌握主要污染物总量减排知识及政策规定有所帮助，为持续推进污染减排打下坚实基础。

污染减排是一项长期的工作，我们愿同广大环境保护工作者共同探索，总结新经验，发现新问题，将环境保护工作不断推向新的台阶。

王秉杰

2009年6月5日

目 录

第一章　概　述

第一节　主要污染物总量减排问题的由来

一、"十五"环境问题回顾

"十五"以来我国环境保护虽然取得积极进展，但环境形势依然严峻。"十五"环境保护计划指标没有全部实现，2005 年二氧化硫排放量比 2000 年增加了 27.8%，化学需氧量仅减少 2.1%，未完成削减 10%的控制目标。淮河、海河、辽河、太湖、巢湖、滇池（以下简称"三河三湖"）等重点流域和区域的治理任务只完成计划目标的 60%左右。主要污染物排放量远远超过环境容量，环境污染严重。全国 26%的地表水国控（国家重点监控）断面劣于水环境Ⅴ类标准，62%的断面达不到Ⅲ类标准；流经城市 90%的河段受到不同程度污染，75%的湖泊出现富营养化；30%的重点城市饮用水源地水质达不到Ⅲ类标准；近岸海域环境质量不容乐观；46%的设区城市空气质量达不到二级标准，一些大中城市灰霾天数有所增加，酸雨污染程度没有减轻。

2005 年全国水力侵蚀面积达到 161 万 km^2，沙化土地 174 万 km^2，90%以上的天然草原退化；许多河流的水生态功能严重失调；生物多样性减少，外来物种入侵造成的经济损失严重；一些重要的生态功能区生态功能退化。农村环境问题突出，土壤污染日趋严重。危险废物、汽车尾气、持久性有机污染物等污染持续增加。应对气候变化形势严峻，任务艰巨。发达国家上百年工业化过程中分阶段出现的环境问题，在我国已经集中显现。我国已进入污染事故多发期和矛盾凸显期。造成我国当前环境问题的主要原因有以下几个方面：

（1）科学发展观没有完全落实。在以 GDP 为中心的干部考核体制下，一些地方政府片面追求 GDP 的增长，甚至以牺牲环境和群众健康为代价，忽视了环境保护是政府应该履行的基本职责，没有充分重视环境治理设施和环境保护基础设施的建设，地方政府的环境保护责任制没有得到全面落实。一些地方政府甚至违法违规审批、建设污染环境、破坏生态的建设项目，造成一些地区的生态环境边治理、边破坏，治理赶不上破坏，导致环境质量恶化。

（2）我国粗放型经济增长方式没有得到根本转变。自 2002 年末开始，高能耗、高物耗的火电、钢铁、建材、有色等行业出现过热发展的态势，年平均增长率都在 15%以上，但污染治理进程相对缓慢，到 2005 年底，淮河、海河、辽河、太湖、巢湖、滇池治理项目的完成率分别只有 70%、56%、43%、86%、53%和 54%；“两控区”计划的 256 个项目中，只有 54%的项目建成并投入运行。同时，许多老企业年久失修，设备陈旧、管理不善，污染防治设施存在问题；污染种类日趋复杂，如放射源的丢失与失控、危险废物的随意堆存、危险化学品管护不严、运输不当等，都有可能引发环境事故。解决环境治理欠账和防范污染事故的任务非常艰巨。

（3）环保法规尚不健全，环境监管能力薄弱。环境保护法规不健全、操作性不强的问题在“十五”期间没有得到根本改变；法规制定和修订的进程缓慢，环境违法处罚力度不够；环境守法意识较差，执法不严现象较为突出。环境保护的政策机制不完善，污染治理市场化机制不健全。环境管理多头交叉，缺乏统一有效的环保监管体制。环境执法能力建设投入不足的问题在“十五”期间没有得到解决，特别是在排污收费制度改革后，地方环境管理的费用没有得到有效落实。环境监测、执法、信息、宣教、科技手段能力滞后，环境标准体系不完善，缺乏进行综合环境评估的技术方法。应对突发重特大环境事件的处置能力明显不足，环境应急指挥、调度、协调、信息、救援等机制尚不完善，一些环保部门缺乏快速监测有毒有害污染物的手段，缺少必要的监测车辆和仪器。

综上述所，“十五”期间力图解决的一些深层次环境问题没有取得突破性进展，产业结构不合理、经济增长方式粗放的状况没有根本转变，环境保护滞后于经济发展的局面没有改变，体制不顺、机制不活、投入不足、能力不强的问题仍然突出，有法不依、违法难究、执法不严、监管不力的现象比较普遍。“十一五”期间，我国人口在庞大的基数上还将增加 4%，城市化进程将加快，经济总量将增长 40%以上，经济社会发展与资源环境约束的矛盾越来越突出，国际环境保护压力也将加大，环境保护面临越来越严峻的挑战。

二、“十五”总量减排工作的经验教训

1．二氧化硫方面

2005 年全国二氧化硫排放总量为 2 549 万 t，超过总量控制目标（1 800 万 t）749 万 t；比 2000 年（1 995 万 t）增加了约 27%。影响二氧化硫控制目标完成的原因有以下几个方面：

首先，能源消费超常规增长，导致二氧化硫排放总量失控。国家环保计划中二氧化硫控制目标的确定是综合考虑了《“十五”能源发展重点专项规划》、《煤炭工业“十五”规划》和《电力工业“十五”规划》等做出的。但是，“十五”期间，国民经济保持年均 9.48%的持续高速增长，高能耗、高物耗、污染重的粗放型经济增长方式没有得到根本转变，对能源的需求量持续增加，“十五”期间的能源需求弹性系数实际达到 1.6，是规划预测的 4 倍。2005 年全国的能源消费量达到 22.2 亿 t 标准煤，比 2000 年增长了 55.2%，其中煤炭消费 21.4 亿 t，增长了近 9 亿 t，增加量超出规划 8 倍；煤炭消费占到能源消费总量的 68.9%，能源结构仍然以煤炭为主。同时，生产活动的整体技术水平较低，能源消耗量大，污染物排放量大。火电行业是二氧化硫排放的主要来源。2000 年，我国火电装机容量 2.38 亿 kW，消耗煤炭 5.8 亿 t，到 2005 年，火电装机容量达到 5.08 亿 kW，超过规划约 1 亿 kW，消耗煤炭 11.1 亿 t，增长了近 1 倍。能源消费的超常规增长和火电行业的快速发展是导致二氧化硫排放量增加的主要原因。

其次，脱硫项目建设滞后于总量控制要求。“十五”期间，火电行业的脱硫改造等重点工程项目进展不理想，计划要求削减 105 万 t 二氧化硫（约合新运行 3 500 多万 kW 的火电脱硫机组）的任务只完成约 70%（“十五”新投运的脱硫机组只有约 2 400 万 kW），脱硫项目的安排大大滞后于总量控制目标的需求。脱硫工作缺乏资金和政策支持。“十五”期间，国家未能在国债和环保补助金上对火电脱硫项目给予足够的支持，在大部分地区也未能对现役火电机组脱硫的上网电价予以落实，造成老机组脱硫建设缓慢和运行效率低下。

此外，电厂脱硫建设和运行工作中存在一些问题。在脱硫市场突然剧烈膨胀的情况下，市场运作不够规范，造成脱硫工程质量难以得到有效保证，许多脱硫项目建成后无法正常运行。同时，由于脱硫设施在短时间内大量建设，维护和监督管理工作不到位，导致设施建成后效率低，故障发生率高，达不到应有的脱硫效果。

2．化学需氧量方面

2005 年全国 COD 排放总量 1 413 万 t，与“十五”提出的 1 300 万 t 的总量

控制目标相差 113 万 t，仅比 2000 年（1 445 万 t）减少了 2%。COD 控制指标未完成的主要原因有以下几个方面：

首先，“十五”期间产业结构调整未达到预期目标。造纸工业是排放 COD 的重点行业，草浆造纸是污染水环境的主要原因。随着社会经济的发展，我国纸及纸制品需求强劲，产量从 2000 年的 2 487 万 t 提高到 2003 年的 4 849 万 t，2005 年预计会超过 5 000 万 t。造纸行业的快速发展，污染治理设施没有能够完全及时配套，造成占全国工业 COD 排放总量半数以上的造纸行业的排污总量没有得到有效控制，是全国 COD 控制目标没有完成的重要原因之一。

其次，重点流域污染治理工程项目的完成情况不理想。截至 2005 年底，列入《计划》的 2 130 项治污工程，完成 1 378 项，仅占总数的 65%。完成投资 864 亿元，占总投资的 53%。由于工程项目的进展不理想，造成仅有 60%的水质监测考核断面达标，重点流域中仅有淮河流域完成 COD 削减目标，其余大多差距较大。

此外，污水处理设施的建设难以满足人口增长和经济发展的要求。尽管近几年我国污水处理厂建设在加速，污水处理能力在逐年提高，到 2004 年末，我国共有城市污水处理厂 637 座，形成污水处理能力 4 255 万 t/日，比 2000 年增加污水处理厂 236 座，新增污水处理能力 2 447 万 t/日，但是由于资金的相对短缺，目前污水处理设施的建设速度滞后于人口的增加和经济发展的增长速度；城市生活污水随着人口的增加不断增加，而城市污水处理设施配套管网建设速度大大滞后于污水处理厂建设速度，导致生活污水收集率不足；城镇生活污水处理率提高缓慢，也在相当程度上影响了化学需氧量控制目标的实现。

三、“十一五”减排目标污染物

污染物的种类很多，按其性质可分为大气污染物、水体污染物、土壤污染物等；按其来源可分为一次污染物、二次污染物；按其形态可分为废水、废气、固体废弃物以及噪声、电磁辐射等。党中央、国务院十分重视污染防治、保护环境，自“九五”以来实施了污染物达标排放、污染物总量控制以及污染物减排等措施，努力改善环境质量。2006 年 3 月，十届全国人大四次会议审议通过了《中华人民共和国国民经济和社会发展第十一个五年规划纲要》，提出了“十一五”期间主要污染物排放总量减少 10%的约束性指标，明确了空气中的二氧化硫和水体中的化学需氧量两项污染物排放量减排的具体目标，并逐年进行考核。

1. 二氧化硫

二氧化硫是大气中最常见的污染物之一。它是无色、有刺激性嗅觉的气体，易溶于水。二氧化硫对人的呼吸器官和眼膜具有刺激作用，吸入高浓度二氧化硫可发生喉头水肿和支气管炎。长期吸入二氧化硫会发生慢性中毒，不仅使呼吸道疾病加重，而且对肝、肾、心脏都有危害。另外，大气中二氧化硫对植物、动物和建筑物都有危害并使土壤和江河湖泊日趋酸化，是我国酸雨的主要成分。大气中二氧化硫主要来源于含硫金属矿的冶炼、含硫煤和石油的燃烧所排放的废气。国家《环境空气质量标准》（GB 3095—1996）分为三级，不同级别对应不同的二氧化硫浓度限值。其限值如下：

表 1-1

污染物名称	取值时间	浓度限值			浓度单位
		一级标准	二级标准	三级标准	
二氧化硫（SO_2）	年平均	0.02	0.06	0.10	mg/m^3（标准状态）
	日平均	0.05	0.15	0.25	
	1 小时平均	0.15	0.50	0.70	

选择二氧化硫作为总量控制的目标污染物对大气污染防治工作的意义重大，是解决我国大气污染问题的重要步骤，主要意义在于：

① 二氧化硫是当前我国工业生产和居民最主要的产物之一，二氧化硫的排放强度与我国工业技术水平和能源利用水平密切相关，实施二氧化硫总量控制是调节我国工业结构，提升工业生产技术水平和能源利用水平的重要手段。

② 在技术方面，对烟气中二氧化硫的去除必须与除尘配合进行，二氧化硫总量控制实际上间接强化了烟尘的排放控制，将有力地促进了环境综合质量的改善。

③ 实施二氧化硫总量控制能够有效加快我国脱硫产业的发展，促进气态污染物控制技术的进步，能够为进一步开展更全面的大气污染物控制打下基础。

2. 化学需氧量

COD（Chemical Oxygen Demand）即化学需氧量，它是利用化学氧化剂将废水中可氧化物质（如有机物、亚硝酸盐、亚铁盐、硫化物等）氧化分解，然后根据残留的氧化剂的量计算出氧的消耗量。COD 的单位为 ppm 或 mg/L。它是表示水质污染程度的重要综合指标之一。水中 COD 越高，表明水体中还原性物质（如有机物）含量越高，而还原性物质可降低水体中溶解氧的含量，导致水生生物缺氧以至死亡。厌氧菌泛滥生长，水质腐败变臭，“活水”将变为“死水”。

我国《地表水环境质量标准》（GB 3838—2002）中规定了化学需氧量的五

类浓度限值：15 mg/L（Ⅰ类），15 mg/L（Ⅱ类），20 mg/L（Ⅲ类），30 mg/L（Ⅳ类），40 mg/L（Ⅴ类）。

选择化学需氧量作为总量控制的目标污染物对水污染防治工作同样意义重大，也是解决我国水污染问题的重要步骤，主要意义如下：

① 我国水体中有 100 多种污染物，从目前水体中污染现状看，最主要的代表物就是 COD。基于全面推进、重点突破的原则，在水中要重点解决 COD 的污染问题，以解决水体的重污染问题和有机污染问题。

② 实施 COD 总量控制同样能够促进我国污水处理产业的发展，加快污水处理技术进步，为进一步开展氨氮控制，全面抑制水体污染打下基础。

③ 实施 COD 总量控制能够促进中水的循环利用，节约水资源，减轻城市供水压力。

第二节　实施污染减排的意义

一、实施污染减排，是全面建设小康社会的内在要求

全面建设惠及十几亿人口的更高水平的小康社会，要在促进经济发展、加快社会进步的同时，不断增强可持续发展能力，明显改善生态环境，显著提高资源利用效率，推动整个社会走上生产发展、生活富裕、生态良好的文明发展道路。随着我国人均国内生产总值超过 1 000 美元，居民消费结构快速升级，工业化、城镇化进程明显加快，经济社会发展对资源的需求迅速增加，环境压力越来越大。目前，我国环境形势十分严峻，主要污染物排放量超过环境承载能力，一些地方水、空气、土壤和固体废弃物等污染相当严重，生态恶化的趋势尚未得到扭转。而环境一旦遭到破坏，往往难以治理，甚至不可逆转，给社会发展和人民生活带来严重后果。因此，必须大力加强环境保护，切实解决好生态环境这一关系全面发展的重大问题。加强环境保护，首先必须进行污染减排，只有有效地控制了污染物排放总量，环境质量才有好转的可能，环境保护工作才能落到实处。

二、实施污染减排，是全面落实科学发展观的重要举措

科学发展观强调以人为本、统筹兼顾和人与自然和谐发展，反映了经济社会发展的客观规律，是解决当前经济社会生活中突出矛盾的重要指导思想。长期以来，我国经济增长方式相当粗放，在环境方面付出了很大的代价。

贯彻落实科学发展观，就必须要加快转变经济增长方式，积极调整经济结构，进一步实施可持续发展战略，落实节约资源、保护环境的基本国策，实现经济效益、社会效益、环境效益相统一。当前，我国正处于产业升级的关键时期。一方面，我国经济近年来平稳较快发展，为产业升级提供了条件；另一方面，资源性要素约束趋强，外部环境变化也对产业升级提出要求。只有通过产业结构的不断优化升级，才能实现经济发展方式的根本转变，不断提升经济社会发展质量水平。

发达国家工业化百年来分阶段出现、分阶段解决的环境问题，在我国近几十年的发展中集中出现，使其无法正常延续传统的工业化路径。在某种意义上，环境问题实际上就是发展问题，如何缓解环境问题，既是对今天发展负责，也是对子孙后代负责。

改革开放的 30 年是我国环保事业大发展的 30 年，也是不懈探索中国特色环保新道路的 30 年。30 年来，我们有许多成功的经验，涌现出一批环境与经济协调发展的典型，但总体上看还处于边治理边污染的状况，一些地方甚至重蹈先污染后治理的覆辙，付出了过大的环境代价。30 年后，痛定思痛，发展经济再不能以破坏环境为代价，已经成为我党的普遍共识，环保必须作为衡量经济发展好坏的重要指标，作为判断发展是否科学的重要标准。因此，要全面落实科学发展观，必须进行污染减排，淘汰落后生成能力，完善治污设施，改善环境质量，以实现经济又好又快发展。

三、实施污染减排，是构建社会主义和谐社会的重要内容

人与自然保持和谐，是和谐社会的重要特征之一。对自然资源的过度索取，对生态环境的过分影响，必然导致人与自然之间关系的紧张，带来环境的污染、生态的退化，并引发人与社会、人与人之间的矛盾。近年来，环境已经成为社会各方面关注的问题和影响群众健康、损害群众利益的重要因素，一些地方发生的重大污染事件给我们敲响了警钟。随着人民生活水平的提高，老百姓的环境意识越来越强，对环境质量的要求越来越高。环境问题如果处理不好，就会影响经济可持续发展，影响社会稳定。构建社会主义和谐社会，必须大力加强环境保护，依法保障人民群众的利益，妥善化解环境问题带来的社会矛盾，以环境友好促进社会和谐。当前环境问题集中表现为污染物过量排放，环境质量迅速恶化，人民群众身体健康受到威胁，环境权益得不到保障。因此，建设和谐社会首先要控制不断增长的污染物排放，减轻环境压力，还人民群众一个天蓝水碧的生存空间。

四、实施污染减排，是促进全球可持续发展的重要任务

保护全球环境，已经成为人类社会的共识。中国是世界上最大的发展中国家，解决好中国的环境和发展问题，既符合中国的自身利益，是 13 亿人民的福祉所在，也符合人类的共同利益，是对全球可持续发展的重大贡献。我们要认真借鉴环境保护的国际经验，切实改变“先污染后治理”的状况，努力走出一条资源消耗低、环境污染少的新型工业化道路。实现全球可持续发展，需要世界各国共同努力。中国是一个负责任的大国，已经成为国际环境合作中的一支重要力量，将一如既往地积极参与国际环境事务，履行国际环境公约，控制污染物排放，扩大国际环境合作与交流，为解决人类共同面临的环境与发展问题作出更大的贡献。

第三节　减排责任主体及任务分解

一、实施污染减排的责任主体

1. 政府减排责任

现行的《中华人民共和国环境保护法》（1989 年 12 月 26 日第七届全国人民代表大会常务委员会第十一次会议通过，1989 年 12 月 26 日中华人民共和国主席令第二十二号公布施行）第十六条规定，地方各级人民政府，应当对本辖区的环境质量负责，采取措施改善环境质量。因此，在法律上，地方各级人民政府应当是减排的责任主体，负责减排任务的分配、实施与考核。

在现行的减排责任体制中，地方各级人民政府对本行政区域污染减排工作负总责，政府主要领导是第一责任人。中央政府负责制订全国的减排计划，下达省级政府和中直大型企业的减排任务，考核并定期公布各省和大型企业的减排任务完成情况。省级政府负责将减排目标和任务逐级分解到各市（地）、县和省属重点企业，对减排工作进展情况进行考核和监督。当前，减排指标完成情况已被纳入各地经济社会发展综合评价体系，作为政府领导干部综合考核评价和企业负责人业绩考核的重要内容。省级政府每年要向国务院报告减排目标责任的履行情况。国务院每年向全国人民代表大会报告减排的进展情况，在“十一五”期末报告五年两个指标的总体完成情况。地方各级人民政府每年也要向同级人民代表大会报告减排工作，并自觉接受监督。

2. 企业减排责任

污染减排是中央政府从经济社会发展全局出发做出的重大战略决策，企业只有将减排作为首要的社会责任并自觉履行，才能减少对环境的污染、防止全球气候进一步变暖，促进自然环境与社会和谐发展。我国企业必须履行社会责任已有法律依据：2006 年 1 月 1 日起实施的新《公司法》第五条明确要求公司从事经营活动，必须“承担社会责任”。真正具有社会责任感的企业，其行为和发展应该是在利国利民、促进环境和社会可持续发展基础上的利益最大化。为了人类的生存和经济的可持续发展，企业一定要担当起保护环境、维护自然和谐的重任。“十一五”规划提出了主要污染物减排 10%的指标，实现这一约束性指标的主体是企业，企业应责无旁贷地将降耗减排当做首要社会责任。

为强化企业责任，政府将依法对企业减排的评价结果及时进行信息披露；加强问责机制，对一些单纯追求经济效益，漠视环境保护问题的企业，强制实行清洁生产审核，对明显没有达到减排标准的企业领导实行责任问责；完善政策激励机制，对企业引进减排新工艺、新技术、新设备和自主创新的项目给予必要资金支持，对在履行减排社会责任方面表现优异的企业，在政府采购等方面给予优先考虑或加分。

二、任务分解情况

1. 全国任务分解情况

按照《国民经济和社会发展第十一个五年规划纲要》规定，“十一五”期间全国主要污染物排放总量要减少 10%，这里的化学需氧量和二氧化硫两种主要污染物的排放基数按 2005 年环境统计结果确定。按照上述要求，到 2010 年，全国主要污染物排放总量要比 2005 年减少 10%，具体是：化学需氧量由 1 414 万 t 减少到 1 273 万 t；二氧化硫由 2 549 万 t 减少到 2 294 万 t。除了上述两种主要污染物外，在国家确定的水污染防治重点流域、海域专项规划中，还要控制氨氮（总氮）、总磷等污染物的排放总量，控制指标在各专项规划中下达，由相关地区分别执行，国家统一考核。鼓励各地根据各自的环境状况，增加本地区必须严格控制的污染物，纳入本地区污染物排放总量控制计划。

在确保实现全国总量控制目标的前提下，综合考虑各地环境质量状况、环境容量、排放基数、经济发展水平和削减能力以及各污染防治专项规划的要求，国家将减排任务以省为单位进行了分解。具体分解情况见表 1-2 和表 1-3。

表 1-2　各省 COD 减排任务分解情况　　单位：万 t

省　份	2005 年排放量	2010 年控制量	削减比例/%
北　京	11.6	9.9	−14.7
天　津	14.6	13.2	−9.6
河　北	66.1	56.1	−15.1
山　西	38.7	33.6	−13.2
内蒙古	29.7	27.7	−6.7
辽　宁	64.4	56.1	−12.9
其中：大连	6.01	5.05	−16.0
吉　林	40.7	36.5	−10.3
黑龙江	50.4	45.2	−10.3
上　海	30.4	25.9	−14.8
江　苏	96.6	82.0	−15.1
浙　江	59.5	50.5	−15.1
其中：宁波	5.22	4.44	−14.9
安　徽	44.4	41.5	−6.5
福　建	39.4	37.5	−4.8
其中：厦门	5.56	4.94	−11.2
江　西	45.7	43.4	−5.0
山　东	77.0	65.5	−14.9
其中：青岛	5.79	4.75	−18.0
河　南	72.1	64.3	−10.8
湖　北	61.6	58.5	−5.0
湖　南	89.5	80.5	−10.1
广　东	105.8	89.9	−15.0
其中：深圳	5.59	4.47	−20.0
广　西	107.0	94.0	−12.1
海　南	9.5	9.5	0
重　庆	26.9	23.9	−11.2
四　川	78.3	74.4	−5.0
贵　州	22.6	21.0	−7.1
云　南	28.5	27.1	−4.9
西　藏	1.4	1.4	0
陕　西	35.0	31.5	−10.0
甘　肃	18.2	16.8	−7.7
青　海	7.2	7.2	0
宁　夏	14.3	12.2	−14.7
新　疆	27.1	27.1	0
其中：生产建设兵团	1.43	1.43	0
总　计	1 414.2	1 263.9	−10.6

备注：

1. 全国化学需氧量削减 10%的总量控制目标为 1 272.8 万 t，实际分配给各省 1 263.9 万 t，国家预留 8.9 万 t，用于化学需氧量排污权有偿分配和交易试点工作。

2. 新疆生产建设兵团化学需氧量排放量不包括兵团所属各地生活来源及农八师（石河子市）化学需氧量排放量。

表 1-3 各省二氧化硫减排任务分解情况 单位：万 t

省 份	2005 年排放量	2010 年		削减比例/%
		控制量	其中：电力	
北 京	19.1	15.2	5	−20.4
天 津	26.5	24	13.1	−9.4
河 北	149.6	127.1	48.1	−15
山 西	151.6	130.4	59.3	−14
内蒙古	145.6	140	68.7	−3.8
辽 宁	119.7	105.3	37.2	−12
其中：大连	11.89	10.11	3.54	−15
吉 林	38.2	36.4	18.2	−4.7
黑龙江	50.8	49.8	33.3	−2
上 海	51.3	38	13.4	−25.9
江 苏	137.3	112.6	55	−18
浙 江	86	73.1	41.9	−15
其中：宁波	21.33	11.12	7.78	−47.9
安 徽	57.1	54.8	35.7	−4
福 建	46.1	42.4	17.3	−8
其中：厦门	6.77	4.93	2.17	−27.2
江 西	61.3	57	19.9	−7
山 东	200.3	160.2	75.7	−20
其中：青岛	15.54	11.45	4.86	−26.3
河 南	162.5	139.7	73.8	−14
湖 北	71.7	66.1	31	−7.8
湖 南	91.9	83.6	19.6	−9
广 东	129.4	110	55.4	−15
其中：深圳	4.35	3.48	2.78	−20
广 西	102.3	92.2	21	−9.9
海 南	2.2	2.2	1.6	0
重 庆	83.7	73.7	17.6	−11.9
四 川	129.9	114.4	39.5	−11.9
贵 州	135.8	115.4	35.8	−15
云 南	52.2	50.1	25.3	−4
西 藏	0.2	0.2	0.1	0
陕 西	92.2	81.1	31.2	−12
甘 肃	56.3	56.3	19	0
青 海	12.4	12.4	6.2	0
宁 夏	34.3	31.1	16.2	−9.3
新 疆	51.9	51.9	16.6	0
其中：生产建设兵团	1.66	1.66	0.66	0
合 计	2 549.4	2 246.7	951.7	−11.9

备注：

1. 全国二氧化硫排放量削减 10%的总量控制目标为 2 294.4 万 t，实际分配给各省 2 246.7 万 t，国家预留 47.7 万 t，用于二氧化硫排污权有偿分配和排污权交易试点工作。

2. 新疆生产建设兵团二氧化硫排放量不包括兵团所属各地生活来源及农八师（石河子市）的二氧化硫排放量。

2. 各大电力集团任务分解

2007 年 5 月 29 日，6 家电力企业签署了《“十一五”二氧化硫总量削减目标责任书》并慎重承诺，以 2005 年二氧化硫排放量为基础承担相应的减排比例。为此，各集团公司承诺采取有效措施，确保目标的完成。一是“十一五”期间，现役燃煤机组开工建设烟气脱硫设施的机组数应达到责任书的相关要求，并于 2010 年底以前投入运行。二是“十一五”期间，列入国家发改委关停小火电机组名录和核准新建项目要求关停的小火电机组，必须按期关停。三是新（扩）建燃煤机组除燃用特低硫煤的坑口电厂外，必须同步建设脱硫设施或采取其他降低二氧化硫排放量的措施。四是所有火电厂必须安装烟气污染物在线自动监测装置，确保正常运行，并与地方环境保护行政主管部门联网。国家环保部每年对各大电力集团减排责任书的执行情况进行考核，考核结果将上报国务院并向社会公布。项目所在地的省级环境保护行政主管部门对列入责任书的项目负责进行监管。

表 1-4 各大电力集团减排比例

单 位	减排比例/%	目标排放量/万 t
中国国家电网公司	37.5	40.9
中国华能集团公司	27.6	98.2
中国大唐集团公司	36.9	93.4
中国华电集团公司	44.9	92.6
中国国电集团公司	42.8	90.2
中国电力投资集团公司	35	63.8

3. 辽宁省任务分解情况

按照与国家签订的责任书要求，“十一五”辽宁省化学需氧量和二氧化硫削减比例分别为 12.9%和 12%，即到 2010 年排放总量分别控制在 56.1 万 t 和 105.3 万 t 以内。此外，结合辽宁实际，为解决区域性颗粒物污染问题，还增加烟粉尘作为省控指标，全省削减 10%，即到 2010 年控制在 107.9 万 t 以内。为保障重点建设项目的实施，辽宁省对化学需氧量、二氧化硫、烟粉尘 3 项总量控制指标分别预留 1.94 万 t、3.42 万 t 和 1.2 万 t，分别占 2010 年全省总量控制指标的 3.5%、3.2%和 1.1%。化学需氧量、二氧化硫和烟粉尘这三种污染物分解情况如下：

（1）化学需氧量：按照沈阳等 8 个辽河流域主要城市分别削减 16.33%，大连等 5 个沿海和大凌河流域城市分别削减 15.9%，鸭绿江流域的丹东削减 12.9%

的原则，到 2007 年、2010 年，全省 COD 排放总量分别控制在 60.28 万 t、54.16 万 t 以内，具体分配情况见表 1-5。

（2）二氧化硫：按照鞍山等 4 个列入两控区、年均浓度超标的城市分别削减 17.4%，沈阳等 5 个列入两控区、年均浓度达标的城市分别削减 15%，丹东等 5 个非两控区城市分别削减 12%的原则，到 2007 年、2010 年，全省 SO_2 排放总量分别控制在 112.62 万 t、101.88 万 t 以内，具体分配情况见表 1-6。

（3）烟粉尘：按照沈阳等 6 个中部城市分别削减 12%，大连等 8 个非中部城市分别削减 10%的原则，到 2007 年、2010 年，全省烟粉尘排放总量分别控制在 114.54 万 t、106.71 万 t 以内，具体分配情况见表 1-7。

表 1-5 辽宁省“十一五”COD 总量控制指标分解表 单位：万 t

序号	城市	2005 年排放量	2008 年目标	2010 年目标	
				总量	削减比例/%
1	沈 阳	8.2	7.40	6.86	16.33
2	大 连	6.0	5.43	5.05	15.90
3	鞍 山	5.1	4.60	4.27	16.33
4	抚 顺	3.9	3.52	3.26	16.33
5	本 溪	4.2	3.79	3.51	16.33
6	丹 东	5.4	4.98	4.70	12.90
7	锦 州	5.8	5.25	4.88	15.90
8	营 口	6.7	6.05	5.61	16.33
9	阜 新	4.2	3.80	3.53	15.90
10	辽 阳	2.0	1.80	1.67	16.33
11	铁 岭	3.2	2.89	2.68	16.33
12	朝 阳	4.7	4.25	3.95	15.90
13	盘 锦	2.7	2.44	2.26	16.33
14	葫芦岛	2.3	2.08	1.93	15.90
全省合计		64.4	58.28	54.16	15.90

表 1-6　辽宁省“十一五”SO_2总量控制指标分解表　　单位：万 t

序号	城市	2005 年排放量	2008 年目标	2010 年目标		2010 年削减比例/%
				总量	电力行业	
1	沈　阳	12.4	11.28	10.54	2.29	15.0
2	大　连	11.9	10.83	10.12	6.44	15.0
3	鞍　山	11.3	10.12	9.33	1.16	17.4
4	抚　顺	9.3	8.47	7.90	4.63	15.0
5	本　溪	12.5	11.20	10.33	0.88	17.4
6	丹　东	4.5	4.18	3.96	0.83	12.0
7	锦　州	8.0	7.28	6.80	3.48	15.0
8	营　口	9.5	8.82	8.36	2.26	12.0
9	阜　新	7.5	6.72	6.20	2.79	17.4
10	辽　阳	4.3	3.92	3.66	0.93	15.0
11	铁　岭	9.8	9.09	8.62	6.32	12.0
12	朝　阳	7.5	6.96	6.60	0.67	12.0
13	盘　锦	2.3	2.13	2.02	0.29	12.0
14	葫芦岛	9.0	8.06	7.43	2.61	17.4
全省合计		119.7	109.06	101.88	35.58	15.0

表 1-7　辽宁省“十一五”烟粉尘总量控制指标分解表　　单位：万 t

序号	城市	2005 年排放量	2008 年目标	2010 年目标	
				总量	削减比例/%
1	沈　阳	10.2	9.47	8.98	12
2	大　连	7.9	7.43	7.11	10
3	鞍　山	12.4	11.51	10.91	12
4	抚　顺	7.5	6.96	6.60	12
5	本　溪	13.7	12.72	12.06	12
6	丹　东	4.8	4.51	4.32	10
7	锦　州	7.5	7.05	6.75	10
8	营　口	11.6	10.90	10.44	10
9	阜　新	6.8	6.39	6.12	10
10	辽　阳	6.6	6.13	5.81	12
11	铁　岭	10.1	9.37	8.89	12
12	朝　阳	11.3	10.62	10.17	10
13	盘　锦	1.5	1.41	1.35	10
14	葫芦岛	8.0	7.52	7.20	10
全省合计		119.9	111.99	106.71	11

2006 年省政府在与各市签订的《辽宁省“十一五”主要污染物总量削减目标责任书》的基础上，2008 年 4 月 11 日，李佳副省长代表省政府与各市市长重新签订了《“十一五”主要污染物总量减排及辽河治理目标责任书》，明确列出了“十一五”期间各市减排重点工程与完成时限。新责任书中，共落实 SO_2 减排治理工程和结构调整项目 619 个，可削减 40.1 万 t。占总减排任务量的 88%。到 2010 年，列入责任书的治理工程 198 项，可形成 SO_2 削减能力 29.3 万 t（其中，电力、热电脱硫工程削减 25.1 万 t，烧结机脱硫削减 2.3 万 t）；结构调整减排项目（关闭企业或项目）共 443 个，共削减 SO_2 10.8 万 t（其中，关闭电力、热电机组 18 个，装机容量 225 万 kW，削减 7.2 万 t）。

2008 年 4 月 17 日，为确保减排任务的顺利完成，省政府办公厅向 42 家中直和省属企业下达了二氧化硫限期治理通知（辽政办发[2008]18 号），规定于 2009 年底前完成全部治理项目，同时明确了 45 家市属企业的减排治理任务。限期治理通知的下达，标志着辽宁省二氧化硫减排任务真正落实到企业，有力地推动了减排的顺利进行。

第四节　污染减排的实施

污染减排是我国社会关于发展方式和环境保护观念的一次深刻变革，是对我国粗放型经济增长方式的全面宣战，也是具有中国特色社会主义制度在环保领域的全新实践。实施污染减排要以邓小平理论和“三个代表”重要思想为指导，把减排作为调整经济结构、转变增长方式的突破口和重要抓手，综合运用经济、法律和必要的行政手段，确保实现减排约束性指标，推动经济社会又好又快发展。具体来说，污染减排的实施主要依靠建设污染治理设施，淘汰落后产能，加强治污设施的运行监管来实现。

一、调整和优化产业结构

我国环境污染的核心问题就是落后的生产能力与社会经济发展之间的矛盾，要根治环境污染只有促进生产力升级，淘汰浪费资源、污染环境的落后生产工艺和生产设施，促进资源节约、环境友好的先进生产力发展。因此，关闭和淘汰落后生产工艺是污染减排工作的重要措施也是必由之路，国家《“十一五”节能减排综合性工作方案》规定，“十一五”期间要加大淘汰电力、钢铁、建材、电解铝、铁合金、电石、焦炭、煤炭、平板玻璃等行业落后产能的力度，实现减排二氧化硫 240 万 t；加大造纸、酒精、味精、柠檬酸等行业落后生产能力淘汰力度，“十一五”期间实现减排化学需氧量 138 万 t。国家“十一五”时期淘汰落后生产能力计划见表 1-8。

表 1-8　“十一五”时期淘汰落后生产能力一览表

行业	内容	单位	“十一五”时期	2007 年
电力	实施“上大压小”关停小火电机组	万 kW	5 000	1 000
炼铁	300 m^3 以下高炉	万 t	10 000	3 000
炼钢	年产 20 万 t 及以下的小转炉、小电炉	万 t	5 500	3 500
电解铝	小型预焙槽	万 t	65	10
铁合金	6 300 kVA 以下矿热炉	万 t	400	120
电石	6 300 kVA 以下炉型电石产能	万 t	200	50
焦炭	炭化室高度 4.3 m 以下的小机焦	万 t	8 000	1 000
水泥	等量替代机立窑水泥熟料	万 t	25 000	5 000
玻璃	落后平板玻璃	万重量箱	3 000	600
造纸	年产 3.4 万 t 以下草浆生产装置、年产 1.7 万 t 以下化学制浆生产线、排放不达标的年产 1 万 t 以下以废纸为原料的纸厂	万 t	650	230
酒精	落后酒精生产工艺及年产 3 万 t 以下企业（废糖蜜制酒精除外）	万 t	160	40
味精	年产 3 万 t 以下味精生产企业	万 t	20	5
柠檬酸	环保不达标柠檬酸生产企业	万 t	8	2

调整和优化产业结构还必须积极推进能源结构调整，大力发展可再生能源，抓紧制订出台可再生能源中长期规划，推进风能、太阳能、地热能、水电、沼气、生物质能利用以及可再生能源与建筑一体化的科研、开发和建设，加强资源调查评价。稳步发展替代能源，制订发展替代能源中长期规划，组织实施生物燃料乙醇及车用乙醇汽油发展专项规划，启动非粮生物燃料乙醇试点项目。实施生物化工、生物质能固体成型燃料等一批具有突破性带动作用的示范项目。抓紧开展生物柴油基础性研究和前期准备工作。推进煤炭直接和间接液化、煤基醇醚和烯烃代油大型台套示范工程和技术储备。大力推进煤炭洗选加工等清洁高效利用。

二、建设和完善治污设施

加强和完善治理污染设施等环境工程建设，是实现减排目标的根本措施。为减少二氧化硫和化学需氧量的环境排放，在调整和优化产业结构的同时，还必须积极建设和完善集中式污染防治设施。针对二氧化硫和化学需氧量两种特征污染物，“十一五”期间，全国将主要开展燃煤电厂脱硫设施、城市污水厂及集中式工业污水处理设施建设。

三、抓好抓实污染防治设施的运行监管

做好污染防治设施的运行监管。是污染减排工作的基础，可以使污染减排工作取得事半功倍的效果。加强污染防治设施的运行监管主要有以下几个方面：

一是加强执法检查。加强对排污企业现场监管，增加检查频次，特别是夜查、暗查的次数，加大环境违法行为的处罚力度，确保治污设施正常运转。

二是加强监督性监测。加强对废水污染源监测频次从原来的每季监测一次增加到对国控废水污染源每月至少监测一次，其他废水污染源每季度至少监测一次；对废气污染源监测频次从原来的每年监测一次增加到对国控废气污染源每季度至少监测一次，其他废气污染源每半年至少监测一次。

三是扩大在线监控仪安装范围。为提高监管效率，在线监控仪安装范围从原来的只对国控、省控污染源安装，扩大到要求市控、区控重点污染源也要安装在线监控仪，做到24小时监控，发现问题及时纠正。

四、其他措施

1. 有利于污染减排的金融政策

加大节能减排工程项目的投入。鼓励、引导金融机构加大对循环经济、环境保护及节能减排技术改造项目的信贷支持。要优先为符合条件的节能减排项目、循环经济项目提供直接融资服务。在国际金融组织和外国政府优惠贷款安排中进一步突出对节能减排项目的支持。环保部门与金融部门建立环境信息通报制度，将企业环境违法信息纳入人民银行企业征信系统。

建立绿色信贷担保制度。通过财政资金担保杠杆放大信贷投入规模。加强信贷政策的引导和督促，推动金融机构进一步加大对循环经济、节能减排等环保项目的投入。完善外汇管理、支付结算等制度，为环保工作提供便利的金融服务。综合利用信贷、债券、票据、股权等融资工具，创新引入节能减排项目保理融资方式，推广环境责任保险业务，发挥金融资源的导向和集聚作用，支持和促进污染减排工作。

完善信息共享机制。在实施金融手段促进污染减排中逐步将企业环保审批、环保认证、环保事故等信息纳入人民银行企业征信系统，进一步发挥征信系统的监督作用，扶优限劣。此外，推进排放权交易市场活跃发展。鼓励金融机构为排

放权交易提供账户便利、研发支持、融资支持和中介服务，探索建立征信系统和排放权交易市场的信息共享机制。

2．有利于减排的价格政策

（1）脱硫电价制度。安装脱硫设施后，其上网电量执行在现行上网电价基础上每千瓦时加价 1.5 分钱的脱硫加价政策。安装脱硫设施的燃煤发电企业，持国家或省级环保部门出具的脱硫设施验收合格文件，须报省级价格主管部门审核后，自验收合格之日起执行燃煤机组脱硫标杆上网电价或脱硫加价。省级环保部门和省级电网企业负责实时监测燃煤机组脱硫设施运行情况，监控脱硫设施投运率和脱硫效率。

（2）发电调度制度。为推进污染减排，在确保电力系统安全稳定运行和连续供电为前提，以节能、环保为目标，通过对各类发电机组按能耗和污染物排放水平排序，以分省排序、区域内优化、区域间协调的方式，实施优化调度，并与电力市场建设工作相结合，充分发挥电力市场的作用，努力做到单位电能生产中能耗和污染物排放最少。节能发电调度适用于所有并网运行的发电机组，上网电价暂按国家现行管理办法执行。各类发电机组按以下顺序确定序位：①无调节能力的风能、太阳能、海洋能、水能等可再生能源发电机组；②有调节能力的水能、生物质能、地热能等可再生能源发电机组和满足环保要求的垃圾发电机组；③核能发电机组；④按“以热定电”方式运行的燃煤热电联产机组，余热、余气、余压、煤矸石、洗中煤、煤层气等资源综合利用发电机组；⑤天然气、煤气化发电机组；⑥其他燃煤发电机组，包括未带热负荷的热电联产机组；⑦燃油发电机组。

同类型火力发电机组按照能耗水平由低到高排序，节能优先；能耗水平相同时，按照污染物排放水平由低到高排序。机组运行能耗水平近期暂依照设备制造厂商提供的机组能耗参数排序，逐步过渡到按照实测数值排序，对因环保和节水设施运行引起的煤耗实测数值增加要做适当调整。污染物排放水平以省级环保部门最新测定的数值为准。

3．排污权交易

排污权交易是指在一定区域内，在污染物排放总量不超过允许排放量的前提下，内部各污染源之间通过货币交换的方式相互调剂排污量，从而达到减少排污量、保护环境的目的。

实行排污权交易的前提是污染物排放总量控制，成熟的市场机制，完善的法律制度保障。排污权交易的基本内容包括根据总量发放排污许可，确定合法的污染物排放权；建立交易市场，明确交易范围、区域范围、主体市场以及市场规则等。排污权交易一般由排污单位提出新增排污权申请，环保部们对所需新增排污权审核确认，然后确定出让单位并由买卖双方签订有偿转让协议，再由环保部门对转让协议审批，并对转让双方的排污许可进行变更。

在 20 世纪 80 年代末 90 年代初，中国就在上海率先尝试了大气污染控制方面的排污权交易试点工作。2001 年 9 月，在美国环保协会以及江苏省南通市环保局的积极配合下，在江苏省南通市实现了中国首例二氧化硫排污权的成功交易。2002 年 3 月，原国家环境保护总局决定与美国环保协会一起，在山东省、山西省、江苏省、河南省、上海市、天津市、柳州市以及中国华能集团公司，开展“推动中国二氧化硫排放总量控制及排污交易政策实施的研究项目”。2007 年 11 月 10 日，国内首个排污权交易平台——浙江省嘉兴市排污权储备交易中心揭牌成立。该平台的成立，意味着国内的排污权交易开始实现规模化、制度化。排污权储备交易中心成立后，在嘉兴，任何市场主体新增的排污权必须从中心交易获得。总体来说，我国的排污权交易尚处在试点、酝酿阶段。

第二章　工程减排技术

第一节　二氧化硫减排技术

一、煤中硫的存在状态与硫氧化物的产生

1. 煤中硫的存在状态

化石燃料是远古时代被埋于地下的动、植物，在缺氧高温高压的条件下，由细菌作用形成的固、液、气态的碳氢化合物。煤是化石燃料中最重要的一种，人类利用煤炭已有 1 000 多年的历史。煤的主要成分除碳外，还含有氧、硫、氮、氢等其他元素。碳含量的高低是决定煤质好坏的主要指标，含碳量越高的煤发热量越大，燃烧价值越高，某些高品质无烟煤的含碳量可达到97%以上。硫也是组成煤的一种常见元素，其含量可以从最低的 0.1%到最高的 10%。煤炭中的硫可分为有机硫和无机硫两类。有机硫包括硫醇、硫醚和噻酚硫，占全硫含量的60%～70%；无机硫包括黄铁矿硫、硫酸盐硫和单质硫，占全硫含量的 30%～40%，黄铁矿（FeS_2）是煤炭中无机硫的主要组成部分。

总的来讲，我国的煤炭质量较好，北方煤田优于南方煤田。形成这一现状的主要原因在于不同的沉积环境：北方煤田多为陆相沉积，其煤炭质量较好，黑龙江省鸡西、鹤岗、双鸭山等矿区煤炭灰分一般小于 20%，含硫量在 0.5%以下，鸡西的无烟煤硫分仅在 0.25%左右；南方煤田多为海陆相沉积，其煤炭的质量普遍较差，灰分、硫分等指标一般较高，四川省的荚蓉、松藻、达竹、南桐、华莹山等矿区的含硫量在 6%左右，广西合山矿务局所产煤炭含硫量高达 6%～8%。高硫煤在利用过程中首先要进行脱硫处理，否则不仅污染环境，而且还易腐蚀设备，给用户的使用带来诸多的不便。

2. 燃烧过程中硫氧化物的形成

煤受热以后，在热解释放挥发分的同时，煤中的有机硫与无机硫也同时释放出来。松散的有机硫在较低的温度（＜700K）下分解，紧密结合的有机硫在较高温度（＞800 K）下分解。遇到氧气时，它们全部氧化成 SO_2 和少量 SO_3。无机硫分解的速度较慢，在还原性气氛、温度＜800 K 以及足够长的时间下，无机硫分解为 FeS、S_2 和 COS 等，它们也会与氧气反应产生 SO_2 和 SO_3。注意，会有一部分 FeS 残留在焦炭中，与灰分中的其他成分形成低熔点的共熔体，同时导致结渣。一般认为转移到渣中的硫约占煤中总硫的 20%，但这个值还会随煤种和燃烧条件变化。含硫燃料燃烧的特征是火焰呈浅蓝色，这主要是由硫氧化的中间过程引起，如反应（2-1）所示。

$$O+SO \longrightarrow SO_2+h\nu \tag{2-1}$$

低浓度的 SO_3 主要通过如下反应产生：

$$SO_2+O+M \longrightarrow SO_3+M \tag{2-2}$$

其中 M 是第三体，起着吸收能量的作用。通常来说，三体反应过程相当缓慢，但当在炙热的反应区，氧原子的浓度较高时，这个过程还是会迅速地进行。

在高温下还同时会有下述反应存在：

$$SO_3+O \longrightarrow SO_2+O_2 \tag{2-3}$$

$$SO_3+H \longrightarrow SO_2+OH \tag{2-4}$$

$$SO_3+M \longrightarrow SO_2+O+M \tag{2-5}$$

反应（2-5）是反应（2-2）的可逆反应，是一种热分解过程。

在炙热的反应区，原子氧的浓度相当高，反应（2-2）与反应（2-3）占据主导地位，当反应达到平衡时，SO_3 的浓度的最大值为 SO_2 的 0.1%～5%。当炉膛中氧气含量降低时，SO_3 的浓度也会相应降低。因此，从防止腐蚀的观点出发，炉膛内的空气过剩系数不应该太大，以减少 SO_3 的产生量。在离开炙热的反应区后，温度迅速降低，同时各种原子的浓度也急剧减小，反应（2-2）、反应（2-3）、反应（2-4）的作用可以忽略。同时，由于温度降低时，SO_3 的热分解反应（2-5）也会受到抑制。因而，只是在高温富氧区的 SO_3 浓度超过平衡值；当气体被冷却时，SO_3 的浓度只是略有降低。

二、燃烧前脱硫技术

煤的燃烧前脱硫是指煤炭的洗选脱硫，即在燃烧前对煤炭进行净化，去除原煤中部分硫分和灰分，分为物理法、化学法和微生物法等。物理法主要指重力选煤，利用煤中有机质和硫铁矿的密度差异而使它们分离。该法的影响因素主要有煤的破碎粒度和硫的状态等。主要方法有跳汰选煤，重介质选煤，风力选煤等。化学法可分为物理化学法和纯化学法，物理化学法即浮选；化学法又包括碱法脱硫，气体脱硫，热解与氢化脱硫，氧化法脱硫等。微生物法，即在细菌浸出金属的基础上应用于煤炭工业的一项生物工程新技术，可同时脱除煤中的有机硫和无机硫。

我国当前的煤炭入洗率较低，大约在 20%，而美国为 42%，英国为 94.9%，法国为 88.7%，日本为 98.2%。提高煤炭的入洗率有望显著改善燃煤的二氧化硫污染。然而，目前的选洗技术仅能去除煤中无机硫的 80%，对无机硫的作用不大，脱除的硫仅占煤中总硫的 15%～30%，无法满足燃煤二氧化硫污染控制要求，故只能作为燃煤脱硫的一种辅助手段。

三、燃烧中脱硫技术

煤燃烧过程中加入石灰石或白云石做脱硫剂，碳酸钙或碳酸镁在炉内受热分解生成氧化钙、氧化镁，与烟气中二氧化硫反应生成硫酸盐，最后随灰分排出。燃烧中脱硫的技术主要有型煤固硫和循环流化床燃烧脱硫技术两种。

1．型煤固硫技术

将不同的原料经筛分后按一定比例配煤，粉碎后同经过预处理的黏结剂和固硫剂混合，经机械设备挤压成型及干燥，即可得到具有一定强度和形状的成品工业固硫型煤。固硫剂主要有石灰石、大理石、电石渣等，其加入量视含硫量而定。燃用型煤可大大降低烟气中二氧化硫、一氧化碳和烟尘浓度，节约煤炭，经济效益和环境效益相当可观，但工业实际应用中还存在型煤着火滞后、操作不当易导致断火熄炉等问题。

2．循环流化床燃烧脱硫

当流体（液体、气体）向上流过固体颗粒床层时，其速度增大到一定值后，颗粒被流体的摩擦力所承托，呈现飘浮状态，颗粒可以在床层中自由运动，这种状态称为“流态化”，如图 2-1 所示。按流化介质的不同可分为液-固流态化、气-固流态化。燃煤流化床属气固流态化范畴，图 2-2、图 2-3 分别是固定床燃烧和流化床燃烧的示意图。

图 2-1 流化模拟实验——物料在气流摩擦力的作用下处于悬浮状态

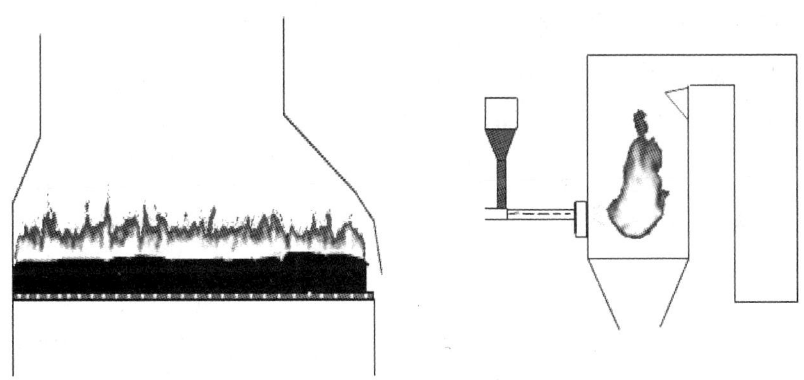

图 2-2 固定床燃烧　　　　图 2-3 流化床燃烧

"流化床锅炉"——燃料在流化状态下进行燃烧的锅炉叫流化床锅炉。把燃料加入燃烧室的床层中，从炉底鼓风使床层悬浮进行流化燃烧，形成了湍流混合条件，延长了停留时间，从而提高了燃烧效率。流化床内的物料颗粒在气流中进行强烈的湍动与混合，强化了气固两相的热量和质量交换。流化床燃烧的这些特点，使其对煤种有着广泛的适应性，可以燃用其他锅炉无法燃用的劣质燃料，如高灰煤、高硫煤、石煤、油页岩等都能够在流化床锅炉中使用。循环流化床锅炉是普通流化床锅炉的改进，飞出炉膛的物料被气固分离器（旋风分离器）收集，返回炉膛，循环燃烧和再利用。循环流化床锅炉的工作原理如图 2-4 所示，加入炉膛的燃料和石灰石粉在从炉底鼓入的一次风的作用下悬浮于炉膛当中，形成流化床。炉膛上部引出的含尘烟气经过旋风分离器后，循环灰被重新送入炉膛内燃烧。物料循环燃烧大大提高了燃料和脱硫剂的利用率，通常的循环倍率在 20 以上。同时，在炉膛的适当位置鼓入二次风以利于流化床中燃料的燃烧。

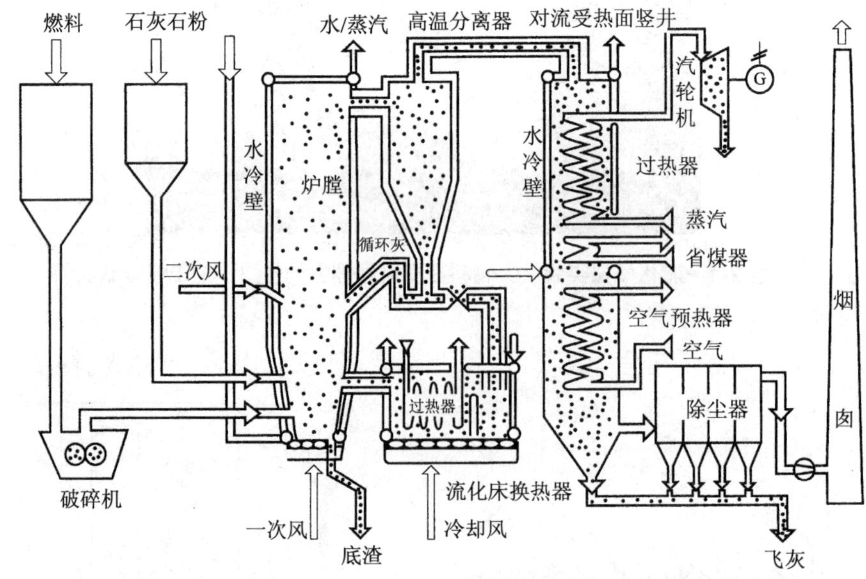

图 2-4 循环流化床锅炉原理图

循环流化床锅炉在添加脱硫剂（石灰石）时，可以脱除煤炭燃烧中产生的二氧化硫。其反应过程为：石灰石颗粒在炉内煅烧分解为多孔状氧化钙，煤炭燃烧产生的二氧化硫到达氧化钙表面并反应，从而达到脱硫的效果。要维持循环流化床锅炉连续稳定的脱硫，必须不间断地向炉膛中送入足量的石灰石颗粒。脱硫剂的缺乏将直接导致脱硫率的降低。影响流化床脱硫效率的主要因素有钙硫比、煅烧温度、脱硫剂的颗粒尺寸、孔隙结构和脱硫剂种类等。

循环流化床锅炉具有如下优点：

① 燃料适应性广：煤矸石、烟煤、无烟煤、褐煤、泥煤、油页岩、石油焦、纸渣、木屑、垃圾等。

② 炉内恒温燃烧（850～950℃），煤粒和炉渣（8 mm 左右）炉内循环流动；加入石灰石做脱硫剂时，最高脱硫效率可达 95%以上（Ca/S 摩尔比 2.0 左右）。

低温燃烧抑制NO_x生成，可除去70%左右的NO_x，实际排放约200×10^{-6}。

③ 负荷调节范围大：不投油助燃，锅炉负荷可在30%～100%范围内灵活运行。

④ 低负荷运行可靠性高，锅炉30%负荷时运行无灭火放炮危险。

⑤ 排出的灰渣活性好，易于实现综合利用，无二次灰渣污染。

⑥ 燃烧效率高：可达95%～98%。

⑦ 可用率高：一般可达95%以上。

四、燃烧后脱硫技术

燃烧后脱硫技术又称烟气脱硫技术，由于燃烧后烟气中SO_2含量低（10^{-4}～10^{-3}），烟气流量大，燃烧后脱硫要处理大量烟气，设备体积大，造价和运行费用高。按照吸收剂和脱硫产物的状态可将烟气脱硫技术分为三类：湿法烟气脱硫技术、干法烟气脱硫技术和半干法烟气脱硫技术。

（一）烟气脱硫技术的发展

早在英国产业革命后的19世纪末，人们就开始应用含碱性物质的泰晤士河河水洗涤净化燃煤烟气中的SO_2。在20世纪30年代，人们开始尝试应用CaO做吸收剂，湿法脱除烟气中的SO_2。1970年美国颁布了空气净化法，要求新建燃煤发电厂SO_2的标准态排放量控制在516 mg/Nm^{3}以下，同时以法律手段强制燃煤发电厂安装烟气脱硫装置，削减SO_2排放量。以此为契机，以石灰石湿法为代表的第一代湿法烟气脱硫技术，开始在电厂实现商业应用。第一代烟气脱硫技术的主要特点是：吸收剂和吸收装置种类众多，投资和运行费用很高，设备可用性和系统可用率较低，设备结垢、堵塞和腐蚀最为突出，脱硫效率不高，通常为70%～85%，大多数烟气脱硫的副产物被抛弃。

在20世纪80年代初，西方发达国家的SO_2排放标准日趋严格，同时开始执行SO_2削减计划，促使烟气脱硫技术进一步发展。1979年美国国会通过了《清洁空气法修正案》（AAA1979），确立了以最小脱硫效率和最大SO_2排放量为评价指标的新标准，促使第二代烟气脱硫系统进入商业化应用。第二代烟气脱硫以干法、半干法为代表，主要有喷雾干燥法、LIFAC、CFB、管道喷射法等。由于脱硫副产品是含有$CaSO_3$、$CaSO_4$、飞灰和未反应吸收剂的混合物，故脱硫副产品的处置和利用，成为80年代中期发展干法、半干法烟气脱硫的重要课题。喷雾干燥法在发展初期，脱硫效率仅为70%～80%，经过不断完善，到后期通常能达到90%，系统可用效率较高，但副产品的商业用途很有限。烟道内或炉内喷钙的脱硫效率只有 30%～50%，系统简单，负荷跟踪能力强，但脱硫吸收剂的消耗量大。在这个阶段，石灰石湿法也得到了显著的改进和完善。在解决结垢、堵塞、腐蚀、机械故障等方面取得了显著的进展，脱硫副产品可生产石膏或亚硫酸盐混合物。

1990 年美国国会再次修订了《清洁空气法》（CAAA1990），新的修正案要求现有电厂再次减少 SO_2 的排放量，到 2002 年 1 月 1 日，SO_2 总排放量要比 1990 年 SO_2 排放量减少 900 万 t。1990 年以来，美国燃煤发电厂逐步开始使用的第三代湿法烟气脱硫，均为脱硫效率≥95%的石灰石湿法工艺，且脱硫副产品石膏也已基本实现商业化应用。第三代烟气脱硫技术的主要特点如下：投资和运行费用大幅度降低，性价比高，各种有发展前景的新工艺不断出现，而且商业化、容量大型化的速度十分迅速；湿法、半干法和干法脱硫工艺同步发展。特别值得注意的是，第三代湿法烟气脱硫通过工艺、设备及系统多余部分的简化、采用就地氧化、单一吸收塔等技术，不仅大幅提高了系统的可用性和脱硫效率，且初期投资费用大大降低。同时，脱硫副产物回收利用的研究开发，也大大拓展了商业应用前景。

（二）湿法烟气脱硫技术

湿法烟气脱硫是指通过液气接触将 SO_2 分子转移到液体（水）中，同时使 SO_2 分子与液体中的成分发生化学反应而被固定的过程。湿法脱硫的核心是 SO_2 分子穿越气液界面的传质过程，为了提高 SO_2 的吸收效率需要尽可能大的液气接触面积，以及足够大的相对运动速度。为了实现这些条件，脱硫浆液被分散成众多小液滴，力求在空间形成尽可能大的覆盖面积；烟气通常是与液滴反向运动，使 SO_2 分子能够获得足够的速度穿越液气界面。湿法脱硫具有反应速度快，脱硫效率高的特点，选用不同的脱硫剂可以形成不同的脱硫工艺方法，便于因地制宜地应用。

1. 石灰石—石膏湿法烟气脱硫技术

石灰石—石膏湿法烟气脱硫技术的化学原理如下：

二氧化硫吸收反应：

$$CaCO_3 + SO_2 + 1/2H_2O \longrightarrow CaSO_3 \cdot 1/2H_2O + CO_2\uparrow \tag{2-6}$$

$$Ca(OH)_2 + SO_2 \longrightarrow CaSO_3 \cdot 1/2H_2O + 1/2H_2O \tag{2-7}$$

$$CaSO_3 \cdot 1/2H_2O + SO_2 + 1/2H_2O \longrightarrow Ca(HSO_3)_2 \tag{2-8}$$

脱硫产物的氧化过程：

$$2CaSO_3 \cdot 1/2H_2O + O_2 + 3H_2O \longrightarrow 2CaSO_4 \cdot 2H_2O \tag{2-9}$$

$$Ca(HSO_3)_2 + O_2 + 2H_2O \longrightarrow CaSO_4 \cdot 2H_2O + H_2SO_4 \tag{2-10}$$

从电除尘器出来的烟气通过增压风机（增压风机是烟气脱硫的动力源，提供烟气在脱硫系统中克服阻力运行的动力）进入换热器（GGH），烟气被冷却后进入吸收塔，并与石灰石浆液相接触，浆液中的部分水分被蒸发掉，烟气则被进一步冷却。烟气经循环石灰石稀浆的洗涤，可将烟气中95%以上的硫脱除。同时，湿法脱硫还能将烟气中近 100%的氯化氢除去。在吸收塔的顶部，烟道气穿过除雾器，除去悬浮水滴。浆液池中的脱硫产物经氧化最终生成石膏，这些石膏在沉淀槽中从溶液中结晶析出。石膏稀浆由吸收塔沉淀槽中抽出，经浓缩、脱水和洗涤后产生石膏粉，然后再从当地运走再利用或抛弃。

离开吸收塔以后，在进入烟囱之前，烟气再次穿过换热器升温，吸收塔出口的烟温一般为 50～70℃，换热器出口的烟温一般是 80℃左右。大部分脱硫烟道都配备有旁路挡板门，旁路挡板打开时，烟道气绕过脱硫装置，直接排入烟囱。脱硫系统的烟气挡板门一般由两组挡板构成，一组挡板直开直关，另一组开度可调。两组挡板之间由密封风机提供正压力，以防止烟气外泄。

石灰石—石膏湿法脱硫工艺的主要组成设备有：

① 烟气系统：进、出口挡板门、旁路挡板门、密封空气系统、增压风机 BUF 及其辅助设备、除雾器、烟气换热器 GGH 及其辅助设备；

② 吸收塔系统：吸收塔区、浆液循环泵、石膏浆液排出系统、氧化风机、搅拌器、除雾器冲洗系统；

③ 石膏脱水及其输送系统：真空泵、真空皮带脱水机、石膏皮带输送等；

④ 石灰石浆液系统：磨机及其辅助设备、石灰石卸料系统；

⑤ 工艺水系统：包括工业水泵、工艺水泵及除雾器水；

⑥ 废水系统：废水处理及回收再利用；

⑦ 电气系统：包括脱硫系统的配电、安保等；

⑧ 氧化空气系统：氧化风机；

⑨ 压缩空气系统：保证挡板门密封。

湿法烟气脱硫的主要技术特点是：脱硫效率高，可达到 95%以上；技术成熟，运行可靠性高；对煤种的适应性强；吸收剂资源丰富，价格低廉；脱硫副产物便于综合利用；占地面积大，投资大（占电厂总投资的 10%～15%）；运行费用高，系统易发生结垢。对于石灰/石灰石—石膏法防止钙盐的结垢而造成堵塞是十分重要的，目前采取主要方法有：加大液气比、减少塔内构件、选用低阻力的塔、添加晶种、添加防垢助剂等。

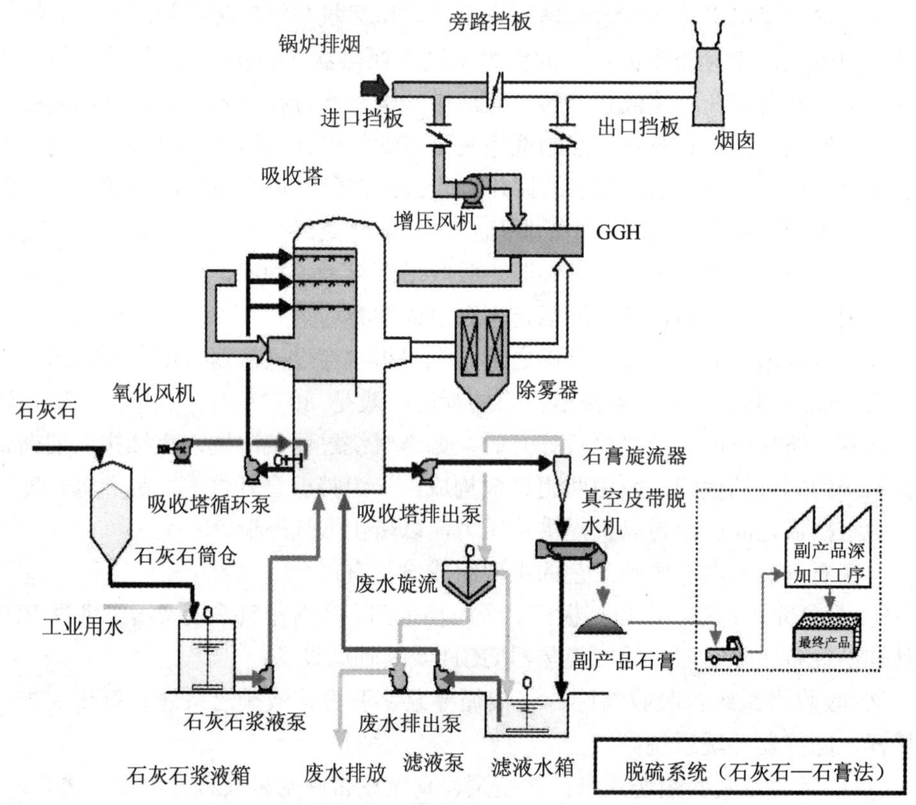

图 2-5　石灰石—石膏湿法脱硫工艺流程

影响湿法烟气脱硫效率的关键因素：

（1）吸收塔的结构。吸收塔是湿法烟气脱硫装置的核心，要求持液量大、气液相间的相对速度高、气液接触面积大、内部构件少、压降小等特点。吸收塔的种类有喷淋塔、液柱塔、喷射鼓泡塔和填料塔等。目前常用的塔形主要是喷淋塔和液柱塔，尤以喷淋塔最为常见。

喷淋塔主体结构是多层交错布置的喷头，脱硫浆液从喷头喷出后在空间形成重叠覆盖，以增大吸收面积。烟气逆流进入喷淋区与液滴中的脱硫剂发生反应，任一层喷淋层出现故障仍能维持一定的脱硫效率。喷淋塔的优点显著：喷淋塔多采用陶瓷喷嘴，雾化性能好，耐腐蚀，抗磨损，使用寿命长；喷淋塔的除尘效率达 90%；喷淋塔可用率高，维修工作量很少；喷淋塔在所有脱硫吸收塔中占绝对优势，有长期运行的业绩。

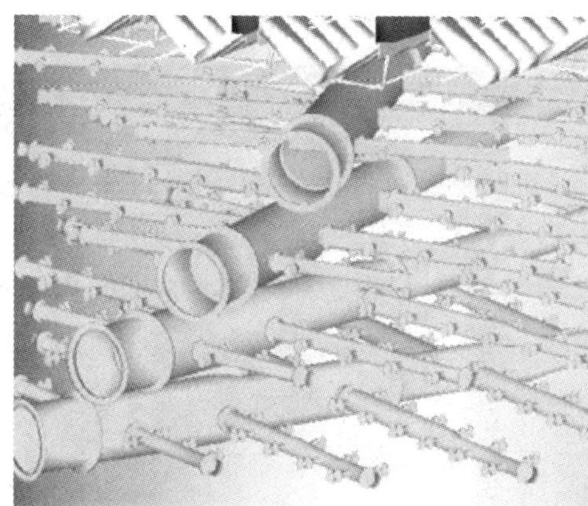

图 2-6　喷淋塔的内部结构

图 2-7　喷淋塔外观

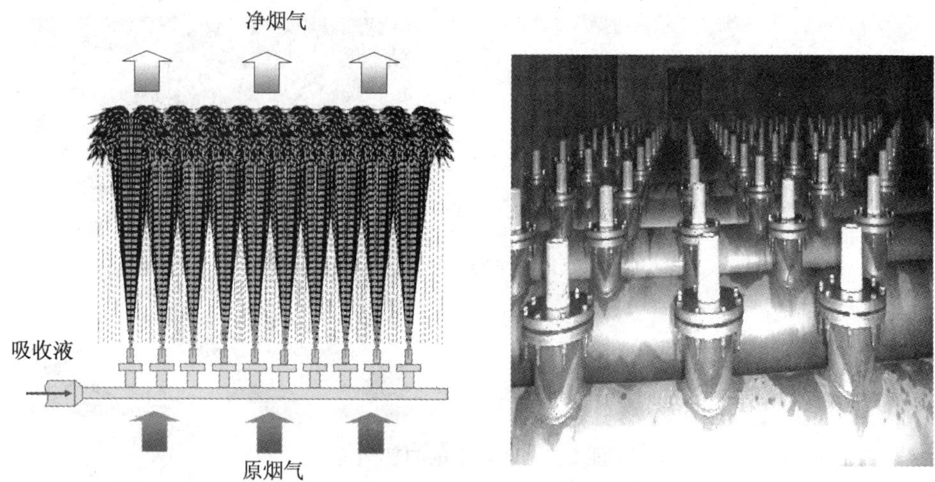

图 2-8 液柱塔的内部结构

图 2-9 液柱塔的外观

液柱塔在塔的下部布置有喷嘴阵列，浆液向上喷，状如喷泉。空塔无填料，结构简单，喷液的高度可调。烟气由塔的下部被导入后，通过布置在靠近入口上部的单层喷管群向上喷液形成的液柱，烟气通过与上升液和下降液的接触达到脱硫净化。然后再经配置在塔上部的除雾器排出塔外。喷嘴向上高速喷出的吸收液，先在液柱顶部分散形成细小的液滴，然后下落并将烟气中的 SO_2 吸收。由于下落液滴与向上喷出液体发生剧烈碰撞生成更加微小的液滴，使吸收液表面得到更新和增大，从而加强高效吸收。此外到达喷嘴处的烟气由于被向上喷出的浆液卷起，同吸收液接触，促使吸收率提高。

（2）浆液的 pH 值。浆液 pH 值是影响脱硫效率，脱硫产物成分的关键参数。pH 值太高，则容易造成设备的堵塞和结垢，同时使得脱硫剂的利用率降低，脱硫产物的品位下降。而 pH 值太低，则影响了脱硫效率。所以必须选择合适的 pH 值，使得保证脱硫效率，同时保证脱硫剂的利用率和脱硫产物的品位。

（3）原烟气品质。进入脱硫反应塔的原烟气品质如 SO_2 浓度、温度、含尘量等直接影响了整个脱硫系统的脱硫效率。在其他条件相同时，入口 SO_2 浓度越高，脱硫效率就越低；相反，若入口 SO_2 浓度越低，则脱硫效率越高。在其他条件相同时，入口过高的烟气温度，会导致脱硫效率的下降。含尘量的升高则会导致石膏品质降低，管路结垢率提高，并造成浆液泵的过度磨损。

（4）烟气停留时间。脱硫反应塔内烟气的流动速度由烟气停留时间决定，烟气速度越大，接触时间就越短，在其他条件一样的情况下，脱硫效率就可能低，反之则高。同时，烟气流动速度也影响了烟气中携带的水含量。烟气速度越高，则烟气中携带的浆滴就越多，相反，则可能越少。

（5）脱硫剂品质。脱硫剂的不同类型与细度直接影响其与 SO_2 反应的能力，并影响最终产物的纯度。脱硫剂的细度决定了其比表面积，对石灰石而言通常的细度为 200～300 目，目数越大越有利于脱硫效率的提高。脱硫剂越纯，脱硫产物所含的杂质越少，品质也越高。

（6）循环浆液与烟气流量的比例。在相同的条件下，液气比越大，脱硫效率越高，但随之，动力的消耗就越大，烟气出口的温度就越低。所以，要根据具体的情况，选择合适的液气比，使得在保证脱硫效率的同时，降低运行费用。

2. 海水脱硫技术

海水烟气脱硫是利用海水的天然碱性吸收烟气中 SO_2 的一种脱硫工艺。由于雨水将陆地上岩层的碱性物质（碳酸盐）带到海中，天然海水通常呈碱性，pH 值一般大于 7，其主要成分是氯化物、硫酸盐和一部分可溶性碳酸盐，以重碳酸盐（HCO_3^-）计，自然碱度为 1.2～2.5 mmol/L，这使得海水具有天然的酸碱缓冲能力及吸收 SO_2 的能力。

烟气中 SO_2 与海水接触主要发生以下反应：

$$SO_2\text{（气态）} + H_2O \longrightarrow H_2SO_3 \longrightarrow H + HSO_3^- \tag{2-11}$$

$$HSO_3^- \longrightarrow H^+ + SO_3^{2-} \quad (2\text{-}12)$$

$$SO_3^{2-} + 1/2O_2 \longrightarrow SO_4^{2-} \quad (2\text{-}13)$$

上述反应为吸收和氧化过程，海水吸收烟气中气态的 SO_2 生成 H_2SO_3，H_2SO_3 不稳定将分解成 H^+与 HSO_3^-，HSO_3^-将继续分解成 H^+与 SO_3^{2-}。SO_3^{2-}可被水中的溶解氧氧化成 SO_4^{2-}，但是水中的溶解氧非常少，一般在 7～8 mg/L。一般情况下，这种浓度的溶解氧不能将吸收 SO_2 产生的 SO_3^{2-}全部氧化成 SO_4^{2-}。吸收 SO_2 后的海水中 H^+浓度增加，使得海水酸性增强，pH 值一般在 3 左右，呈强酸性，需要新鲜的碱性海水与之中和提高 pH 值，脱硫后海水中的 H^+与新鲜海水中的碳酸盐发生以下反应：

$$HSO_3^- + H^+ \rightarrow H_2CO_3 \longrightarrow CO_2\uparrow + H_2O \quad (2\text{-}14)$$

在进行上述中和反应的同时，要在海水中鼓入大量空气进行曝气，其作用主要是：将 SO_3^{2-}氧化成为 SO_4^{2-}；利用其机械力将中和反应中产生的大量 CO_2 赶出水面；提高脱硫海水的溶解氧浓度，以达到排放标准。

海水脱硫工艺除海水和空气外不添加任何化学脱硫剂，海水经恢复后主要增加了 SO_4^{2-}，但海水盐分的主要成分依然是氯化钠和硫酸盐，天然海水中硫酸盐含量一般为 2 700 mg/L，脱硫后硫酸盐浓度增加 70～80 mg/L，在天然海水盐度的正常波动范围内。因此，海水脱硫不破坏海水的天然组分，也没有副产品需要处理。海水脱硫工艺一般适用于靠海边、扩散条件较好、用海水作为冷却水、燃用低硫煤的电厂。海水脱硫工艺在挪威已广泛用于炼铝厂、炼油厂等工业炉窑的烟气脱硫，先后有 20 多套脱硫装置投入运行。近几年，海水脱硫工艺在火电厂的应用取得了较快的进展，此种工艺最大问题是烟气脱硫后可能产生的重金属沉积和对海洋环境的影响需要长时间的观察才能得出结论，因此在环境质量比较敏感和环保要求较高的区域需慎重考虑。

3．镁法脱硫技术

氧化镁的脱硫机理与氧化钙的脱硫机理相似，都是碱性氧化物与水反应生成氢氧化物，再与二氧化硫溶于水生成的亚硫酸溶液进行酸碱中和反应。氧化镁参与反应生成的亚硫酸镁，再经过 SO_2 回收工艺后进行重复利用，或者将其强制氧化全部转化成硫酸盐，再制成七水硫酸镁。

$$MgO + H_2O = Mg(OH)_2 \quad (2\text{-}15)$$

$$Mg(OH)_2 + SO_2 = MgSO_3 + H_2O \quad (2\text{-}16)$$

$$MgSO_3 + H_2O + SO_2 = Mg(HSO_3)_2 \quad (2\text{-}17)$$

$$MgSO_3 + 1/2O_2 = MgSO_4 \quad (2\text{-}18)$$

氧化镁再生阶段发生的主要反应有：

$$MgSO_3 \longrightarrow MgO + SO_2 \quad (2\text{-}19)$$

$$MgSO_4 \longrightarrow MgO + SO_3 \quad (2\text{-}20)$$

$$Mg(HSO_3)_2 \longrightarrow MgO + H_2O + 2SO_2 \quad (2\text{-}21)$$

$$SO_2 + 1/2O_2 \longrightarrow SO_3 \quad (2\text{-}22)$$

$$SO_3 + H_2O \longrightarrow H_2SO_4 \quad (2\text{-}23)$$

当对副产物进行强制氧化制 $MgSO_4 \cdot 7H_2O$ 出售时：

$$MgSO_3 + 1/2O_2 \longrightarrow MgSO_4 \quad (2\text{-}24)$$

$$MgSO_4 + 7H_2O \longrightarrow MgSO_4 \cdot 7H_2O \quad (2\text{-}25)$$

氧化镁脱硫是一种相对成熟的脱硫工艺，在世界各地都有非常多的应用业绩。我国台湾的电站 95%是用氧化镁法脱硫，而且在美国、德国等地都已经应用。在我国氧化镁的储量十分可观，主要产地在辽宁、四川、河北等省，目前已探明储藏量约为 160 亿 t，占全世界的 80%左右。氧化镁脱硫工艺的吸收塔体积、循环浆液量的大小都比钙法工艺要小，系统的总投资可以降低 50%以上。决定脱硫系统运行费用的主要因素是脱硫剂的消耗费用和水电气的消耗费用。氧化镁的价格比氧化钙的价格高一些，但是脱除同样的 SO_2 氧化镁的用量是碳酸钙的 40%。在水电气等动力消耗方面，液气比是一个十分重要的因素，它直接关系到整个系统的脱硫效率以及系统的运行费用。对石灰石/石膏系统而言，液气比一般都在 15 L/m^3 以上，而氧化镁在 5 L/m^3 以下，这样氧化镁法脱硫工艺就能节省很大一部分费用。另外，镁法相对于钙法的最大优势是系统不会发生设备结垢堵塞问题，能保证整个脱硫系统能够安全有效的运行，同时镁法 pH 值控制在 7 左右，在这种条件下设备腐蚀问题也得到了一定程度的解决。

4．湿式氨法脱硫技术

氨法脱硫工艺是采用氨作为吸收剂除去烟气中的 SO_2 的工艺。氨法脱硫工艺具有很多特点：氨是一种良好的碱性吸收剂，氨的碱性强于钙基吸收剂；而且氨吸收烟气中 SO_2 是气-液或气-气反应，反应速度快、反应完全、吸收剂利用率高，可以做到很高的脱硫效率；相对于钙基脱硫工艺来说系统简单、设备体积小、能耗低；脱硫副产品硫酸铵是一种常用的化肥，其销售收入能大幅度降低运行成本。湿式氨法是目前较成熟的、已工业化的氨法脱硫工艺，并且湿式氨法既脱硫又脱氮。湿式氨法工艺过程一般分成三大步骤：脱硫吸收、中间产品处理、副产品制造。根据过程和副产物的不同，湿式氨法又可分为氨-硫铵肥法、氨-磷铵肥法、氨-酸法、氨-亚硫酸铵法等。

脱硫吸收过程是湿式氨法烟气脱硫技术的核心，它以水溶液中的 SO_2 和 NH_3 的反应为基础：

$$SO_2 + H_2O + NH_3 \longrightarrow NH_4HSO_3 \quad (2\text{-}26)$$

$$SO_2 + H_2O + 2NH_3 \longrightarrow (NH_4)_2SO_3 \quad (2\text{-}27)$$

$$(NH_4)_2SO_3 + H_2O + SO_2 \longrightarrow 2NH_4HSO_3 \quad (2\text{-}28)$$

因为NH_4HSO_3对SO_2的吸收能力很强，实际上，氨法脱硫是以循环$(NH_4)_2SO_3$—NH_4HSO_3溶液吸收 SO_2。随着吸收的进行，NH_4HSO_3的含量不断升高，而NH_4HSO_3又没有继续吸收 SO_2的能力，要保持脱硫效果，就必须不断补充氨，使部分 NH_4HSO_3转化成$(NH_4)_2SO_3$。对一部分 NH_4HSO_3含量高的溶液，从吸收系统排出。中间产品 NH_4HSO_3经处理后形成了铵盐及气体二氧化硫。铵盐送制肥装置制成成品氮肥或复合肥；气体二氧化硫既可制造液体二氧化硫又可送硫酸制酸装置生产硫酸。而生产所得的硫酸又可用于生产磷酸、磷肥等。另外，湿式氨法在脱硫的同时还可起到一定的脱氮作用。

近年来出现的磷铵法、电子束法、脉冲电晕放电等离子体法等烟气脱硫脱硝技术皆是氨法的演变与发展，改进之处在于降低水耗、改进氧化及后处理、降低装置压降、提高脱硝能力等方面，以求使氨法烟气脱硫技术更加经济可靠。电子束氨法与脉冲电晕氨法分别是用电子束和脉冲电晕照射喷入水和氨的、已降温至70℃左右的烟气，在强电场作用下，部分烟气分子电离，成为高能电子，高能电子激活、裂解、电离其他烟气分子，产生 OH、O、HO_2等多种活性粒子和自由基。在反应器里，烟气中的SO_2、NO 被活性粒子和自由基氧化为高阶氧化物SO_3、NO_2，与烟气中的H_2O相遇后形成H_2SO_4和HNO_3，在有NH_3或其他中和物注入情况下生成$(NH_4)_2SO_4/NH_4NO_3$的气溶胶，再由收尘器收集。脉冲电晕放电烟气脱硫脱硝反应器的电场本身同时具有除尘功能。这两种氨法能耗和效率尚要改进，主要设备如大功率的电子束加速器和脉冲电晕发生装置还在研制阶段。这里主要介绍湿式氨法脱硫技术。

（三）干法烟气脱硫技术

干法烟气脱硫与湿式脱硫相比有以下优点：脱硫产物呈干态，无污水废酸排出，设备腐蚀小；烟气在净化过程中无明显温降，无需装设烟气再热器，利于烟囱排气扩散。但干法脱硫也存在脱硫效率低，反应速度较慢等问题。干法烟气脱硫技术由于能较好地回避湿法烟气脱硫技术存在的腐蚀和二次污染等问题，近年来得到了迅速的发展和应用。

1. 循环流化床干法脱硫技术

循环流化床干法烟气脱硫技术是近几年国际上新兴起的比较先进的烟气脱硫技术，它具有投资相对较低的优点，因此非常适合老机组脱硫改造。循环流化床烟气脱硫技术主要是根据循环流化床的工作原理，通过气流使吸收剂形成流化床来实现脱硫的一种方法。整个循环流化床烟气脱硫系统由石灰浆制备系统、脱硫反应系统和收尘引风系统组成，包括石灰贮仓化灰槽、灰浆泵、水泵、活化反应器、旋风分离器、除尘器和引风机等设备。

工艺流程：从锅炉或焚烧炉出来的烟气进入活化反应器，与雾化的石灰浆混合，反应器内的石灰浆在干燥过程中与烟气中的 SO_2 及其他酸性气体进行中和反应。烟气经旋风分离器分离粉尘后进入静电除尘器或布袋除尘器，符合排放标准的清洁烟气经烟囱排放到大气中。含有脱硫灰和未反应完全的石灰石的流化床床料在旋风分离器中分离，其中 99%的床料经调节器速螺旋装置送回反应器中循环，只有大约 1%的床料作为副产品脱硫灰排出系统。脱硫灰的循环可以最大限度地利用石灰浆和脱硫灰，减少了新鲜石灰的用量。

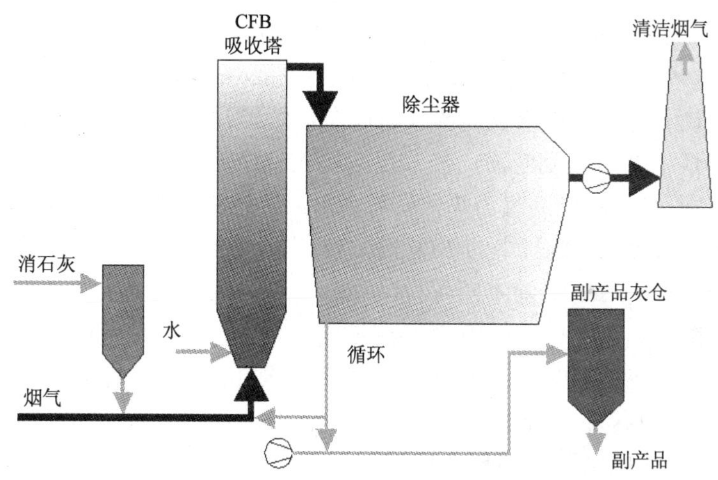

图 2-10 循环流化床脱硫工艺流程

循环流化床烟气脱硫技术的主要控制参数有床料循环倍率、流化床料浓度、烟气及脱硫吸收剂在反应器及旋风分离器中停留时间、反应器内操作温度、钙硫比、脱硫效率等。利用循环流化床作为脱硫反应器的最大优点是，可以通过喷水将床温控制在最佳反应温度，达到最好的气固紊流混合并不断暴露出未反应消石灰的新表面，通过固体物料的多次循环使脱硫剂具有很长的停留时间，从而大大提高了脱硫剂的利用率和脱硫效率。当 Ca/S 在 1.1～1.5 之间时，脱硫效率可达 90%～97%。与湿法烟气脱硫相比，循环流化床烟气脱硫技术具有系统简单、造价较低、产物易于处理等优点。因此，循环流化床烟气脱硫技术是一项具有广泛应用前景的脱硫技术。

循环流化床烟气脱硫工艺发生的主要化学反应有：

$$Ca(OH)_2 + SO_2 \longrightarrow CaSO_3 \cdot 1/2H_2O + 1/2H_2O \quad (2\text{-}29)$$

$$2CaSO_3 \cdot 1/2H_2O + O_2 \longrightarrow 2CaSO_4 \cdot 1/2H_2O \quad (2\text{-}30)$$

$$Ca(OH)_2 + SO_3 \longrightarrow CaSO_4 \cdot 1/2\ H_2O + 1/2H_2O \quad (2\text{-}31)$$

烟气中的氯化氢和氟化氢能够发生如下反应：

$$2Ca(OH)_2 + 2HCl \longrightarrow CaCl_2 \cdot Ca(OH)_2 \cdot H_2O\text{（120℃）} \quad (2\text{-}32)$$

$$Ca(OH)_2 + 2HCl \longrightarrow CaCl_2 \cdot 2H_2O\text{（75℃）} \quad (2\text{-}33)$$

$$Ca(OH)_2 + 2HF \longrightarrow CaF_2 + 2H_2O \quad (2\text{-}34)$$

如果电厂提供的是生石灰，则要求在现场对生石灰进行消化，化学反应如下：

$$CaO + H_2O \longrightarrow Ca(OH)_2 \quad (2\text{-}35)$$

由于烟气中含有 CO_2，将部分与 $Ca(OH)_2$ 反应，生成石灰石，化学反应如下：

$$Ca(OH)_2 + CO_2 \longrightarrow CaCO_3 + H_2O \quad (2\text{-}36)$$

2．炉内喷钙及尾部增湿活化脱硫技术

炉内喷钙及尾部增湿活化脱硫技术即向锅炉炉膛内喷射石灰石粉，并配合采用锅炉尾部烟道增活化反应器，使未反应的 CaO 通过雾化水进行增湿活化的烟气脱硫工艺。石灰石粉借助气力喷入炉膛内 850～1 150℃烟温区，煅烧分解成 CaO 和 CO_2，部分 CaO 与烟气中的 SO_2 发生反应，脱除掉烟气中一部分 SO_2。炉膛内喷入石灰石后的 SO_2 脱除率随煤种、石灰石粉特性、炉型及其空气动力场和温度场特性等因素而改变，一般为 20%～50%。

活化器内脱硫的基本原理如下：脱硫剂颗粒和水滴相碰撞以后，在脱硫剂颗粒表面形成一层水膜，脱硫剂及 SO_2 气体均向其中溶解，从而使脱硫反应由原来的气-固反应转化成水膜中的离子反应，烟气中大部分未及时在炉膛内参与反应的 CaO 与烟气中的 SO_2 反应生成 $CaSO_3$ 或 $CaSO_4$。活化反应器内的脱硫效率通常在 40%～60%，脱硫效率的高低取决于雾化水量、液滴粒径、水雾分布和烟气流速、出口烟温，最主要的控制因素是脱硫剂颗粒与水滴碰撞的概率。

由于活化反应器出口烟气中还有一部分可利用的钙化物，为了提高钙的利用率，可以将电除尘器收集下来的粉尘返回一部分到活化反应器中再利用，即脱硫灰再循环。活化器出口烟温因雾化水的蒸发而降低，为避免出现烟温低于露点温度的情况发生，可采用烟气再加热的方法，将烟气温度提高至露点以上 10～15℃加热介质可采用蒸气或热空气，也可用未经活化器的烟气。

炉内喷钙及尾部增湿活化脱硫技术的效率一般为 60%～85%。该脱硫方法适用于燃用含硫量为 0.6～2.5 的煤种、容量为 50～300 MW 燃煤锅炉。与湿式烟气脱硫技术相比，投资少，占地面积小，适合于现有燃煤锅炉的脱硫改造。

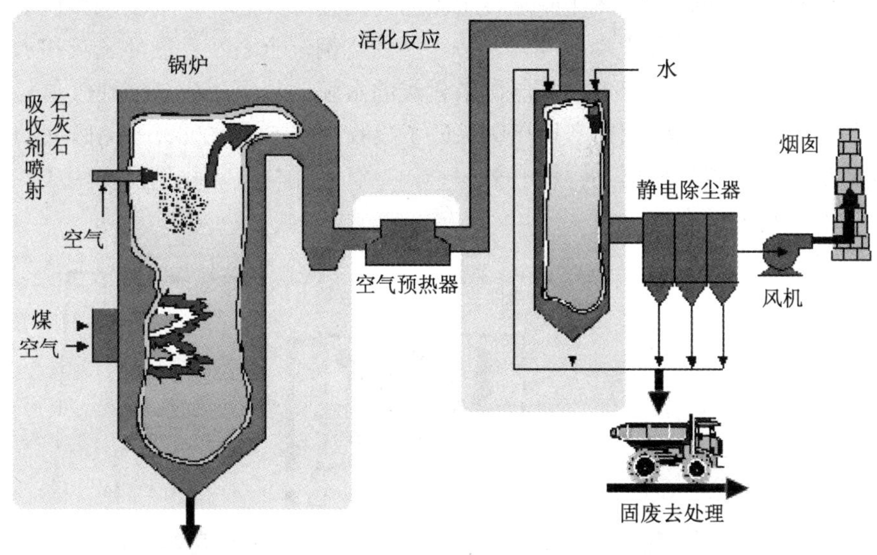

图 2-11 炉内喷钙及尾部增湿活化脱硫技术工艺流程图

3. 新型一体化脱硫技术

新型一体化脱硫技术是瑞典 ABB 公司 20 世纪 80 年代初开发的新颖脱硫技术，借鉴了旋转雾干燥法的脱硫原理，又克服了使用制浆系统的种种弊端；既具有干法的廉价、简单等优点，又有湿法的高脱硫效率，且原料消耗和能耗都比喷雾干燥法有大幅度下降。

在新型一体化脱硫系统中，从锅炉或除尘器排出的未经处理的热烟气，经烟气分布器后与增湿的可自由流动的灰和石灰混合粉接触，其中的活性组分立即被混合粉中的碱性组分吸收。同时，水分将蒸发，使烟气温度降低，SO_2 能更有效地被吸收。对烟气的分布、混合粉的供给速率及分布和增湿用水量进行有效控制，可以达到最佳的脱硫效果。经处理的烟气进入除尘器后，再经引风机排入烟囱。除尘器除掉的粉尘经增湿后进入反应器，灰斗的灰位计控制副产品的排出。

新型一体化脱硫技术可以采用生石灰（CaO）或消石［$Ca(OH)_2$］作为吸收剂。采用生石灰时，生石灰要经过消化。如果采用消石灰，则不需提供石灰消化器。加入系统的水量取决于进入和排出反应器的烟气温度差（即喷水降温量）。温差越大，需要蒸发的水量也越大。一般情况下，吸收效率和石灰石利用率与离开反应器的烟气的相对湿度有关。出口温度低限受最终产物的输送特性限制，最佳状态是将“接近温度”保持在 15～20℃。

增湿搅拌机是新型一体化脱硫技术工艺的主要部件之一，增湿搅拌机根据出口烟气温度和 SO_2 脱除效率的要求，按需要的比例混合石灰、循环飞灰和水。加入的水在粉料微粒表面上形成一层微米量级的水膜，从而增大了酸性气体与碱性粉料的接触表面。大面积的密切接触保证了吸收剂和 SO_2 之间几乎是瞬间的高效反应，所以可以将反应器的体积有效缩小。二氧化硫与氢氧化钙反应生成容易处理的亚硫酸钙/硫酸钙。

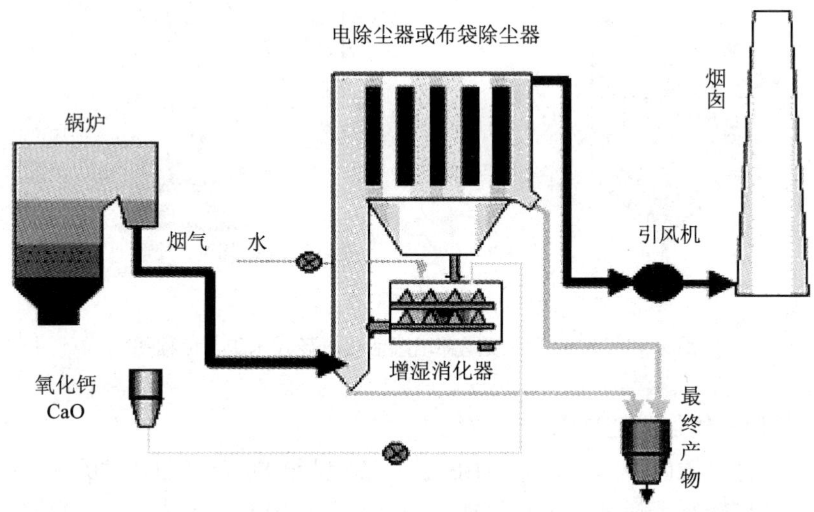

图 2-12 新型一体化脱硫技术工艺流程图

新型一体化脱硫技术的特点有：

① 取消了喷雾干燥工艺中制浆系统，实行 CaO 的消化及循环增湿一体化设计，克服了单独消化时出现的漏风、堵管等问题，而且消化时产生的蒸汽都能利用，增加了烟气的湿度，对脱硫有利。

② 鉴于其他干法、半干法工艺脱硫剂利用率不高的问题，此工艺实行脱硫灰多次循环，循环倍率高达 30～50 倍，使脱硫剂的利用率提高到 95%以上，大大降低了运行成本。

③ 脱硫效率高，当 Ca/S=1.1 时，脱硫效率确保大于 80%，当 Ca/S=1.2～1.4 时，脱硫效率可达 90%～99%。

④ 整个装置结构紧凑、占用空间小，投资少，约为湿法脱硫投资的 1/3，而且运行成本较低。

⑤ 脱硫无需烟气再加热。

五、清洁能源替代措施

清洁能源也叫绿色能源，主要包括以下四种类型：一是指可再生能源，包括风能、太阳能、水能、生物质能、地热能和海洋能等；二是指对不可再生能源在生产产品及其消费过程中进行技术处理，尽可能减少对生态环境的污染，如利用洁净能源技术处理过的化石能源（洁净煤、煤气、洁净油等）；三是指使用低污染的化石能源（如天然气和煤层气等）；四是指采用高新技术创造的新能源，如核能、氢能等，以尽可能地降低能源生产与使用对生态环境的危害。

1．国内清洁能源发展现状

近年来，我国清洁能源发展迅速。水电、沼气、风电、太阳、核能利用取得显著进展，清洁能源的作用逐步增大，显示出良好的发展势头。

到 2005 年底，全国水电装机容量达到 1.17 亿 kW（包括约 700 万 kW 抽水蓄能电站），约占全国发电总装机容量的 23%，水电年发电量 3 952 亿 kW • h，约占全国总发电量的 16%。

到 2005 年底，我国已发展户用沼气池 1 800 多万户，建成大型畜禽养殖场沼气工程和工业有机废水沼气工程约 1 500 处，沼气年利用量达到约 80 亿 m^3，为近 7 000 万农村人口提供了优质的生活燃料。到 2005 年底，全国生物质发电总装机容量约 200 万 kW，其中蔗渣发电约 170 万 kW，垃圾发电约 20 万 kW，其余为稻壳等农林废弃物气化发电和沼气发电等。

为了缓解石油供需矛盾，我国大力开展了生物液体燃料技术研发和试点工作。到 2005 年底，以粮食为原料的燃料乙醇年利用量达到 102 万 t，以甜高粱茎秆、木薯等非粮原料生产乙醇的技术已具备商业化生产的条件。以小桐子（俗称麻疯树）、黄连木等非食用油料植物为原料的生物柴油技术处于小规模试验阶段。

为了加快风电的规模化发展，我国采取特许权招标方式推进大型风电项目建设，并努力促进风电设备本地化生产和风电技术的自主创新。到 2005 年底，全国已建成并网风电场 60 多个，总装机容量达到 126 万 kW，为风电的大规模发展奠定了基础。此外，在偏远地区还有约 25 万台小型独立运行的风力发电机，总容量约为 5 万 kW。

为了解决偏远地区用电问题，国家组织实施了“送电到乡”工程，有力地推动了太阳能光伏发电的应用。到 2005 年底，全国光伏发电总容量达到 7 万 kW，在 12 个县城、700 多个乡镇建设了独立光伏电站，推广了 50 多万套户用光伏系统，极大地推动了太阳能光伏产业的发展。

为了扩大太阳能热利用，国家积极推动太阳能热水器与建筑结合，有效地扩大了太阳能热水器市场，使太阳能热水器的生产和应用进入稳定增长阶段，到2005 年底，太阳能热水器安装使用总量达到 8 000 万 m^2。

2005 年，我国可再生能源开发利用总量为 1.66 亿 t 标准煤，约为 2005 年全国一次能源消费总量的 7.5%，相应减少二氧化硫年排放量 300 万 t，减少二氧化碳年排放量 4 亿多吨。发展可再生能源已成为缓解能源供需矛盾、减少环境污染、增加农民收入的重要途径。

国家发展和改革委已制定《可再生能源发展“十一五”规划》，积极推进风能、太阳能、地热、生物质能等可再生能源的发展。按照该规划，到 2010 年底，我国可再生能源年开发利用量将达到 3 亿 t 标准煤，约占届时能源消费总量的10%，将成为重要的能源组成部分。

另外，为推进核能的和平利用，20 世纪 70 年代国务院做出了发展核电的决定，经过三十多年的努力，我国已成为世界上少数几个拥有比较完整核工业体系的国家之一。从 1991 年我国第一座核电站——秦山一期并网发电至今，我国已有 6 座核电站共 11 台机组 906.8 万 kW 先后投入商业运行，8 台机组 790 万 kW 在建。我国已在核电工程设计、核电设备制造、核燃料循环等方面取得了长足的进步，建立了较为完整的民用核工业体系。根据国家发展和改革委已制定的《核电中长期发展规划》，到 2020 年，我国核电运行装机容量将达到 4 000 万 kW，年发电量达到 2 600 亿～2 800 亿 kW・h。

2．国外清洁能源利用现状

目前，清洁能源的生产和使用在世界上已得到广泛的重视和发展。风力发电、太阳能发电、光伏发电等可再生能源的年增长速度超过 30%。世界各主要国家都将可再生能源作为可持续发展的基本选择，并且积极制定新的能源发展战略、法规和政策。经济发达国家都提出了明确的可再生能源发展目标，早在 1997 年，欧盟在可再生能源共同战略和行动计划白皮书中提出将可再生能源在一次能源消费中的比例从 1996 年的 6%提高到 2010 年的 12%，可再生能源电力装机容量在总装机容量中的比例也将从 1997 年的 14%提高到 2010 年的 22%，其中主要是生物质发电和风力发电。前不久，欧盟还计划到 2020 年使其可再生能源使用量在能源结构中达到 20%，到 2050 年达到 50%。日本最近也制定了可再生能源法，一部分可再生能源已经具备大规模商业化发展的条件，开始成为继煤炭、石油和天然气之后的第四代能源。因此，今后可再生能源将会得到更快、更大、更好的发展。

除可再生能源之外，天然气、核能等清洁能源也得到了快速发展。例如，天然气发电在全球发电中所占的比例份额将稳步增加，到 2050 年将达到 23%～28%，比 2003 年所占比例增加一倍。天然气发电的未来发展主要受到天然气价格影响，而其最大优势是具有非常高的发电效率，现在最先进的联合循环天然气发电机组的效率已达到 60%。天然气 CO_2 排放量是燃煤 CO_2 排放量的一半，所以该项技术的广泛应用对二氧化碳减排也起了很大的作用。而核能发电目前则被认为是没有排放污染的清洁技术，该技术已经历了几代的发展。从 20 世纪 90 年代开始研发第三代核能发电技术，它无论在安全性还是在经济性上都具有一系列优越性。据 IEA 分析预测，到 2050 年核能发电占全球总发电的比例为 16%～19%。另外，日本、法国、俄罗斯、美国等国正在大力推进等离子体及聚变科学的研究，以实现核聚变能的远期商业应用。

3. 辽宁省清洁能源利用现状

辽宁省的清洁能源主要以风能、生物质能源、太阳能、垃圾发电、四位一体的清洁能源、天然气和核能为主，利用情况如下：

（1）风能。辽宁省风能资源主要集中在沿海六市和辽西北的朝阳、阜新、铁岭三个市以及沈阳的法库、康平两县。根据初步测算，辽宁陆地风能资源约 5 400 万 kW，其中可利用资源约 1 800 万 kW，基本与 2006 年辽宁总装机容量持平。2007 年初，在辽宁省“两会”上，许多人大代表及政协委员联名提出《关于加速辽宁风电产业发展的提案》，呼吁打造环渤海地区和辽西北地区的两条“风电长城”。与此同时，一批国外知名风电开发企业也已抢滩辽宁。2007 年 8 月，中电投公司在瓦房店市开工兴建驼山风电场，总装机容量达 30 万 kW。阜新市于 2002 年开始建设彰武金山风场，预计到 2010 年阜新市风电总装机容量将超过 100 万 kW，更计划于 2020 年使风电装机容量达到 480 万 kW，要把“煤电之城”建设为“风电之城”。

按照辽宁风电的发展规划，到 2007 年底，辽宁风电总装机容量将由 2006 年底的不足 1%提高到 2.5%，达到 42.5 万 kW，到 2010 年累计风电装机容量则将达到 300 万 kW。

（2）生物质能源。辽宁省农村秸秆产量达 180 亿 kg/a，其中的 70%被作为生活燃料直接烧掉，其真正意义上的能源转化率不足 6%，造成了资源的严重浪费。“十一五”期间，利用秸秆发电的可行性论证，也正式纳入了我省新能源开发规划。另外，朝阳市正在计划利用甜高粱秸秆制造乙醇，项目建成后，年加工秸秆量将达到 100 万～150 万 t，年产乙醇 20 万 t，年销售收入 15 亿元，创利税 3 亿元。

（3）垃圾发电。垃圾发电同样是生物质发电的重要项目。拥有 740 多万人口的省会城市沈阳，年产垃圾至少在 300 万 t 以上，如果将其中的 70%进行发酵制气，年发电量可达 2 亿 kW·h，还可生产大量堆肥。2008 年 4 月，沈阳市老虎冲垃圾发电厂已正式并网发电，可为 3 万多居民提供日常生活用电。

（4）太阳能。2006 年底，大连供电公司建设了东北地区最大的民用太阳能发电站，该电站每年可为海岛提供 7 万 kW·h 的绿色电力，使猪岛和湖平岛的居民结束了无电的历史，改善了海岛居民生活，促进了当地水产养殖业和旅游业的发展。长期以来，辽宁省利用太阳能主要体现在建筑工程与太阳能热水器一体化的设计与建设上，即普遍使用太阳能热水器，还有少部分路灯也运用太阳能蓄电照明，对太阳能的利用还处在比较低的水平。太阳能电站的出现在利用规模上形成了突破，对辽宁省太阳能资源的深入利用提供了有益经验。

（5）“四位一体”的清洁能源。“四位一体”生态农业模式，是辽宁省盘锦市大洼县清水农场农民王京平针对北方冬季第一、第二性生产难以进行，沼气池难以越冬，农业废弃物未能充分利用，农民冬闲以及农村厕所不卫生等一系列问题，创造出的一种新模式。

“四位一体”生态农业模式是庭院经济与生态农业相结合的一种新的生产模式。它是依据生态学、经济学、系统工程学为原理，以庭院土地资源为基础，以太阳能为动力，把沼气技术、种植技术和养殖技术有机结合起来，形成了沼气池、猪舍、厕所、日光温室“四位一体”的良性循环生产模式。其主要内容是在农户庭院或空地建 1 个 8～10 m^3 的地下水压式沼气池。池顶建 15～20 m^2 猪舍，可养猪 10～15 头，侧面配建厕所，全部设施建在塑料大棚内，猪舍的另一侧建 80～600 m^2 面积不等的日光温室。人畜粪便直接进入沼气池，沼肥用于蔬菜及大田生产，在模式中各组成单元之间进行物质循环。它将畜（禽）圈（舍）、厕所、沼气池全部建在日光温室（塑料大棚）内而融为一体，使保护地栽培技术、高效饲养技术，厌氧发酵技术、太阳能高效利用技术在日光温室（塑料大棚）内实现有机结合，彼此之间相互利用，相互依存。在同一块地上实现了产气积肥同步、种植养殖并举的周年环保型生产机制。使该系统物流循环加速和趋于合理，建立了一个生物群较多、食物链结构健全的能源型生态系统工程。成为发展“高产、优质、高效”农业的一个模式，有效地解决了包括农村能源供应、增加农民收入等诸多问题。

目前，辽宁已有 45 万户农民正在使用以“四位一体”日光温室为主导的农村清洁能源，相当于每年节约 295 万 t 标准煤。此外，每套“四位一体”日光温室每年还可增加农民收入约 5 000 元。

（6）天然气。2008 年 4 月，国家“十一五”天然气发展规划的重点项目之一的大连 LNG 项目开工，这是中石油公司第一个正式开工建设的引进海外液化天然气资源的大型项目。大连 LNG 项目总投资 100 多亿元，主要接收来自澳大利亚、卡塔尔等国家的天然气资源，最大接收能力 780 万 t/a，最大供气能力 105 亿 m^3/a。大连 LNG 项目所接收天然气主要用于城市燃气和工业燃料，主干管道与规划中的东北输气管网相连，可形成多气源供气，项目建成后将有效缓解辽东半岛乃至东北地区天然气供应紧张的局面。依托这个项目还可开展天然气下游利用项目建设，建立完整的 LNG 产业链，实现经济效益、环境效益与社会效益的协调统一。

（7）核能。2007 年 8 月，我国最大的核电项目、总投资达 486 亿元的红沿河核电站主体工程正式开工建设，是我国目前百万千瓦级核电机组自主化、国产化程度最高的核电项目。红沿河核电站是我国东北地区第一个核电站，也是辽宁省最大的单项投资项目，一期工程最早将于 2011 年建成发电。辽宁红沿河核电站的建设，是国家促进辽宁及东北老工业基地振兴的一项重要举措，作为我国东北地区的首个核电项目，红沿河核电站的建设，对于改善区域能源供给结构，加强环境保护，将起到重要的推动作用。

第二节　废水治理技术

一、废水来源

1．生活污水

生活污水是人类在日常生活中使用过的，并被生活废料所污染的水。其水质、水量随季节而变化，一般夏季用水相应量多，浓度低；冬季相应量少，浓度高。生活污水一般不含有毒物质，但是它有适合微生物繁殖的条件，含有大量的病原体，从卫生角度来看有一定的危害性。

2．工业废水

工业废水是在工矿生产活动中用过的水。工业废水可分为生产污水与生产废水。生产污水是指在生产过程中形成并被生产原料、半成品或成品等肥料所污染，也包括热污染（指生产过程中产生的、水温超过 60℃的水）；生产废水是指在生产过程中形成，但未直接参与生产工艺、未被生产原料、半成品或成品等肥料所污染或只是温度少有上升的水。生产污水需要进行净化处理；生产废水不需要净化处理或仅需做简单的处理，如冷却处理。生活污水与生产污水的混合污水称为城市污水。

二、不同行业的工业废水特征

（一）造纸行业

造纸工艺主要包括制浆和抄纸两部分。制浆是利用化学方法或机械方法、半化学半机械方法，将植物原料中的纤维与木质素分开解离出来制成纸浆的生产过程。抄纸是将纸浆经打浆处理、加色料胶料、加填料助剂，经抄纸机抄造成纸产品的生产过程。

一个典型的碱法制浆造纸厂按工序排出三股水，一是制浆蒸煮废液，通称造纸黑液；二是分离黑液后纸浆的洗、选、漂水，也称中段水；三是抄纸机上的白水。其中白水中含有大量悬浮固形物如纤维、填料和涂料等，还有可溶解的有机污染物，COD_{Cr}一般 500～800 mg/L，BOD_5为 200～350 mg/L，是可以处理后回用的。中段水是黑液提取不完全所剩下的部分，应占总量 10%以内。1 t 浆耗水 250 m^3，经浓缩后排水量为 50～200 m^3/t 浆。COD 浓度在 1 000～1 500 mg/L，COD 产生量在 300～350 kg/t 浆。造纸厂污染的主要根源在黑液，所含的污染物占到了全厂污染排放总量的 90%以上。黑液是原料经碱法蒸煮以后，从纸浆中分离出来的残液。其中木素的降解产物都是有臭味甚至有恶臭的化合物，是造成废液中 COD 值高的主要污染物；碳水化合物的降解产物是造成 BOD 值高的主要污染物。黑液 COD 浓度 5 000～40 000 mg/L，COD 产生量在 1 300 kg/t 浆，BOD≥50 000 mg/L。

目前我国造纸污染治理技术可概括为三类：一是碱回收技术，二是物化加生化技术，三是资源化技术。

（二）纺织印染行业

印染废水中的污染物主要来自织物纤维本身和加工过程使用的染化料，在印染生产的前处理过程中排出退浆废水、煮炼废水、漂白废水和丝光废水，染色印花过程排出染色废水、皂洗废水和印花废水，整理过程排出整理废水。现介绍各工序排出的废水。

1. 前处理产生的废水

① 退浆废水　退浆是用化学药剂将织物上所带的浆料退除（被水解或酶分解为水溶性分解物），同时也除掉纤维本身的部分杂质。退浆废水是碱性有机废水，含有浆料分解物、纤维屑、酶等，其 COD、BOD_5都很高。退浆废水水量较少，但污染较重，是前处理废水有机污染物的主要来源。

② 煮炼废水 煮炼是用烧碱和表面活性剂等的水溶液，在高温（120℃）和碱性（pH=10～13）条件下，对棉织物进行煮炼，去除纤维所含的油脂、蜡质、果胶等杂质，以保证漂白和染整的加工质量。煮炼废水呈强碱性，含碱浓度约为0.3%，呈深褐色，BOD_5和 COD 值较高。

③ 漂白废水 漂白是用次氯酸钠、双氧水、亚氯酸钠等氧化剂去除纤维表面和内部的有色杂质。漂白废水的特点是水量大，污染程度较轻，BOD_5和 COD 均较低，属较清洁废水。

④ 丝光废水 丝光是将织物在氢氧化钠浓溶液中进行处理，以提高纤维的张力强度，增加纤维的表面光泽，降低织物的潜在收缩率和提高对染料的亲和力。丝光废水一般经蒸发浓缩后回收，由末端排出的少量丝光废水碱性较强。

2. 染色和印花废水

① 染色废水 染色废水主要污染物是染料和助剂。染色废水的色泽一般较深，且可生化性差。其 COD 一般为 300～700 mg/L，BOD_5/COD 一般小于 0.2，色度可高达几千倍。

② 印花废水 印花废水主要来自配色调浆、印花滚筒、印花筛网的冲洗废水，以及印花后处理时的皂洗、水洗废水。除染料、助剂外，还含有大量浆料，BOD_5和 COD 都较高。

③ 整理废水 整理废水含有树脂、甲醛、表面活性剂等。整理废水数量较小，对全厂混合废水的水质水量影响也小。

总体来讲，纺织印染废水水量大、有机污染物含量高、色度深、碱性和 pH 值变化大、水质变化剧烈。随着纤织物的发展和印染后整理技术的进步，使 PVA 浆料、新型助剂等难以生化降解的有机物大量进入印染废水中，增加了处理难度。

（三）化工行业

化工废水的基本特征是：（1）水质成分复杂，副产物多，反应原料常为溶剂类物质或环状结构的化合物，增加了废水的处理难度；（2）废水中污染物含量高，这是由于原料反应不完全和原料，或生产中使用的大量溶剂介质进入了废水体系所引起的；（3）有毒有害物质多，精细化工废水中有许多有机污染物对微生物是有毒有害的，如卤素化合物、硝基化合物、具有杀菌作用的分散剂或表面活性剂等；（4）生物难降解物质多，BOD 比 COD 低，可生化性差；（5）废水色度高。

表 2-1 化工行业废水来源、种类及特点

行业	废水来源	废水种类	废水特点
石油化工	生产过程中的溶解、萃取、氧化、聚合、精馏、洗涤、分离、吸收等工序是废水的主要来源，其次是化验室、动力站	含油废水 有机废水 氯碱废水 含酸废水	除含油、硫、酚、氰外，还有金属盐、废催化剂、反应残液、废弃物等，废水有机物浓度高，多为有毒有害物质，水量及酸碱度变化大，经常形成冲击性负荷
化纤工业	各种化纤合成原料工艺过程产生的废水	含油废水 含丙烯腈 含酸废水 有机废水	化纤废水水质酸碱度变化大，容易形成冲击性负荷，有机物浓度高
化肥工业	生产过程中的物料流失	合成氨废水 尿素废水 硝酸铵废水	废水水质随生产原料不同而不同，主要为含氨氮、磷、醇、油、硫废水

1．石油化工废水

石油化工是以天然气、炼厂气、直馏汽油、原油、重油、轻柴油等为原料，经裂解分离得到乙烯、丙烯、丁烯及芳香烃，再将这些产品进一步加工成为各种有机原料、合成材料以及其他各种用途的产品。石油化工废水的主要特点是：

① 石油化工企业一般规模较大，日排水量以万 t 计。

② 废水成分相当复杂，除原料外，还有各种溶剂、助剂和添加剂，以及各种反应产物。

③ 废水的污染物，特别是 COD 浓度较高，即使对某些装置的高浓度废液进行适当处理，COD 浓度依然很高。

④ 石油化工生产反应比较复杂，往往是在催化剂作用下完成的。大型企业使用的催化剂达几十种，因此，废水中含有金属离子。

⑤ 装置大型化，单位产品的废水量较小。

⑥ BOD/COD 较高，一般在 0.3～0.8 之间，可生化性较好。

2．化纤工业废水

① 水量大，每吨化纤织物产生 20～60 t 废水。

② 废水悬浮物不高，但有机物污染严重，COD 很高，有一些是生物难以降解的物质，pH 值差别较大。

3. 丙烯腈生产废水

废水一般呈淡绿色或淡黄色，主要来源解析塔和饱和塔，废水中含有丙烯腈、氢氰酸、乙腈、丙烯醛等物质，COD 一般为 200～2 000 mg/L。通常用生物处理丙烯腈废水。一般包括三级生物处理：废水经蓄水调节池后进入塔式生物滤池脱去大部分 BOD、总氰和乙腈，然后进入曝气池或生物转盘进一步除去 BOD、总氰和乙腈，最后可以使用焦炭滤池过滤。

4. 化肥工业废水

（1）合成氨废水

合成氨生产中危害大、污染物浓度高的废水主要来自造气工段，其中含有 COD、氰化物、挥发酚、硫化物、石油类和炭黑。在合成工段废水的污染因子主要是源于氨或氨水的无组织排放造成的 pH 值和氨氮，COD 多在 100 mg/L 左右。通常采用的治理方法有曝气炉渣过滤法、凉水塔循环回用法和冷却型塔式生物滤池以及油萃取法处理炭黑水。

（2）尿素废水

尿素生产工艺有二氧化碳气提法、水溶液全循环法、氨气提法和双气提法。工艺原理为将氨和 CO_2 在高温高压条件下反应生成氨基甲酸铵，再脱水生成尿素。现代尿素生产均采用全循环法。

尿素生产废水主要来自蒸发过程的工艺冷凝液。其主要的污染因子为氨氮、COD 和尿素。

（四）皮革行业

制革生产工艺分为三个工段：即准备、鞣制、整饰。

制革业是产生大量污水的行业，制革污水不仅量大，而且是一种成分复杂、高浓度的有机废水，其中含有大量石灰、染料、蛋白质、盐类、油脂、氨氮、硫化物、铬盐以及毛类、皮渣、泥砂等有毒有害物质。COD_{Cr}、BOD_5、硫化物、氨氮、悬浮物等非常高，是一种较难治理的工业废水。在制革生产中，由于原料皮的不同、加工工艺不同、成品的不同，污水水质差别很大，尤其是 COD 的差别，就山羊皮和绵羊皮而言，COD 的差别都在 1 800～6 100 mg/L，由于制革生产中使用了大量的脱脂剂、加脂剂和表面活性剂，污水通过常规的曝气好氧活性污泥法进行处理，容易产生大量的泡沫，活性污泥会随着泡沫跑掉。所以，常规的曝气活性污泥法当用在制革污水的处理时，就需要对工艺进行适当的调整。

值得一提的是，由于在制革过程中还使用了有毒重金属铬，使得制革废水中含有高浓度铬盐，一般含铬 1 500～2 000 mg/L。污泥如果被焚烧，其中的 Cr^{3+}会被转化成毒性更强的 Cr^{6+}，因此废铬液的回收以及制革污泥的综合利用就显得尤为重要。

（五）典型行业废水处理小结

1. 化工、农药、化工制药、石油化工等废水

这类往往含有大量有毒、有害可生化性差的有机物质，同时污水 COD 值较高；有些含有高浓度的盐分。此类污水处理站是否可以稳定运行的关键是预处理设施，预处理必须确保难生化的有毒有害物质变成可生化的有机物，不对厌氧及好氧微生物产生毒害作用。

2. 食品加工、养殖场等废水

这类污水不含有毒有害物质，可生化性良好，但有机物含量高，可以采用厌氧及好氧组合工艺。

3. 生活污水

这类污水的可生化性好，同时有机物浓度也不是特别高，可以直接采用好氧处理工艺。

4. 石油炼制、造纸等含油或其他轻漂物的污水

这类污水含有油或其他轻漂物，可以先采用气浮的办法先去除油或其他轻漂物。然后根据情况采用厌氧或好氧组合工艺。

5. 煤炭开采或钢铁行业循环水

此类污水含有很少量的有机物，无需采用生化处理工艺，只需采用物化物理工艺即可。

三、污水处理厂主要构筑物

1. 格栅

由一组平行的金属栅条或筛网制成，安装在污水渠道、泵房集水井的进口处或污水处理厂的端部，用以截留较大的悬浮物或漂浮物，如纤维、碎皮、毛发、果皮等，以便减轻后续处理构筑物的处理负荷，并使之正常运行。实际应用中，可分为粗格栅和细格栅。

2. 沉砂池

沉砂池的功能是去除比重较大的无机颗粒（如泥砂、煤渣等）。废水在池内流速降低，固体物质靠自身重力作用沉积，与水分离。沉砂池一般设于泵站、倒虹管前，以便减轻无机颗粒对水泵、管道的磨损；也可设于初次沉淀池前，以减轻沉淀池负荷及改善污泥处理构筑物的处理条件。

3．沉淀池

沉淀池按工艺布置的不同，可分为初次沉淀池和二次沉淀池。初次沉淀池是一级污水处理厂的主体处理构筑物，或作为二级污水处理厂的预处理构筑物设在生物处理构筑物的前面。处理的对象是悬浮物质，同时可去除部分 BOD_5。二次沉淀池设在生物处理构筑物的后面，用于沉淀去除活性污泥或腐殖污泥（指生物膜法脱落的生物膜），它是生物处理系统的重要组成部分。可分为平流式沉淀池、辐流式沉淀池和竖流式沉淀池。

4．曝气系统

曝气池是活性污泥系统的核心设备。因为活性污泥法是采取人工措施，创造适宜条件，强化活性污泥微生物的新陈代谢功能，加速污水中有机污染物降解的污水生物处理技术。曝气池中的混合液提供足够的溶解氧和使混合液中的活性污泥与污水充分接触，所以活性污泥系统的净化效果，在很大程度上取决于曝气池的功能是否能够正常发挥。

现行的曝气法有鼓风曝气、机械曝气和两者联合的鼓风－机械曝气。其原理都是将空气中的氧气通过一系列管道转移到水中供微生物呼吸使用。

5．污泥处理与处置

包括四个处理或处置阶段。第一阶段为污泥浓缩，主要目的是使污泥初步减容，缩小后续处理构筑物的容积或设备容量；第二阶段为污泥消化，使污泥中的有机物分解；第三阶段为污泥脱水，使污泥进一步减容；第四阶段为污泥处置，采用某种途径将最终的污泥予以消纳。以上各阶段产生的清液或滤液中仍含有大量的污染物质，需送回到污水处理系统中加以处理。

污泥浓缩常采用的工艺有重力浓缩、离心浓缩和气浮浓缩等。污泥消化可分为成厌氧消化和好氧消化两大类。污泥脱水可分为自然干化和机械脱水两大类。常用的机械脱水工艺有带式压滤脱水、离心脱水等。污泥处置的途径很多，主要有农林使用、卫生填埋、焚烧和生产建筑材料等。

四、污水处理的分级和方法

污水处理技术伴随着社会的需求在不断地发展、改善和进步。从最初简单的沉淀工艺和最原始的生物滤池（滴滤池），发展到活性污泥法和生物膜法。在现代的处理工艺中，又将这些工艺进行了不断的改进、革新和创新，形成了现代污水处理新工艺的基本单元，即包括采用物理、化学和（或）生物反应的方法去除污染物的工艺单元，通常采用这些工艺的组合，以实现强化一级处理、强化二级处理（去除营养物）和深度处理（如三级处理），包括能够生产直接饮用水的以高级氧化与膜分离技术为主体工艺的污水高级回收处理技术。

（一）预处理方法

污水预处理是污水进入传统的沉淀、生物等处理之前根据后续处理流程对水质的要求而设置的预处理设施。用于去除那些能损坏设备的大块固体污物和无机颗粒。废水处理中的预处理主要是为了改善废水水质，去除悬浮物及可直接沉降的杂质，调节废水水质及水量、降低废水温度等，提高废水处理的整体效果，确保整个处理系统的稳定性。

对于城市污水集中处理厂和污染源内分散污水处理厂，预处理主要包括格栅、筛网、尘砂等处理设施。而对于某些工业废水在进入集中或分散污水处理厂前则除需要进行上述一般的预处理外，还需进行水质水量的调节处理和其他一些特殊的预处理，例如中和、捞毛、预沉、预曝气等。

1．调节

调节的目的是尽量减小或控制废水中各项指标的波动，以提供后期处理过程的最佳条件。工业处理设备进行调节的目的在于以下几个方面：

① 尽量减小有机物的变化以避免对生物系统的冲击；

② 实现 pH 值的完全控制，或者减少中和时所需要的化学药品的量；

③ 尽量减小物化处理时流量的波动，使得化学品的进料速度与进料装置的能力相符合；

④ 当工厂不开工时，可以在一段时间内保持生物处理系统连续进水；

⑤ 控制进入市政系统的废水的排放速度，使符合更均匀；

⑥ 防止高浓度的有毒物质进入生物处理系统。

2．中和

许多工业废液中包含酸或碱性物质，它们在排放到下游之前或进行化学或生物处理之前需要被中和。对于生物处理过程，生物系统中的 pH 值应保持在 6.5～8.5 之间，以保证生物体的最佳活性。生物处理所需的预中和的程度依赖于 BOD 的去除率以及废液中的碱性或酸性物质的比例。

3．沉淀

沉淀一般用来去除废水中的悬浮固体。根据悬浮液中存在的固体种类，该过程可以分为三类：自由的、絮凝的和拥挤（区域）的沉淀。在所有的沉淀过程中，沉淀后的污泥会发生压实变化，但在浓缩的情况下，压实要被分开考虑。

4．气浮

气浮用来从废水中清除悬浮颗粒、油和油脂以及进行污泥的分离和浓缩处理。废水或一部分澄清后的出水，在足够压力下达到饱和。当加压后的气体-液体混合物在气浮设备释放到常压时，细小的空气气泡从溶液中释放出来。这些气泡连在一起吸附在絮凝颗粒上，污泥絮体、悬浮颗粒或者油珠被这些细小的气泡所气浮。气固混合物升到表面后被撇出。

（二）一级处理

通常是物理处理工艺，采用沉淀的方式去除污水中可沉淀的或者悬浮物质以及部分有机物，一般悬浮物去除率为 60%，BOD_5 去除率为 35%，但水质一般还不能达到标准，需进行二级处理。

为了保护收纳水体防止其营养化，现在国内外新建和改扩建的多数污水处理厂，都采用生物脱氮除磷工艺，为此需要提供足够的碳源。在需要进行生物除磷脱氮的污水处理厂，应当根据生物除磷脱氮所需的 BOD 或 COD 的数量确定初沉池的取舍，以及 AB 工艺中的中间沉淀池去除多少 BOD 和 COD 为宜。

常用的物理法包括过滤法、重力沉淀法和气浮法等。过滤法是以具有孔粒状粒料层截留水中杂质，主要是降低水中的悬浮物，在化工废水的过滤处理中，常用扳框过滤机和微孔过滤机，微孔管由聚乙烯制成，孔径大小可以进行调节，调换较方便；重力沉淀法是利用水中悬浮颗粒的可沉淀性能，在重力场的作用下自然沉降作用，以达到固液分离的一种过程；气浮法是通过生成吸附微小气泡附裹携带悬浮颗粒而带出水面的方法。这三种物理方法工艺简单，管理方便，但不能适用于可溶性废水成分的去除，具有很大的局限性。

（三）二级处理

采用生物化学或物化法去除污水中的胶体及溶解性物质，对有机物的去除率可达 80%～90%，水质一般可达标排放。根据二级处理技术（如活性污泥法）净化功能对城市污水所能达到的处理程度，一般情况下，出水 $BOD_5$20～30 mg/L；COD 60～100 mg/L；SS 20～30 mg/L；氨氮 15～25 mg/L。但对某些难降解的有机物，如氮、磷以及重金属等还不能有效地去除。

（四）三级处理

污水三级处理主要去除不可降解的有机物和溶解性无机物。即完成二级处理不能完成的任务。主要目标是：（1）去除处理水中残存的悬浮物（包括活性污泥颗粒）；脱色、除臭，使水进一步得到澄清；（2）进一步降低 BOD_5、COD、TOC 等指标，使水进一步稳定；（3）脱氮、除磷，消除能够导致水体富营养化的因素；

（4）消毒杀菌，去除水中的有毒有害物质。三级处理的主要方法有离子交换、电渗析、超滤、反渗透、臭氧氧化、化学法。

1. 活性炭吸附

吸附法是利用多孔性固体物质作为吸附剂，以吸附剂的表面吸附废水中的有机污染物的方法，活性炭是一种非选择性的常用的水处理吸附材料。活性炭吸附是以物理吸附为主，但也有化学吸附的作用在内。除溶解性有机物外，通过活性炭的吸附，还能够去除表面活性剂、色度、重金属和余氯等。但是由于活性炭再生性能差，水处理费用高，因而难以广泛使用。

2. 离子交换

离子交换法是一种借助于离子交换剂上离子和水中离子进行交换反应而除去废水有害离子态物质的方法，在水的软化、有机废水处理中有着广泛的应用。

3. 电渗析

电渗析是在渗析法的基础上发展起来的一项废水处理工艺，它是在直流电场的作用下，利用阴、阳离子交换膜对溶液中阴、阳离子的选择透过性，而使溶液中的溶质与水分离的一种物理化学过程。

4. 反渗透

反渗透是利用半渗透膜进行分子过滤，来处理废水的一种方法，所以又称为膜分离技术，这种方法是利用“半渗透膜”的性质，进行分离作用。这种膜可以使水通过，但不能使水中悬浮物及溶质通过，所以这种膜称为半渗透膜，利用它可以除去水中的溶解固体、大部分溶解性有机物和胶状物质。具有较强的选择性，且成本较高，容易造成二次污染。

五、生物处理技术

（一）传统活性污泥法

活性污泥法是应用最为广泛的生物处理技术，是利用悬浮生长的微生物絮体处理有机废水的好氧生物处理方法。这种生物絮体叫做活性污泥，它由好氧性微生物（包括细菌、真菌、原生动物和后生动物）及其代谢的和吸附的有机物、无机物等组成，具有降解废水中有机污染物（也有些可部分利用无机物）的作用，显示生物化学活性。该工艺主要是由曝气池、二次沉淀池、曝气系统以及污泥回流系统等组成。

污水经初次沉淀池后与二次沉淀池底部回流的活性污泥同时进入曝气池。通过曝气，活性污泥与污水得到充分接触。污水中溶解性的有机污染物被活性污泥吸附和分解，被微生物代谢和利用。经过处理后的污水与活性污泥分离。处理出水排放，活性污泥经过分离浓缩回流到曝气池，部分污泥作为剩余污泥排出。

工艺流程如图 2-13 所示。

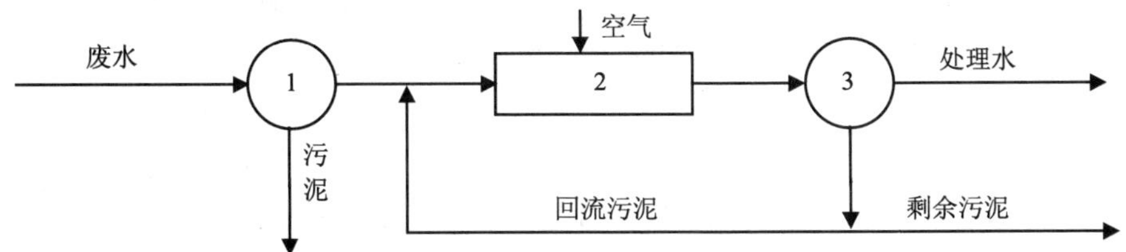

图 2-13 活性污泥法基本流程

1—初次沉淀池；2—曝气池；3—二次沉淀池

（二）氧化沟法

氧化沟又称“循环曝气池”，污水和活性污泥的混合液在环状曝气渠道中循环流动。它属于活性污泥法的一种变形，由于它运行成本低，构造简单，易于维护管理，出水水质好，运行稳定，并可以进行脱氮除磷。

污水进入氧化沟，在曝气设备的作用下，与池内混合液进行混合循环流动，经几十圈的循环才流出沟外，具有完全混合式和推流式的特征。沟内混合液流速一般为 0.3～0.5 m/s，水力停留时间为 10～40 h，池内污泥龄长，污泥负荷低，有机物净化效率高，氧化沟在运行过程中，呈现出好氧区→缺氧区→好氧区→缺氧区→……的交替变化，所以氧化沟具有脱氮功能。当在 DE 型氧化沟前增加一个厌氧池，则能起到脱氮除磷的功能。氧化沟及其工艺流程如图 2-14 所示。

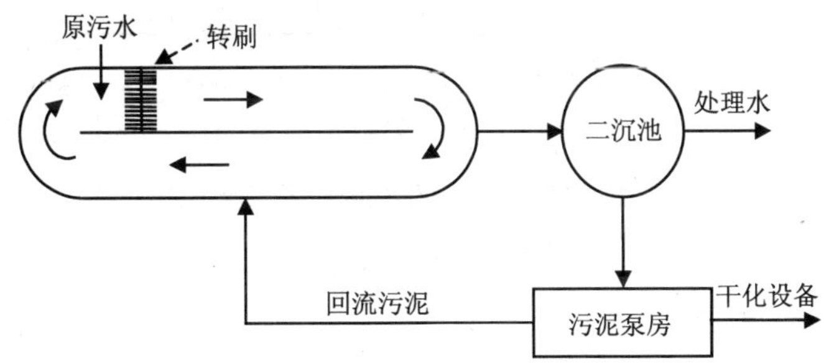

图 2-14 氧化沟工艺流程图

DE 型氧化沟为半交替式双沟氧化沟，它具有独立的二沉淀池和回流污泥系统。二个氧化沟相互连通，串联运行，可交替进、出水，沟内曝气特刷高速运行时曝气充氧，低速运行时只推动水流，不充氧。通过两沟内转刷交替处于高速和低速运行，则两沟交替处于缺氧和好氧状态，从而达到脱氮的目的。如在氧化沟前增设厌氧池，则可以达到脱氮除磷的功能。

（三）AB 法

吸附—生物降解工艺的简称。该工艺不设初沉池，由污泥负荷率很高的 A 段和污泥负荷率较低的 B 段二级活性污泥系统串联组成，并分别有独立的污泥回流系统。高负荷段（A 段）停留时间 20～40 min，以生物絮凝吸附作用为主，同时发生不完全氧化反应，生物主要为短世代的细菌群落，去除 BOD_5 达 50%以上。B 段与常规活性污泥法相似，负荷较低，泥龄较长。

AB 法 A 段效率很高，并有较强的缓冲能力。B 段起到出水把关作用，处理稳定性较好。对于高浓度的污水处理，AB 法适用性好、节能。采用 A-B 法工艺，BOD_5 的去除率为 90%以上，而总磷的去除率为 50%～70%，总氮的去除率为 30%～40%，其脱氮除磷效率比一般活性污泥法好，但不能达到防止水体富营养化的排放标准。

工艺流程图如图 2-15 所示。

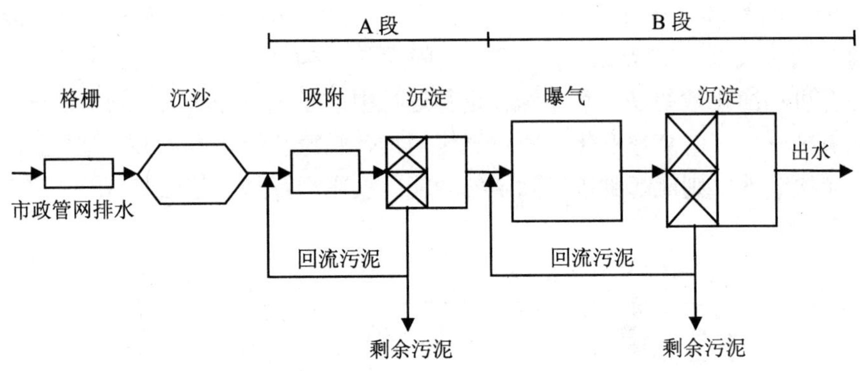

图 2-15 吸附—生物降解工艺流程图

（四）A/O 工艺

可分为两类：一类是厌氧/好氧工艺；另一类是缺氧/好氧工艺。厌氧状态和缺氧状态之间存在着根本的差别：在厌氧状态下既无分子态氧，也没有化合态氧，而在缺氧状态下则存在微量的分子态氧，同时还存在化合态的氧，如硝酸盐。主要是对水中的氮、磷有较好的去除作用。

1. 缺氧/好氧（A1/O）脱氮工艺

主要作用是在去除有机物的同时，取得良好的脱氮效果。生物脱氮工艺将反硝化反应器放置在系统之前，所以又称为前置反硝化生物脱氮系统。在反硝化缺氧池中，回流污泥中的反硝化菌利用原污水中的有机物作为碳源，将回流混合液中的大量硝态氮（NO_x—N）还原成 N_2，而达到脱氮目的。然后再在后续的好氧池中进行有机物的生物氧化、有机氮的氨化和氨氮的硝化等生化反应，A1/O 工艺流程简单，构筑物少，基建费用较少，脱氮效率一般为 70%～80%。工艺流程如图 2-16 所示。

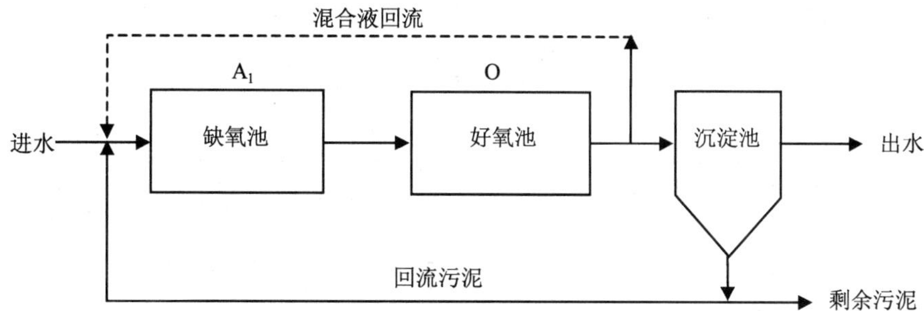

图 2-16 A1/O 脱氮工艺流程图

2. 厌氧/好氧（A2/O）生物除磷工艺

主要作用在于去除有机物的同时去除污水中的磷。A2/O 除磷工艺由前段厌氧池和后段好氧池串联组成，A2/O 除磷工艺流程如图 2-17 所示。

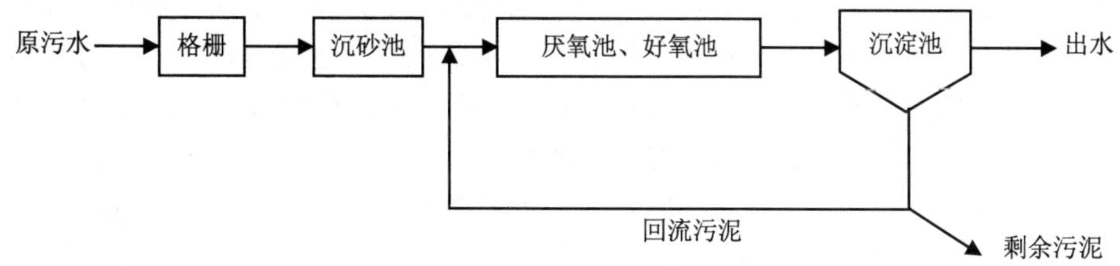

图 2-17 A2/O 除磷工艺流程图

前段为厌氧池，城市污水和回流污泥进入该池，并借助水下推进式搅拌器的作用使其混合。回流污泥中的聚磷酸在厌氧池可吸收去除一部分有机物，同时释放出大量磷。然后混合液流入后段好氧池，污水中的有机物在其中得到氧化分解，同时聚磷菌将变本加厉、超量地摄取污水中的磷，然后通过排放高磷剩余污泥而使污水中的磷得到去除。整个 A2/O 工艺的 BOD_5 去除率大致与一般活性污泥法相同，而磷的去除率为 70%～80%，处理后出水的磷浓度一般都小于 1.0 mg/L。

3．厌氧—缺氧—好氧生物脱氮除磷工艺（A^2/O 工艺）

厌氧—缺氧—好氧生物脱氮除磷工艺的简称，该工艺同时具有脱氮除磷的功能。该工艺在厌氧-好氧除磷工艺（A^2/O 工艺）加一缺氧池，将好氧池流出的一部分混合液回流至缺氧池前端，以达到硝化脱氮的目的。

A^2/O 工艺可以同时完成有机物的去除、硝化脱氮、磷的过量摄取而被去除等功能，脱氮的前提是 NH_3—N 应完全硝化，好氧池能完成这一功能；缺氧池则完成脱氮功能。工艺流程图如图 2-18 所示。

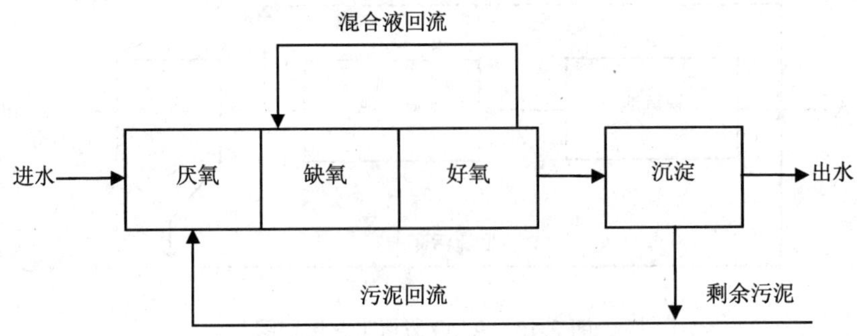

图 2-18　A^2/O 脱氮除磷工艺流程图

（五）SBR 法

间隔歇式活性污泥法，又称为序批式活性污泥法，其污水处理机理与普通活性污泥法完全相同，只是运行方式不同。传统工艺采用连续运行方式，污水连续进入生化反应系统并连续排出，SBR 工艺采用间歇运行方式，初沉池出水流入曝气池，按时间顺序进行进水、反应（曝气）、沉淀、出水、排泥或待机 5 个基本运行程序，从污水的流入开始到待机时间结束称为一个运行周期，这种运行周期周而复始反复进行，从而达到不断进行污水处理之目的，因此，SBR 工艺不需要设置二沉池和污泥回流系统。工艺流程图如图 2-19 所示。

SBR 工艺的脱氮运行工序的功能是去除污水中有机污染物和脱氮。对此，在 SBR 典型运行工序的基础上增加停曝搅拌工序。Ⅰ阶段仍为污水流入工序。Ⅱ阶段也为曝气反应工序，此时除进行有机物生化降解外，还要进行氨氮的硝化。

Ⅲ阶段是停曝搅拌工序，在该阶段内停止曝气，采用潜水搅拌机对其混合液进行搅拌混合，反硝化细菌进行反硝化脱氮。由于全部混合液均进行反硝化，总的脱氮效率能达到 70%左右；Ⅳ阶段和Ⅴ阶段与典型 SBR 运行工序相同，分别为排水工序和排泥待机工序。

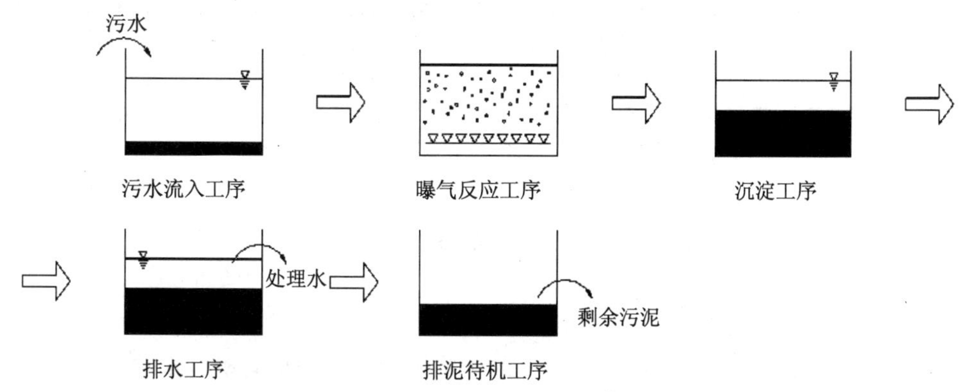

图 2-19　SBR 工艺流程图

（六）生物膜法

1．生物转盘法

被预处理后的污水，在经两级生物转盘处理后，BOD 已得到一定的降解，在后二级的转盘中，硝化反应逐渐强化，并形成亚硝酸氮和硝酸氮。其后增设淹没式转盘，使其形成厌氧状态，在这里产生反硝化反应，使氮以气态形式逸出，以达到脱氮的目的。为了补充厌氧反应所需的碳源，向淹没式转盘设备中投加甲醇，过剩的甲醇使 BOD 值有所上升，为了去除这部分的 BOD 值，在其后补设一座生物转盘。为了截留处理水中的脱落生物膜，其后设二次沉淀池。在二次沉淀池的中央部位设混合反应室，投加的混凝剂在其中进行反应，产生除磷效果，从二次沉淀池排放含磷污泥。工艺流程图如图 2-20 所示。

2．生物滤池法

是利用需氧微生物对污水或有机性废水进行生物氧化处理的方法。以碎石、焦炭、矿渣或人工滤衬等作为先填层，然后将污水以点滴状喷洒在上面，充分供给氧气和营养，在滤材表面形成一层凝胶状生物膜（细菌类、原生动物、藻类、菌类等），在污水沿此膜流下时，污水中的可溶性、胶性和悬浮性物质吸附在生物膜上而被微生物氧化分解。生物滤池可分为普通生物滤池（低负荷生物滤池）、高负荷生物滤池、塔式生物滤池以及活性生物滤池等。

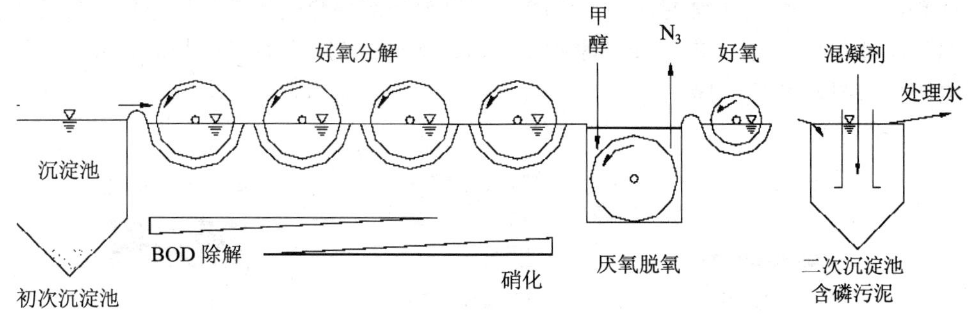

图 2-20 生物转盘工艺流程图

3. 生物接触氧化法

是以附着在载体（俗称填料）上的生物膜为主，净化有机废水的一种高效水处理工艺。兼有活性污泥法和生物膜法的优点。在可生化条件下，广泛应用于工业废水、养殖污水、生活污水的处理。具有高效节能、占地面积小、耐冲击负荷、运行管理方便等特点。

4. 生物流化床

指为提高生物膜法的处理效率，以砂（或无烟煤、活性炭等）作填料并作为生物膜载体，废水自下而上流过砂床使载体层呈流动状态，从而在单位时间加大生物膜同废水的接触面积和充分供氧，并利用填料沸腾状态强化废水生物处理过程的构筑物。生物流化床工艺效率高、占地少，还可用于污水硝化、脱氮等深度处理和污水二级处理及其他含酚、制药等工业废水处理。

（七）UASB 法

UASB 法是升流式厌氧污泥床反应器的简称。UASB 反应器上部设置气、固、液三相分离器，下部设置为污泥悬浮层区和污泥床区。污水从反应器底部流入，向上升流至反应器顶部流出，混合液在沉淀区进行固液分离，污泥自行回流到污泥床区。UASB 反应器污泥床区中污泥可保持高浓度，污泥可实现颗粒化，具有很好的沉降性能和很高的产甲烷活性。

六、自然生物处理

生态修复是利用生态系统原理，采取各种修复受损伤的水体生态系统的生物群体及结构，重建健康的水生生态系统，修复和强化水体生态系统的主要功能，并能使生态系统实现整体协调，自我维持、自我演替的良性循环。

1．人工湿地

人工湿地污水处理技术是20世纪七八十年代发展起来的一种污水生态处理技术，其设计和建造是通过对湿地自然生态系统中的物理、化学和生物作用的优化组合来进行废水处理的。由于它能有效地处理多种多样的废水，且能高效地去除有机污染物，氮、磷等营养物，重金属，盐类和病原微生物等多种污染物。具有出水水质好，氮、磷去除处理效率高，运行维护管理方便，投资及运行费用低等特点，近年来获得迅速的发展和推广应用。

人工湿地的显著特点之一是其对有机污染物有较强的降解能力。废水中的不溶性有机物通过湿地的沉淀、过滤作用，可以很快地被截留进而被微生物利用；废水中可溶性有机物则可通过植物根系生物膜的吸附、吸收及生物代谢降解过程而被分解去除。随着处理过程的不断进行，湿地床中的微生物也繁殖生长，通过对湿地床填料的定期更换及对湿地植物的收割而将新生的有机体从系统中去除。湿地对氮、磷的去除是将废水中的无机氮和磷作为植物生长过程中不可缺少的营养元素，可以直接被湿地中的植物吸收，用于植物蛋白质等有机体的合成，同样通过对植物的收割而将它们从废水和湿地中去除。

人工湿地一般都由以下的结构单元构成：底部的防渗层；由填料、土壤和植物根系组成的基质层；湿地植物的落叶及微生物尸体等组成的腐质层；水体层和湿地植物（主要是根生挺水植物）。

2．稳定塘

稳定塘是经过人工适当修整的土地，设围堤和防渗层的污水池塘，主要依靠自然生物净化功能使污水得到净化的一种污水生物处理技术。污水在塘中的净化过程与自然水体的自净过程相近。污水在塘内缓慢地流动、较长时间地贮留，通过在污水中存活微生物的代谢活动和包括水生植物在内的多种生物的综合作用，使有机污染物降解，污水得到净化。好氧微生物生理活动所需要的溶解氧主要由塘内以藻类为主的水生浮游植物所产生的光合作用提供。根据塘水中微生物优势群体类型和塘水的溶解氧工况来划分，可分为好氧稳定塘、兼性稳定塘、厌氧稳定塘、曝气稳定塘。

第三章　污染物在线监控技术

第一节　烟气连续监测系统

一、烟气连续监测系统的概念、组成和功能

烟气连续监测系统（Continuous Emissions Monitoring Systems，CEMS）概念：CEMS 是一套化学分析仪，输入是采样烟气，输出模拟信号（一般是标准 4～20 mA 信号）。输出信号送到 DCS 系统的信号采集板，由 DCS 系统转换成数字信号，存储在数据库内。

烟气连续监测系统采集参数种类：

- 污染物种类包括：颗粒物、SO_2、NO_x、CO、CO_2、HCl、H_2S；
- 烟气排放参数包括：流速、温度、压力、湿度、含氧量。

烟气连续监测系统采集参数主要组成包括：颗粒物排放浓度监测子系统；气态污染物排放浓度监测子系统；烟气参数监测子系统；数据采集与处理系统（见图 3-1）。

二、气体分析常见采样方法

常见的采样方式主要有：

直接抽气采样法（非分散红外吸收法、紫外吸收法）；

稀释抽气采样法（包括烟道内稀释和烟道外稀释）；

在线直接测量法（将一束红外光或紫外光直接照射到烟气上，利用 SO_2 的特征吸收光谱进行测量）。

各种采样方法的分析原理与适用范围如表 3-1 所示。

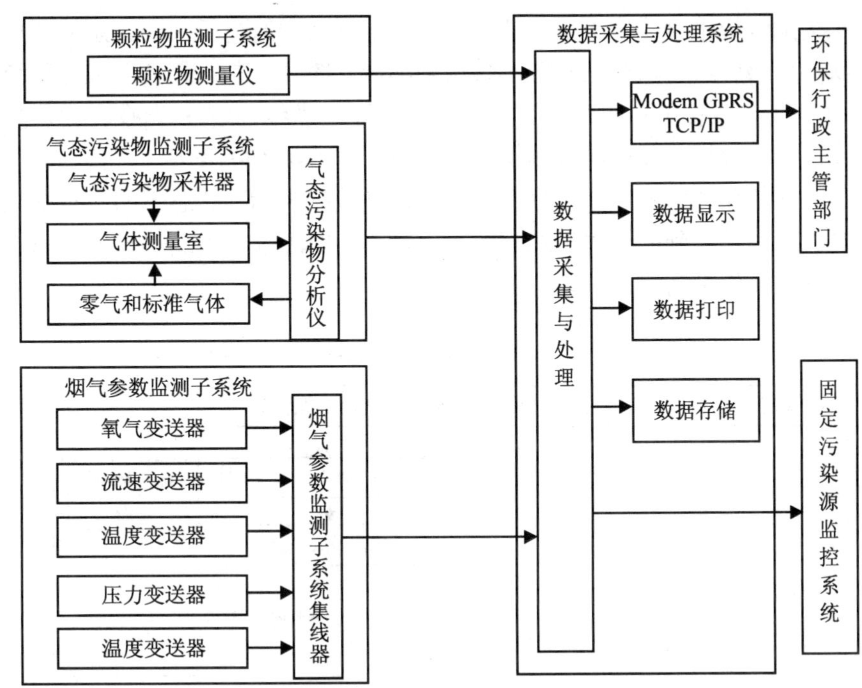

图 3-1 烟气连续监测系统组成框图

表 3-1 污染物采样、分析原理与适用范围

分析方法 \ 采样方式	直接抽取系统	稀释抽取系统	直接测量系统（插入式）
红外光吸收原理	SO_2，NO_x，CO，CO_2		
紫外光吸收原理	SO_2，NO_x		SO_2，NO_x
紫外荧光原理		SO_2	
化学发光原理		NO_x	
电化学原理			NO_x

直接抽取法又称加热抽取法或干式全抽取法。直接抽取法主要由加热取样探头、伴热样气管线、样气预处理装置、分析仪器、数据采集处理系统及远程监测子系统系统组成。加热取样探头由伸入烟道中的不锈钢管抽取烟气，经过滤器滤去烟尘，再经伴热样气管线送到样气预处理系统，取样探头及伴热管线加热、保温于烟气露点以上，探头过滤器可除去 2 μm 以上的烟尘。样气预处理系统包括冷凝除湿器，采样泵，精过滤器，流量控制器等部件。样气预处理系统提供采样

动力，除去烟气中水分，以干燥、洁净、真实的样气送给分析仪器。系统还包括探头反吹，分析仪器自动校正装置，数据采集器。图 3-2 是直接抽取采样系统的组成框图，直接抽取式采样系统的特点是：主要依靠红外/紫外光吸收测量分析单元工作；一个分析单元可同时测量 SO_2、NO_x、CO_2、CO 等多种气体；测氧单元可以与红外单元共同置于同一分析仪内；测量数据为标准状态下的干态烟气数值，数据直观；采集到的样气须经冷却除湿，传输时还须采用加热管线，系统较为复杂，维护工作量大。

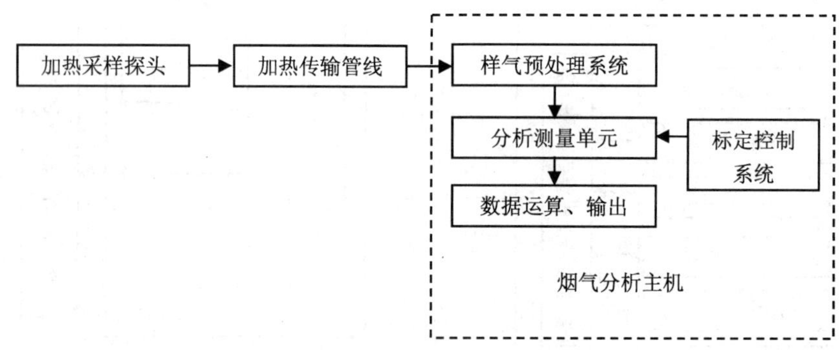

图 3-2　直接抽取采样系统的组成框图

稀释采样法是采用大量的干空气（称稀释气）稀释烟气，经稀释的烟气（样气）含水量下降，露点温度可达到－20℃以下，这样样气中的水汽在采样管路中不会冷凝。稀释采样装置主要由稀释探头，稀释头控制器，零空气发生器，分析仪器，数据采集处理系统及远程监控子系统等组成，稀释探头由零空气作为稀释气通过稀释喷射器的空气喷嘴产生真空，将样气从过滤器室吸入，经限流孔进入稀释室内，以一定的比例被释（如 100∶1），稀释控制器用来控制稀释比例，监测稀释空气的压力和真空度及石英喷嘴的湿控等。经过稀释的样气一般无需伴热样气管线传送，可直接送分析仪器。图 3-3 是稀释抽取采样系统的组成框图，稀释抽取式采样系统的特点是：依靠紫外荧光法测量 SO_2，化学发光法测量 NO_x；需要多个分析单元组合工作，氧含量需单独配置采样系统或采用直接测量法；测量数据需要转换成标准状态下的干态烟气数值；样气传输不采用加热管线和冷却除湿；样气不需要冷却除湿；探头稀释用零气需严格控制，探头稀释比例需要随时校准。

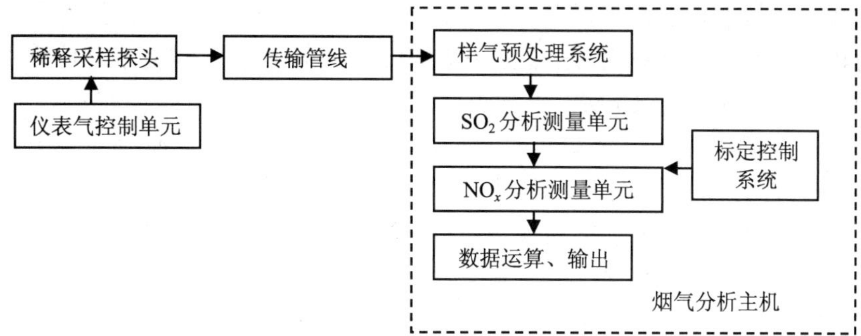

图 3-3 稀释抽取采样系统的组成框图

直接测量法又称现场测量法，是对烟气的污染物进行直接测量，在烟道两侧分别安装发射装置和接收装置，发射装置发出一束红外或紫外线穿过烟道到达接收装置，利用烟道作为样品气室吸收特征光谱进行测量，这种方法的优点是不需将烟气抽取出来，减少了中间环节，因此，设备结构简单，成本低廉。但由于直接测量法的分析系统安装的现场，现场恶劣的工作环境使得分析系统工作不稳定，系统的维护工作量非常大，而且无法现场标定，连续测量监测系统很少采用这种方法。

三、气体分析单元工作原理

SO_2监测分析方法主要有：非分光红外吸收法、紫外吸收法、紫外荧光法等。其中，非分光红外吸收法通过测量SO_2对红外特征光谱的吸收来连续检测SO_2的浓度，通常用于污染源级SO_2的分析，测量范围宽、稳定可靠。紫外吸收法通过SO_2对紫外特征光谱的吸收原理进行测定，灵敏度高于非分光红外吸收法，但测量范围窄。紫外荧光法则是用紫外光照射激发SO_2发出紫外荧光，通过光电倍增管检测荧光强度从而测得SO_2浓度，其灵敏度比紫外法要高 2～4 个数量级，常用于大气微量监测或火电厂脱硫工艺后排出的烟气SO_2监测。通常，火电厂的 CEMS 采用非分光红外吸收或紫外吸收法测量SO_2浓度。

NO_2的分析方法主要有：非分光红外吸收法、紫外吸收法和化学发光法。非分光红外吸收法是通过测量 NO 对红外特征光谱的吸收来连续检测 NO 的浓度，NO_2通过钼转换器将NO_2转移成 NO 再进行测量。紫外吸收法是通过对紫外光谱的吸收原理进行测量的。化学发光法的原理是基于 NO 与O_2反应生成激发态NO_2，激发态的NO_2很快转化为常态的NO_2，同时发出光子产生化学发光，发光强度与被测的 NO 浓度呈线性关系。这三种方法相比较，化学发光法测量 NO，线性范围宽，虽然仪器技术复杂，在国外已被广泛应用，特别在低浓度和微量体测应用较多。非分光红吸收法虽然灵敏度较低，适用于 NO 较高浓度检测，由于仪器相对简单可靠，在 CEMS 检测中也得到较多的应用，但是在需检测 NO_2 时要增加钼转化器。紫外吸收法则可以分别检测 NO 及 NO_2，从而得到 NO_2 总量。

CO 的检测通常采用红外吸收法原理，火电厂烟气排放的 CO 含量很低，常采用非分光红外吸收法检测微量 CO。另外，CEMS 系统是通过检测 CO_2 或 O_2 来测定空气过剩系数，大多是测定烟气中 O_2 含量。因此，在 CEMS 系统中很少要检测 CO_2，如需测 CO_2，通常采用红外吸收法原理。

检测 O_2 大多采用电化学氧化锆法或热磁法测量烟气中 O_2，也有采用电化学原电池法测量 O_2，氧化锆法分为直插式和抽出式。直插式是氧化锆探头直接插入烟道，测量的是湿烟气中的湿氧，抽出式通常是在烟气干燥、净化后进行干氧测量，也可以交替测量湿烟气中的湿氧。

四、烟气参数检测方法

烟气参数的检测包括烟气温度、压力、流量及烟气湿度。从环保对烟气监测的要求，对排放的污染物要折算为标态下的干烟气的排放量，因此要通过检测烟气参数来计算测定标态下的干烟气流量。

测定流量的方法有：在线皮托管法，超声法以及使用热式质量流量计算。皮托管法是通用的检测方法，也是环保监测标准采用的方法。它是通过皮托管探头测量烟气的动压、静压、动压和静压与被测烟气流速有一定的比例关系，可以计算出烟气流速和流量；超声法及热式法也是通过测量探头将被测量转换，计算出烟气流速的流量。烟气温度的测定都采用热电偶进行。

检测烟气的湿度难度较大，主要是烟气含水量较大又含有烟尘及 SO_2 等酸性气体，腐蚀性很强，温度也比较高，工况条件很差。常用的测量水分的仪器通常采用红外吸收法以及利用氧化锆测量湿、干氧计算烟气含水量的方法。红外测水法在烟气检测中使用得很少，主要原因是测量探头的耐腐蚀性及耐温性差，探头易损坏。国外厂商在 CEMS 系统中较多地使用氧化锆湿、干氧法测量湿度，可以采用 1 台氧化锆仪器轮流，交替测量湿烟气和干烟气的含氧量，然后计算出烟气含水量。

五、测量参数的采集和输送

烟尘、氧量、温度、流速参量分别由烟尘监测仪、氧分析仪及变送器、热电偶、皮托管和压差传感器测量，这些仪器把测量结果传送到信号调理器（变送器），信号调理器（变送器）把这些信号转换成数字信号，以 RS485 方式传送到仪表间内的数据采集器。数据采集控制器汇集各智能化仪器的测量数据和系统工作状态并上报给监控中心的中心控制数据网络服务器，同时控制整套监测仪器的运行。

监控中心主要由一台中心控制室数据网络服务器（包括一台 PC 机和一台调制解调器）及其外围设备构成。监控中心目前的主要功能有：连接一个或多个前端数据采集器；显示实时数据和系统运行状态（系统状态能够指示到模块级）；下载历史数据；以图表形式显示历史数据，可对各种图形进行任意放大、缩小，以直方图形式显示排气量以及烟尘、SO_2、NO、NO_2 的排放量；提高各种数据报表的打印输出等；提供磁盘、磁带或刻录光盘资料和完备的系统维护软件，定时向管理部门发送排放数据报告，并随时响应管理部门的远程数据查询。国家有关部门通过网络得到所监测各污染源的排放数据的报告，作为排污收费的依据和评估环境质量的重要参考数据。

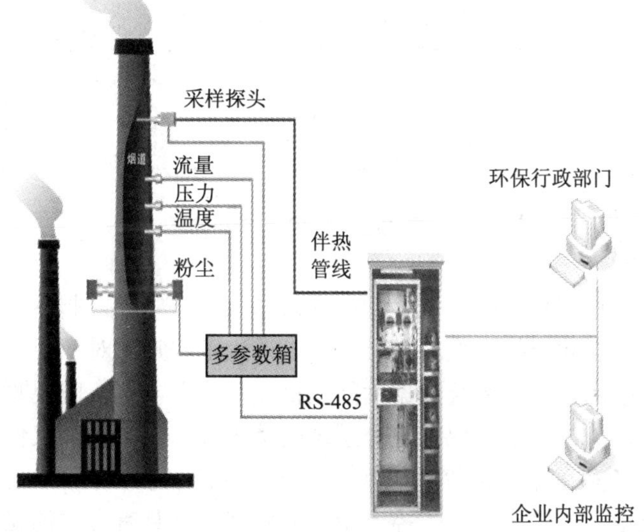

图 3-4 参数的采集和输送

六、集散型控制系统

DCS（Distributed Control System）系统是一种功能分散、风险分散、操作显示集中、采用分布式结构的智能网络控制系统。DCS 系统是计算机技术、系统控制技术、网络通信技术和多媒体技术相结合的产物，通常由现场控制站、数据通信系统、人机接口单元（操作员站、工程师站）、机柜、电源等组成。系统具备开放的体系结构，可以提供多层开放数据接口，图 3-5 为 DCS 系统概念图。

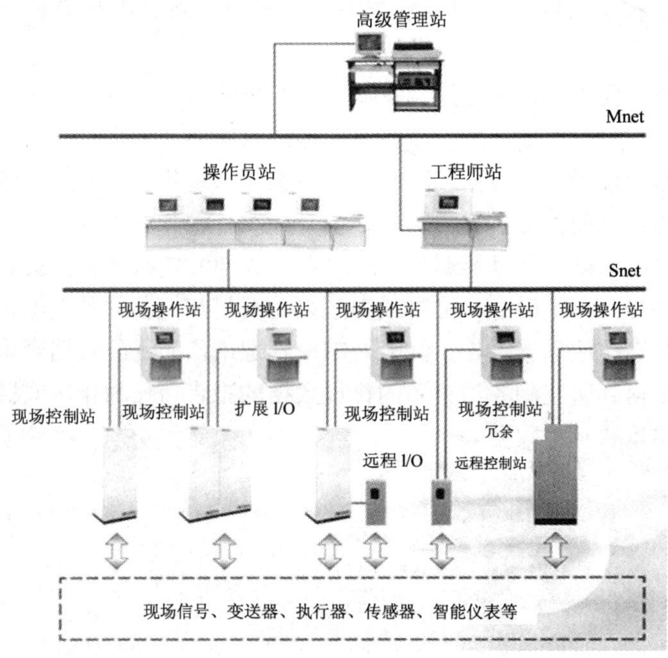

图 3-5　DCS 系统概念图

在集散式控制系统中，工程师站提供技术人员生成控制系统的人机接口，主要用于系统组态和维护，技术人员也可以通过工程师站对应用系统进行监视；操作员站提供技术人员与系统数据库的人机交互界面，用于监视数据状态和操作员对数据点的操作；历史站保存整个系统的历史数据，供组态软件实现历史趋势显示、报表打印和事故追忆等功能（历史站功能通常由工程师站实现）；现场控制站用于现场信号的采集处理，控制策略的实现，并具有可靠的冗余保证和网络通信功能；通信网络连接分散控制系统的各个组成部分，完成数据、指令及其他信息的传递。

为保证 DCS 系统可靠性，电源、通信网络、过程控制站都采用冗余配置。分散控制系统软件是由实时多任务操作系统、数据库管理系统、数据通信软件、组态软件和各种应用软件组成。分散控制系统在结构上采用模块化设计方法，通过灵活组态，合理的配置，可以实现多系统的整合控制。DCS 系统底层汉化的软件平台具备强大的处理功能，并提供方便的组态复杂控制系统的能力与用户自主开发专用高级控制算法的支持能力；易于组态，易于使用；支持多种现场总线标准，扩充方便；系统的可利用率至少为 99.9%；系统平均无故障时间为 10 万 h。目前，DCS 系统已广泛应用在核电、火电、热电、石化、化工、冶金、建材等诸多领域。

七、火电站集散型控制系统

20 世纪 80 年代，DCS 系统开始进入电站自动化控制领域，由于其在安全生产与效益等方面的优点是以往任何一种控制系统无法比拟的，DCS 系统在电站自动化领域被迅速推广。目前，300 MW 以上机组，无一例外采用 DCS 控制，就连 200 MW、100 MW 机组也在使用 DCS 来进行改造，甚至一些自备电厂的 25 MW、12 MW 的火电机组也将采用 DCS 系统。DCS 系统应用技术也已成熟，采用 DCS 系统实施的热控系统功能能充分满足机组主辅设备控制要求。

火力电站主辅机控制系统常见名词解释：DAS 数据采集系统，指采用数字计算机控制系统对工艺系统和设备的运行参数、状态进行检测，对检测结果进行处理、记录、显示和报警，对机组的运行情况进行运算分析，并提出运行指导的监视系统；MCS 模拟量控制系统，指通过控制变量自动完成被控制变量调节的回路；CCS 协调控制系统，指将锅炉-汽轮发电机组作为一个整体进行控制，通过控制回路协调锅炉汽轮机在自动状态下运行给锅炉、汽轮机的自动控制系统发出指令，以适应负荷变化的需要，尽最大可能发挥机组的调频、调峰的能力，它直接作用的执行级是锅炉燃料控制系统和汽轮机控制系统；SCS 顺序控制系统，指对火电机组的辅机及辅助系统，按照运行规律规定的顺序（输入信号条件顺序、动作顺序或时间顺序）实现启动或停止过程的自动控制系统；FSSS 炉膛安全监控系统，指对锅炉点火和油枪进行程序自动控制，防止锅炉炉膛由于燃烧熄火、过压等原因引起炉膛爆炸（内爆或外爆）而采取的监视和控制措施的自动系统，包括燃烧器控制系统 BCS 和炉膛安全系统 FSSS；AGC 自动发电控制，根据电网对各电厂负荷要求对机组发电功率由电网调度进行自动控制的系统；DEH 汽轮机数字式电液控制系统，是按电气原理设计的敏感元件、数字电路以及按液压原理设计的放大元件和液压伺服机构构成的汽轮机控制系统；ATC 或 ATSC 汽轮机自启动系统，根据汽轮机的运行参数和热应力计算，使汽轮机从盘车开始直到带初负荷按程序实现自启动；BPC 旁路控制系统，是汽轮机旁路系统的自动投入和旁路系统蒸汽压力、温度等自动控制系统的总称；ETS 汽轮机的紧急跳闸系统，是在汽轮机的运行过程中，机组重要参数越线等异常工况下，实现紧急停止汽轮机运行的控制系统；MEH 给水泵电液调节系统，是采用微型计算机控制和液压执行机构实现控制逻辑，驱动给水泵汽轮机的控制系统。

第二节　烟气脱硫集散型控制系统

脱硫 DCS 系统与主机 DCS 系统可以有直接通信联系，也可以是相互独立的。脱硫系统作为火电厂重要的组成部分，无论在哪种情况下，脱硫装置的运行都不能对主机运行产生任何影响，以防止重大事故出现。烟道压力、挡板状态是主机和脱硫运行监控的重点，当主机与脱硫发生冲突后，脱硫装置的工作状态应服从主机安全运转的需要，脱硫 DCS 系统的主要控制量有：

1．原烟气 SO_2 浓度、NO_x 浓度、O_2 浓度、烟粉尘浓度、烟气流量、烟气温度、压力等；净烟气 SO_2 浓度、NO_x 浓度、O_2 浓度、烟粉尘浓度、烟气流量、烟气温度、压力等；

2．增压风机电流，导叶开度；

3．浆液循环泵电流，流量；

4．吸收塔内液位、pH 值，排出泵出口处密度，pH 值；

5．除雾器喷水流量，浆液补充记录；

6．氧化风机电流，流量；

7．旁路门开度信号（供参考，好多电厂是开旁路门运行的）；

8．物料损耗记录（包括用电、用水、吸收剂等的用量记录）；

9．锅炉信号：负荷，引风机开度信号等。

脱硫 DCS 系统的人机接口站对系统运行的监视和控制将通过彩色监视器和鼠标进行，监视界面简单直观，集成度高，功能丰富。系统配备有极少量的后备硬手操按钮，以便当系统故障时，能在短时间内使脱硫系统安全停机。在极少量值班人员就地配合下，在脱硫控制室内就能完成脱硫系统的启停控制；正常运行及事故的紧急处理均由运行人员在脱硫控制室内借助于彩色监视器及大屏幕显示上的操作指导点击鼠标来完成。热工自动化闭环控制，热工保护联锁以及局部分组的顺序控制均将由脱硫 DCS 自动进行，图 3-6 是一种脱硫 DCS 系统的可视化界面。

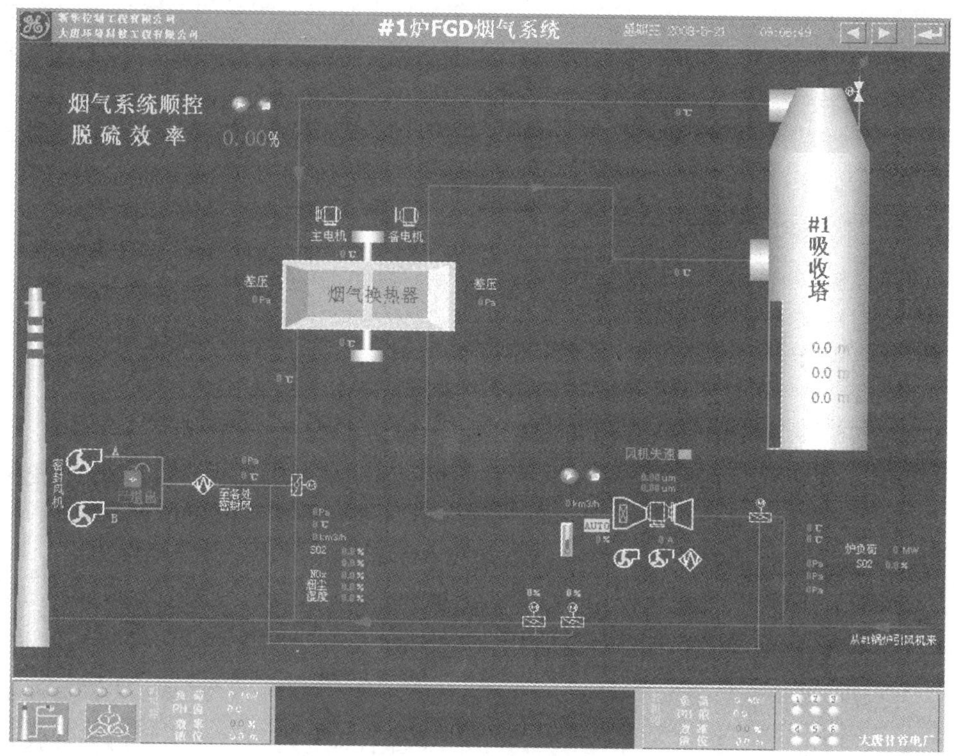

图 3-6　一种脱硫 DCS 系统的可视化界面

脱硫 DCS 系统除了显示各控制量的实时信息之外，还在不间断地进行历史数据记录。系统一般每个小时生成 2 个历史数据文件文件（1 个是数据记录文件，1 个是操作和报警记录文件），一般 1 个小时的数据文件大小在 1.5 M 左右，一天的文件在 30 M 左右，1 个月的文件在 720 M 以内，120 G 的硬盘可以存放大概 150 天的数据。调用这些历史数据可以为准确了解脱硫系统的长期运行状态，能够核查脱硫设施减排量提供佐证。

第三节　水污染源在线监控系统

一、废水在线监测系统描述

废水在线自动监测系统是一套以在线自动分析仪器为核心，运用现代传感器技术、自动测量技术、自动控制技术、计算机应用技术及相关的专用分析软件和通信网络所组成的一个综合性自动监测数据的采集系统，通过系统数据处理后存储指定的监测数据及各种运行资料，可打印输出各项运行数据及统计图表，并可通过远程通信将数据输入中心数据库。系统具有监测项目超标及子站状态信号显示、报警功能；自动运行、停电保护、来电自动恢复功能；维护检修状态测试，便于例行维修和应急故障处理等到功能。

自动监控设备是指在污染源现场安装的用于监控、监测污染物排放的仪器、流量（速）计、污染治理设施运行记录仪和数据采集传输仪等仪器、仪表，是污染防治设施的组成部分。

二、废水在线监测系统功能

污水处理设施数据采集器（黑匣子）通过污水流量计及污水处理设施的在线自动分析仪器，采集各类污染源的排放数据和污水处理设施的运行状态，通过智能环境适配器（适配器）将数据采集器（黑匣子）采集到的数据转换为全国统一格式的标准数据格式后进行存储，并通过调制解调器（MODEM）和公共通信线路（PSTN 等）传送到相关环保管理监理部。

经环境保护部门检查合格并正常运行的自动监控系统，其数据作为环境保护部门进行排污申报核定、排污许可证发放、总量控制、环境统计、排污费征收和现场环境执法等环境监督管理的依据。

三、废水在线监测系统监测设备

包括排污口现场一系列废水自动分析和测量仪器所组成的各种监测设备、数据采集器（黑匣子）及智能环境监测适配器等。

1. 监测设备

主要包括污水流量计、在线工业酸度计、COD 水质自动监测仪、水质自动采样器及其他治理设备的传感器等组成。

2. 数据采集器（黑匣子）

对各种监测设备测量的数据进行采集、存储及处理，具有黑匣子功能，同时还能够对排污单位环保设备的运行状况进行自动监测，并将有关的数据存储和输出。

3. 智能环境监理适配器（适配器）

适配器是连接现场黑匣子并向中心机、中枢机、中央机信息传输的中央设备。具有数据转换、软件加密、数据通信等功能，其辅助功能主要为通信控制、数据采集、身份校验、数据管理等。

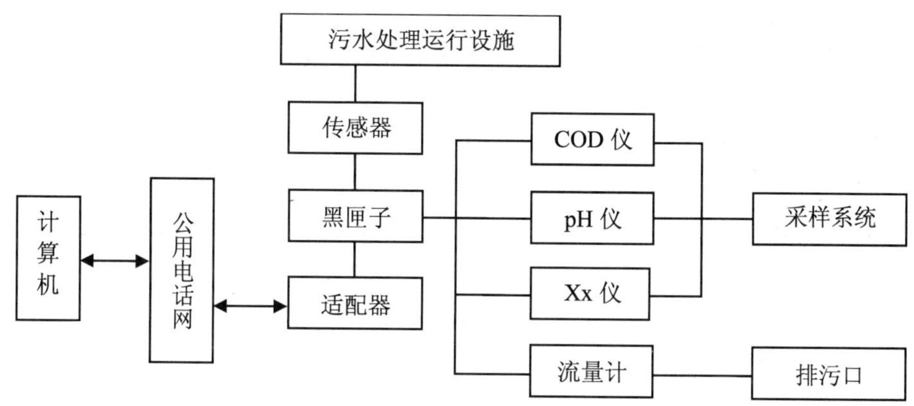

图 3-7 废水在线监测系统功能图

四、COD 在线监测仪

（一）化学耗氧量（COD）概述

水中有机物种类繁多，成分复杂，有机物单项指标或某一类有机化合物并不能反映水的整体有机物状况，且分析技术要求较高，不能作为日常检测指标。目前国内外均采用有机物替代参数，以衡量水中有机物总量的情况。这些替代参数有 COD_{Cr}、COD_{Mn} 和 TOC 等。

通常，化学耗氧量被用作由有机物引起的水质污浊的指标。它用化学氧化剂（如高锰酸钾、重铬酸钾、臭氧等）将水中可氧化物质（如有机物、亚硝酸盐、亚铁盐、硫化物等）氧化分解，然后根据残留的氧化剂的量计算出氧的消耗量，它和生化需养量（BOD）一样，是表示水质污染度的重要指标。COD 的单位为 ppm 或 mg/L，其值越小，说明由有机物引起的水质污染程度越轻。

（二）化学耗氧量的测定方法

1．标准法

标准法的基本原理是：在水样中加入已知量的重铬酸钾溶液，并在强酸介质下以银盐作催化剂，经沸腾回流后，以试亚铁灵为指示剂，用硫酸亚铁铵滴定水样中未被还原的重铬酸钾，由消耗的硫酸亚铁铵的量换算成消耗氧的质量浓度。该方法具有测定结果准确，重现性好等优点，但消耗大量的浓硫酸和价格昂贵的硫酸银，为了消除水中氯离子的干扰，还需加入毒性很大的硫酸汞加以掩蔽，而且分析时间很长。

经改进，目前的氧化剂除了常用的重铬酸钾和高锰酸钾外，还使用氧气和臭氧等。

PHOENIX-themcat 高温快速 COD 测定仪

PHOENIX-themcat 高温快速 COD 测定仪（见图 3-8）是用高温催化氧化法测定 COD 的在线检测设备。PHOENIX-themcat 无论是对排放的污水还是河流的检测，都可以直接使用，而不需要昂贵而复杂的微滤和超滤。在一定温度下，含有有机物的水样经氧气催化氧化，通过测定反应生成的二氧化碳的量来标定 COD 的值。设备的标准测量范围为 4～1 000 mg/L 或者 40～4 000 mg/LCOD。从样品进入到数据的自动输出的反应时间为 4～8 min。

PHOENIX-1010 快速 COD 在线速测仪

臭氧具有很强的氧化能力，它可以通过破坏有机污染物的分子结构以达到改变污染物性质的目的。德国 STIP 公司生产的 PHOENIX-1010 快速 COD 在线速测仪，它的氧化剂不同于以前的仪表，它用臭氧作氧化剂（见图 3-9）。其测定原理为：采用臭氧探头先测定溶解臭氧的浓度。然后污水和溶有臭氧的稀释水同时进入反应室并发生氧化反应。此后，第二个探头测定反应室内残余臭氧浓度。污水和稀释水的混合比可以通过输送泵来控制，从而使臭氧的消耗尽量维持在恒定的低水平上，而反应器内的残余臭氧则保持较高浓度。通过污水和稀释水混合比率的标定，根据消耗臭氧量与 COD 的相关性可快速自动输出水样的 COD 值。

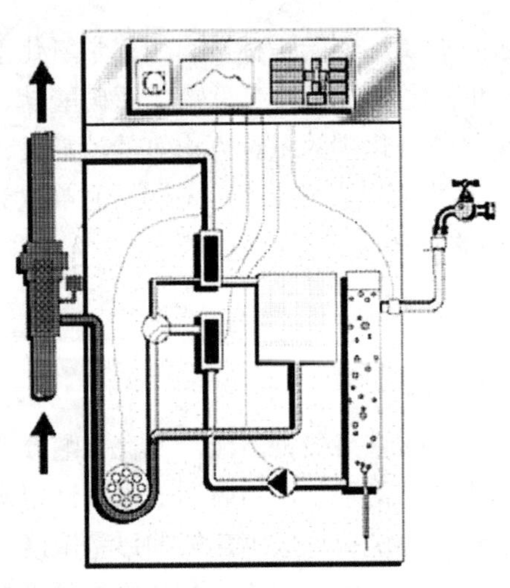

图 3-8 PHOENIX 高温快速 COD 测定仪

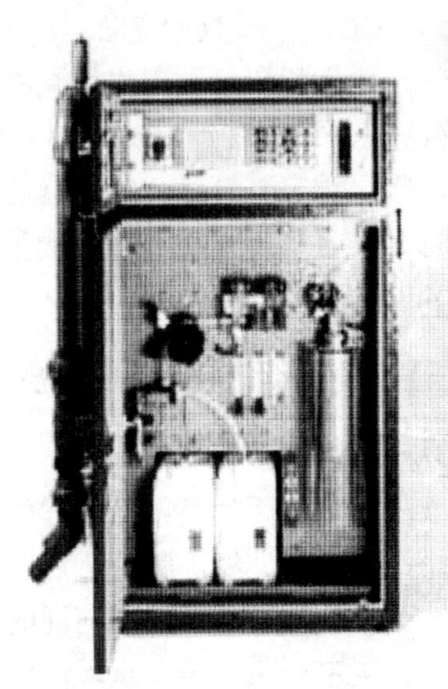

图 3-9 PHOENIX-1010 快速 COD 在线速测仪

2. 分光光度法

分光光度法是通过测定被测物质在特定波长处或一定波长范围内光的吸收度，对该物质进行定性和定量分析的方法。其原理是在强酸性溶液中，过量的重铬酸钾在硫酸银作催化剂的条件下，氧化水中还原性物质，使 Cr^{6+}还原为 Cr^{3+}，利用分光光度计监测 Cr^{6+}或 Cr^{3+}来实现 COD 值测定。分光光度法测定 COD 值具有快速，准确，成本低等优点。

3. 电化学法

电势分析法的基本原理是：测量电极与参比电极之间的电势与溶液中离子活度的对数值存在着函数关系，这种关系可用著名的 Nernst 方程来描述。基于这种原理，提出了一种以 $Ce(SO4)_2$ 为氧化剂，利用 pH 电极和氧化还原电极直接测定电势，从而测定 COD 的值。

4. 流动注射分析法

流动注射分析（FIA），由于具有分析速度快、重现性好和节省试剂等优点，近年来在科研和生产中得到了广泛的应用。

5. COD 排放总量在线监测仪（COD 在线监测仪—等比例采样器—流量计）

COD 在线监测仪、等比例采样器与流量计组成一体，编制程序，使三者协调工作，监测仪可直接显示污水流量、COD 浓度、排污总量，存储数据可随时打印，测量间隔可调，由用户选定。可与国家环境监理信息系统联网。

第四章　二氧化硫减排核算

核算期二氧化硫排放量为上年（半年）度的排放量与本年（半年）度新增排放量之和减去本年（半年）新增削减量。

核算公式为

$$E = E_0 + E_1 - R \tag{4-1}$$

式中：E——核算期二氧化硫排放量，万 t；

E_0——上年（半年）二氧化硫排放量；

E_1——核算期新增二氧化硫排放量，万 t，包括脱硫设施不正常运行的新增排放量，万 t；

R——核算期新增二氧化硫削减量，万 t。

第一节　新增二氧化硫排放量的核算

新增二氧化硫排放量指核算期与上年同期相比，由于工业生产活动和居民生活导致二氧化硫排放的增加量，核算方法为

$$E_{新} = E_{电} + E_{非电} \tag{4-2}$$

式中：$E_{新}$——新增 SO_2 排放量，万 t；

$E_{电}$——新增火电 SO_2 排放量，万 t；

$E_{非电}$——新增非电 SO_2 排放量，万 t。

一、新增火电二氧化硫排放量

新增火电二氧化硫排放量指由于发电量、供热量增加导致二氧化硫增加的排放量，核算公式为

$$E_{电} = E_{产} - R_{脱硫} = M_{煤} \times S \times \alpha \times 10^{-2} - \sum_{i=1}^{n} M_i \times S_i \times \alpha \times \eta_i \times 10^{-2} \quad (4\text{-}3)$$

式中：$E_{产}$——新增火力发电量、供热量导致的 SO_2 产生量，万 t；

$R_{脱硫}$——当年新投产和上年接转燃煤机组脱硫设施新增 SO_2 削减量，万 t；

$M_{煤}$——发电（供热）新增煤炭消耗量，万 t，按照统计数据取值，如果没有统计数据，按以下公式核算：

$$M_{煤} = M_{电} + M_{热} = (P_{火} - P_{气}) \times \mathrm{g} \times \beta \times 10^{-2} + \Delta H \times 40 \times \beta \times 10^{-3} \quad (4\text{-}4)$$

式中：$M_{电}$——新增火力发电用煤消耗量，万 t。

$M_{热}$——新增供热量用煤消耗量，万 t。

$P_{火}$——新增火力发电量，亿 kW·h。

$P_{气}$——新增燃气发电量，亿 kW·h；必须提供新增燃料气体消耗量。

g——新增火力发电量对应的发电标准煤耗，g 标煤/（kW·h）；原则上取 320 g 标煤/（kW·h）。核算期内，没有新投运和上年接转燃煤发电机组的地区，按照当年该地区全口径火力发电厂平均发电煤耗取值。

β——燃料与标煤转换系数，除个别省外，原煤与标煤转换系数β取 1.4，燃料油与标煤β取 0.7。

ΔH——新增供热量，百亿 kJ；如果无法提供新增供热量，按火力发电量增长速度与上（半）年供热量之积估算。

α——SO_2 释放系数，燃煤机组取 1.6，燃油机组取 2.0。

S——新增发电、供热用煤平均硫分，%，计算公式为

$$S = \sum_{i=1}^{n} M_i \times S_i \Big/ \sum_{i=1}^{n} M_i \quad (4\text{-}5)$$

式中：M_i——当年新投产第 i 个燃煤机组脱硫设施通过 168 h 移交后的第二个月算起的煤炭消耗量，万 t；对于上（半）年脱硫设施投运而在当年满负荷运行的机组，M_i 为第 i 个燃煤机组脱硫设施通过 168 h 移交后的第二个月算起的煤炭消耗量差额，煤炭消耗量差额是指核算期煤炭消耗量与上年同期脱硫设施已运行期间的煤炭消耗量的差额，煤炭消耗量为现场核查实际数据，如无法获得，则按照公式（4-4）核算。上述数据均无法获得时，可按月份近似计算。

S_i——当年新投产和上年接转第 i 个燃煤脱硫机组煤炭平均硫分，%；以电厂提供并经现场核查确认的分批次入炉煤质数据为准，并通过现场一个月以上的烟气在线监测脱硫系统入口二氧化硫浓度和脱硫设

施设计煤质参数加以核对。如果无法提供有效数据，按环境影响评价批复文件中的设计和校核煤种平均硫分的大者取值。如果各脱硫机组的数据无法提供或不全或失实，则按照上年环境统计数据库中所有火力发电厂的加权平均硫分取值。

η_i——当年新投产和上年接转第 i 个燃煤脱硫机组的综合脱硫效率，%；为脱硫设施投运率和烟气在线监测脱硫效率之积。脱硫设施投运率指脱硫设施年（半年）运行时间与脱硫设施建成后发电机组年（半年）运行时间之比，须通过现场核查烟气在线监测系统储存数据、脱硫设施运行记录和上报环保部门停运时间确认。如无法提供有效数据，原则上各种脱硫工艺的综合脱硫效率按下列规定取值。石灰/石膏法、烟塔合一法、海水烟气脱硫设施等湿法为 80%～85%，烟气循环流化床、炉内喷钙炉外活化增湿等干（半干）法为 70%～80%，简易脱硫（石灰/石膏半干法、喷雾干燥法等）为 70%，氨法、氧化镁法和双碱法为 60%～70%。单机装机容量大于 20 万 kW（含）或享受脱硫电价的其他规模循环流化床锅炉（炉内加石灰石脱硫工艺）为 70%～80%，其他循环流化床锅炉已与省级以上环保部门联网，且提供在线监测数据，按在线监测结果确定脱硫效率，否则脱硫效率为 0。其他脱硫工艺，必须与省级环保部门联网，脱硫效率以在线监测数据为准。水膜除尘器、除尘脱硫一体化、换烧低硫煤等无法连续稳定去除二氧化硫的工艺，其脱硫效率为 0。

二、新增非电二氧化硫排放量

新增非电 SO_2 排放量，采取排放强度方法核算，并用主要耗能产品（粗钢、有色金属、水泥、焦炭等）的排放系数校核，核算公式为

$$E_{非电} = q_{非电} \times (M_{总} - M_{电} - M_{上非电}) \tag{4-6}$$

式中：$E_{非电}$——新增非电 SO_2 排放量，万 t；

$q_{非电}$——上年非电排放强度，万 tSO_2/万 t 煤；核算公式为：上年非电排放强度＝上年非电 SO_2 排放量/（上年全社会耗煤量－上年电力煤耗量）。其中，上年非电 SO_2 排放量取上年环境统计数据，上年全社会耗煤量取统计部门公布的各地煤炭消费量，上年电力煤耗量按照各地上年度电力行业经济指标以及燃料消耗情况取值，并用统计部门数据校核。

$M_{总}$——核算期全社会煤炭消耗量，万 t；根据统计部门公布数据的数据取值。如果无法按时提供数据，按下列公式估算：

$$M_{总} = EN_{上} \times (1-\lambda) \times GDP \times \kappa \times 1.4 \qquad (4\text{-}7)$$

式中：$EN_{上}$——上年度同期万元 GDP 能耗，t 标煤/万元；按照统计部门等有关部门公布的上年度各地区万元 GDP 能耗取值；

λ——核算期各地预期的或政府已经公布的万元 GDP 能耗下降比例；

GDP ——各地公布的地区生产总值快报数据，亿元；

κ——上年度各地一次能源消费结构中煤炭占的比例，%；数据来源于各地统计年鉴；

$M_{电}$——核算期全口径电力煤炭消耗量，万 t；包括当年运行的常规燃煤电厂、自备电厂、煤矸石电厂和热电联产机组的煤炭消耗量。

原则上，应逐一统计核实辖区内全口径各电厂装机容量、发电量（供热量）、燃料消耗量（热电联产机组包括发电和供热合计燃料消耗量），最终确定辖区内核算期发电煤炭消耗量。各电厂累计的火力装机容量、发电量和增长速度必须与统计部门公布的快报数据一致，各电厂的发电量应与电力调度部门的数据一致。

如果无法统计辖区内全口径各电厂的有关数据，或者统计后火力装机容量、发电量和增长速度数据与统计部门快报数据不一致时，燃料消耗量可按下列公式估算：

$$M_{电} = TP_{火} \times \alpha \times 1.4 \times 10^{-2} \qquad (4\text{-}8)$$

式中：$TP_{火}$——核算期火力发电量，亿 kW・h；

α——各地区快报公布的当年平均发电煤耗，g 标煤/（kW・h）；如果无法获得，可取上年平均发电煤耗数据；

$M_{上非电}$——上年同期非电煤炭消耗量，万 t；为上年同期全社会耗煤量与上年电力煤耗量之差，上年同期全社会耗煤量和上年电力煤耗量的数据来源于统计年鉴。

核算期新增非电 SO_2 排放量须用主要耗能产品（粗钢、有色、水泥、焦炭等）增加（减少）的产量，采用排放系数法核算新增排放量，并与公式（4-6）算出的值比较，按取大数原则确定非电 SO_2 排放量。

主要耗能产品（粗钢、有色、水泥、焦炭等）增加（减少）的产量按照各地统计部门的快报数据。原则上，主要耗能产品的二氧化硫排污系数优先采用各地测试的排污系数或新建项目环保验收监测数据反推的排污系数（取值须经国务院环境保护行政主管部门审定)；如无以上数据，则采用先进控制技术对应的二氧化硫排污系数，粗钢二氧化硫排污系数西南地区取 16 kg/t，东北地区取 2 kg/t，其他地区取 4 kg/t；粗铜、铅、锌、原铝、镁和钛的二氧化硫排污系数分别为 45 kg/t、85 kg/t、60 kg/t、15 kg/t、20 kg/t 和 18 kg/t；吨氧化铝的二氧化硫排污系数为 2.0 kg/t；水泥为 0.311 kg/t；焦炭为 2.7 kg/t。全国污染源普查结果公布后，吨产品二氧化硫排污系数统一按照分地区的普查数据调整。

核算期内燃料油（重油）消耗量明显增加或下降的地区，按统计口径的消耗量和吨油二氧化硫产生系数调整新增非电二氧化硫排放量。

三、脱硫设施不正常运行的新增二氧化硫排放量

核算期脱硫设施不正常运行时，用监察系数法对该地区 SO_2 排放量核算结果进行校正：

$$E_1 = E_{\text{新}} + E_{\text{非正常}} \tag{4-9}$$

式中：E_1 ——该地区核算期新增 SO_2 排放量，万 t，包括脱硫设施不正常运行的新增排放量，见公式（4-1）。

$E_{\text{新}}$——新增 SO_2 排放量核算结果，万 t，见公式（4-2）。

$E_{\text{非正常}}$——脱硫设施非正常运行新增排放量，万 t，核算公式为

$$E_{\text{非正常}} = \sum_{i=1}^{n} Q_i \times \eta_i \times 10^{-2} \times (1-\xi_i) \tag{4-10}$$

式中：Q_i——第 i 个非正常运行脱硫设施的年（半年）SO_2 产生量，万 t，采用物料衡算方法确定。脱硫设施指核查期期间所有投入运行（包括新增脱硫工程和以前运行）的工业企业治理二氧化硫系统，包括燃煤电厂脱硫、燃煤锅炉脱硫、烧结机脱硫、有色冶炼烟气脱硫、焦炉烟气脱硫和其他脱硫设施。

η_i——第 i 个非正常运行脱硫设施，在正常运行情况下的年综合平均脱硫效率，%，同公式（4-3）。

ξ_i——第 i 个非正常企业的监察系数，发现被检查企业脱硫设施非正常运行一次，监察系数取 0.8，非正常运行二次监察系数取 0.5，超过两次非正常运行，监察系数取 0。

脱硫设施非正常运行定义为生产设施运行期间脱硫设施因故未运行而没有向当地政府环境保护行政主管部门及时报告的，没有按照工艺要求使用脱硫剂的、无法稳定达标排放的，使用旁路偷排的，在线监测系统抽调数据不合格率大于

20%，按照国家有关规定认定为“不正常使用”污染物处理设施的，以及其他违法行为。

监察系数按照国家环保部的有关规定进行确定。

四、举例

以国家对辽宁省 2008 年污染减排核查为例。

1. 新增火电二氧化硫排放量

按照公式（4-3），$E_{电}=E_{产}-R_{脱}$，为计算方便，将 $R_{脱}$计入新增削减量，$E_{电}=M_{煤}\times S\times\alpha\times10^{-2}$。

$M_{煤}$——根据辽宁省统计年鉴和辽宁省电力部门统计数据，辽宁省电力企业（含热电）2007 年煤炭消费量为 7 215 万 t，2008 年消费量为 7 295 万 t，同比增长 80 万 t。

S——根据 2008 年新增发电机组耗煤情况，辽宁省新增电力耗煤平均含硫量为 0.72%。

辽宁省电力行业新增 SO_2 排放量为

$$E_{电}=80\times0.72\%\times0.8\times2=0.92\text{ 万 t}$$

2. 新增非电二氧化硫排放量

按照公式（4-6），$E_{非电}=q_{非电}\times(M_{总}-M_{电}-M_{上非电})$

非电排放强度

$q_{非电}$=2007 年非电 SO_2 排放量/2007 年年非电煤炭消费量

2007 年非电 SO_2 排放量——根据 2007 年环境统计，辽宁省 SO_2 排放量为 123.38 万 t，其中电力行业排放量为 58.78 万 t，非电排放量为 64.6 万 t（123.38－58.78＝64.6）。

2007 年非电煤炭消费量——根据辽宁统计年鉴和辽宁电力公司数据，2007 年全社会煤炭消费量为 15 224 万 t，电力企业煤炭消费量为 7 215 万 t，因此非电煤炭消费量为 8 009 万 t（15 224－7 215＝8 009）。

$q_{非电}$——0.008 066 万 t SO_2/万 t 煤（64.6/8009＝0.008 066）。

新增非电二氧化硫排放量

$M_{总}$——根据辽宁省统计年鉴，辽宁省 2007 年全社会煤炭消费量为 15 224 万 t，根据辽宁省 2008 年统计快报，煤炭消费量同比增长 4.5%，因此 2008 年煤炭消费量为 15 909 万 t。

$M_{电}$——7 295 万 t。

$M_{上年非}$——8 009 万 t。

非电 SO_2 新增排放量为

$E_{非电}$=0.008 066×（15 909−7 295−8 009）=4.88（万 t）

SO_2 新增排放量

根据公式（4-1），$E_{新}=E_{电}+E_{非电}$=0.92+4.88=5.8（万 t）

第二节　新增二氧化硫削减量的核算

新增二氧化硫削减量指核算期与上年同期相比，通过实施治理工程、结构调整（淘汰落后产能等）和加强监督管理等减排措施，新增连续稳定的二氧化硫削减量，核算公式为

$$R = R_{工程} + R_{结构} + R_{管理} \tag{4-11}$$

式中：$R_{工程}$——新增工程削减量，万 t；

$R_{结构}$——新增结构调整削减量，万 t；

$R_{管理}$——新增监督管理削减量，万 t。

一、治理工程新增二氧化硫削减量

治理工程新增二氧化硫削减量指老污染源的具有连续长期稳定减排 SO_2 效果的烟气治理工程在核算期多削减的量，具体包括电力行业燃煤（油）电厂烟气脱硫工程（统称为现役燃煤机组脱硫工程）、工业燃煤锅炉烟气脱硫工程、黑色冶炼行业（炼钢、炼铁和铸造业等）烧结机烟气脱硫工程、有色金属行业各种冶炼炉烟气脱硫及硫酸回收工程、石油化工行业脱硫及硫磺回收工程、炼焦行业焦炉煤气脱硫工程、煤改气工程和其他脱硫工程等。治理工程新增二氧化硫削减量核算公式为

$$R_{工程} = R_{工电} + R_{工钢} + R_{工锅} + R_{工色} + R_{工焦} + R_{工改} + R_{工化} + R_{工其他} \tag{4-12}$$

式中：$R_{工电}$——现役燃煤机组脱硫工程新增削减量，万 t；

$R_{工钢}$——黑色冶炼行业烧结机等烟气脱硫工程新增削减量，万 t；

$R_{工锅}$——工业燃煤锅（窑）炉烟气脱硫工程新增削减量，万 t；

$R_{工色}$——有色金属行业各种冶炼炉烟气脱硫（回收）工程新增削减量，万 t；

$R_{工焦}$——炼焦行业焦炉煤气脱硫工程新增削减量，万 t；

$R_{工改}$——天然气、煤层气、沼气、煤气和高炉煤气等清洁燃料部分或全部替代原有燃煤（油）设施而新增的削减量，万 t；

$R_{工化}$——石化行业脱硫及硫磺回收工程新增削减量；

$R_{工其他}$——其他脱硫工程（如玻璃、硫酸生产、石灰等窑炉、石油化工）新增削减量，万 t。

（一）现役燃煤（油）电厂烟气脱硫工程新增削减量

1．核算新增削减量的原则

（1）2005 年 12 月 31 日前投产并纳入 2005 年环境统计重点调查单位名录企业的燃煤（油）机组均为现役机组，包括常规燃煤（油）电厂、自备电厂、煤矸石电厂和热电联产机组。机组没有纳入环境统计数据库，但其所在企业纳入环境统计重点调查单位名录的，在“十一五”期间建成脱硫设施并运行的均计算削减量。

（2）新增削减量包括当年新投产和上年接转的现役机组烟气脱硫工程，也包括已经投入运行现役脱硫机组煤炭消耗量变化引起的削减量的增减。

（3）2006 年 1 月 1 日后投入运行的燃煤机组不作为现役机组，但其脱硫设施隔年建成的，其新增削减量，可按公式（4-3）计算。

（4）新增削减量不能大于 2005 年环境统计数据库中企业的排放量。一个电厂有多台机组且没有分机组纳入 2005 年环境统计数据库时，应按安装脱硫设施的燃煤机组发电量或煤炭消耗量或煤电装机容量在该企业所占份额与 2005 年环境统计排放量之积折算该机组环统排放量。企业排放量由多种污染源组成（如钢铁厂的自备燃煤机组、炼焦炉和烧结机等）时，按照物料衡算或排污系数法计算该机组所占排放份额与 2005 年环境统计排放量之积折算该设备排放量。新增排放量不能大于该设施治理前的排放量。

（5）脱硫机组由于检修而导致发电量减少带来的排放量变化的不计削减量。

（6）未安装脱硫设施的现役燃煤机组由于煤炭硫分降低、发电量（供热量）减少（增加）等因素引起排放量的变化，不计算新增削减量。

2．新增削减量核算公式

$$R_{工电} = R_{电新} + R_{电转} + R_{电增} + R_{电改} + R_{电替} \tag{4-13}$$

式中：$R_{电新}$——核算期新投运现役燃煤脱硫设施新增削减量，万 t；

$R_{电转}$——上（半）年现役燃煤脱硫设施投运而在核算期满负荷运行情况新增削减量，万 t；

$R_{电增}$——脱硫设施已运行满一年机组而在核算期发电量稳定增加而形成的新增削减量，万 t；

$R_{电改}$——已运行满一年的脱硫设施改造扩容或提高效率在核算期新增削减量，万 t；

$R_{电替}$——现役燃煤机组气体燃料替代煤炭在核算期新增削减量，万 t。

（1）新投运现役燃煤脱硫设施新增削减量 $R_{电新}$

$$R_{电新}=\sum_{i=1}^{n}M_i\times S_i\times\eta_i\times1.6\times10^{-2} \tag{4-14}$$

式中：M_i——核算期新投运第 i 个现役燃煤脱硫机组通过 168 h 移交后第二个月算起的煤炭消耗量，万 t；煤炭消耗量优先采用现场核查实际数据，并使用分月发电量校验，如无法获得以上数据，则按脱硫机组投运月数比与该机组在核算期煤炭消耗量进行折算。

η_i——综合脱硫效率，为核算期新投运第 i 个现役燃煤脱硫设施综合脱硫效率，%。各脱硫工艺的综合脱硫效率按照公式（4-3）的规定取值。

S_i——煤炭平均硫分，为核算期新投运第 i 个现役燃煤脱硫机组 2005 年环境统计数据库中煤炭平均硫分，%。

n——新增现役发电机组建成并投运脱硫设施个数。

例如：以某电厂的 3 号机在 2008 年上半年的减排量计算过程为例。该机组装机容量 200 MW，脱硫设施属于三同时建设项目，在 2007 年 9 月 1 日投运。在 2008 年上半年核查期，该机组运行了 6 个月，核查期燃煤量 63.86 万 t，燃煤硫分为 0.57%，核查期的综合脱硫效率为 90%，按照式（4-14）计算得出的减排量为 2 804 t。

（2）接转现役燃煤脱硫设施新增削减量 $R_{电转}$

$$R_{电转}=\sum_{j=1}^{m}M_j\times S_j\times\eta_j\times1.6\times10^{-2} \tag{4-15}$$

式中：M_j——上（半）年第 j 个现役燃煤脱硫设施投运而在核算期满负荷运行情况下的煤炭消耗量差额。煤炭消耗差额为现场核查实际数据，应使用分月发电量校验，如无法获得以上数据，则按月份折算。

η_j——综合脱硫效率，为核算期上年接转第 j 个现役燃煤脱硫设施的综合脱硫效率，%。各脱硫工艺的综合脱硫效率按照公式（4-3）的规定取值。

S_j——煤炭平均硫分，为上年接转第 j 个现役燃煤脱硫机组 2005 年环境统计数据库中煤炭平均硫分，%。

m——上年接转现役发电机组脱硫设施个数。

（3）发电量增加而形成的新增削减量 $R_{电增}$

$$R_{电增}=\sum_{k=1}^{l}\Delta M_k\times S_k\times\eta_k\times1.6\times10^{-2} \tag{4-16}$$

式中：ΔM_k——已运行满一年的脱硫机组（包括现役和“十一五”期间投运的脱硫机组），由于新政策实施原因导致煤炭消耗稳定增加（减少）量，如节能环保电量调度、电量交易等导致发电小时数增加，发电量稳定增加（减少）。煤炭消耗增加（减少）量为现场核查实际数据，应有相应政府相关部门文件支持。

η_k——综合脱硫效率，为发电量有变化的第 k 个脱硫机组的综合脱硫效率，%。各脱硫工艺的综合脱硫效率按照公式（4-3）的规定取值。

S_k——煤炭平均硫分，发电量有变化的第 k 个脱硫机组的上年环境统计中煤炭平均硫分，%。

l——核查期已运行满一年且发电量有所增加的脱硫机组个数。

例如：以某电厂的 3 号机在 2008 年上半年的减排量计算过程为例。该机组装机容量 600 MW，脱硫设施属于“三同时”建设项目，脱硫方法为石灰石-石膏湿法，在 2007 年 9 月投运。在 2008 年上半年核查期，该机组运行了 6 个月，核查期燃煤量 63.7 万 t，燃煤硫分为 0.8%，核查期的综合脱硫效率为 83%，按照式（4-14）计算得出的减排量为 6 767 吨。

（4）脱硫设施改造新增削减量 $R_{电改}$

脱硫设施技术改造新增削减量主要包括已运行的脱硫设施经过工艺改变（如由原低效简易脱硫和 NID 工艺改造为高效湿法工艺等）、增加高效脱硫设施（如炉内脱硫的循环流化床锅炉增加尾部脱硫装置等）和因设计或煤炭硫分大幅度变化导致原脱硫设施不能稳定达标排放而改造为达标排放由部分脱硫改为全烟气脱硫等措施，核算公式为

$$R_{电改}=\sum_{x=1}^{p}\left(M_x\times S_x\times\eta_x\times1.6\times10^{-2}-R_x\right) \tag{4-17}$$

式中：R_x——上（半）年环境统计数据库中第 x 台燃煤脱硫设施的二氧化硫削减量，万 t，包括核查期以前所有投运的燃煤脱硫设施。上年环境统计数据库中没有削减量的，按产生量与排放量之差计算。

M_x——核算期新改造投运第 x 个燃煤脱硫机组通过 168 h 移交后第二个月算起的煤炭消耗量，万 t；煤炭消耗量取值参照公式（4-14）、（4-15）和（4-16）。

η_x——综合脱硫效率，为核算期新改造投运第 x 个燃煤脱硫设施综合脱硫效率，%。各脱硫工艺的综合脱硫效率按照公式（4-3）的规定取值。

S_x——煤炭平均硫分，为核算期新改造投运第 x 个燃煤脱硫机组上年环境统计数据库中煤炭平均硫分，%。

p——核查期新改造投运的脱硫机组个数。

（5）燃气替代煤炭新增削减量 $R_{电替}$

燃气替代煤炭新增削减量主要指用气体燃料替代发电（供热）锅炉全部或部分用煤（或重油）等方法而减少的二氧化硫排放量。其中包括所有未安装脱硫设施的燃煤（油）发电机组，不包括燃气发电机组。核算公式为

$$R_{电替}=\sum_{y=1}^{q}\left(M_y\times S_{y煤}\times 1.6-Q_y\times S_{y气}\times 2\right)\times 10^{-2} \tag{4-18}$$

式中：M_y——第 y 台锅炉被气体燃料替代的煤炭（重油）消耗量，万 t，煤炭消耗量取值参照公式（4-14）、（4-15）和（4-16），原则上，被替代的煤炭（重油）消耗量以统计数据为准，并按照燃气量等热值替代原煤量（重油）的方法校核。校核公式为

$$M_y=Q_y\times H_{y气}\times 1.4\times 10^{-3} \tag{4-19}$$

式中：Q_y——第 y 台锅炉替代用燃气量，万 m^3。

$H_{y气}$——第 y 台锅炉替代气体燃料发热值，kg 标煤/m^3，以实测为准；无法提供的，取附表 3 中各种燃料的平均热值。

$S_{y煤}$——第 y 台锅炉燃用煤炭的平均硫分，以上年环境统计数据库中的硫分为准。

$S_{y气}$——第 y 台锅炉替代气体燃料硫分，原则上，取值为 0，但使用未脱硫的焦炉煤气或高炉煤气替代时，应考虑硫化氢浓度和转换为二氧化硫系数。

q——燃气替代的锅炉个数。

3．应特别注意的问题

（1）原则上，现役燃煤机组安装脱硫设施新增二氧化硫削减量以 2005 年环境统计数据库中该机组所在电厂平均硫分为准，没有硫分数据的（如企业自备电厂），以现场核查煤炭硫分为准。现场核查时，通过分批次入炉煤质、脱硫系统设计煤质和烟气在线监测系统入口二氧化硫浓度数据分析，确定实际煤炭硫分。

（2）若现场核查某新增脱硫设施的实际煤炭硫分与 2005 年环境统计数据库

中平均硫分差别在 20%以上的，新增削减量以 2005 年环境统计数据库中硫分对应的产生量与实际硫分对应的脱硫后排放量的差为准。

（3）2005 年当年建成投运但没有统计二氧化硫排放量或排放量明显低于满负荷运行时产生量的燃煤机组，核查期建成并运行脱硫设施后，核算新增二氧化硫削减量时不以 2005 年基数为准，而以核算期上年环境统计数据库数据为准。

（二）烧结机等烟气脱硫工程新增削减量

1. 核算新增削减量的原则

（1）纳入上年环境统计重点调查单位名录的黑色冶炼企业的生产工艺采取烟气脱硫工程的，包括炼钢（铁）企业的烧结机和球团炉（链篦机-回转窑、竖炉和带式炉）烟气脱硫、机械铸造企业烧结机烟气脱硫，均核算二氧化硫削减量。削减量自环境保护验收合格的第二个月开始核算。

（2）烧结机烟气脱硫工程应连续稳定运行，新增削减量计算参数以市级以上环保部门监督性监测结果为准，没有监测数据的，按照脱硫系统设计参数核算新增削减量。新增削减量须用烧结矿产量脱硫设施的用电量、所用药剂的使用量、脱硫副产品的产量等来校核，烧结矿二氧化硫产污系数 2～16 kg/t 烧结矿。

（3）新增削减量应小于环境统计数据库中企业的排放量。企业有多台烧结机的，应按安装脱硫设施烧结机的生产规模（或烧结机面积）在该企业总生产规模（或总烧结机面积）所占份额与上年度环境统计排放量之积折算。单台二氧化硫治理工程的新增削减量不能大于治理前的排放量。

（4）烧结机（球团炉）产量变化、原料变化等原因导致烟气二氧化硫排放量增加（减少），不计新增（减）削减量。

2. 新增削减量的核算公式

$$R_{工钢}=\sum_{i=1}^{n}(C_{入i}V_{入i}-C_{出i}V_{出i})\times(m_{i当}-m_{i上})\times10^{-10} \tag{4-20}$$

式中：$C_{入i}$——第 i 台烧结机烟气脱硫系统入口二氧化硫浓度，mg/Nm³；二氧化硫浓度一般在 300～3 000 mg/m³ 之间，某些地区以国产矿为主要烧结原料的二氧化硫浓度在 2 000～5 000 mg/m³ 之间。

$V_{入i}$——第 i 台烧结机脱硫系统入口烟气量，m³/时；每生产 1 吨烧结矿，烟气量为 3 000～4 300 m³，按烧结面积计，则为 70～95 m³/(min・m²)。脱硫系统只处理部分烟气的，$V_{入}$应以环保部门监测结果为准。

$C_{出i}$——第 i 台烧结机烟气脱硫系统出口二氧化硫浓度，mg/m³；$C_{出}$应以环保部门监测结果为准。脱硫效率需有经验数据验证。

$V_{出i}$——第 i 台烧结机脱硫系统入口烟气量，m^3；原则上，$V_{出i}=V_{入i}$。

$m_{i当}$——核查期第 i 台烧结机脱硫设施运行时间，小时。

$m_{i上}$——核查期上年同期第 i 台烧结机脱硫设施运行时间，小时。

（三）工业燃煤锅（窑）炉烟气脱硫工程新增削减量

1．核算新增削减量的原则

（1）2005 年 12 月 31 日前投产并纳入 2005 年环境统计重点调查单位名录的企业，工业燃煤锅炉采取烟气脱硫工程的，必须安装烟气自动在线监测系统并与市级以上环境保护部门联网，自环保部门验收合格的第二个月开始核算二氧化硫新增削减量。

（2）工业燃煤锅炉烟气脱硫工艺包括石灰石/石膏法、双碱法、氨法、氧化镁法、半干法和列入《国家先进污染防治技术示范名录》和《国家鼓励发展的环境保护技术目录》及其他国家推荐的脱硫技术。换烧低硫煤、燃煤量减少等不计二氧化硫削减量。

2．新增削减量的公式

$$R_{工锅}=(\sum_{i=1}^{n}M_i\times S_i\times\eta_i+\sum_{j=1}^{m}M_j\times S_j\times\eta_j)\times1.6\times10^{-2} \quad (4\text{-}21)$$

式中：各个参数选取同公式（4-14）和（4-15）。按照此公式核算新增二氧化硫削减量必须经市级以上环保部门提供的烟气在线监测数据校核。

例如：2008 年某公司的 4 台 100 吨锅炉在 2008 年 11 月完成了脱硫改造，脱硫方法为双碱法，核查期燃煤量为 4.8 万 t，燃煤硫分为 0.8%，综合脱硫效率为 60%，按照式（4-21）计算得出的减排量为 368 t。

（四）有色金属冶炼炉烟气脱硫工程新增削减量

1．核算新增削减量的原则

（1）2005 年 12 月 31 日前投产并纳入到 2005 年环境统计重点调查单位名录的有色金属企业的各种冶炼炉实施烟气脱硫工程的，自环保部门验收合格的第二个月开始核算二氧化硫新增减排量。

（2）铜、铝、铅、锌、镍、锡、锑、镁、钛、汞十种有色金属的各种冶炼炉（闪速炉、电炉、反射炉、白银炉、鼓风炉等）烟气脱硫工艺必须具有连续稳定的脱硫效果。原有回收硫酸工艺采取一转一吸系统改为两转两吸系统，根据改造设计参数和监督性监测数据，核算新增削减量。

（3）2005 年 12 月 31 日前投产的生产设施与“十一五”期间投产的生产设施（包括原有设施扩能和新建设施）采取烟气混合，而进入同一个脱硫设施处理后排放时，仅核算原有生产线新增二氧化硫削减量。新增削减量应使用副产品（硫酸或亚硫酸钠等）增加的产量校核。

（4）新增削减量应小于环境统计数据库中企业的排放量。企业有多台冶炼炉且没有单台炉环境统计排放数据的，原则上，按实测单台冶炼炉的排放量为准，若无法提供，各冶炼炉的二氧化硫排放量按上年金属产量和产污系数法折算，产污系数按附表 5 取值，单台二氧化硫治理工程的新增削减量不能大于按产污系数法折算出的环境统计排放量。

（5）企业金属产量变化、原料变化等原因导致烟气二氧化硫排放量变化的，不计算新增削减量。

2．核算新增削减量公式

$$R_{工色} = \sum_{i=1}^{n}(C_{入i}V_{入i} - C_{出i}V_{出i}) \times \gamma_i \times 10^{-10} \tag{4-22}$$

式中，各参数符号的选取同公式（4-20）。

例如：2008 年上半年某硫酸厂在 2007 年 12 月完成了两转两吸法的脱硫改造工程，脱硫设施脱入口处烟气浓度是 4 460 mg/m³，烟气流量是 39 700 m³/h，脱硫设施脱出口处烟气浓度是 840 mg/m³，烟气流量是 69 800 m³/h，核查期运行时间是 3 960 h，按照式（4-22）计算得出的减排量为 469 t。

（五）炼焦炉煤气脱硫工程新增削减量

1．核算新增削减量的原则

（1）2005 年 12 月 31 日前投产并纳入 2005 年环境统计重点调查单位名录炼焦企业的各炼焦炉实施烟气脱硫工程的，自脱硫设施经市级以上环保部门验收合格日的第二个月开始核算二氧化硫新增削减量。

（2）炼焦炉煤气脱硫工程包括 HPF 法、PDS 法、AS 法、改良 A.D.A 法、塔-希法、FRC 法、真空碳酸盐法等方法。其脱硫效率按照环保部门实际监测数据为准。

（3）新增削减量应小于 2005 年环境统计数据库中企业的排放量。企业有多台炼焦炉且没有单台炉环境统计排放数据的，各炼焦炉的二氧化硫排放量按焦炭产量和产污系数法折算，产污系数按 4.7 kg SO_2/t 焦取值；单台炼焦炉脱硫工程的新增削减量不能大于按产污系数法折算出的环境统计排放量。

（4）企业焦炭产量变化、原料变化等原因导致烟气二氧化硫排放量变化的，不核算新增削减量。

（5）热装热出清洁型焦炉余热锅炉烟气脱硫工程新增减排量核算烟气脱硫可参照锅炉烟气脱硫设施核算方法实施。新增削减量包括核算期新投产和上年接转的脱硫设施形成的削减量。

2．核算新增削减量公式

$$R_{工焦}=R_{焦新}+R_{焦转} \quad (4\text{-}23)$$

式中：$R_{焦新}$——核算期新投运炼焦炉煤气脱硫设施新增削减量，万 t；

$R_{焦转}$——上（半）年炼焦炉煤气脱硫设施投运而在核算期满负荷运行情况新增削减量，万 t。

（1）新投运炼焦炉煤气脱硫设施新增削减量 $R_{焦新}$

$$R_{电新}=\sum_{i=1}^{n}M_i\times S_i\times\eta_i\times0.6\times10^{-2} \quad (4\text{-}24)$$

式中：M_i——核算期新投运第 i 个炼焦炉煤气脱硫设施通过市级以上环保部门验收合格后第二个月算起的入炉煤消耗量，万 t；入炉煤消耗量优先采用现场核查实际数据并根据焦炭产量校核：入炉煤消耗量为焦炭产量除 1.33。应有分月入炉煤消耗量和焦炭产量支持。

η_i——综合脱硫效率，为核算期新投运第 i 个煤气脱硫设施综合脱硫效率，η_i=95%。

S_i——入炉煤平均硫分，为核算期现场核查入炉煤的平均加权硫分，%，并提供入炉煤的洗煤厂名单。

n——新增脱硫设施个数。

（2）接转炼焦炉煤气脱硫设施新增削减量 $R_{焦转}$

$$R_{电转}=\sum_{j=1}^{m}M_j\times S_j\times\eta_j\times0.6\times10^{-2} \quad (4\text{-}25)$$

式中：M_j——上（半）年第 j 个炼焦炉煤气脱硫设施投运而在核算期满负荷运行情况下的入炉煤消耗量差额，万 t。入炉煤消耗差额为现场核查实际数据，并根据焦炭产量校核：入炉煤消耗量为焦炭产量除 1.33，应有上年和当年分月焦炭产量支持。

η_j、S_j——同公式（4-24）。

m——上年接转炼焦炉煤气脱硫设施个数。

（3）新增削减量的校核

炼焦炉新增煤气脱硫设施（包括当年投运和上年接转）新增削减量在现场核

查时应通过下列公式校核：

$$R_{\text{工焦}i}=(C_{\text{入}i}V_{\text{入}i}-C_{\text{出}i}V_{\text{出}i})\times(\gamma_i-\gamma_{i\text{上}})\times\frac{64}{34}\times10^{-9} \tag{4-26}$$

式中：$C_{\text{入}i}$——第 i 座焦炉煤气脱硫系统入口 H_2S 浓度，mg/m^3；

$V_{\text{入}i}$——第 i 座焦炉煤气脱硫系统入口煤气流量，m^3/h；

$C_{\text{出}i}$——第 i 座焦炉煤气脱硫系统出口 H_2S 浓度，mg/m^3；

$V_{\text{出}i}$——第 i 座焦炉煤气脱硫系统出口煤气流量，m^3/h；

γ_i——第 i 座焦炉煤气脱硫设施核算期运行小时数，h/a；

$\gamma_{i\text{上}}$——第 i 座焦炉煤气脱硫设施上年同期运行小时数，h/a；

H_2S 浓度主要来自环保部门的验收报告；煤气流量以焦炉煤气流量计显示结果为准，并参考物料平衡参数进行复核（每生产 1 t 干焦炭产生煤气量 400～500 m^3）；运行小时数以焦炉煤气脱硫设施岗位实际运行记录为准，并参考脱硫设施耗电量进行复核。

公式（4-26）与公式（4-24）和公式（4-25）的计算结果有差异时，按取小值原则取值作为单套煤气脱硫设施的新增削减量。

（六）非电煤改气工程新增削减量

1．核算新增削减量原则

天然气、煤层气、沼气、炼厂干气、煤气和高炉煤气等清洁燃料部分或全部替代原有燃煤（油）设施而新增的削减量，核算原则为：

（1）按照新增清洁燃料消耗量等热值原则核算替代原煤量。各地清洁燃料发热值优先采用测试数据，没有测试数据按附表 3 热值取值。

（2）被替代的原煤硫分按照所在城市或企业煤炭平均硫分取值。

（3）2005 年以前投产并纳入环境统计重点调查单位名录的原油炼制和炼焦企业，煤气安装脱硫设施并替代原煤的，既核算煤气脱硫新增削减量，也核算替代原煤而导致的新增削减量。“十一五”期间投产企业（包括原有企业扩能和新建企业）脱硫措施部分不核算其新增削减量，只核算替代原煤新增削减量。

2．核算新增削减量公式

清洁燃料替代燃煤（油）设施而新增的削减量核算公式为

$$R_{\text{工改}}=\sum_{i=1}^{m}M_{\text{煤}i}\times S_i\times1.6\times10^{-2} \tag{4-27}$$

式中：$M_{\text{煤}i}$——第 i 个燃煤设施燃气替代的煤炭量，万 t；

S_i——第 i 个燃煤设施燃气替代的煤炭平均硫分，若企业内部替代，其硫分按 2005 年环境统计数据库中企业燃料煤硫分取值，没有环境统计数据的地区平均硫分取值。

例如：2008 年上半年，某企业的煤层气替代燃煤项目，在核查期共消耗煤层气 374.38 万 m^3，替代燃煤 0.482 万 t，替代燃煤的硫分是 0.8%，则按照式（4-27）计算得出的减排量为 61.7 t。

（七）石化企业产品脱硫及硫磺回收工程新增削减量

1．核算新增削减量的原则

石化行业脱硫及硫磺回收工程新增削减量指由于石油、化工企业的炼化装置实施脱硫和硫磺回收工程，降低了重油和石油焦等产品的硫分，使该企业内部以其新产品为燃料的设施二氧化硫排放量的减少量。按照以下原则核算：

（1）2005 年 12 月 31 日前投产并纳入环境统计重点调查单位名录的石油化工企业的生产装置实施脱硫和硫磺回收工程的，核算新增二氧化硫削减量。“十一五”期间投产企业（包括原有企业扩能和新建企业）采取脱硫和硫磺回收工程减少的二氧化硫排放量不核算新增削减量。

（2）核算用参数原则上以在线监测数据为准，核算结果须用物料衡算法进行校核。

（3）新增削减量应小于 2005 年环境统计数据库中企业的排放量。

2．核算新增削减量公式

$$R_{工炼} = M \times \Delta S \times \alpha \times (1-\eta) \times 10^{-2} \tag{4-28}$$

式中：M——脱硫及硫磺回收工程后的重油和石油焦用于替代本厂燃煤（重油、石油焦）的量，万 t；

ΔS——脱硫及硫磺回收工程前后重油和石油焦硫分差，%；

α——重油和石油焦中硫转化为 SO_2 释放系数，1.9～2.0；

η——厂内原设施已运行的脱硫设施脱硫效率。

实施脱硫和硫磺回收工程的企业须提交相应资料在省级环保部门逐一审查和督察中心现场核查基础上，报送国家环保部最终审定。

（八）其他工程新增削减量

其他生产过程（如玻璃、硫酸生产、石灰等窑炉）脱硫的新增削减量，根据不同情况分别处理。应提交脱硫系统设计书、市级以上环保部门的监测报告。

二、结构调整新增二氧化硫削减量

结构调整新增削减量，主要是指在核算期企业关停排放二氧化硫的生产线、工艺和设备形成的削减量。

1．核算新增削减量的原则

（1）淘汰、关闭企业及生产设施（含破产企业）的认定要提供相应具有法律效应的文件，如当地政府的关闭文件、关停小火电确认书、企业破产文件、吊销营业执照文件、环境监察部门的监查记录等实证性的证明材料。表明企业工艺和设备必须是永久性关停并有具体关停时间，必须停止工业用水、工业用电，应当提供有关照片。原则上，各级政府颁布的关停计划中提出的拟议淘汰关停时间不作为关停与否和具体关停时间确认的主要依据。

（2）纳入上年环境统计重点调查单位名录的企业，按环境统计排放量核算新增削减量。关停部分生产线和生产设备没有环境统计数据的，根据整个企业环境统计排放量通过物料衡算法按排污系数和上年产品产量折算新增削减量。

（3）核算期当年关停的，从实际关停的第二个月起按关停月数和上年环境统计排放量核算新增削减量；核算期上年关停但不满一年的，按未关停的月数核算新增削减量。政府或相关管理部门下发的文件中企业淘汰关停时间或地方上报材料的关停时间与核查不一致时，以核查确定的实际关停时间为准。

（4）“十一五”期间投产（包括原有企业扩能和新建），后又被取缔关停的企业、设施，不核算新增削减量。

（5）自然停产或减产的企业，如无明确的能够认定企业无法恢复生产的有效证明文件，不核算其新增削减量；处于停产治理、限期治理期间的企业一律不核算新增削减量，待企业完成治理恢复正常生产后再根据治理设施运行情况，按照治理工程减排核算方法核算新增削减量。

（6）关停主要涉水行业的企业、生产工艺、设备（如小造纸、小化工、小印染等），同步关停的燃煤设施，根据设施实际排放强度与该地区平均排放强度之差计算削减量，并一次性结清。

（7）没有纳入上年环境统计重点调查单位名录的企业，按排污系数法核算新增削减量（详见附表 2）。各关停项目新增削减量一律按实际削减量的 50%核算，但核算期关停项目削减量合计不能高于本地区上年度非重点污染源排放量的10%。核算期当年关停和上年关停的，应列出名单、投产时间、生产能力和上年产量。凡经确认在核算期关停的，新增削减量一次性结清，不做跨年度核算（上年度关停的不再核算新增削减量）。

（8）凡在核算期已经确认的取缔关停企业、设施全部进入减排项目数据库并公布，企业通过更换名称、关停后再生产、现场核查没有该企业的、重复关停的等，经群众举报、新闻媒体曝光，核查被查出时，予以通报批评，并按照相关规定进行处理。

2．新增削减量核算公式

$$R_{结构}=R_{结电}+R_{交易}+R_{结钢}+R_{同关}+R_{结其他} \tag{4-29}$$

式中：$R_{结电}$——关停小煤电机组新增削减量，万 t；

$R_{交易}$——小机组与大机组电量交易新增削减量，万 t；

$R_{结钢}$——关停有烧结机的小钢铁新增削减量，万 t；

$R_{同关}$——同步关停涉水行业燃煤锅炉新增削减量，万 t；

$R_{结其他}$——关停其他落后产能（如有色冶炼、建材、炼油等）新增削减量，万 t。

（一）关停小火电机组新增削减量

淘汰小火电机组，是指永久关闭的机组及动力装置，以国家发展和改革委员会公布的关停机组的名称、装机容量和日期为准。因调峰、检修等原因导致二氧化硫排放量自然减少的不核算新增削减量。关停燃气和柴油机组不核算新增削减量。

永久关闭的小火电机组，依当年发电量或耗煤量与上年的变化确定当年该机组新增削减量，单台小火电机组关停全年新增量核算公式为

$$R_{结电}=(G_{上年}-G_{当年})/G_{上年}\times E_{上年} \tag{4-30}$$

或

$$R_{结电}=(12-m_{关})/12\times E_{上年} \tag{4-31}$$

式中：$m_{关}$——关停小火电的月份；

$E_{上年}$——关停小火电机组上年环境统计数据库中的二氧化硫排放量，万 t；

$G_{当年}$、$G_{上年}$——分别为关停机组核算期当年和上年的燃料消耗量，万 t；如果没有燃料消耗量数据，则用发电量折算。发电厂有多台发电机组而无法逐台分开排放量、燃料消耗量和发电量的，关停小火电机组的排放量按下列公式估算

$$E_{上年}=Cap\times h_{上年}\times\gamma\times1.4\times S\times1.6\times10^{-9} \tag{4-32}$$

式中：Cap——关停小火电机组装机容量，MW；

$h_{上年}$——关停小火电机组上年同期发电小时数，h；上年已关停的，用隔年发电小时数；

γ——关停小火电机组的平均发电煤耗，g 标煤/（kW·h）；

S——2005 年环境统计数据库中全厂煤炭平均硫分，%。

例如：在 2008 年上半年核查期，某电厂装机容量为 50 MW 的 2 号机组于 2007 年 12 月关闭，该机组在 2007 年的燃煤量是 22.7 万 t，燃煤含硫率为 0.45%，按照式（4-32）计算得出的减排量为 816 t。

（二）发电量交易新增削减量

因发电量交易导致小火电机组发电量减少，核算新增二氧化硫削减量。

核算时需要提供小机组与大机组进行电量交易的电厂名称、机组号、电量交易额度、实施日期和政府批准文件。如在公式（4-16）已经核算的，不再核算新增量。

新增二氧化硫削减量核算公式为

$$\begin{aligned}R_{交易}&=E_{小机}-E_{大机}\\&=[G_{交易}\times\gamma_{小}\times S_{小}-G_{交易}\times\gamma_{大}\times S_{大}\times(1-\eta_{大})]\times1.4\times1.6\times10^{-4}\end{aligned} \tag{4-33}$$

式中：$R_{交易}$——小机组与大机组电量交易新增削减量，万 t；

$E_{小机}$——小机组交易出电量对应的 SO_2 排放量，万 t；

$E_{大机}$——大机组接收同等电量对应的 SO_2 排放量，万 t；

$G_{交易}$——大机组与小机组交易的发电量，亿 kW·h；

$\gamma_{小}$、$\gamma_{大}$——分别为小火电机组和大机组的平均发电煤耗，g 标煤/（kW·h）；

$S_{小}$、$S_{大}$——分别为小火电机组和大机组 2005 年环境统计数据库中全厂煤炭平均硫分，%。如果小火电机组电量交易到当年新投产燃煤机组中，大机组的煤炭硫分按公式（4-3）取值；

$\eta_{大}$——大机组的平均脱硫效率，按公式（4-3）取值。如果发电量交易到没有脱硫设施的大机组中，$\eta_{大}$按 100%取值。

（三）关停小钢铁新增削减量

关停、淘汰小钢铁，包括关闭小炼铁、小铸铁和小炼钢炉等。关闭小钢铁，凡烧结机、炼焦炉并同步关停的，核算新增削减量；只淘汰烧结机、炼焦炉，而不关闭高炉和炼钢炉的，也核算新增削减量。只关闭小高炉、熔铸炉、炼钢炉（转炉和电炉）的，不核算新增削减量。

关停小钢铁依当年粗铁产量或烧结料产量与上年同期的变化和排污系数确定当年新增削减量，关停小钢铁全年新增量核算公式为

$$R_{结钢} = (G_{上年} - G_{当年})/G_{上年} \times E_{上年} \tag{4-34}$$

式中：$E_{上年}$——上年同期关停小钢铁环境统计数据库的二氧化硫排放量，万 t；钢铁厂（铸造厂）有多个烧结机而无法逐台分开排放量的，关停烧结机的排放量按烧结机规模（产量），按附表 2 排污系数取值。

$G_{当年}$、$G_{上年}$——分别为当年和上年关停烧结机核算期的烧结料产量，万 t。烧结料须用粗铁产量校核，1 t 粗铁需要 1.5～2.0 t 烧结料。

在核算上年同期关停的小钢铁在当年新增削减量，按月份折算。

例如：在 2008 年上半年核查期，某轧钢厂在 2007 年 12 月关闭，在 2007 年该企业的二氧化硫排放量为 78 t，按照式（4-34）计算得出的减排量为 38 t。

（四）关停涉水企业同步拆毁燃煤设施新增削减量

关停主要涉水行业的企业、生产工艺、设备（如小造纸、小化工、小印染等），同步关停的燃煤设施，按照第五章确认的名单核算新增削减量，削减量按该设施的二氧化硫排放系数与该地区非电平均排放强度之差计算削减量，并一次性结清。

$$R_{同关} = (q_{工锅} - q_{非电})/q_{工锅} \times E_{上年} \tag{4-35}$$

式中：$R_{同关}$——同步关停涉水企业燃煤设施新增削减量，万 t；

$q_{非电}$——上年关停企业所在地区的非电排放强度，t SO_2/t 煤；按公式（4-6）的原则取值；

$q_{工锅}$——同步关停涉水企业燃煤设施的排放系数，t SO_2/t 煤。

$E_{上年}$——同步关停涉水企业上年环境统计数据库 SO_2 排放量，t。

（五）淘汰其他落后产能新增削减量

淘汰其他落后产能，包括炼焦炉、水泥窑、有色金属冶炼炉等，新增削减量

按公式（4-34）核算。企业有多个炉窑关停，各炉窑关停新增削减量按产量排污系数法及企业环境统计排放量进行折算，排污系数按附表 2 取值。全国污染源普查结果公布后，排污系数统一调整。

三、加强监督管理新增 SO_2 削减量

通过加强监督管理新增削减量。包括循环流化床锅炉内脱硫增加在线监测、提高脱硫设施运行率、清洁生产审核并实施其方案等方法新增的削减量。

原则上需按国家要求，完成全地区国控重点污染源在线安装任务，并与环保部门联网，方予以确认管理减排量。

（一）循环流化床锅炉内脱硫实施在线监测确认的削减量

纳入 2005 年环境统计重点调查单位名录企业的循环流化床发电机组，“十一五”期间安装在线监测系统并与省级环保部门联网的，核算新增削减量，新增削减量按照在线监测数据和 2005 年环境统计数据库中二氧化硫排放量的差值计算削减量。其计算公式为

$$R_{\text{流化床}} = E_{2005} \times m_{\text{运行}} / 12 - E_{\text{在线}} \tag{4-36}$$

式中：$R_{\text{流化床}}$——实施在线监测确认的削减量。

E_{2005}——循环流化床锅炉 2005 年环境统计排放量，万 t，一个电厂中包括循环流化床锅炉发电机组和其他机组的，按装机容量比与全厂 2005 年环境统计排放量之积确定。

$m_{\text{运行}}$——安装在线装置第二个月期的运行月份数。

$E_{\text{在线}}$——核算期在线装置的实测累计排放量，万 t。

（二）脱硫设施提高运行率新增削减量

安装烟气在线监控装置并与省级环保部门联网，通过提高脱硫设施的全烟气运行率，核算其新增削减量，其核算方法参照治理工程新增二氧化硫削减量的核算，其中脱硫效率按在线监测数据得出的脱硫效率和公式（4-3）的脱硫效率之差计算。

以上结果必须在省级环保部门监控系统能够查证，并有旁路烟气流量监测数据、能够确认稳定提高整体脱硫效率。

（三）进行清洁生产审核并实施其方案形成的新增削减量

清洁生产形成的减排部分，仅包括因实施清洁生产审核报告中提出的中高费方案而形成的稳定减排能力。

其核算方法参照治理工程新增二氧化硫削减量的核算，但其原材料消耗、进出口浓度、吸收率等主要参数，采用清洁生产审核方案实施前后的差值。两者不得重复计算。

各项参数取值以省级环保部门或清洁生产相关行政主管部门的评审、验收报告为依据，强制性清洁生产审核部分以达标排放为核算依据，并按照《"十一五"主要污染物总量减排核查办法（试行）》（环发[2007]124 号）的程序现场核查后的数据为准。

四、火电行业二氧化硫排放量的校核

《国务院关于"十一五"期间全国主要污染物排放总量控制计划的批复》（国函[2006]70 号）已经明确要求电力行业二氧化硫排放总量到 2010 年控制在 951.7 万 t，电力行业完成削减任务是实现全国"十一五"二氧化硫总量削减 10%目标的关键。"十一五"期间，燃煤机组大规模安装脱硫设施、小火电机组大量关闭、机组电量交易和节能发电调度开始实行以及安装烟气在线监控系统等一系列措施，以确保电力行业二氧化硫排放量达到控制目标，分机组二氧化硫排放量将发生大幅度变化。

为使电力行业二氧化硫排放量的宏观核算方法与微观统计方法结合，明确电厂排放量的增加或降低，达到两种方法交叉印证的目的，各省（自治区、直辖市）应建立火电行业分机组二氧化硫排放数据库。核算期电力行业新增二氧化硫削减量，用当年与上年同期分机组二氧化硫排放数据校核。校核结果优先作为火电行业核算新增二氧化硫削减量。

（一）分机组二氧化硫排放量校核原则

1．火电行业包括当年运行全口径火力（燃煤、油、气）发电企业，包括常规电厂、自备电厂、煤矸石电厂和热电联产电厂。全口径火力发电企业分机组 SO_2 排放数据应参照环年基表 1-2（火电企业污染排放及处理利用情况），必须明确各电厂名称、机组标号、投产年月、装机容量、发电量（供热量）、发电标准煤耗、燃料消耗量（热电联产机组包括发电和供热合计的燃料消耗量）、燃料硫分、脱硫工艺、脱硫设施通过 168 h 移交的月份和 SO_2 排放量。

2．辖区内当年和上年各机组累计的火力装机容量、发电量和增长速度须与统计部门公布当年火力装机容量、发电量和增长速度相同，否则核算二氧化硫削减量仍采用宏观核算方法。火力装机容量包括当年运行和备用燃煤、燃油和燃气发电机组的装机容量，重点是燃煤机组，关停机组在当年有发电量的纳入统计，数据主要来源电力生产主管部门；火力发电量数据主要来源于电厂的生产报表和电力调度部门统计数据。

3．原则上，2005 年环境统计数据库中燃煤机组已经有的二氧化硫削减量，在计算当年该机组的排放量时，其削减量保持不变。

4．发电机组煤炭硫分原则上应与上年环境统计数据库中电厂的硫分保持一致，当年与上年煤炭硫分差别超过 20%以上的，应有分批次入炉煤质资料验证。当年新建成投运和上年接转的燃煤脱硫机组煤炭硫分取值原则参照公式（4-3）和（4-13）。同一发电厂内各机组的煤炭硫分相同。若发现有人为调低煤炭硫分的电厂，则该地区核算二氧化硫削减量仍采用宏观核算方法。

5．脱硫设施不正常运行增加的二氧化硫排放量按公式（4-10）计算。

6．同一发电厂有不同类型的发电机组（燃煤、燃油、燃气并存）和不同规格的机组（装机容量不同）时，无法提供分机组的发电量、煤炭消耗量和二氧化硫排放量的，按各机组发电装机容量与全厂总装机容量比折算。

（二）分机组二氧化硫排放量校核公式

1．无脱硫设施的发电（供热）机组

依当年发电量或耗煤量与上年同期的发电量或耗煤量变化情况，确定当年该机组二氧化硫排放量公式为

$$E_{当年}=G_{当年}/G_{上年}\times E_{上年} \tag{4-37}$$

式中：$E_{当年}$、$E_{上年}$——无脱硫设施发电（供热）机组在当年和上年的二氧化硫排放量，万 t；

$G_{当年}$、$G_{上年}$——同一台发电机组当年和上年的煤炭消耗量（万 t）或发电量（亿 kW • h），热电联产机组须用煤炭消耗量。

没有上年煤炭消耗量或发电量的发电机组（包括发电主体设备当年投产但脱硫设施滞后下年投运的机组），确定当年该机组二氧化硫排放量公式为

$$E_{当年}=G_{当年}\times S\times 1.6 \tag{4-38}$$

式中：S——当年的煤炭平均硫分；

1.6——煤炭硫分转化为二氧化硫的系数，全国污染源普查结果公布后，按统一的转换系数调整。

2．脱硫设施上年已经运行的机组

当年二氧化硫排放量公式为

$$E_{当年}=G_{当年}\times S\times 1.6\times(1-\eta) \tag{4-39}$$

式中：$E_{当年}$——脱硫机组当年的二氧化硫排放量，万 t；

$G_{当年}$——脱硫机组当年的煤炭消耗量（包括发电和供热两部分煤炭消耗量），万 t；

S 和 η——分别为脱硫机组在当年的煤炭平均硫分和综合脱硫效率，取值原则参照公式（4-3）和（4-13）。

3．脱硫设施当年投运的机组

（1）脱硫设施当年投运的现役机组，当年二氧化硫排放量公式为

$$E_{当年}=G_{当年}\times S\times 1.6\times(1-\eta)\times\frac{m_{FGD}}{12}+G_{当年}\times S\times 1.6\times\frac{12-m_{FGD}}{12} \tag{4-40}$$

式中：m_{FGD}——机组脱硫设施通过 168 h 移交后运行的月数；如果能提供分月份的发电量或煤炭消耗量，则分月计算二氧化硫排放量，而不用 m_{FGD} 参数。其他参数同公式（4-39）。

（2）发电主体设备和脱硫设施均当年投产但脱硫滞后的机组，当年二氧化硫排放量公式为

$$E_{当年}=G_{当年}\times S\times 1.6\times(1-\eta)\times\frac{m_{FGD}}{m_{ON}}+G_{当年}\times S\times 1.6\times\frac{m_{ON}-m_{FGD}}{m_{ON}} \tag{4-41}$$

式中：m_{ON}——发电机组全年运行的月数，其他参数同公式（4-38）。

（3）脱硫设施与发电机组同步运行的机组，当年二氧化硫排放量公式为

$$E_{当年}=G_{当年}\times S\times 1.6\times(1-\eta) \tag{4-42}$$

参数同公式（4-39）。

4．炉内脱硫的循环流化床发电机组

2005 年环境统计数据库中已经有二氧化硫削减量循环流化床发电机组，在计算当年该机组的排放量时，其削减量保持不变。“十一五”期间新投产的循环流化床发电机组，单机装机容量大于 20 万 kW（含）或享受脱硫电价的其他规模循环流化床锅炉（炉内加石灰石脱硫工艺）为 70%～80%，按公式（4-42）确定当年二氧化硫排放量；其他循环流化床锅炉已与省级以上环保部门联网，且提

供在线监测数据，按在线监测结果确定数据确定二氧化硫排放量，否则按产生量统计排放量，按公式（4-36）确定当年二氧化硫排放量。

5. 当年关闭的小火电机组

当年关闭的纯发电机组，按公式（4-37）确定当年二氧化硫排放量；当年关闭发电设施但仍供热的热电联产机组，按公式（4-38）确定当年二氧化硫排放量；当年关闭有脱硫设施的机组，按上年环境统计数据库的排放量折算。

第五章　COD 减排的核算

核算期 COD 排放量为上（半）年度的排放量与本（半）年度新增排放量之和减去本年（半年）度新增削减量。

计算公式为

$$E=E_0+E_1-R \tag{5-1}$$

式中：E——COD 排放量，万 t；

E_0——上（半）年 COD 排放量，万 t；

E_1——核算期新增 COD 排放量，万 t；

R——核算期新增 COD 削减量，万 t。

第一节　新增 COD 排放量的核算

新增 COD 排放量是指核算期与上年同期相比，由于工业生产活动和城镇人口增加导致的 COD 排放增加量。计算公式为

$$E_1 = E_{工业} + E_{生活} \tag{5-2}$$

式中：E_1——新增 COD 排放量，万 t；

$E_{工业}$——新增工业 COD 排放量，万 t；

$E_{生活}$——新增生活 COD 排放量，万 t。

一、新增工业 COD 排放量的核算

计算公式为

$$E_{工业} = I_{2005} \times GDP_{上} \times r \tag{5-3}$$

式中：$E_{工业}$——新增工业 COD 排放量，万 t；

I_{2005}——2005 年排放强度，万 t/亿元；

$GDP_{上}$——上（半）年 GDP，亿元；

γ——扣除低 COD 排放行业贡献率后的 GDP 增长率，%。

公式（5-3）中，各参数来源和计算如下：

① I_{2005}＝2005 年工业 COD 排放量（万 t）/2005 年 GDP（亿元）。

② 上（半）年 GDP 数据使用国家统计局公布的数据。

③ r=[1－（低 COD 排放行业工业增加值的增量（亿元）/GDP 的增量（亿元））]×计算用 GDP 增长率（%）。

数据来源：

a. 低 COD 排放行业包括电力业（火力发电）、黑色金属冶炼业（钢铁）、非金属矿物制品业（建材）、有色金属冶炼业、电器机械及器材制造业、仪器仪表及文化办公用品机械制造业和通讯计算机及其他电子设备制造业七个行业。情况特殊的个别省份可以根据排放强度适当调整 1 到 2 个行业，但行业总数不得超过 7 个。

电力、黑色金属冶炼等 7 个低 COD 排放行业的工业增加值的增量暂时使用当地统计局数据，如无数据，按上年 7 个行业工业增加值增量对上年 GDP 增量的贡献率作为核算年贡献率进行计算。

b. 核算年 GDP 增长率及 GDP 增量暂时使用国家统计局和当地统计局数据，如无数据，取上半年增长率数值进行计算，待国家统计局公布新的数据后，统一调整。

c. 计算用 GDP 增长率=当年 GDP 增长率－监测与监察系数。

监测与监察系数取决于监测与监察达标率，取值如下：

监测与监察达标率=监测达标企业数/监测企业总数×0.5＋监察达标企业数/监察企业总数×0.5

监测与监察达标率达到 100%的，监测与监察系数为 2%；达到 90%的为 1.8%；达到 80%的为 1.6%；达到 70%的为 1.4%；达到 60%的为 1.2%；达到 50%的为 1%；低于 50%的为 0。

监测与监察系数按照国家环保总局的有关规定进行确定。

上述增量和增长率均是指核算（半）年与上（半）年相比。

二、新增生活 COD 排放量的核算

新增生活 COD 排放量采用产生系数法计算，根据新增城镇常住人口数计算

得到。

计算公式为

$$E_{生活} = P_N \cdot e \cdot d \times 10^{-6} \tag{5-4}$$

式中：$E_{生活}$——新增生活 COD 排放量，万 t；

P_N——新增城镇常住人口，万人；

e——各地人均 COD 产生系数，g/（人·d）；

d——计算天数，天；全年核算为 365，半年核算为 183。

其中：新增城镇常住人口数=上年城镇常住人口数×城镇人口增长率。

数据来源及有关说明：

（1）城镇人口增长率暂时使用当地统计局数据，待国家统计局公布新数据后，统一调整。上年人口统计数为非农业人口的，可仍采用非农业人口数计算。

（2）城镇生活 COD 产生系数优先采用各地区实测的 COD 产生系数（实测的 COD 产生系数须经国家相关部门予以认可），没有实测 COD 产生系数的，全国平均取值为 75 g/（人·d），北方城市平均值为 65 g/（人·d），北方特大城市为 70g/（人·d），北方其他城市为 60 g/（人·d），南方城市平均值为 90 g/（人·d）。

三、治理设施不正常运行的新增 COD 排放量

核算期治理设施不正常运行时，用监察系数法对该地区 COD 排放量核算结果进行校正

$$E_1 = E_{新} + E_{非正常} \tag{5-5}$$

式中：E_1——该地区新增 COD 排放量，万 t；

$E_{新}$——新增 COD 排放量核算结果，万 t，见公式（5-2）；

$E_{非正常}$——治理设施非正常运行新增排放量，万 t，核算公式为

$$E_{非正常} = \sum_{i=1}^{n} R_{上年i} \times (1-\xi_i) \tag{5-6}$$

式中：$R_{上年i}$——第 i 个企业上年核查确定的削减量，万 t；

ξ_i——第 i 个非正常企业的监察系数。

发现被检查企业脱硫设施非正常运行一次，监察系数取 0.8，非正常运行二次监察系数取 0.5，超过两次非正常运行，监察系数取 0。

四、举例

以国家对辽宁省 2008 年污染减排核查为例。

1. 新增工业 COD 排放量的核算

根据公式（5-3），$E_{工业} = I_{2005} \times \mathrm{GDP}_{上} \times r$

I_{2005}——辽宁省 2005 年工业 COD 排放量为 26.8 万 t，GDP 为 8 009 亿元，2005 年工业 COD 排放强度为 33.46 吨/亿元（26.8/8 009＝33.46）。

GDP $_{上}$——根据辽宁省统计年鉴，辽宁省 2007 年 GDP 为 11 023.5 亿元。

r={1－[低 COD 排放行业工业增加值的增量（亿元）/GDP 的增量（亿元）]}×计算用 GDP 增长率（%）。

根据辽宁省统计局年鉴，2007 年 7 个低 COD 排放行业工业增加值占 GDP 增量的 22%，由于 2008 年统计数据尚未确定，故采用上年数据代替。

计算用 GDP 增长率=当年 GDP 增长率–监测与监察系数

当年 GDP 增长率——根据辽宁省统计局快报数据，2008 年 GDP 增长率为 13%。

监测与监察系数——按环保部东北督察中心核定的 1.6%计算。

2008 年工业 COD 新增量为

$E_{工业}$=33.46×11 023.5×（1－22%）×（13%－1.6%）×10^{-4}＝3.28（万 t）

2. 新增生活 COD 排放量的核算

根据公式（5-4），$E_{生活}=P_N \times e \times 365 \times 10^{-6}$。

P_N——与 2005 年保持口径，采用非农人口数计算。根据辽宁省统计局年鉴，2007 年非农人口数为 2 075.32 万人，同比增长 0.93%。由于 2008 年非农人口尚未统计，取去年增长率。则 2008 年新增非农人口 2 075.32×0.93%=19.3 万人。

e——北方城市的 65 g/（人・d）计算。

生活 COD 新增量为

$$E_{新}=2075.32\times0.93\%\times65\times365\times10^{-6}＝3.74（万 t）$$

3. 2008 年 COD 新增排放量

$$E_{新}=3.28＋0.46＝3.28（万 t）$$

第二节　新增COD削减量的核算

新增 COD 削减量是指核算期与上年同期相比，通过实施工程减排、结构减排和监管减排等措施，而形成的新增连续稳定的COD削减量。

计算公式为

$$R = R_{工程} + R_{结构} + R_{管理} \tag{5-7}$$

式中：R——核算期新增COD削减量，万t；

$R_{工程}$——工程减排新增COD削减量，万t；

$R_{结构}$——结构调整减排新增COD削减量，万t；

$R_{管理}$——监督管理减排新增COD削减量，万t。

一、工程减排新增COD削减量的核算

治理工程新增削减量包括工业企业新增治污设施增加的 COD 削减量和建设城镇污水处理设施增加的COD削减量。即

$$R_{工程} = R_{企业} + R_{污水处理厂} \tag{5-8}$$

式中：$R_{工程}$——工程减排新增COD削减量，万t；

$R_{企业}$——工业企业新增治污设施增加的COD削减量，万t；

$R_{污水处理厂}$——建设城镇污水处理设施增加的COD削减量，万t。

（一）工业企业治理工程新增削减量的核算

计算工业企业治理工程新增削减量的原则为：

（1）纳入上年环境统计重点调查单位名录的工业企业新增治污设施，予以核算新增削减量。计算得出的削减量不能超过该企业上年环境统计排放量与当年实际排放量的差值。

（2）削减量核算按照以下顺序采用数据，第一是自动在线监测数据（必须是与当地环保部门监控平台联网并通过数据有效性校核的）；第二是各级环保部门对污水处理工程的日常监督性监测数据和监察报告。企业自身监测数据作为参考。

（3）对工业企业核算期新建的污水治理工程和原有污水治理工程进行深度处

理通过调试期后并连续稳定运行的，从其通过调试期的第二个月起，按照实际运行时间、处理水量和处理效率核算 COD 新增削减量。

（4）下列情况不计新增削减量：未纳入上年环境统计重点调查单位名录的企业；自 2007 年起新建项目“三同时”治理工程去除量；企业废水直接排入城市污水处理厂或工业园区集中处理设施的企业，其新增 COD 削减量在城镇污水处理厂和园区集中处理设施中进行核算。

工业企业治理工程新增削减量核算分以下几种情形：

1．废水排放量没有明显变化的，经过深度治理后，新增削减量的核算

计算公式为

$$R_{企业}=WQ_{上年}\times\frac{m_{核查期运}-m_{上年运}}{m_{核查期}}\left[\left(C_{i当年}-C_{o当年}\right)-\left(C_{i上年}-C_{o上年}\right)\right]\times10^{-6} \quad (5\text{-}9)$$

式中：$R_{企业}$——治理工程新增削减量，万 t；

$WQ_{上年}$——上年同期污水处理量，万 t；

$C_{i企业}$——当年处理设施进水浓度，mg/L；

$C_{o当年}$——当年处理设施出水浓度，mg/L；

$C_{i上年}$——上年同期处理设施进水浓度，mg/L；

$C_{o上年}$——上年同期处理设施出水浓度，mg/L；

$m_{上年运}$——上年处理设施运行月数；

$m_{核查期运}$——核查期处理设施运行月数；

$m_{核查期}$——核查期月数。

例如：某企业原建有一污水治理设施，日平均处理水量 1 500 t/d，进水 COD 浓度为 600 mg/L，出水 COD 浓度为 200 mg/L，纳入环境统计重点调查企业。2007 年 5 月 31 日，该企业新建深度治理设施建成开始调试运行，2007 年 6 月 30 日开始连续稳定运行，日平均处理水量 1 500 t/d，进水 COD 浓度为 600 mg/L，出水 COD 浓度为 100 mg/L。2008 年污水治理设施全年正常运行，现对 2008 年度减排量进行核查。

该企业的削减量计算方法如下：

因废水排放量无变化，且经核查经过深度治理，应按上述公式计算，其中：

上年同期（2007 年）污水处理量 $WQ_{上年}$＝日平均污水处理量 1 500 t/d×365 d
＝547 500 t＝54.75 万 t

当年（2008 年）处理设施进水浓度 $C_{i当年}$＝600 mg/L

当年（2008 年）处理设施出水浓度 $C_{o当年}$=100 mg/L

上年同期（2007 年）处理设施进水浓度 $C_{i上年}$＝600 mg/L

上年同期（2007 年）处理设施出水浓度 $C_{o\text{上年}}$＝200 mg/L

上年处理设施运行月数 $m_{\text{上年运}}$＝6 个月，为 2007 年 7—12 个月，其削减量已在 2007 年的核查中计算。

核查期处理设施运行月数 $m_{\text{核查期运}}$＝12 个月，为 2008 年 12 个月。

核查期月数 $m_{\text{核查期}}$＝12 个月。

则该企业 2008 年削减量：

$$R_{\text{企业}}=WQ_{\text{上年}}\times\frac{m_{\text{核查期运}}-m_{\text{上年运}}}{m_{\text{核查期}}}\left[\left(C_{i\text{当年}}-C_{o\text{当年}}\right)-\left(C_{i\text{上年}}-C_{o\text{上年}}\right)\right]\times10^{-6}$$

=54.75×（12－6）/12×[（600－100）－（600－200）]×/10^{-6}

=27.38（t）

2．经过深度治理，工业企业因生产能力提高等导致废水排放量明显增加的，新增削减量的计算公式为

$$R_{\text{企业}}=WQ_{\text{当年}}\times\frac{m_{\text{核查期运}}-m_{\text{上年运}}}{m_{\text{核查期}}}\times\left(C_{o\text{上年}}-C_{o\text{当年}}\right)\times10^{-6}\qquad(5\text{-}10)$$

式中：$R_{\text{企业}}$——治理工程新增削减量，万 t；

$WQ_{\text{当年}}$——当年污水处理量，万 t；

$C_{o\text{上年}}$——上年同期处理设施出水浓度，mg/L；

$C_{o\text{当年}}$——当年处理设施出水浓度，mg/L；

$m_{\text{上年运}}$——上年处理设施运行月数；

$m_{\text{核查期运}}$——核查期处理设施运行月数；

$m_{\text{核查期}}$——核查期月数。

例如：某企业原建有污水治理设施，共有 3 条生产线，2007 年因市场原因仅开工 1 条生产线，另外 2 条生产线停产，2007 年日平均处理水量 1 000 t/d，处理设施进水 COD 浓度为 500 mg/L，出水 COD 浓度为 200 mg/L，纳入环境统计重点调查企业。2008 年该企业 3 条生产线均投入运行，2008 年 5 月 31 日，该企业新建深度治理设施建成开始调试运行，2008 年 6 月 30 日开始连续稳定运行，日处理水量为 2 000 t/d，进水 COD 浓度为 500 mg/L，出水 COD 浓度为 100 mg/L。现对 2008 年度减排量进行核查，该企业的削减量计算方法如下：

因该企业生产能力提高导致废水排放量明显增加，且废水经过深度治理，应按上述公式计算，其中当年（2008 年）污水处理量：

$WQ_{\text{当年}}$＝当年日平均污水处理量 2 000 t/d×365 d＝730 000 t＝73 万 t

上年同期（2007 年）处理设施出水浓度 $C_{o\text{上年}}$＝200 mg/L

当年（2008 年）处理设施出水浓度 $C_{o\text{当年}}$=100 mg/L

上年处理设施运行月数 $m_{上年运}$=0 个月，因新建深度处理设施于 2008 年 5 月 31 日建成投运，故上年处理设施运行月数为 0。

核查期处理设施运行月数 $m_{核查期运}$=6 个月，为 2008 年 7—12 月。

核查期月数 $m_{核查期}$=12 个月。

则该企业 2008 年新增削减量：

$$R_{企业} = WQ_{当年} \times {(m_{核查期运} - m_{上年运})}\Big/{m_{核查期}} \times \left(C_{o上年} - C_{o当年}\right) \times 10^{-6}$$

$$=73\times(6-0)/12\times(200-100)\times10^{-6}$$

$$=36.5\text{（t）}$$

3．经过深度治理，工业企业因生产能力减少等导致废水排放量明显减少的，计算公式为

$$R_{企业} = WQ_{当年} \times \frac{m_{核查期运} - m_{上年运}}{m_{核查期}} \times \left[\left(C_{i当年} - C_{o当年}\right) - \left(C_{i上年} - C_{o上年}\right)\right] \times 10^{-6} \quad (5\text{-}11)$$

式中：$R_{企业}$——治理工程新增削减量，万 t；

$WQ_{当年}$——当年污水处理量，万 t；

$C_{i当年}$——当年处理设施进水浓度，mg/L；

$C_{o当年}$——当年处理设施出水浓度，mg/L；

$C_{i上年}$——上年同期处理设施进水浓度，mg/L；

$C_{o上年}$——上年同期处理设施出水浓度，mg/L；

$m_{上年运}$——上年处理设施运行月数；

$m_{核查期运}$——核查期处理设施运行月数；

$m_{核查期}$——核查期月数。

例如：某企业原建有污水治理设施，共有 3 条生产线，2006 年开工 3 条生产线，2006 年 COD 排放量 300 t，日平均处理水量 3 000 t/d，处理设施进水 COD 浓度为 500 mg/L，出水 COD 浓度为 200 mg/L，纳入环境统计重点调查企业。2007 年日平均处理水量 1 000 t/d，处理设施进水 COD 浓度为 500 mg/L，2007 年因市场原因仅开工 1 条生产线，另外 2 条生产线停产，并于 5 月 15 日企业新建深度治理设施建成开始调试运行，7 月 31 日开始连续稳定运行至 2008 年 12 月 31 日，日平均处理水量 1 000 t/d，进水 COD 浓度为 500 mg/L，出水 COD 浓度为 100 mg/L，现对 2008 年度减排量进行核查，该企业的削减量计算方法如下：

因该企业生产能力减少导致废水排放量明显减少，且废水经过深度治理，应按上述公式计算，其中当年（2008 年）污水处理量：

上年同期（2007 年）污水处理量 $WQ_{上年}$＝日平均污水处理量 1 000 t/d×365 d

＝365 000 t＝36.5 万 t

当年（2008 年）处理设施进水浓度 $C_{i当年}$＝500 mg/L

当年（2008 年）处理设施出水浓度 $C_{o当年}$=100 mg/L

上年同期（2007 年）处理设施进水浓度 $C_{i上年}$＝500 mg/L

上年同期（2007 年）处理设施出水浓度 $C_{o上年}$＝200 mg/L

上年处理设施运行月数 $m_{上年运}$＝0 个月，因新建深度处理设施于 2008 年 5 月 15 日建成投运，故上年处理设施运行月数为 0。

核查期处理设施运行月数 $m_{核查期运}$＝5 个月，为 2008 年 7—12 个月。

核查期月数 $m_{核查期}$＝12 个月。

则该企业 2008 年削减量：

$$R_{企业}=WQ_{当年}\times\frac{m_{核查期运}-m_{上年运}}{m_{核查期}}\times\left[\left(C_{i当年}-C_{o当年}\right)-\left(C_{i上年}-C_{o上年}\right)\right]\times10^{-6}$$

=36.5×（5－0）/12×[（500－100）－（500－200）]×10^{-6}

=15.21（t）

4. 经过深度治理，工业企业因用水效率提高，生产能力不变甚至提高，而废水排放量明显减少的，计算公式为

$$R_{企业}=E_o-WQ_{当年}\times C_{o当年}\times10^{-6} \tag{5-12}$$

式中：$R_{企业}$——治理工程新增削减量，万 t；

E_o——按照上年同期环统排放量，万 t；

$WQ_{当年}$——当年同期污水处理量，万 t；

$C_{o当年}$——当年处理设施出水浓度，mg/L。

例如：某企业原建有污水治理设施，2007 年 COD 排放量 328.5 t，日平均处理水量 3 000 t/d，进水 COD 浓度为 500 mg/L，出水 COD 浓度为 200 mg/L，纳入环境统计重点调查企业。该企业生产能力不变，与 2008 年 6 月实施完成节水工程，建成了深度处理设施开始调试，7 月 31 日开始连续稳定运行至 2008 年 12 月 31 日，降低了工业用水量和废水排放量与浓度，日平均废水排放量 1 000 t/d，进水 COD 浓度为 500 mg/L，出水 COD 浓度为 100 mg/L，现对 2008 年度减排量进行核查，该企业的削减量计算方法如下：

因该企业经过深度治理，实施节水工程导致用水效率提高，而生产能力不变，废水排放量明显减少，应按上述公式计算，其中上年同期（2007 年 8—12 月）环统排放量：

E_o=328.5 t/a/365 d×2008 年 8—12 月的运行天数 153 d
=137.7 t=0.013 7 万 t

当年同期（2008 年 8～12 月）污水处理量：

$WQ_{当年}$=当年日平均污水处理量 1 000 t/d×2008 年 8—12 月的运行天数 153 d
=153 000 t=15.3 万 t

当年处理设施出水浓度 $C_{o当年}$=100 mg/L

则该企业 2008 年削减量：$R_{企业}=E_o-WQ_{当年}\times C_{o当年}\times 10^{-6}$

$=0.013\,7-15.3\times 100\times 10^{-6}=121.7$（t）

（二）城镇污水处理设施新增 COD 削减量的核算

城镇污水处理设施新增削减量为核算期设施去除量减去上年同期设施去除量。城镇污水处理设施新增削减量计算原则为：

1．城镇污水处理厂和集中处理设施 COD 削减量核算按照以下原则采用数据：第一是自动在线监测数据且必须是与当地环保部门监控平台联网并通过数据有效性校核的；第二是各级环保部门对污水处理工程的日常监督性监测数据和监察报告。企业生产运行台账和自身监测数据作为参考。

2．原有城市污水处理厂及配套设施通过改、扩建等增加处理水量和提高处理效果的，必须提供新增管网长度、扩容能力等相关文件、资料。

3．当年新建运行的城市污水处理厂通过调试的，从其通过调试期的第二个月起，按照实际运行时间、处理水量和处理效率核算 COD 削减量。

4．城市污水处理厂进水浓度年际波动不能过大。如当年进水浓度与上年相比明显升高并无充分理由的，按照上年环统中相应区域污水浓度数据核算 COD 削减量。

5．对于污水处理后再生利用的削减量计算，要有翔实的污水再生利用水量数据资料，包括再生利用水量的深度处理设施运行台账、监测数据、再生水用途、水费收据等证明材料。

6．城市污水处理设施处理水量超过设计能力导致的新增处理水量，要对水量数据进行详细核实。城镇污水处理设施新增处理水量增长量较大时，也需要对水量数据进行验证。主要采用产泥量、用电量等方法验证新增水量是否准确。

① 产泥量验证处理水量：查阅城镇污水处理设施的生产运行台账，通过干泥产生量来反算污水处理设施处理水量。

计算处理水量应为干泥产生量与污泥产生系数之比。

污泥产生系数通常取 0.000 1～0.000 12。

② 用电量验证处理水量：查阅城镇污水处理设施的生产运行台账，通过用电量来反算污水处理设施处理水量。

计算处理水量为用电量与单位耗电量之比。

单位耗电量通常取 0.2～0.35 kW・h/t。

③ 管网服务人口验证处理水量：查阅城镇污水处理设施的生产运行台账，通过增加管网来反算污水处理设施处理水量。

计算处理水量为新增管网服务人口与人均综合排水量之积。

人均综合排水量通常取 80～180 L/d。

城镇污水处理设施新增削减量核算分以下几种情形：

1．新建污水处理设施削减量的核算

（1）生活污水量达到或超过总处理水量 90%的，所有污水均视为生活污水进行计算。

计算公式为

$$R_{污水处理厂}=Q_{当年}\times D\times\left(C_{i当年}-C_{o当年}\right)\times 10^{-6} \tag{5-13}$$

式中：$R_{污水处理厂}$——城镇污水处理设施新增 COD 削减量，万 t；

$Q_{当年}$——当年城镇污水处理厂日污水处理量，万 t/d；

D——污水处理厂实际运行天数，d；

$C_{i当年}$——当年污水处理厂进水浓度，mg/L；

$C_{o当年}$——当年污水处理厂出水浓度，mg/L。

例如：某市于 2007 年 3 月 20 日投运一座 8 万 t/d 污水处理厂。该厂投运后实际处理污水量 6.3 万 t/d，其中生活污水 5.8 万 t/d。污水进厂平均浓度 200 mg/L，处理后出口浓度 80 mg/L，现对 2007 年度减排量进行核查。

该污水处理厂的削减量计算方法如下：

因生活污水量/总处理水量＝5.8/6.3＞90%，可全部计为生活污水。

故当年城镇污水处理厂日污水处理量 $Q_{当年}$=6.3 万 t/d

污水处理厂实际运行天数 D=275 天（从其通过调试期的第二个月起计算，即 4—12 月的所有天数；若 2008 年计算接转量则运行天数为 90 d）

则 2007 年该工程 COD 削减量 $R_{污水处理厂}$=6.3×275×（200−80）×10⁻⁶=0.21（万 t）

（2）生活污水量低于总处理水量 90%，其余为工业废水的，计算公式为

$$R_{污水处理厂}=R_{生活}+R_{工业} \tag{5-14}$$

式中：$R_{污水处理厂}$——城镇污水处理设施新增 COD 削减量，万 t；

$R_{生活}$——城镇污水处理厂处理生活污水新增 COD 削减量，万 t；

$R_{工业}$——城镇污水处理厂处理工业废水新增 COD 削减量，万 t。

其中：

$$R_{生活}=Q_{当年}\times D\times\left(C_{i当年}-C_{o当年}\right)\times10^{-6} \qquad (5\text{-}15)$$

式中：$R_{生活}$——城镇污水处理厂处理生活污水 COD 削减量，万 t；

$Q_{当年}$——当年城镇污水处理厂日污水处理量，万 t/d；

D——当年污水处理厂实际运行天数，d；

$C_{i当年}$——当年污水处理厂进水浓度，mg/L；

$C_{o当年}$——当年污水处理厂出水浓度，mg/L。

$$R_{工业}=\sum_{i=1}^{n}E_{企业i}\times\frac{D}{365}-WQ_{工业}\times C_{o当年}\times10^{-6} \qquad (5\text{-}16)$$

式中：$R_{工业}$——城镇污水处理厂处理工业废水 COD 削减量，万 t；

$E_{企业i}$——进入污水处理厂的第 i 个企业上年环境统计数据库 COD 排放量，万 t；

D——污水处理厂实际运行天数，d；

$WQ_{工业}$——进入城市污水处理设施中的工业废水量，万 t；

$C_{o当年}$——污水处理厂出口 COD 浓度，mg/L。

未在环统重点调查企业数据库中的企业，不纳入计算范围。

例如：某市于 2007 年 11 月 29 日投运一座 10 万 t/d 污水处理厂，实际接纳污水 8.5 万 t/d，其中生活污水 6.5 万 t/d，3 家企业排放的工业废水 2 万 t/d。污水处理厂进水 COD 浓度为 200 mg/L，污水处理厂出水 COD 浓度为 80 mg/L。3 家企业上年环境统计库中 COD 排放量分别为 1 000 t、900 t、500 t。对 2007 年度减排量进行核查。

该污水处理厂的削减量计算方法如下：

因生活污水量/总处理水量＝6.5/8.5＜90%，故应分为生活污水新增 COD 削减量和工业废水新增 COD 削减量分别计算。

生活污水新增 COD 削减量 $R_{生活}$计算如下：

当年城镇污水处理厂日污水处理量 $Q_{当年}$=6.5 万 t/d

当年污水处理厂实际运行天数 D=31 d（若 2008 年计算接转量则运行天数为 334 d）

则生活污水新增 COD 削减量 $R_{生活}$=6.5×31×（200－80）×10^{-6}=0.024 2 万 t

工业废水新增 COD 削减量计算如下：

进入污水处理厂的 3 家企业上年环境统计数据库 COD 排放量之和：

$$\sum_{i=1}^{n} E_{企业i} = 1\,000 + 900 + 500 = 2\,400\ \text{t} = 0.24\ 万\ \text{t}$$

进入城市污水处理设施中的工业废水量 WQ=2 万 t

则工业废水新增 COD 削减量

$R_{工业}=0.24\times31/365-2\times80\times31\times10^{-6}=0.015\,4$ 万 t

2007 年该工程 COD 削减量：

$$R_{污水处理厂} = R_{生活} + R_{工业}$$

$$=0.024\,2+0.015\,4=0.039\,6\ （万\ \text{t}）$$

2．原有污水处理厂新建设施提高处理水量，进、出水浓度无明显变化的，新增削减量计算公式为

$$R_{污水处理厂} = Q_{新增} \times D \times (C_i - C_o) \times 10^{-6} \qquad (5\text{-}17)$$

式中：$R_{污水处理厂}$——城镇污水处理设施新增 COD 削减量，万 t；

$Q_{新增}$——新增日污水处理量，万 t/d；

D——当年污水处理厂实际运行天数，d；

C_i——当年污水处理厂进水浓度，mg/L；

C_o——当年污水处理厂出水浓度，mg/L。

注意：原有城市污水处理厂及配套设施通过改、扩建等增加处理水量的，必须提供新增管网长度、扩容能力等相关文件、资料。

例如：某污水处理厂设计日处理能力 10 万 t，原处理污水 6 万 t/d，进水 COD 浓度 280 mg/L，出口浓度为 80 mg/L。2007 年 6 月 26 日处理量提高到 8 万 t，进水 COD 浓度 280 mg/L，出口浓度为 80 mg/L，现对 2007 年度减排量进行核查。

该污水处理厂的削减量计算方法如下：

新增日污水处理量 $Q_{新增}=8-6=2$ 万 t

当年污水处理厂实际运行天数 D=184 d（若 2008 年计算接转量则运行天数为 181 d）

则 2007 年该工程 COD 削减量 $R_{污水处理厂}=（8-6）\times184\times（280-80）\times10^{-6}$

$=0.073\,6$（万 t）

3．原有污水处理厂新建深度治理设施后降低了出口浓度，处理水量变化量小于 10%的，新增削减量计算公式为

$$R_{污水处理厂}=Q_{当年}\times D\times\left[\left(C_{i现}-C_{o现}\right)-\left(C_{i原}-C_{o原}\right)\right]\times 10^{-6} \tag{5-18}$$

式中：$R_{污水处理厂}$——城镇污水处理设施新增COD削减量，万t；

$Q_{当年}$——城镇污水处理厂当年日处理污水量，万t/d；

D——新建深度治理设施后污水处理厂实际运行天数，d；

$C_{i现}$——新建深度治理设施后进水浓度，mg/L；

$C_{o现}$——新建深度治理设施后出水浓度，mg/L；

$C_{i原}$——新建深度治理设施前进水浓度，mg/L；

$C_{o原}$——新建深度治理设施前出水浓度，mg/L。

例如：某污水处理厂原处理污水6万t/d，2006年出水COD浓度为80 mg/L，由于新建深度治理设施并加强管理，2006年12月起，处理水量依然为6万t/d，出口浓度降至50 mg/L，污水处理量为发生变化，进水污染物浓度为280 mg/L，与深度治理前无变化，现对2007年度减排量进行核查。

该污水处理厂的削减量计算方法如下：

污水处理厂当年日处理污水量 $Q_{当年}$=6万t/d

新建深度治理设施后污水处理厂实际运行天数 D=365 d

新建深度治理设施后进水浓度 $C_{i现}$=280 mg/L

新建深度治理设施后出水浓度 $C_{o现}$=50 mg/L

新建深度治理设施前进水浓度 $C_{i原}$=280 mg/L

新建深度治理设施前出水浓度 $C_{o原}$=80 mg/L

则2007年该污水处理厂新增COD削减量

$$\begin{aligned}R_{污水处理厂}&=6\times[(280-50)-(280-80)]\times 365\times 10^{-6}\\&=6\times(80-50)\times 365\times 10^{-6}\\&=0.065\,7\text{（万t）}\end{aligned}$$

4．原有污水处理厂新建再生水回用工程，新增削减量计算公式为

$$R_{污水处理厂}=WQ_{中水}\times C_o\times 10^{-6} \tag{5-19}$$

式中：$R_{污水处理厂}$——城镇污水处理设施新增COD削减量，万t；

$WQ_{中水}$——污水处理厂再生水回用量，万t；

C_o——污水处理厂外排水出口浓度，mg/L。

例如：某污水处理厂日处理污水10万t，出口浓度为60 mg/L。2008年10月26日，该厂又建成投运了5万t/d中水回用工程，现对2008年度减排量进行核查。

该污水处理厂的削减量计算方法如下：

污水处理厂较上年新增再生水回用量 $WQ_{中水}$=5×61=305（万 t）

污水处理厂外排水出口浓度 C_o=60 mg/L

则 2008 年该工程 COD 削减量 $R_{污水处理厂}$=5×61×60×10⁻⁶=0.018 3（万 t）

5．原有污水处理设施处理水量和进出水浓度都发生变化，且处理的污水由工业废水与生活污水共同构成，其计算公式为

$$\begin{aligned}R_{污水处理厂} &= \left(Q_{当年} - Q'_{当年}\right)\times D_{当年}\times\left(C_{i当年} - C_{o当年}\right)\times 10^{-6} \\ &\quad - Q_{上年}\times D_{上年}\times\left(C_{i上年} - C_{o上年}\right)\times 10^{-6} \\ &\quad - \sum_{j=1}^{n}\left[\mathrm{WQ}_j\times\left(C_{oj} - C_{oj上年}\right)\times 10^{-6}\right]\end{aligned} \tag{5-20}$$

式中：$R_{污水处理厂}$——城镇污水处理设施新增 COD 削减量，万 t；

$Q_{当年}$——当年城镇污水处理厂日污水处理量，万 t/d；

$Q'_{当年}$——当年非环统重点企业日排入污水处理厂污水量，万 t/d；

$D_{当年}$——当年污水处理厂实际运行天数，d；

$C_{i当年}$——当年污水处理厂进水浓度，mg/L；

$C_{o当年}$——当年污水处理厂出水浓度，mg/L；

$Q_{上年}$——上年同期城镇污水处理厂日污水处理量，万 t/d；

$D_{上年}$——上年同期污水处理厂实际运行天数，d；

$C_{i上年}$——上年同期污水处理厂进水浓度，mg/L；

$C_{o上年}$——上年同期污水处理厂出水浓度，mg/L；

WQ_j——第 j 个企业排入污水处理厂水量，万 t；

C_{oj}——第 j 个企业当年排入污水处理厂的污水浓度，mg/L；

$C_{oj上年}$——第 j 个企业上年环统废水排放浓度，mg/L，当年新建企业按上年环统该类企业平均排放浓度计算。

例如：某污水处理厂设计日处理能力 10 万 t，原处理污水 6 万 t/d，其中工业废水 2 万 t/d，生活废水 4 万 t/d，进水 COD 浓度 380 mg/L，出口浓度为 80 mg/L。2007 年 6 月 15 日处理水量提高到 8 万 t，其中工业废水 3 万 t/d（非环统重点企业的工业废水量为 0.5 万 t，上年环统重点企业废水排放平均浓度为 280 mg/L，当年环统重点企业废水排入污水处理厂浓度为 580 mg/L），生活废水 5 万 t/d，进水浓度 390 mg/L，出口浓度 60 mg/L，现对 2007 年度减排量进行核查。

该污水处理厂的削减量计算方法如下：

当年城镇污水处理厂日污水处理量 $Q_{当年}$=8 万 t/d

当年非环统重点企业日排入污水处理厂污水量 $Q'_{当年}$=0.5 万 t

当年污水处理厂实际运行天数 $D_{当年}$=184 d

当年污水处理厂进水浓度 $C_{i当年}$=390 mg/L

当年污水处理厂出水浓度 $C_{o当年}$=60 mg/L

上年同期城镇污水处理厂日污水处理量 $Q_{上年}$=6 万 t/d

上年同期污水处理厂实际运行天数 $D_{上年}$=184 d

上年同期污水处理厂进水浓度 $C_{i\,上年}$=380 mg/L

上年同期污水处理厂出水浓度 $C_{o\,上年}$=80 mg/L

环统重点企业当年日排入污水处理厂水量之和=3−2−0.5=0.5 万 t/d

环统重点企业当年排入污水处理厂的污水浓度 $C_{oj\,当年}$=580 mg/L

环统重点企业上年环统废水排放浓度 $C_{oj\,上年}$=280 mg/L

则 2007 年该工程新增 COD 削减量 $R_{污水处理厂}$=（8−0.5）×184×（390−60）×10^{-6}−6×184×（380−80）×10^{-6}−0.5×184×（580−280）×10^{-6}=0.096 6 万 t。

6．集中处理设施新增削减量的核算 $C_{oj\,当年}$

主要针对工业园区内若干家企业共用 1 个或多个污水集中处理设施的情况。分为两种情况，一是新建工业企业排入新建污水集中处理设施，二是原有企业排入新建污水集中处理设施。

1）新建工业排入新建污水集中处理设施，新增削减量计算公式为

$$R_{污水处理厂} = Q \times D \times \left(C_{o工业} - C_o\right) \times 10^{-6} \qquad (5\text{-}21)$$

式中：$R_{污水处理厂}$——城镇污水处理设施新增 COD 削减量，万 t；

Q——日污水处理量，万 t/d；

D——污水处理厂实际运行天数，d；

$C_{o\,工业}$——当年工业平均排放浓度，mg/L；

C_o——污水处理厂出水 COD 浓度，mg/L。

例如：某市高新技术园区 2008 年 11 月 3 日建成了一座日处理能力 6 万 t 的污水处理厂，实际接受 8 家新建企业废水共 5 万 t/d，污水处理设施进口 COD 浓度为 560 mg/L（用于计算时不能用此数据进行计算，而应采用企业做到达标排放的加权平均浓度或该地区工业废水平均排放浓度计算），出口浓度为 60 mg/L，地区工业废水平均排放浓度为 260 mg/L，现对 2008 年度减排量进行核查。该污水处理厂的削减量计算方法如下：

日污水处理量 Q=5 万 t/d

污水处理厂实际运行天数 D=31 d

当年工业平均排放浓度 $C_{o\,工业}$=260 mg/L

污水处理厂出水 COD 浓度 C_o=60 mg/L

则该工程 2007 年新增 COD 削减量 $R_{污水处理厂}$＝5×31×（260−60）×10^{-6}＝0.031 万 t

2）原有企业排入新建污水集中处理设施，新增削减量的计算公式为

$$R_{污水处理厂}=\sum_{j=1}^{n}\left[WQ_j\times\left(C_{oj上年}-C_o\right)\times10^{-6}\right] \tag{5-22}$$

式中：$R_{污水处理厂}$——城镇污水处理设施新增 COD 削减量，万 t；

WQ_j——第 j 个企业排入污水处理厂水量，万 t；

$C_{oj上年}$——第 j 个企业上年环统废水排放浓度，mg/L；

C_o——污水处理设施出水浓度，mg/L。

未纳入上年环境统计重点调查企业的废水排放量不能计入削减量。

例如：某市高新技术园区 2008 年 10 月 16 日建成了一座日处理能力 5 万 t 的污水处理厂，实际接受 3 家原有企业（均为环统重点调查企业）废水共 3 万 t/d，其中每个企业废水排放量分别为 1.5 万 t/d、0.5 万 t/d、1.0 万 t/d，上年环统排放浓度分别为 500 mg/L、300 mg/L、280 mg/L。污水处理设施出口浓度为 80 mg/L，现对 2008 年度减排量进行核查。该污水处理厂的削减量计算方法如下：

3 家企业排入污水处理厂水量分别为 1.5 万 t/d、0.5 万 t/d、1.0 万 t/d

污水处理厂实际运行天数=61 d

3 家企业上年环统废水排放浓度 $C_{oj\,上年}$分别为 500 mg/L、300 mg/L、280 mg/L

污水处理设施出水浓度 C_o=80 mg/L

则该工程 2008 年新增 COD 削减量：

$R_{污水处理厂}$＝1.5×61×（500−80）×10^{-6}+0.5×61×（300−80）×10^{-6}+1.0×61×（280−80）×10^{-6}=0.038 43+0.006 71+0.012 2=0.057 3 万 t

二、结构减排新增 COD 削减量的核算

结构调整削减量主要是指关停工业企业或其生产设施形成的削减量。分为两种类型，第一类是纳入上年环境统计重点调查单位名录的企业，第二类是环境统计非重点调查单位。

（一）环统重点调查企业削减量的核算

计算范围：列入上年环境统计重点调查单位名录的企业，按上年环境统计数核算削减量。

计算日期：从实际关停的第二个月起计算。

计算原则：

关停导致的当年削减量须小于或等于该企业上年环统排放量；核算期当年关停的，按照上年同期纳入环境统计的排放量减去当年核算期实际排放量计算其COD 削减量；核算期上年关停但不满一年的，COD 削减量为上年同期环境统计排放量。

关停部分生产线、淘汰部分生产设备的企业新增削减量的核算，不能将企业上年环境统计排放量视为关停部分生产线的削减量。应按照物料衡算或产生系数法单独计算削减量，但不能超过企业上年环统排放量。

原来纳入环境统计中的企业群或者畜禽养殖群的淘汰关停，不能笼统计算整个企业群的关停削减量，应分别对每个单独企业的 COD 削减量进行核算。如无法分开计算，可按照等比例估算的方法计算削减量。

1．在环统中且为上年关停的企业削减量核算

某企业当年新增削减量按上年环境统计库中 COD 排放量取值。

2．在环统中且为当年关停的企业削减量的核算方法

当年削减量按上年环境统计库中 COD 排放量与月份折算。计算公式如下：

$$R_{关} = (12 - m_{关})/12 \times E_{上年} \tag{5-23}$$

式中：$R_{关}$——当年削减量，万 t；

$m_{关}$——核查期关停的月份；

$E_{上年}$——上年环境统计数据库中的 COD 排放量，万 t。

（二）环统非重点调查企业新增削减量的核算

为鼓励各地加快推进产业结构调整，加大重污染小企业关闭淘汰力度，对环统非重点调查企业的关停核算部分削减量。对于此类取缔关停企业、设施，其 COD 实际排放量按照监测数据、物料核算、产污系数等方法进行核算。但该类企业削减量合计不能高于本地区上年度非重点污染源排放量（按照工业排放量的 15%计）的 20%。

结构减排新增削减量计算原则为：

1．淘汰、取缔、关停企业或设施（含破产企业）的认定要有实证性的证明材料，表明企业工艺和设备必须是永久性关停并有具体关停时间（如停止工业用水、工业用电、提供相应具有法律效应的文件如当地政府的关闭文件、破产文件、吊销营业执照文件、环境监察部门的监察记录、关停前后照片等）。

2．自然关停企业，不能等同于淘汰关闭企业核算削减量，如无明确的能够认定企业无法恢复生产的有效证据（如主要生产设备拆除、缺失、淹没等），不计算其COD削减量。

3．实施停产治理、限期治理的企业一律不计算COD削减量，待企业完成治理恢复正常生产后再根据治理设施运行情况，按照治理工程核算新增COD削减量。

三、监管减排新增COD削减量的核算

上年度纳入环境统计重点调查单位名录的企业，通过加强对原有治污设施的监督管理新增削减量的计算公式参照工程减排计算，但不得重复计算。

监管减排新增削减量计算原则为：

1．采用当地环境监测部门对该企业每月环境监测数据，取平均值计算核算期该企业的废水排放浓度。

2．监管减排考虑提高排放标准或排放水平、实施清洁生产等情况下企业新增COD削减量，对其他情况不予认定。

3．清洁生产形成的减排部分，仅包括因实施清洁生产审核报告中提出的中高费方案而形成的稳定减排能力。其原材料消耗、进出口浓度、吸收率等主要参数，采用清洁生产审核方案实施前后的差值。各项参数取值以省级环保部门或清洁生产相关行政主管部门的评审、验收报告为依据，强制性清洁生产审核部分以达标排放为核算依据，并按照《“十一五”主要污染物总量减排核查办法（试行）》（环发[2007]124号）的程序现场核查后的数据为准。

4．企业提高排放标准的COD减排项目只包括上年环境统计范围内执行旧排放标准的企业，新建企业不计算新增削减量。

第六章　减排基础工作

第一节　主要污染物总量减排计划

按照《国务院关于印发节能减排综合性工作方案的通知》精神，各地为确保完成“十一五”主要污染物排放总量削减任务，需要制订主要污染物总量减排的具体方案和计划。这是各地污染减排工作的行动指南，是落实“十一五”污染物总量削减目标责任书的具体体现，是实现 2010 年主要污染物减排约束性指标的基础性工作。

为加强计划编制的科学性、可操作性、指导性、规范性，原国家环保总局制定了主要污染物总量减排计划编制指南，作为各地编制主要污染物总量减排综合方案、计划、年度计划的依据和参考，规定了减排计划的主要内容和技术要求。主要包括：现状分析，新增量预测，减排年度目标和分地区目标，各项减排措施，配套政策和保障措施，减排计划项目清单，可达性分析等。

一、现状分析

1．各地区主要污染物排放总体情况

各地区主要污染物排放量的基数，是在 2005 年排放量的基础上逐年削减，并经上级环保部门核定的污染物排放量，各地应按照此基数，综合考虑各种因素，制订各年度减排计划。

2．重点行业主要污染物排放量情况

各地制订减排计划时，应充分分析本地区主要排污行业（如高耗能、高污染的电力、钢铁、有色、建材、石油加工、化工和化学需氧量排放量大的造纸、纺织印染、食品酿造等行业）的主要污染物排放量情况，各年度间主要污染物排放量及增减变化情况，以便抓住减排工作的重点行业。

3．减排战略和重点分析

基于本地区经济发展和产业结构现状，尤其是高耗能、高污染行业发展状况，结合“十一五”经济发展速度和产业结构变化形势预测，评估总量减排所面临的压力和困难，分别按照行业、地区和污染源种类对总量削减可能及削减潜力进行分析，提出本省减排重点方向和重点途径。

二、污染物新增排放量预测

在总量现状分析基础上，结合经济社会发展情况，对污染物的排放趋势和新增量做出科学分析和定量预测，这是减排计划编制的重要组成部分。

新增量的预测采用产污系数法和排放强度法两种方式。其中城镇生活 COD 预测采用产污系数法，工业 COD、工艺产品二氧化硫预测采用排放强度法，煤炭消费量法预算燃烧产生的二氧化硫也属于产污系数法。

1．社会经济发展情景预测

包括城镇人口或非农业人口的预测、地区生产总值（GDP）、工业增加值、煤炭消费总量等经济指标的预测。各地可根据统计部门公布的上年度各指标的变化情况进行预测。

2．新增化学需氧量（COD）排放量预测

工业和城镇生活 COD 排放合计为全部 COD 排放量。

（1）工业 COD 排放新增量预测

用排放强度法预测工业 COD 排放量：新增工业 COD 排放量＝2005 年工业 COD 排放强度×GDP 增量。2005 年 COD 排放强度＝2005 年工业 COD 排放量（万 t）/2005 年 GDP（亿元）。

（2）生活 COD 排放新增量预测

用产生系数法预测生活 COD 排放量，根据城镇常住人口数（或非农人口数）等社会统计数据测算得到。生活 COD 排放新增量为新增城镇人口与 COD 产生系数乘积。

城镇生活 COD 产生系数优先采用本地区的 COD 产生系数或实测数据（实测数据需要予以说明，对与国家统计系数取值差异大的，需要进行深入分析）；当地未进行人均 COD 产生系数测算和实测工作的地区，则统一采用环境统计中规定的 COD 产生系数，原则上，全国平均取值为 75 g/（人·d），北方城市平均值为 65 g/（人·d），北方特大城市为 70 g/（人·d），北方其他城市为 60 g/（人·d），南方城市平均值为 90 g/（人·d）。

3．新增二氧化硫排放量预测

二氧化硫排放量预测分为电力部分和非电力两部分。

（1）电力工业 SO_2 新增排放量预测

火电行业 SO_2 新增产生量＝电力燃煤增量×（1－“三同时”执行率）×含硫率×0.8×2+电力燃煤增量×“三同时”执行率×含硫率×0.8×2×（1－脱硫率）。式中，前者表示脱硫电厂部分形成的二氧化硫排放增量。电力燃煤增量要包括热电联产机组供热部分的煤炭增加量。

脱硫“三同时”执行率全国 2006 年为 70%，各地参考实际情况确定。

（2）非电力新增 SO_2 新增排放量预测

非电力二氧化硫排放量预测，采用排放强度法预测二氧化硫新增量。

根据非电力煤炭新增量和上年度排放强度，预测非电力 SO_2 新增量=上年度本地区非电力 SO_2 排放强度×（全口径煤炭增加量－电力行业煤炭增加量）。

同时可按照主要耗能产品产量增加量，依据单位产品产量排污系数，预测新增量，同排放强度方法比对，按取大数原则，确定新增量。

非电力二氧化硫包括非电力工业燃煤锅炉，原料用煤生产工艺、生活燃煤部分。有条件的地区，可以对非电力燃煤锅炉、生活燃煤排放的二氧化硫采用物料衡算方法计算。对工艺排放的二氧化硫采用排放强度法进行测算。

三、年度减排目标的确定

减排目标的表达以绝对量和相对量两种形式，减排目标必须考虑新增量、工程实施进度等因素。其中，绝对量包括减排能力规模和实际减排量，以及新增量、排放量和净减排量，相对量包括相对 2005 年的削减比例、相对于上年的削减比例，用于表示不同年份间污染物排放量之间的变化率。

1．五年总目标

各省、自治区、直辖市五年污染减排总目标：国务院批复的各省“十一五”期间全国主要污染物排放总量控制计划数。

各地市五年污染减排总目标：执行各省、自治区、直辖市与各地市签订的责任书规定的数据。

2．年度削减计划目标

各地区政府要按照五年总量控制目标和《目标责任书》的要求，统筹考虑，做好年际削减目标的平衡，确定主要污染物年度削减目标。

年度削减计划，应以五年期间每年计划的减排工程、措施、对策实际形成各年度削减效果合理推算确定每年削减目标。目标确定后，应报上级环保部门备案，作为年度污染减排工作考核的依据。

四、减排措施

说明本地区主要的减排措施，列出各项减排措施的项目清单。减排措施主要指产业结构调整减排、工程治理减排和监督管理减排三大措施。

1．产业结构调整减排

产业结构调整减排是通过关闭污染严重的企业或淘汰落后生产工艺形成的污染物排放量的减少。由于污染减排是以 2005 年污染物排放量为基数的，因此这里所说的污染严重企业和落后生产工艺一般是存在于 2005 年环境统计数据库中的重点调查企业。

2．工程治理减排

工程治理减排主要是指通过新建污染治理设施或通过工程提高原有污染治理设施的处理能力等措施实现污染物排放量的减少。

（1）对于 COD 治理工程，包括城镇生活 COD 减排和工业 COD 减排。城镇生活 COD 削减能力包括新建城镇污水处理厂、通过污水收集管网改造与完善形成的削减能力、城镇污水再生利用形成的削减能力等；工业企业可通过污染治理、深度处理、清洁生产和再生水利用等途径削减 COD。

（2）对于二氧化硫治理，重点是工业锅炉烟气脱硫（尤其是火电行业）、钢铁烧结机头烟气脱硫、有色金属冶炼行业酸性尾气综合治理等项目。目前，火电燃煤机组脱硫工程是污染减排的重点工程，制订减排计划时，其脱硫效率应按照不同脱硫技术的脱硫效率按全年平均运行情况取值（小于设计脱硫效率）——①石灰石/石膏法或海水脱硫法取值不高于 85%；②烟气循环流化床法取值不高于 80%；③单机容量大于（含）20 万 kW 循环流化床锅炉，若有在线监测设备且与省级环保部门联网，按照全年平均脱硫效率取值，没有在线监测设备或未与省级环保部门联网，取值为零；④其他方法脱硫效率取值不高于 70%。

工程减排计划中应包括：项目名称、地点、生产设备编号、生产能力、治理工艺类型、工程进度、预计二氧化硫削减量等。

3．监督管理减排

监督管理减排是指通过加强对排污企业的环境监管、提高污染物排放标准、按照污染源自动在线监控装置等措施，提高企业达标排放率形成的污染物排放量的减少。

五、综合辅助方案

1. 部门职责分解和组织领导

减排计划应将任务分解到各责任部门，对于产业结构、工程治理、监督管理等各项具体减排措施，落实到承担单位，明确责任目标完成的责任主体和考核指标。

2. 投资需求及落实情况

说明减排计划中各项方案措施所需投资情况，包括与主要污染物削减有关的产业结构、工程治理、监督管理等投资需求、资金来源，明确资金渠道和落实情况，说明资金到位情况、资金保障措施，兼顾资金需求和供给实际，进行资金供需平衡和可能分析。

3. 政策措施

说明本地区为推动减排计划实施制定或计划出台的各项政策措施，包括目标分解办法、目标考核责任制、监督管理办法、淘汰关停落后生产能力的相关政策、地方排放标准、行业或项目准入标准、财政、税收等，以及保障工程措施落实的各项政策。

六、可达性分析

通过以上减排措施实现的污染物总量减排情况及配套的保障政策，对比本地区签订的主要污染物总量削减目标责任书，做好新增量、存量、减排量三者之间的平衡分析，并保留一定的预留和工程运行实际，对 2010 年总量减排目标和年度减排目标的完成情况进行可达性分析，并分析可能存在的问题及影响目标实现的主要因素和环节。

第二节　污染减排的日常管理

一、污染减排的调度制度

为督促各项减排措施的顺利实施，各级环保部门必须做好跟踪督促工作。原国家环保总局 2007 年 10 月印发了《关于实施“十一五”主要污染物总量减排措施季度报告制度的通知》（环办[2007]131 号）。文件规定，环保部每季度对各省减排措施的实施情况进行调度，调度工作要求每个季度结束后的 10 日内完成。

辽宁省为推进污染减排措施的落实，及时掌握减排措施进展程度，实行“月调度”制度，并同步实施污染减排预警制度，对没有按期实施或进度落后的减排项目向各市预警。调度内容包括：

1．新增城市污水处理厂情况。新建成和新投产污水处理厂名称、地址、主体处理工艺、设计处理能力、实际处理能力及进、出水水量和 COD 浓度、投产运行时间；改建、扩建等污水处理厂增加的污水处理能力及 COD 减排量；深度治理（含中水回用）的污水处理厂增加的 COD 减排量。

2．新建工业企业和事业单位污水处理工程情况。纳入上年度环境统计且每季度新增污水处理设施的企事业单位，新增 COD 减排的工程名称、地址、处理工艺、投产运行时间和设计处理规模、实际污水处理量和 COD 减排量。

3．新建燃煤电厂烟气脱硫工程情况。每季度新建燃煤脱硫机组所在电厂名称、地址、通过“168 h”时间、装机容量、脱硫技术、脱硫公司、发电量（供热量）、原煤消耗量、原煤发热值和入炉原煤平均硫分。

4．新建非电力工业企业 SO_2 治理工程情况。纳入上年度环境统计且每季度新增 SO_2 处理设施的单位名称、处理工艺、投产日期、处理烟气量、减排 SO_2 能力。

5．企事业单位清洁能源替代情况。纳入上年度环境统计且每季度新增燃煤设施改造为清洁燃料设施的企事业单位，季度煤炭减少量和清洁燃料增加量。

6．淘汰落后产能情况。每季度取缔关停的企业或生产线名称、地址、生产规模、关闭时间和上年环境统计 COD 和 SO_2 排放量。

二、污染减排的日常督察

在各项污染减排措施实施的过程中，对其进行现场督察是非常必要的。目的是准确掌握各项污染减排措施的实施情况，以建成运行的减排设施的运行情况等。目前的日常督察工作主要有三个层面：

一是环保部各督察中心的日常督察，采用明查与暗查相结合的方式进行，由环保部各督察中心会同有关省环保部门联合开展，或者由各督察中心独立开展。督察的重点是各地治理工程减排项目的建设和运行情况；结构调整减排项目的实施情况；监督管理减排措施的落实情况。督察结果将作为核算各省污染减排监察系数的重要依据，一般至少每半年进行一次。

二是各省组织的日常督察。辽宁省实行“季检查”制度，对各市污染减排工作进行全面的督察，包括日常管理工作、重点减排措施的实施、重点减排设施的运行等，同时开展对各市污染减排工作的业务现场指导。

三是各市自行开展的自查。各市可不定期地组织本市人员对企业进行现场督察，一般检查的频次较高，一方面起到督察作用，另一方面要传达国家和省有关污染减排的政策要求，进行污染减排业务指导。

三、污染减排档案的建立

建立主要污染物总量减排档案是规范污染减排工作，强化监督管理的重要基础性工作，也是客观、准确反映各地总量减排任务完成情况的重要依据。为规范档案管理工作，辽宁省环保局于 2007 年 11 月印发了《关于建立主要污染物总量减排档案的通知》，对全省污染减排档案的建立工作做了具体的规定。

各地污染减排档案应包括三方面内容，即文件卷、资料卷和减排项目卷。

1．文件卷

内容包括国家、国家环保部和其他部委办文件；省委省政府、省环保局和其他厅局文件；总量减排领导小组、总量办文件；各市政府、环保局文件；县（市、区）政府、环保局文件；国家或省领导讲话材料等。

2．资料卷

内容有总量减排工作计划和方案，包括“十一五”总量减排计划和方案、年度总量减排计划和方案等；总量减排目标责任书，包括政府与各部门目标责任书、上级政府与下级政府目标责任书、政府与企业目标责任书等；总量减排工作总结，包括季度和半年度工作小结、年度工作总结等；总量减排核算技术报告，包括半年度和年度技术报告；减排形势分析报告，包括季度、半年度和形势分析、年度形势分析等；环境质量报告；工作简报；专题会议、工作会议纪要等材料。

3．减排项目卷

减排项目减排档案记录和反映减排设施建设和运行的重要资料，通过查阅减排项目档案，可以核算各减排项目形成的减排量，是污染减排档案最重要的部分。这部门档案涉及的内容较多，详细内容可参照下面的表格。

（1）COD 减排项目档案

表 6-1　结构调整减排项目

减排项目类型	材料准备部门	材料名称
全厂关闭	环保部门	1．取缔关闭企业概况及关闭情况（包括厂址，取缔关闭生产设施的规模及其主要设备名称和数量，取缔关闭时间）
		2．政府下达的取缔关闭文件
		3．2005、2006 年环境统计基表
		4．现场检查取缔关闭的记录及证明材料

减排项目类型	材料准备部门	材料名称
全厂关闭	环保部门	5．现场核查表*
		6．现场关闭照片
		7．土地变更证明
		8．停电通知或出具的断电证明
		9．营业执照吊销证明
		10．COD 减排量测算表
		11．其他证明材料
	企业	无
部分关闭	环保部门	1．取缔关闭企业的生产线、设施的概况及关闭情况介绍（包括厂址，取缔关闭生产设施的规模及其主要设备名称和数量，取缔关闭时间）
		2．政府下达的取缔关闭的文件
		3．2005、2006 年环境统计基表
		4．现场检查取缔关闭记录及证明材料
		5．现场核查表*
		6．现场关闭照片
		7．COD 减排量测算表
	企业	1．关闭工作汇报
		2．关闭后生产变化情况对比（产量、用水量、用电量、排污量的变化证明）

表 6-2　工程减排项目（1）

减排项目类型	材料准备部门	材料名称
城镇污水处理厂	环保部门	1．污水处理厂简介
		2．2005、2006 年环境统计基表
		3．城镇污水处理厂基本情况表
		4．企业环境影响评价报告批复
		5．试运行报告和批复
		6．环保竣工验收监测报告和验收报告
		7．运行情况月报表（已建立该项目制度的）
		8．企业在线监测污水流量及 COD 浓度（从计算减排量以来的数据，按月的日均值表）
		9．环保部门的监督监测报告

减排项目类型	材料准备部门	材料名称
城镇污水处理厂	环保部门	10. 企业自测废水量及 COD 浓度（从计算减排量以来的数据，月均值表）
		11. 接入污水厂的工业企业名单、水量（附与企业协议）或接入生活污水水量证明
		12. 中水回用协议
		13. COD 减排量测算表
		14. 企业治理设施日常运行记录台账（部分样张复印件）
		15. 现场核查表*
		16. 主要设施照片
	企业	1. 污水处理厂污水收集管网图
		2. 中水回用凭证（中水回用企业）
		3. 处理费用结算凭证
		4. 企业日常运行台账（按月装订成册）
		5. 用电凭证（装订成册）
		6. 治理设施耗材（如絮凝剂等）凭证（装订成册）
		7. 企业缴纳排污费凭证
		8. 水处理污泥处理处置方式、数量、记录、证明、凭证
		9. DCS 控制系统历史数据（至少一年）
		10. 环境影响报告书（表）

表 6-3 工程减排项目（2）

减排项目类型	材料准备部门	材料名称
企业工程治理	环保部门	1. 企业概况及污染治理工程基本情况
		2. 2005、2006 年环境统计基表
		3. 企业环境影响评价报告批复
		后补建的治理设施环境影响批复、政府或政府部门下达的限期治理通知
		中水回用方案（中水回用企业）
		零排放工程设施方案（零排放企业）
		4. 环保竣工验收监测报告和验收意见

减排项目类型	材料准备部门	材料名称
企业工程治理	环保部门	零排放验收意见（零排放企业）
		5．企业治理设施运行情况月报表（已建立该项制度的）
		6．企业在线监测污水流量及 COD 浓度（从计算减排量以来的数据，按月的日均值表）
		7．环保部门的监督监测报告
		8．企业自测废水量及 COD 浓度（从计算减排量以来的数据，月均值表）
		9．COD 减排量测算表
		10．企业治理设施日常运行记录台账（部分样张复印件）
		11．现场核查表
		12．主要设施照片
	企业	1．企业用新鲜水凭证、记录
		2．中水回用凭证（中水回用企业）
		3．企业治理设施日常运行台账（按月装订成册）
		4．治理设施用电凭证（装订成册）
		5．治理设施耗材（如絮凝剂等）凭证（装订成册）
		6．企业缴纳排污费凭证
		7．水处理污泥处理处置方式、数量、记录、证明、凭证
		8．环境影响报告书（表）

表 6-4　监督管理减排项目

减排项目类型	材料准备部门	材料名称
管理减排	环保部门	1．企业概况（产品产量、污染治理及排放情况）
		2．2005、2006 年环境统计基表
		3．COD 在线监测数据（当年按月统计日均浓度）
		4．环保部门监督监测报告
		5．企业自测 COD 数据
		6．现场核查表
		7．COD 减排量测算表

（2）SO_2减排项目档案

表 6-5 结构调整减排项目

减排项目类型	材料准备部门	材料名称
结构调整	环保部门	1．取缔关闭企业概况及关闭情况（包括关闭生产设施名称、规模、关闭时间等）
		2．政府下达的取缔关闭的文件
		3．2005、2006 年环境统计基表
		4．现场检查取缔关闭的记录及证明材料
		5．现场核查表*
		6．现场关闭照片
		7．停电通知或出具的断电证明
		8．营业执照吊销证明
		9．SO_2减排量测算表
		10．其他证明材料
	企业	无

表 6-6 工程减排项目（1）

减排项目类型	材料准备部门	材料名称
燃煤发电机组脱硫	环保部门	1．电厂概况及污染治理工程基本情况
		2．2005、2006 年环境统计基表
		3．火电厂（热电厂）基础情况表
		4．企业环境影响评价批复或脱硫设施环境影响评价批复
		5．脱硫设施试运行批复
		6．脱硫工程 168 小时移交记录
		7．“三同时”或脱硫设施验收监测报告或验收意见
		8．脱硫设施运行情况月报表（已建立月报制度的）
		9．企业在线监测数据（从计算减排量以来的数据，按月统计的日均值）
		10．环保部门监督监测报告
		11．耗煤量报表（附部分购煤凭证复印件）
		12．购进煤、入炉煤煤质化验单
		13．SO_2减排量测算表
		14．现场核查表*
		15．主要设施照片

减排项目类型	材料准备部门	材料名称
燃煤发电机组脱硫	企业	1．脱硫设施运行台账记录（按月装订成册）
		2．发电量、供热量生产报表
		3．购煤凭证（装订成册）
		4．脱硫剂购买凭证
		5．脱硫副产品销售凭证
		6．脱硫系统用电、用水记录
		7．脱硫设施检修记录
		8．自计算减排量以来的在线监测数据库
		9．DCS 控制系统历史数据（至少半年）
		10．环境影响报告书（表）

表 6-7　工程减排项目（2）

减排项目类型	材料准备部门	材料名称
非电燃煤设施脱硫	环保部门	1．企业概况及脱硫或综合利用工程的基本情况（包括设计处理能力、工艺、建成投运时间等）
		2．2005、2006 年环境统计基表
		3．脱硫工程环境影响评价批复
		4．脱硫减排工程试运行批复
		5．脱硫减排工程验收监测报告和验收报告
		6．脱硫设施运行情况月报表（已建立月报制度的）
		7．企业在线监测数据（进出口烟气量及浓度、自计减排量以来的数据，按月日均值）
		8．环保部门日常监督性监测报告
		9．煤炭或含硫原料消耗量报表
		10．煤质或含硫原料含硫率化验单
		11．SO_2 减排量测算表
		12．现场核查表*
		13．主要设施照片
	企业	1．脱硫设施运行台账记录（按月装订成册）
		2．用含硫原料生产的产品、产量生产报表
		3．购买煤或含硫原料的凭证（装订成册）
		4．脱硫剂购买凭证
		5．脱硫副产品销售凭证
		6．脱硫设施检修记录
		7．自计算减排量以来的在线监测数据库
		8．脱硫设施环境影响报告书（表）

表 6-8 监督管理减排项目

减排项目类型	材料准备部门	材料名称
管理减排	环保部门	1．企业概况（产品产量、污染治理及排放情况）
		2．2005、2006 年环境统计基表
		3．SO_2 在线监测数据（当年按月统计日均浓度）
		4．环保部门监督监测报告
		5．企业自测 SO_2 数据
		6．SO_2 减排量测算表

第三节 污染减排的定期核查

污染减排定期核查是指环保部对各地上报的半年或年度污染减排计划执行情况及治理工程减排项目、结构调整减排项目和监督管理减排措施的实施情况与完成的 COD 和 SO_2 削减量数据的真实性和一致性所进行的检查与核实。

定期核查采用资料审核和现场抽查相结合的方式进行。资料审核主要是对各省、自治区、直辖市提交的减排措施项目清单及其实施效果进行审查，并依据所提供的有关政府和环保部门批准文件、验收报告、试运行许可、自动监测和监督性监测等相关资料进行逐项审核，核实每个项目的实施情况及其实际削减量；现场抽查采用重点抽查为主，随机抽查为辅的方式进行。对资料审核中发现有问题的企业和项目进行重点抽查；其他减排措施采用随机抽查的方式。抽查结果作为确定监察系数的依据之一，与日常督察结果具有同等效力。

按照环保部要求，半年核查和年度核查分别在每年 7 月和次年 1 月进行，被核查的对象应为各地人民政府，各地环保部门应协助政府做好核查前的各项准备工作。主要包括：染物减排工作报告、污染减排核查技术报告（增量核算、减排项目清单）等。

一、污染减排工作报告

各地环保部门应于每年 7 月初和次年 1 月初，向上级环保部门报送辖区半年和年度污染物减排工作报告。污染减排工作报告的内容应包括：政府污染减排工作组织领导情况；环保部门组织实施污染减排工作情况；政府的相关职能部门组织实施污染减排工作情况；相关企事业单位开展污染减排工作的典型事例；制订年度减排计划情况（含新增量、存量、减排量之间的平衡分析，应该完成的削减量及其测算依据），核查期内减排计划的完成情况；治理工程减排项目、结构调整减排项目和监督管理减排措施的项目清单及其实施效果等。

二、污染减排核查技术报告

污染减排核查技术报告是详细预测核查期内污染减排目标完成情况的技术报告，主要内容为污染物新增排放量的测算、新增削减量的测算及削减比例的测算。

1．新增排放量的测算

依据当地统计部门提供的社会经济数据和环保部门掌握的环境统计数据，按照《“十一五”主要污染物总量减排核算细则（试行）》中规定的核算方法，对本地区核查期内的新增污染物排放量进行宏观测算。核查技术核查报告中应附上核算所用社会经济统计数据，次数据应由当地统计部门提供，并由市政府认可。

2．新增削减量的测算

填写减排项目核查核算表，并按照《“十一五”主要污染物总量减排核算细则（试行）》中规定的核算方法，逐一对各地在核查期内能够形成削减量的减排项目进行核算。

填报减排项目核查核算表的基本原则：

全面性，减排项目核查核算表格中所列的内容是核查减排项目减排量的必要内容，填报时必须注意填全，不能空项，否则将影响该项目的核查核算。

准确性，填报内容必须准确，有据可查。企业名称、基本信息及所涉及的历史数据必须与环境统计数据库中的记载相符，当年的数据必须符合日常监测、自动在线监测系统数据。

逻辑性，表格中通过基本参数计算所得的数据必须符合逻辑性，比如实际处理水量应符合设计能力，实际燃煤量应与燃煤设备的能力相符等。

一致性，表格中所列基本数据应与减排项目档案中记载的数据保持一致。

3．削减比例的测算

按照两种方法进行测算，一是本年度排放量与上年度排放量相比的削减比例；二是本年度排放量与2005年排放量相比的削减比例。

表 6-9　核算各市主要污染物总量减排结果所需的统计数据

指标			上年度	本年度 2008 年
GDP/亿元				
GDP 增速/%				
单位 GDP 能耗/（t 标准煤/万元）				
单位 GDP 能耗下降比例/%				
全社会煤炭消费量/万 t				
规模以上工业企业煤炭消费量/万 t				
煤炭占一次能源消费比例/%				
非农业人口数/万人				
非农业人口增长率/%				
主要耗能产品产量/万 t	钢铁	生铁		
		粗钢		
		钢材		
	有色金属	铜		
		铅		
		锌		
		镍		
		锡		
		锑		
		原铝		
		镁		
		钛		
	水泥			
	焦炭			
7 个行业工业增加值/亿元	非金属矿物制品业			
	黑色金属冶炼及压延加工业			
	有色金属冶炼及压延加工业			
	电气机械及器材制造业			
	通信设备、计算机及其他电子设备制造业			
	仪器仪表及文化、办公用机械制造业			
	电力、热力的生产和供应业			

表 6-10　城镇污水处理厂总量减排核查核算表

序号	省份	市(地)	污水处理厂名称	所处流域	主体处理工艺	执行排放标准	投运时间(年月)	设计处理能力/万(t/d)	原有/新建	实际处理水量/(万 t/d)			实际平均进水 COD 浓度/(mg/L)			实际平均出水 COD 浓度/(mg/L)			核查期实际运行天数/天	核查期总用电量/kW·h	核查期产泥量/t	核查期新增进入污水处理厂工业废水量/(万 t/d)	核查期进入污水处理厂工业废水 COD 平均浓度/(mg/L)	是否已经安装在线监控并联网	再生水实际回用量/(万 t/d)	省上报减排量/t	是否列入年度减排计划	计算参数及过程	核查组核算减排量/t			核算说明	环保部核定减排量/t	说明
										2006 年	2007 年	2008 年	2006 年	2007 年	2008 年	2006 年	2007 年	2008 年											工业	生活	合计			
1																																		
2																																		
3																																		
…																																		
合计																																		

表 6-11　工业企业治理工程总量减排核查核算表

序号	省份	市(地)	企业名称	所处流域	所属行业	环统废水排放量/万 t			环统 COD 排放量/t			新上治污设施主体处理工艺	投运时间(年月)	设计处理规模/(万 t/d)	核查期实际处理水量/(万 t/d)	平均进水 COD 浓度/(mg/L)		平均出水 COD 浓度/(mg/L)				核查期实际运行天数/d	省上报减排量/t	是否列入年度减排计划	计算参数及过程	核查组核算减排量/t	核算说明	环保部核定减排量/t	说明
						2005 年	2006 年	2007 年	2005 年	2006 年	2007 年					2007 年	2008 年	2005 年	2006 年	2007 年	2008 年								
1																													
2																													
3																													
…																													
合计																													

表 6-12 结构调整总量减排核查核算表

序号	省份	市(地)	企业名称	所处流域	所属行业	环统废水排放量/万 t			环统 COD 排放量/t			环统中主要产品产量/t			关闭时间(年月)	认定天数/d	是否全厂关闭	关闭的设备或生产线的名称	关闭设备或生产线产品产能/(t/a)	关闭文件和证明材料是否齐全	省上报减排量/t	是否列入年度减排计划	核查组核算减排量/t	核算说明	环保部核定减排量/t	说明
						2005年	2006年	2007年	2005年	2006年	2007年	2005年	2006年	2007年												
1																										
2																										
3																										
…																										
合计																										

表 6-13 2007 年已核定减排量的城镇污水处理厂抽查复核表

序号	省份	市(地)	污水处理厂名称	投运时间(年月)	设计处理能力/(万 t/d)	2007 年核定处理水量/(万 t/d)	2008 年实际处理水量/(万 t/d)	2007 年核定进出水 COD 浓度/(mg/L)		2008 年实际进出水 COD 浓度(mg/L)		运行天数/d		核查组计算参数及过程	核查组核算的污染物增加量/t	核算说明	环保部核定的污染物增加量/t	说明
								进水	出水	进水	出水	上年	当年					
1																		
2																		
3																		
…																		
合计																		

表 6-14 电力行业工程减排核查核算表

序号	省份	市(地)	电厂名称	法人代码	经度	纬度	机组编号	机组容量	机组投运日期	脱硫装置通过168 h日期	脱硫工艺	脱硫公司	烟气在线监测装置			核查期机组运行时间/小时	核查期脱硫运行时间/小时	综合脱硫效率/%	发电量/万 kW·h			煤炭消耗量/万 t			发电煤耗/[g 标煤/(kW·h)]		燃煤平均硫分/%		脱硫剂名称及核查期消耗量		脱硫副产物名称及核查期产生量		环统 SO_2 排放量/t			是否列入减排计划	省上报 SO_2 减排量/t	核查组核算减排量/t	核算说明	环保部核定减排量/t	说明
								MW	年/月/日	年/月/日			是否安装	是否联网	安装位置是否在旁路烟气与净烟气汇合后				上年同期	核查期	核查期脱硫设施投运后	上年同期	核查期	核查期脱硫设施投运后	上年同期	核查期	上年同期	核查期	名称	消耗量/万 t	名称	产生量/万 t	2005年	2006年	2007年						
1																																									
2																																									
3																																									
…																																									
合计																																									

表 6-15 非电行业工程减排核查核算表

序号	省份	市(地)	企业名称	法人代码	经度	纬度	减排项目名称	所属行业	主要产品、生产工艺和规模	减排工程投运日期	减排工程具体工艺技术描述	减排工程工艺是否自控	烟气在线监测装置		煤炭或主要含硫原料消耗量/t			燃煤或主要含硫原料平均硫分/%		脱硫剂名称及核查期消耗量		脱硫副产物名称及核查期产生量		综合脱硫效率/%	环统 SO_2 排放量/t			是否列入减排计划	省上报 SO_2 减排量/t	核查组核算减排量/t	核算说明	环保部核定减排量/t	说明
										年/月			是否安装	是否联网	上年同期	核查期	核查期脱硫设施投运后	上年同期	核查期	名称	消耗量/t	名称	产生量/t		2005年	2006年	2007年						
1																																	
2																																	
3																																	
…																																	
合计																																	

表 6-16 电力行业结构调整减排核查核算表

序号	省份	市(地)	关停电厂名称	法人代码	经度	纬度	关停机组编号	装机容量	机组投运日期	有无脱硫设施	脱硫设施投运日期	关停日期	关停淘汰证明材料	是否在发改委关停名录	发电量/万 kW·h		煤炭消耗量/万 t		发电煤耗/[g 标煤/(kW·h)]		燃煤平均硫分/%		环统 SO_2 排放量/t			是否列入减排计划	省上报 SO_2 减排量/t	核查组核算减排量/t	核算说明	环保部核定减排量/t	说明
								MW	年/月	有/无	年/月	年/月			上年同期	核查期	上年同期	核查期	上年同期	核查期	上年同期	核查期	2005年	2006年	2007年						
1																															
2																															
3																															
…																															
合计																															

表 6-17　非电行业结构调整减排核查核算表

序号	省份	市(地)	企业名称	法人代码	经度	纬度	所属行业	关闭设施情况		关停日期	关停淘汰证明材料	主要产品及产量			煤炭或主要含硫原料消耗量/t		燃煤或主要含硫原料平均硫分/%		环统 SO_2 排放量/t			是否列入减排计划	省上报 SO_2 减排量/t	核查组核算减排量/t	核算说明	环保部核定减排量/t	说明
								名称	规模	年/月		名称	上年同期	核查期	上年同期	核查期	上年同期	核查期	2005年	2006年	2007年						
1																											
2																											
3																											
…																											
合计																											

表 6-18 主要工业行业 COD 排放系数参考表

行业名称	产品名称	工艺名称	计量单位（污染物/产品）	产污系数		
				平均值	变化幅度	
					低值	高值
轻工	碱法制浆	本色木浆	kg/t 浆	257.5		
		漂白木浆	kg/t 浆	333.8		
		漂白草浆	kg/t 浆	1 461.9		
	纸	纸袋纸	kg/t 浆	29.1	25	40
		新闻纸	kg/t 浆	93.7	80	100
		书写纸	kg/t 浆	60.0	30	80
	酒精	薯　类	kg/t 酒精	914.1	836.5	939.2
		玉　米	kg/t 酒精	971.7	925.7	1 002.5
	制革	猪盐湿皮	kg/t 原皮	247.4	115.95	525.56
		牛干皮	kg/t 原皮	301.0	223.7	365
		羊干皮	kg/t 原皮	341.0	239.8	500
纺织	棉机织	印　染	kg/100 m	2.05	0.86	4.53
		漂　染	kg/100 m	1.89	1.16	3.22
	棉针织	印染和漂染	kg/100 m	0.51	0.71	2.90
	毛粗纺织产品		kg/100 m	12.6	7.40	17.60
	毛精纺织产品		kg/100 m	5.54	1.44	12.00
	绒线产品		kg/t 产品	21.3	7.60	48.00
	丝织产品		kg/100 m	0.78	0.41	1.02
	麻纺产品	脱胶工艺	kg/kg 麻	1.07	0.48	1.49
化工	合成氨	煤头合成氨	kg/t 氨	32.11	3.88	39.90
		油头合成氨	kg/t 氨	1.13	0.57	2.44
		气头合成氨	kg/t 氨	5.17	2.91	18.57
	尿素	二氧化碳气提法	kg/t 尿素	0.17	0.14	0.25
		水溶液全循环法	kg/t 尿素	1.59	0.046	3.01
		氨气提法	kg/t 尿素	0.07		

表 6-19 淘汰落后工业设施的二氧化硫排放系数表

行业名称	产品名称	工艺名称	计量单位（污染物/产品）	产污系数		
				平均值	变化幅度	
					低值	高值
有色金属：铜	粗铜	闪速炉	kg/t 粗铜	2 916.0		3 240
		电炉	kg/t 粗铜	1 175.0		1 469
		反射炉	kg/t 粗铜	826.4		1 132
		白银炉	kg/t 粗铜	1 480.04		2 027
		鼓风炉	kg/t 粗铜	2 446.8	2 182	3 287
有色金属：铅、锌行业	粗铅	密闭鼓风炉	kg/t 粗铅	1 408.53	1416	1394
		鼓风炉	kg/t 粗铅	496.53	402	607
	粗锌	湿法炼锌	kg/t 粗锌	733.95	0	1 064
		密闭鼓风炉	kg/t 粗锌	1 408.53	1 394	1 416
		竖罐炼锌	kg/t 粗锌	1 681.49	1 088	1 879
	镍	矿热电炉熔炼硫化镍隔膜电解	kg/t 电镍	4 882.70	3 706	5 516
电力行业	电	中低压机组	kg/（万 kW・h）	146.58	76	438
		高压机组	kg/（万 kW・h）	115.26	60	319
		超高压机组	kg/（万 kW・h）	97.35	53	224
		亚临界、超临界压力机组	kg/（万 kW・h）	74.84	51	106
化工	硫酸	一转一吸	kg/t 硫酸	26.07	19	43
		一转一吸加尾气治理	kg/t 硫酸	30.58	25	43
		两转两吸	kg/t 硫酸	3.42	2	5
		冶炼气制酸	kg/t 硫酸	45.13	25	64
钢铁	烧结	热矿烧结和冷矿烧结	kg/t 烧结矿	3.3	2	15
建材	水泥	窑外分解窑	kg/t 熟料	0.311	0	0
		预热器窑	kg/t 熟料	0.514		
		干法中空带余热发电窑	kg/t 熟料	3.449		
		立波尔窑	kg/t 熟料	0.379		
		湿法窑	kg/t 熟料	2.638		
		立窑	kg/t 熟料	0.635		

表 6-20　几种常见煤改气燃料的热值

燃料名称	热值	备注
天然气	1.33 kg 标煤/m^3	
炼厂干气	1.57 kg 标煤/kg	
煤层气	0.92 kg 标煤/m^3	
发生炉煤气	0.18 kg 标煤/m^3	
重油催化裂解燃气	0.66 kg 标煤/m^3	
重油热裂解煤气	1.21 kg 标煤/m^3	
焦炭制气煤气	0.56 kg 标煤/m^3	
压力气化煤气	0.51 kg 标煤/m^3	
水煤气	0.36 kg 标煤/m^3	
沼气	0.53 kg 标煤/m^3	
其他		计量部门实测

第七章　重要政策文件

一、国家出台文件

中华人民共和国国民经济和社会发展第十一个五年规划纲要（摘抄）

（2007年3月14日第十届全国人大四次会议表决通过）

2007年3月14日第十届全国人大四次会议表决通过了《中华人民共和国国民经济和社会发展第十一个五年规划纲要》。《纲要》明确要求："十一五"期间把主要污染物COD，SO_2排放总量减少10%，作为约束性指标。

第一篇　指导原则和发展目标

第一章　全面建设小康社会的关键时期

"十一五"时期是全面建设小康社会的关键时期，具有承前启后的历史地位，既面临难得机遇，也存在严峻挑战。

……

在前进道路上还存在不少困难和问题。我国正处于并将长期处于社会主义初级阶段，生产力还不发达，制约发展的一些长期性深层次矛盾依然存在：耕地、淡水、能源和重要矿产资源相对不足，生态环境比较脆弱，经济结构不合理，解决"三农"问题任务相当艰巨，就业压力较大，科技自主创新能力不强，影响发展的体制机制障碍亟待解决。“十五”时期在快速发展中又出现了一些突出问题：投资和消费关系不协调，部分行业盲目扩张、产能过剩，经济增长方式转变缓慢，能源资源消耗过大，环境污染加剧，城乡、区域发展差距和部分社会成员之间收入差距继续扩大，社会事业发展仍然滞后，影响社会稳定的因素还较多。国际环境复杂多变，影响和平与发展的不稳定不确定因素增多，发达国家在经济科技上占优势的压力将长期存在，世界经济发展不平衡状况加剧，围绕资源、市场、技术、人才的竞争更加激烈，贸易保护主义有新的表现，对我国经济社会发展和安全提出了新的挑战。

……

第二章　全面贯彻落实科学发展观

……

——必须加快转变经济增长方式。要把节约资源作为基本国策，发展循环经济，保护生态环境，加快建设资源节约型、环境友好型社会，促进经济发展与人口、资源、环境相协调。推进国民经济和社会信息化，切实走新型工业化道路，坚持节约发展、清洁发展、安全发展，实现可持续发展。

……

——立足节约资源保护环境推动发展，把促进经济增长方式根本转变作为着力点，促使经济增长由主要依靠增加资源投入带动向主要依靠提高资源利用效率带动转变。

……

第三章　经济社会发展的主要目标

根据全面建设小康社会的总体要求，“十一五”时期要努力实现以下经济社会发展的主要目标：

——宏观经济平稳运行。国内生产总值年均增长 7.5%，实现人均国内生产总值比 2000 年翻一番。城镇新增就业和转移农业劳动力各 4 500 万人，城镇登记失业率控制在 5%。价格总水平基本稳定。国际收支基本平衡。

专栏2 “十一五”时期经济社会发展的主要指标

类别	指标	2005 年	2010 年	年均增长（%）	属性
经济增长	国内生产总值（万亿元）	18.2	26.1	7.5	预期性
	人均国内生产总值（元）	13 985	19 270	6.6	预期性
经济结构	服务业增加值比重（%）	40.3	43.3	[3]	预期性
	服务业就业比重（%）	31.3	35.3	[4]	预期性
	研究与试验发展经费支出占国内生产总值比重（%）	1.3	2	[0.7]	预期性
	城镇化率（%）	43	47	[4]	预期性
人口资源环境	全国总人口（万人）	130 756	136 000	<‰	约束性
	单位国内生产总值能源消耗降低（%）			[20]	约束性
	单位工业增加值用水量降低（%）			[30]	约束性
	农业灌溉用水有效利用率（%）	0.45	0.5	[0.05]	预期性
	工业固体废物综合利用率（%）	55.8	60	[4.2]	预期性
	耕地保有量（亿公顷）	1.22	1.2	−0.3	约束性
	主要污染物排放总量减少（%）			[10]	约束性
	森林覆盖率（%）	18.2	20	[1.8]	约束性
公共服务人民生活	国民平均受教育年限（年）	8.5	9	[0.5]	预期性
	城镇基本养老保险覆盖人数（亿人）	1.74	2.23	5.1	约束性
	新型农村合作医疗覆盖率（%）	23.5	>80	>[56.5]	约束性
	五年城镇新增就业（万人）			[4 500]	预期性
	五年转移农业劳动力（万人）			[4 500]	预期性
	城镇登记失业率（%）	4.2	5		预期性
	城镇居民人均可支配收入（元）	10 493	13 390	5	预期性
	农村居民人均纯收入（元）	3 255	4 150	5	预期性

备注：国内生产总值和城乡居民收入为2005年价格；带[]的为五年累计数；主要污染物指二氧化硫和化学需氧量。

——产业结构优化升级。产业、产品和企业组织结构更趋合理，服务业增加值占国内生产总值比重和就业人员占全社会就业人员比重分别提高3个和4个百分点。自主创新能力增强，研究与试验发展经费支出占国内生产总值比重增加到2%，形成一批拥有自主知识产权和知名品牌、国际竞争力较强的优势企业。

——资源利用效率显著提高。单位国内生产总值能源消耗降低20%左右，单位工业增加值用水量降低30%，农业灌溉用水有效利用系数提高到0.5，工业固体废物综合利用率提高到60%。

……

——可持续发展能力增强。全国总人口控制在136 000万人。耕地保有量保持1.2亿公顷，淡水、能源和重要矿产资源保障水平提高。生态环境恶化趋势基本遏制，主要污染物排放总量减少10%，森林覆盖率达到20%，控制温室气体排放取得成效。

……

专栏3　规划指标的属性

本规划确定的发展目标体现了人民的根本利益和长远利益，是凝聚人民意愿的国家战略意图，其中的量化指标分为预期性和约束性两类。

预期性指标是国家期望的发展目标，主要依靠市场主体的自主行为实现。政府要创造良好的宏观环境、制度环境和市场环境，并适时调整宏观调控方向和力度。综合运用各种政策引导社会资源配置，努力争取实现。

约束性指标是在预期性基础上进一步明确并强化了政府责任的指标，是中央政府在公共服务和涉及公众利益领域对地方政府和中央政府有关部门提出的工作要求，政府要通过合理配置公共资源和有效运用行政力量，确保实现。

第三篇　推进工业结构优化升级

按照走新型工业化道路要求，坚持以市场为导向、企业为主体，把增强自主创新能力作为中心环节，继续发挥劳动密集型产业的竞争优势，调整优化产品结构、企业组织结构和产业布局，提升整体技术水平和综合竞争力，促进工业由大变强。

……

第十三章　调整原材料工业结构和布局

按照控制总量、淘汰落后、加快重组、提升水平的原则，加快调整原材料工业结构和布局，降低消耗，减少污染，提高产品档次、技术含量和产业集中度。

第一节　优化发展冶金工业

坚持内需主导，着力解决产能过剩问题，严格控制新增钢铁生产能力，加速淘汰落后工艺、装备和产品，提高钢铁产品档次和质量。推进钢铁工业发展循环经济，发挥钢铁企业产品制造、能源转换和废物消纳处理功能。鼓励企业跨地区集团化重组，形成若干具有国际竞争力的企业。结合首钢等城市钢铁企业搬迁和淘汰落后生产能力，建设曹妃甸等钢铁基地。积极利用低品位铁矿资源。

控制电解铝总量，适度发展氧化铝，鼓励发展铝深加工和新型合金材料，提高铝工业资源综合利用水平。加大铜铅锌锰矿资源勘察力度，增加后备资源，稳定矿山生产。控制铜铅锌冶炼建设规模，发展深加工产品和新型合金材料。加强稀土和钨锡锑资源保护，推动稀土在高技术产业的应用。

第二节　调整化学工业布局

按照基地化、大型化、一体化方向，调整石化工业布局。在油品消费集中区域以扩建为主适度扩大炼油生产能力，在无炼油工业的油品消费集中区域合理布局新项目，在生产能力相对过剩区域控制炼油规模。关停并转小型低效炼油装置。合理布局大型乙烯项目，形成若干炼化一体化基地，防止一哄而上。

调整化肥、农药、农膜工业布局和结构。在能源产地和粮棉主产区建设百万吨级尿素基地，建设云南、贵州、湖北磷复肥基地和青海、新疆钾肥基地。控制农药总量，提高农药质量，发展高效、低毒、低残留农药。发展和推广可降解农膜。

优化发展基础化工原料，积极发展精细化工，淘汰高污染化工企业。

提高药品自主开发能力，巩固传统化学原料药，开发特色原料药。加强中药资源普查、保护、开发和可持续利用，建设中药资源基地，大力发展中药产业。

第三节　促进建材建筑业健康发展

以节约能源资源、保护生态环境和提高产品质量档次为重点，促进建材工业结构调整和产业升级。在有条件的地区发展日产 5 000 吨及以上的新型干法水泥，逐步淘汰立窑等落后生产能力。提高玻璃等建筑材料质量及加工深度。大力发展节能环保的新型建筑材料、保温材料以及绿色装饰装修材料。

推进建筑业技术进步，完善工程建设标准体系和质量安全监管机制，发展建筑标准件，推进施工机械化，提高建筑质量。

第十四章　提升轻纺工业水平

着力打造自主品牌，提高质量，增加品种，满足多样化需求，扩大高端市场份额，巩固和提高轻纺工业竞争力。

第一节　鼓励轻工业提高制造水平

运用信息、生物、环保等新技术改造轻工业。调整造纸工业原料结构，降低水资源消耗和污染物排放，淘汰落后草浆生产线，在有条件的地区实施林纸一体化工程。大力发展食品工业，提高精深加工水平，保障食品安全。鼓励家用电器、塑料制品和皮革及其他轻工行业开发新产品，提高技术含量和质量。

第二节　鼓励纺织工业增加附加值

提高纺织工业技术含量和自主品牌比重。发展高技术、高性能、差别化、绿色环保纤维和再生纤维，扩大产业用纺织品、丝绸和非棉天然纤维开发利用。推进纺织工业梯度转移。

……

第五篇　促进区域协调发展

根据资源环境承载能力、发展基础和潜力，按照发挥比较优势、加强薄弱环节、享受均等化基本公共服务的要求，逐步形成主体功能定位清晰，东中西良性互动，公共服务和人民生活水平差距趋向缩小的区域协调发展格局。

第十九章　实施区域发展总体战略

坚持实施推进西部大开发，振兴东北地区等老工业基地，促进中部地区崛起，鼓励东部地区率先发展的区域发展总体战略，健全区域协调互动机制，形成合理的区域发展格局。

……

第二十章　推进形成主体功能区

根据资源环境承载能力、现有开发密度和发展潜力，统筹考虑未来我国人口分布、经济布局、国土利用和城镇化格局，将国土空间划分为优化开发、重点开发、限制开发和禁止开发四类主体功能区，按照主体功能定位调整完善区域政策和绩效评价，规范空间开发秩序，形成合理的空间开发结构。

第一节　优化开发区域的发展方向

优化开发区域是指国土开发密度已经较高、资源环境承载能力开始减弱的区域。要改变依靠大量占用土地、大量消耗资源和大量排放污染实现经济较快增长的模式，把提高增长质量和效益放在首位，提升参与全球分工与竞争的层次，继续成为带动全国经济社会发展的龙头和我国参与经济全球化的主体区域。

第二节　重点开发区域的发展方向

重点开发区域是指资源环境承载能力较强、经济和人口集聚条件较好的区域。要充实基础设施，改善投资创业环境，促进产业集群发展，壮大经济规模，加快工业化和城镇化，承接优化开发区域的产业转移，承接限制开发区域和禁止开发区域的人口转移，逐步成为支撑全国经济发展和人口集聚的重要载体。

第三节　限制开发区域的发展方向

限制开发区域是指资源环境承载能力较弱、大规模集聚经济和人口条件不够好并关系到全国或较大区域范围生态安全的区域。要坚持保护优先、适度开发、点状发展，因地制宜发展资源环境可承载的特色产业，加强生态修复和环境保护，引导超载人口逐步有序转移，逐步成为全国或区域性的重要生态功能区。

专栏8　部分限制开展区域功能定位及发展方向

大小兴安岭森林生态功能区　禁止非保护性采伐，植树造林，涵养水源，保护野生动物。

长白山森林生态功能区　禁止林木采伐，植树造林，涵养水源，防止水土流失。

川滇森林生态及生物多样性功能区　在已明确的保护区域保护生物多样性和多种珍稀动物基因库。

秦巴生物多样性功能区　适度开展水能，减少林木采伐，保护野生物种。

藏东南高原边缘森林生态功能区　保护自然生态系统。

新疆阿尔泰山地森林生态功能区　禁止非保护性采伐，合理更新林地。

青海三江源草原草甸湿地生态功能区　封育草地，减少载畜量，扩大湿地，涵养水源，防治草原退化，实行生态移民。

新疆塔里木河荒漠生态功能区　合理利用地表水和地下水，调整农牧业结构，加强药材开发管理。

新疆阿尔金草原荒漠生态功能区　控制放牧和旅游区域范围，防范盗猎，减少人类活动干扰。

藏西北美塘高原荒漠生态功能区　保护荒漠生态系统，防范盗猎，保护野生动物。

东北三江平原湿地生态功能区 扩大保护范围，降低农业开发和城市建设强度，改善湿地环境。

苏北沿海湿地生态功能区 停止围垦，扩大湿地保护范围，保护鸟类南北迁徙通道。

四川若尔盖高原湿地生态功能区 停止开垦，减少过度开发，保持湿地面积，保护珍稀动物。

甘南黄河重要水源补给生态功能区 加强天然林、湿地和高原野生动植物保护，实行退耕还林还草，牧民定居和生态移民。

川滇干热河谷生态功能区 退耕还林、还灌、还草，综合整治，防止水土流失，降低人口密度。

内蒙古呼伦贝尔草原沙漠化防治区 禁止过度开垦、不适当樵采和超载放牧，退牧还草，防治草场退化沙化。

内蒙古科尔沁沙漠化防治区 根据沙化程度采取针对性强的治理措施。

内蒙古浑善达克沙漠化防治区 采取植物和工程措施，加强综合治理。

毛乌素沙漠化防治区 恢复天然植被，防止沙丘活化和沙漠面积扩大。

黄土高原丘陵沟壑水土流失防治区 控制开发强度，以小流域为单元综合治理水土流失，建设淤地坝。

大别山土壤侵蚀防治区 实行生态移民，降低人口密度，恢复植被。

桂黔滇等喀斯特石漠化防治区 封山育林育草，种草养畜，实行生态移民，改变耕作方式，发展生态产业和优势非农产业。

第四节 禁止开发区域的发展方向

禁止开发区域是指依法设立的各类自然保护区域。要依据法律法规规定和相关规划实行强制性保护，控制人为因素对自然生态的干扰，严禁不符合主体功能定位的开发活动。

专栏9 禁止开发区域

国家级自然保护区 共243个，面积8 944公顷。

世界文化自然遗产 共31处。

国家重点风景名胜区 共187个，面积927万公顷。

国家森林公园 共565个，面积1 100万公顷。

国家地质公园 共138个，面积48万公顷。

第五节　实行分类管理的区域政策

财政政策，要增加对限制开发区域、禁止开发区域用于公共服务和生态环境补偿的财政转移支付，逐步使当地居民享有均等化的基本公共服务。投资政策，要重点支持限制开发区域、禁止开发区域公共服务设施建设和生态环境保护，支持重点开发区域基础设施建设。产业政策，要引导优化开发区域转移占地多、消耗高的加工业和劳动密集型产业，提升产业结构层次；引导重点开发区域加强产业配套能力建设；引导限制开发区域发展特色产业，限制不符合主体功能定位的产业扩张。土地政策，要对优化开发区域实行更严格的建设用地增量控制，在保证基本农田不减少的前提下适当扩大重点开发区域建设用地供给，对限制开发区域和禁止开发区域实行严格的土地用途管制，严禁生态用地改变用途。人口管理政策，要鼓励在优化开发区域、重点开发区域有稳定就业和住所的外来人口定居落户，引导限制开发区域和禁止开发区域的人口逐步自愿平稳有序转移。绩效评价和政绩考核，对优化开发区域，要强化经济结构、资源消耗、自主创新等的评价，弱化经济增长的评价；对重点开发区域，要综合评价经济增长、质量效益、工业化和城镇化水平等；对限制开发区域，要突出生态环境保护等的评价，弱化经济增长、工业化和城镇化水平的评价；对禁止开发区域，主要评价生态环境保护。

……

第六篇　建设资源节约型、环境友好型社会

落实节约资源和保护环境基本国策，建设低投入、高产出，低消耗、少排放，能循环、可持续的国民经济体系和资源节约型、环境友好型社会。

第二十二章　发展循环经济

坚持开发节约并重、节约优先，按照减量化、再利用、资源化的原则，在资源开采、生产消耗、废物产生、消费等环节，逐步建立全社会的资源循环利用体系。

第一节　节约能源

强化能源节约和高效利用的政策导向，加大节能力度。通过优化产业结构特别是降低高耗能产业比重，实现结构节能；通过开发推广节能技术，实现技术节

能；通过加强能源生产、运输、消费各环节的制度建设和监管，实现管理节能。突出抓好钢铁、有色、煤炭、电力、化工、建材等行业和耗能大户的节能工作。加大汽车燃油经济性标准实施力度，加快淘汰老旧运输设备。制定替代液体燃料标准，积极发展石油替代产品。鼓励生产使用高效节能产品。

专栏 10 节能重点工程

低效燃煤工业锅炉（窑炉）改造　采用循环流化床、粉煤燃烧等技术改造或替代现有中小燃煤锅炉（窑炉）。
区域热电联产　发展采用热电联产和热电冷联产，将分散式供热小锅炉改造为集中供热。
余热余压利用　在钢铁、建材等行业开展余热余压利用。
节约和替代石油　在电力、交通运输等行业实施节油措施，发展煤炭液化、醇醚类燃料等石油替代产品。
电机系统节能　在煤炭等行业进行电动机拖动风机、水泵系统优化改造。
能量系统优化　在石化、钢铁等行业实施系统能量优化，使企业综合能耗达到或接近世界先进水平。
建筑节能　严格执行建筑节能设计标准，推动既有建筑节能改造，推广新型墙体材料和节能产品等。
绿色照明　在公用设施、宾馆、商厦、写字楼以及住宅中推广高效节电照明系统等。
政府机构节能　政府机构建筑按照建筑节能标准进行改造，在政府机构推广使用节能产品等。
节能监测和技术服务体系建设　更新监测设备，加强人员培训等。

第二节　节约用水

发展农业节水，推进雨水积蓄，建设节水灌溉饲草基地，提高水的利用效率，基本实现灌溉用水总量零增长。重点推进火电、冶金等高耗水行业节水技术改造。抓好城市节水工作，强制推广使用节水设备和器具，扩大再生水利用。加强公共建筑和住宅节水设施建设。积极开展海水淡化、海水直接利用和矿井水利用。

第三节　节约土地

落实保护耕地基本国策。管住总量、严控增量、盘活存量，控制农用地转为建设用地的规模。建立健全用地定额标准，推行多层标准厂房。开展农村土地整理，调整居民点布局，控制农村居民点占地，推进废弃土地复垦。控制城市大广场建设，发展节能省地型公共建筑和住宅。到 2010 年实现所有城市禁用实心黏土砖。

第四节 节约材料

推行产品生态设计，推广节约材料的技术工艺，鼓励采用小型、轻型和再生材料。提高建筑物质量，延长使用寿命，提倡简约实用的建筑装修。推进木材、金属材料、水泥等的节约代用。禁止过度包装。规范并减少一次性用品生产和使用。

第五节 加强资源综合利用

抓好煤炭、黑色和有色金属共伴生矿产资源综合利用。推进粉煤灰、煤矸石、冶金和化工废渣及尾矿等工业废物利用。推进秸秆、农膜、禽畜粪便等循环利用。建立生产者责任延伸制度，推进废纸、废旧金属、废旧轮胎和废弃电子产品等回收利用。加强生活垃圾和污泥资源化利用。

推动钢铁、有色、煤炭、电力、化工、建材、制糖等行业实施循环经济改造，形成一批循环经济示范企业。在重点行业、领域、产业园区和城市开展循环经济试点。发展黄河三角洲、三峡库区等高效生态经济。

专栏 11 循环经济示范试点工程

重点行业 建设济钢、宝钢、鞍本钢、攀钢、中铝、金川公司、江西铜业、鲁北化工等一批循环经济示范企业。

产业园区 建设资源循环利用产业链及园区集中供热和废物处理中心，建设河北曹妃甸、青海柴达木等若干循环经济产业示范区。

再生资源回收利用 建设湖南汨罗等再生资源回收利用市场和加工示范基地。

再生金属利用 建设若干 30 万吨以上的再生铜、再生铝、再生铅示范企业。

废旧家电回收处理 建设若干废旧家电回收利用示范基地。

再制造 建设若干汽车发动机、变速箱、电机和轮胎翻新等再制造示范企业。

第六节 强化促进节约的政策措施

加快循环经济立法。实行单位能耗目标责任和考核制度。完善重点行业能耗和水耗准入标准、主要用能产品和建筑物能效标准、重点行业节能设计规范和取水定额标准。严格执行设计、施工、生产等技术标准和材料消耗核算制度。实行强制淘汰高耗能高耗水落后工艺、技术和设备的制度。推行强制性能效标识制度和节能产品认证制度。加强电力需求侧管理、政府节能采购、合同能源管理。实行有利于资源节约、综合利用和石油替代产品开发的财税、价格、投资政策。增强全社会的资源忧患意识和节约意识。

第二十三章 保护修复自然生态

生态保护和建设的重点要从事后治理向事前保护转变，从人工建设为主向自然恢复为主转变，从源头上扭转生态恶化趋势。

专栏 12 生态保护工程

天然林资源保护 对工程区内 9 418 万公顷天然林和其他森林实行全面有效管护，在长江上游、黄河上中游工程区造林 579 万公顷。

退耕还林还草 在长江、黄河流域水土流失以及北方风沙地区等继续实施退耕还林还草。

退牧还草 在内蒙古东部、内蒙古甘肃宁夏西部、青藏高原东部、新疆北部四大片区治理严重退化草地。

京津风沙源治理 退耕还林 34 万公顷，在宜林荒山荒沙地区造林 29 万公顷，人工造林 127 万公顷，飞播造林 145 万公顷，封沙育林育草 95 万公顷，草地治理 291 万公顷。

防护林体系 建设“三北”防护林体系四期工程，长江、珠江防护林和太行山绿化、平原绿化及沿海防护林体系工程。推进三峡库区绿色带建设。

湿地保护与修复 建设 222 个湿地保护区，其中国家级湿地保护区 49 个，通过对水资源的合理调配和管理等措施恢复重要湿地。

青海三江源自然保护区生态保护和建设 退牧还草 644 万公顷，退耕还林还草 0.65 万公顷，封山育林、沙漠化土地防治、湿地保护、黑土滩治理 80 万公顷，鼠害治理 209 万公顷，水土流失治理 5 万公顷。

水土保持工程 新增水土流失治理面积 1 900 万公顷。实施石羊河流域综合治理。

野生动植物保护及自然保护区建设 建设和完善一批自然保护区，继续实施对极度濒危野生动植物物种的拯救工程。

石漠化地区综合治理 通过植被保护、退耕还林、封山育林育草、种草养畜、合理开发利用水资源、土地整治和水土保持、改变耕作制度、建设农村沼气、易地扶贫等措施，加大石漠化地区治理力度。

在天然林保护区、重要水源涵养区等限制开发区域建立重要生态功能区，促进自然生态恢复。健全法制、落实主体、分清责任，加强对自然保护区的监管。有效保护生物多样性，防止外来有害物种对我国生态系统的侵害。按照谁开发谁保护、谁受益谁补偿的原则，建立生态补偿机制。

第二十四章　加大环境保护力度

坚持预防为主、综合治理，强化从源头防治污染，坚决改变先污染后治理、边治理边污染的状况。以解决影响经济社会发展特别是严重危害人民健康的突出问题为重点，有效控制污染物排放，尽快改善重点流域、重点区域和重点城市的环境质量。

第一节　加强水污染防治

加大“三河三湖”等重点流域和区域水污染防治力度。科学划定饮用水源保护区，强化对主要河流和湖泊排污的管制，坚决取缔饮用水源地的直接排污口，严禁向江河湖海排放超标污水。加强城市污水处理设施建设，全面开征污水处理费，到2010年城市污水处理率不低于70%。

第二节　加强大气污染防治

加大重点城市大气污染防治力度。加快现有燃煤电厂脱硫设施建设，新建燃煤电厂必须根据排放标准安装脱硫装置，推进钢铁、有色、化工、建材等行业二氧化硫综合治理。在大中城市及其近郊，严格控制新（扩）建除热电联产外的燃煤电厂，禁止新（扩）建钢铁、冶炼等高耗能企业。加大城市烟尘、粉尘、细颗粒物和汽车尾气治理力度。

第三节　加强固体废物污染防治

加快危险废物处理设施建设，妥善处置危险废物和医疗废物。强化对危险化学品的监管，加强重金属污染治理，推进堆存铬渣无害化处置。加强核设施和放射源安全监管，确保核与辐射环境安全。加强城市垃圾处理设施建设，加大城市垃圾处理费征收力度，到2010年城市生活垃圾无害化处理率不低于60%。

专栏 13 环境治理重点工程

重点流域水污染治理 “三河三湖”、三峡库区、长江上游、黄河中上游、松花江、南水北调水源及沿线的水污染治理工程。 燃煤电厂烟气脱硫 增加现有燃煤电厂脱硫能力，使90%的现有电厂达标排放。 医疗废物及危险废物处置 建设医疗废物及危险废物集中处置设施，基本实现医疗废物及危险废物的安全处置。 核与辐射安全工程 加快中低放射性废物处置场建设，解决高放射性废物永久处置问题。 铬渣污染治理 对堆存铬渣及受污染土壤进行综合治理，实现所有堆存铬渣无害化处置。

第四节 实行强有力的环保措施

各地区要切实承担对所辖地区环境质量的责任，实行严格的环保绩效考核、环境执法责任制和责任追究制。各级政府要将环保投入作为本级财政支出的重点并逐年增加。健全环境监管体制，提高监管能力，加大环保执法力度。实施排放总量控制、排放许可和环境影响评价制度。实行清洁生产审核、环境标识和环境认证制度，严格执行强制淘汰和限期治理制度，建立跨省界河流断面水质考核制度。实行环境质量公告和企业环保信息公开制度，鼓励社会公众参与并监督环保。大力发展环保产业，建立社会化多元化环保投融资机制，运用经济手段加快污染治理市场化进程。积极参与全球环境与发展事务，认真履行环境国际公约。

第二十五章 强化资源管理

实行有限开发、有序开发、有偿开发，加强对各种自然资源的保护和管理。

第一节 加强水资源管理

顺应自然规律，调整治水思路，从单纯的洪水控制向洪水管理、雨洪资源科学利用转变，从注重水资源开发利用向水资源节约、保护和优化配置转变。加强水资源统一管理，统筹生活、生产、生态用水，做好上下游、地表地下水调配，控制地下水开采。完善取水许可和水资源有偿使用制度，实行用水总量控制与定额管理相结合的制度，健全流域管理与区域管理相结合的水资源管理体制，建立国家初始水权分配制度和水权转让制度。完成南水北调东线和中线一期工程，合理规划建设其他水资源调配工程。

第二节　加强土地资源管理

实行最严格的土地管理制度。严格执行法定权限审批土地和占用耕地补偿制度，禁止非法压低地价招商。严格土地利用总体规划、城市总体规划、村庄和集镇规划修编的管理。加强土地利用计划管理、用途管制和项目用地预审管理。加强村镇建设用地管理，改革和完善宅基地审批制度。完善耕地保护责任考核体系，实行土地管理责任追究制。加强土地产权登记和土地资产管理。

第三节　加强矿产资源管理

加强矿产资源勘察开发统一规划管理，严格矿产资源开发准入条件，强化资格认证和许可管理，严格按照法律法规和规划开发。完善矿产资源开发管理体制，依法设置探矿权、采矿权，建立矿业权交易制度，健全矿产资源有偿占用制度和矿山环境恢复补偿机制。完善重要资源储备制度，加强国家重要矿产品储备，调整储备结构和布局。实行国家储备与用户储备相结合，对资源消耗大户实行强制性储备。

第二十六章　合理利用海洋和气候资源

第一节　保护和开发海洋资源

强化海洋意识，维护海洋权益，保护海洋生态，开发海洋资源，实施海洋综合管理，促进海洋经济发展。综合治理重点海域环境，遏制渤海、长江口和珠江口等近岸海域生态恶化趋势。恢复近海海洋生态功能，保护红树林、海滨湿地和珊瑚礁等海洋、海岸带生态系统，加强海岛保护和海洋自然保护区管理。完善海洋功能区划，规范海域使用秩序，严格限制开采海砂。有重点地勘探开发专属经济区、大陆架和国际海底资源。

第二节　开发利用气候资源

加强空中水资源、太阳能、风能等的合理开发利用。发展气象事业，加强气象卫星应用、天气雷达等综合监测，建立先进的气象服务业务系统。增强灾害性天气预警预报能力，提高预报准确率和时效性。增强气象为农业等行业服务的能力。加强人工影响天气、大气成分和气候变化监测、预测、评估工作。

……

第十四篇 建立健全规划实施机制

在社会主义市场经济体制初步建立的条件下，实现本规划的目标和任务，主要依靠发挥市场配置资源的基础性作用。同时，政府要正确履行职责，调控引导社会资源，合理配置公共资源，保障规划顺利实施。

……

第四十七章 调整和完善经济政策

改进产业政策工作，增强对国内产业发展、对外贸易和利用外资的统筹，加强信贷、土地、环保、安全、科技等政策和产业政策的配合，采用经济手段促进产业发展。加强对高技术产业和装备制造业薄弱环节的扶持，重点支持研究开发，培育核心竞争力。按照适度偏紧原则调控高耗能产业规模，控制生产能力盲目扩张。按照引导产业集群发展、减少资源跨区域大规模调动的原则优化产业布局，促进主要使用海路进口资源的产业在沿海地区布局，主要使用国内资源和陆路进口资源的产业在中西部重点开发区域布局。实施品牌战略，支持拥有自主知识产权和知名品牌、竞争力强的大企业发展成为跨国公司。实施中小企业成长工程。依法淘汰落后工艺技术，关闭破坏资源、污染环境和不具备安全生产条件的企业。

专栏 18 中央政府投资支持的重点领域

新农村建设 普及和巩固农村义务教育，农村劳动力转移就业，公共卫生和基本医疗服务体系，饮水安全，农村公路，沼气等可再生能源，农村电网，农村公共文化，优质粮食产业工程，植保工程，灌区建设，动物防疫体系及种养业良种工程等。

公共服务 义务教育、中等职业教育和劳动力技能培训，重大疾病防治体系，基层公共卫生、社会福利、公共文化和体育设施，公检法司基础设施，就业服务，社区服务，食品药品安全监管设施，安全生产监管、煤矿安全监察设施及支撑体系，防洪、气象、地震等防灾减灾，采煤沉陷区治理，贫困地区以工代赈和易地扶贫，生态移民，民族地区和边疆地区发展等。

资源环境 能源和重要矿产资源地质勘察，生态环境保护与修复，环境污染治理，节能节水节地，循环经济示范等。

自主创新 知识创新工程，重大科学工程及科技基础设施，高技术产业化，重大技术装备自主研发及国产化，资源节约技术和推广等的示范。

基础设施 国家铁路、国家高速公路、重要港口和航道、枢纽机场和重要支线机场、空管设施，南水北调、大江大河治理等重大水利工程，信息化和信息安全基础设施，战略物资储备，可再生能源，城市供水管网、燃气和集中供热设施，城镇污水和垃圾处理设施等。

第四十八章　健全规划管理体制

……

本规划确定的约束性指标，具有法律效力，要纳入各地区、各部门经济社会发展综合评价和绩效考核。约束性指标要分解落实到有关部门，其中耕地保有量、单位国内生产总值能源消耗降低、主要污染物排放总量减少等指标要分解落实到各省、自治区、直辖市。

国务院有关部门要加强对本规划实施情况的跟踪分析，接受全国人民代表大会及其常务委员会对规划实施情况的监督检查。

在本规划实施的中期阶段，要对规划实施情况进行中期评估。中期评估报告提交全国人民代表大会常务委员会审议。经中期评估需要修订本规划时，报全国人民代表大会常务委员会批准。

国务院关于印发节能减排综合性工作方案的通知

国发[2007]15号

各省、自治区、直辖市人民政府，国务院各部委、各直属机构：

国务院同意发展改革委会同有关部门制定的《节能减排综合性工作方案》（以下简称《方案》），现印发给你们，请结合本地区、本部门实际，认真贯彻执行。

一、充分认识节能减排工作的重要性和紧迫性

《中华人民共和国国民经济和社会发展第十一个五年规划纲要》提出了“十一五”期间单位国内生产总值能耗降低20%左右，主要污染物排放总量减少10%的约束性指标。这是贯彻落实科学发展观，构建社会主义和谐社会的重大举措；是建设资源节约型、环境友好型社会的必然选择；是推进经济结构调整，转变增长方式的必由之路；是提高人民生活质量，维护中华民族长远利益的必然要求。

当前，实现节能减排目标面临的形势十分严峻。去年以来，全国上下加强了节能减排工作，国务院发布了加强节能工作的决定，制定了促进节能减排的一系列政策措施，各地区、各部门相继做出了工作部署，节能减排工作取得了积极进展。但是，去年全国没有实现年初确定的节能降耗和污染减排的目标，加大了“十一五”后四年节能减排工作的难度。更为严峻的是，今年一季度，工业特别是高耗能、高污染行业增长过快，占全国工业能耗和二氧化硫排放近70%的电力、钢铁、有色、建材、石油加工、化工等六大行业增长20.6%，同比加快6.6个百分点。与此同时，各方面工作仍存在认识不到位、责任不明确、措施不配套、政策不完善、投入不落实、协调不得力等问题。这种状况如不及时扭转，不仅今年节能减排工作难以取得明显进展，“十一五”节能减排的总体目标也将难以实现。

我国经济快速增长，各项建设取得巨大成就，但也付出了巨大的资源和环境代价，经济发展与资源环境的矛盾日趋尖锐，群众对环境污染问题反映强烈。这种状况与经济结构不合理、增长方式粗放直接相关。不加快调整经济结构、转变增长方式，资源支撑不住，环境容纳不下，社会承受不起，经济发展难以为继。只有坚持节约发展、清洁发展、安全发展，才能实现经济又好又快发展。同时，温室气体排放引起全球气候变暖，备受国际社会广泛关注。进一步加强节能减排工作，也是应对全球气候变化的迫切需要，是我们应该承担的责任。

各地区、各部门要充分认识节能减排的重要性和紧迫性，真正把思想和行动统一到中央关于节能减排的决策和部署上来。要把节能减排任务完成情况作为检验科学发展观是否落实的重要标准，作为检验经济发展是否“好”的重要标准，正确处理经济增长速度与节能减排的关系，真正把节能减排作为硬任务，使经济增长建立在节约能源资源和保护环境的基础上。要采取果断措施，集中力量，迎难而上，扎扎实实地开展工作，力争通过今明两年的努力，实现节能减排任务完成进度与“十一五”规划实施进度保持同步，为实现“十一五”节能减排目标打下坚实基础。

二、狠抓节能减排责任落实和执法监管

发挥政府主导作用。各级人民政府要充分认识到节能减排约束性指标是强化政府责任的指标，实现这个目标是政府对人民的庄严承诺，必须通过合理配置公共资源，有效运用经济、法律和行政手段，确保实现。当务之急，是要建立健全节能减排指标完成情况，进行统一考核。要把节能减排作为当前宏观调控重点，作为调整经济结构，转变增长方式的突破口和重要抓手，坚决遏制高耗能、高污染产业过快增长，坚决压缩城市形象工程和党政机关办公楼等楼堂馆所建设规模，切实保证节能减排、保障民生等工作所需资金投入。要把节能减排指标完成情况纳入各地经济社会发展综合评价体系，作为政府领导干部综合考核评价和企业负责人业绩考核的重要内容，实行“一票否决”制。要加大执法和处罚力度，公开严肃查处一批严重违反国家节能管理和环境保护法律法规的典型案件，依法追究有关人员和领导者的责任，起到警醒教育作用，形成强大声势。省级人民政府每年要向国务院报告节能减排目标责任的履行情况。国务院每年向全国人民代表大会报告节能减排的进展情况，在“十一五”期末报告五年两个指标的总体完成情况。地方各级人民政府每年也要向同级人民代表大会报告节能减排工作，自觉接受监督。

强化企业主体责任。企业必须严格遵守节能和环保法律法规及标准，落实目标责任，强化管理措施，自觉节能减排。对重点用能单位加强经常监督，凡与政府有关部门签订节能减排目标责任书的企业，必须确保完成目标；对没有完成节能减排任务的企业，强制实行能源审计和清洁生产审核。坚持“谁污染、谁治理”，对未按规定建设和运行污染减排设施的企业和单位，公开通报，限期整改，对恶意排污的行为实行重罚，追究领导和直接责任人员的责任，构成犯罪的依法移送司法机关。同时，要加强机关单位、公民等各类社会主体的责任，促使公民自觉履行节能和环保义务，形成以政府为主导、企业为主体、全社会共同推进的节能

减排工作格局。

三、建立强有力的节能减排领导协调机制

为加强对节能减排工作的组织领导，国务院成立节能减排工作领导小组。领导小组的主要任务是，部署节能减排工作，协调解决工作中的重大问题。领导小组办公室设在发展改革委，负责承担领导小组的日常工作，其中有关污染减排方面的工作由环保总局负责。地方各级人民政府也要切实加强对本地区节能减排工作的组织领导。

国务院有关部门要切实履行职责，密切协调配合，尽快制定相关配套政策措施和落实意见。各省级人民政府要立即部署本地区推进节能减排的工作，明确相关部门的责任、分工和进度要求。各地区、各部门和中央企业要在 2007 年 6 月 30 日前，提出本地区、本部门和本企业贯彻落实的具体方案报领导小组办公室汇总后报国务院。领导小组办公室要会同有关部门加强对节能减排工作的指导协调和监督检查，重大情况及时向国务院报告。

中华人民共和国国务院

二〇〇七年五月二十三日

节能减排综合性工作方案

一、进一步明确实现节能减排的目标任务和总体要求

（一）主要目标。到2010年，万元国内生产总值能耗由2005年的1.22吨标准煤下降到1吨标准煤以下，降低20%左右；单位工业增加值用水量降低30%。"十一五"期间，主要污染物排放总量减少10%，到2010年，二氧化硫排放量由2005年的2 549万吨减少到2 295万吨，化学需氧量（COD）由1 414万吨减少到1 273万吨；全国设市城市污水处理率不低于70%，工业固体废物综合利用率达到60%以上。

（二）总体要求。以邓小平理论和"三个代表"重要思想为指导，全面贯彻落实科学发展观，加快建设资源节约型、环境友好型社会，把节能减排作为调整经济结构、转变增长方式的突破口和重要抓手，作为宏观调控的重要目标，综合运用经济、法律和必要的行政手段，控制增量、调整存量，依靠科技、加大投入，健全法制、完善政策，落实责任、强化监管，加强宣传、提高意识，突出重点、强力推进，动员全社会力量，扎实做好节能降耗和污染减排工作，确保实现节能减排约束性指标，推动经济社会又好又快发展。

二、控制增量，调整和优化结构

（三）控制高耗能、高污染行业过快增长。严格控制新建高耗能、高污染项目。严把土地、信贷两个闸门，提高节能环保市场准入门槛。抓紧建立新开工项目管理的部门联动机制和项目审批问责制，严格执行项目开工建设"六项必要条件"（必须符合产业政策和市场准入标准、项目审批核准或备案程序、用地预审、环境影响评价审批、节能评估审查以及信贷、安全和城市规划等规定和要求）。实行新开工项目报告和公开制度。建立高耗能、高污染行业新上项目与地方节能减排指标完成进度挂钩、与淘汰落后产能相结合的机制。落实限制高耗能、高污染产品出口的各项政策。继续运用调整出口退税、加征出口关税、削减出口配额、将部分产品列入加工贸易禁止类目录等措施，控制高耗能、高污染产品出口。加大差别电价实施力度，提高高耗能、高污染产品差别电价标准。组织对高耗能、高污染行业节能减排工作专项检查，清理和纠正各地在电价、地价、税费等方面对高耗能、高污染行业的优惠政策。

（四）加快淘汰落后生产能力。加大淘汰电力、钢铁、建材、电解铝、铁合金、电石、焦炭、煤炭、平板玻璃等行业落后产能的力度。“十一五”期间实现节能 1.18 亿 t 标准煤，减排二氧化硫 240 万吨；今年实现节能 3 150 万吨标准煤，减排二氧化硫 40 万吨。加大造纸、酒精、味精、柠檬酸等行业落后生产能力淘汰力度，“十一五”期间实现减排化学需氧量（COD）138 万吨，今年实现减排 COD62 万吨（详见附表）。制订淘汰落后产能分地区、分年度的具体工作方案，并认真组织实施。对不按期淘汰的企业，地方各级人民政府要依法予以关停，有关部门依法吊销生产许可证和排污许可证并予以公布，电力供应企业依法停止供电。对没有完成淘汰落后产能任务的地区，严格控制国家安排投资的项目，实行项目“区域限批”。国务院有关部门每年向社会公告淘汰落后产能的企业名单和各地执行情况。建立落后产能退出机制，有条件的地方要安排资金支持淘汰落后产能，中央财政通过增加转移支付，对经济欠发达地区给予适当补助和奖励。

（五）完善促进产业结构调整的政策措施。进一步落实促进产业结构调整暂行规定。修订《产业结构调整指导目录》，鼓励发展低能耗、低污染的先进生产能力。根据不同行业情况，适当提高建设项目在土地、环保、节能、技术、安全等方面的准入标准。尽快修订颁布《外商投资产业指导目录》，鼓励外商投资节能环保领域，严格限制高耗能、高污染外资项目，促进外商投资产业结构升级。调整《加工贸易禁止类商品目录》，提高加工贸易准入门槛，促进加工贸易转型升级。

（六）积极推进能源结构调整。大力发展可再生能源，抓紧制订出台可再生能源中长期规划，推进风能、太阳能、地热能、水电、沼气、生物质能利用以及可再生能源与建筑一体化的科研、开发和建设，加强资源调查评价。稳步发展替代能源，制订发展替代能源中长期规划，组织实施生物燃料乙醇及车用乙醇汽油发展专项规划，启动非粮生物燃料乙醇试点项目。实施生物化工、生物质能固体成型燃料等一批具有突破性带动作用的示范项目。抓紧开展生物柴油基础性研究和前期准备工作。推进煤炭直接和间接液化、煤基醇醚和烯烃代油大型台套示范工程和技术储备。大力推进煤炭洗选加工等清洁高效利用。

（七）促进服务业和高技术产业加快发展。落实《国务院关于加快发展服务业的若干意见》，抓紧制定实施配套政策措施，分解落实任务，完善组织协调机制。着力做强高技术产业，落实高技术产业发展“十一五”规划，完善促进高技术产业发展的政策措施。提高服务业和高技术产业在国民经济中的比重和水平。

三、加大投入，全面实施重点工程

（八）加快实施十大重点节能工程。着力抓好十大重点节能工程，“十一五”期间形成 2.4 亿 t 标准煤的节能能力。今年形成 5 000 万吨标准煤节能能力，重点是：实施钢铁、有色、石油石化、化工、建材等重点耗能行业余热余压利用、节约和替代石油、电机系统节能、能量系统优化，以及工业锅炉（窑炉）改造项目共 745 个；加快核准建设和改造采暖供热为主的热电联产和工业热电联产机组 1 630 万千瓦；组织实施低能耗、绿色建筑示范项目 30 个，推动北方采暖区既有居住建筑供热计量及节能改造 1.5 亿平方米，开展大型公共建筑节能运行管理与改造示范，启动 200 个可再生能源在建筑中规模化应用示范推广项目；推广高效照明产品 5 000 万支，中央国家机关率先更换节能灯。

（九）加快水污染治理工程建设。“十一五”期间新增城市污水日处理能力 4 500 万吨、再生水日利用能力 680 万吨，形成 COD 削减能力 300 万吨；今年设市城市新增污水日处理能力 1 200 万吨，再生水日利用能力 100 万吨，形成 COD 削减能力 60 万吨。加大工业废水治理力度，“十一五”形成 COD 削减能力 140 万吨。加快城市污水处理配套管网建设和改造。严格饮用水水源保护，加大污染防治力度。

（十）推动燃煤电厂二氧化硫治理。“十一五”期间投运脱硫机组 3.55 亿千瓦。其中，新建燃煤电厂同步投运脱硫机组 1.88 亿千瓦；现有燃煤电厂投运脱硫机组 1.67 亿千瓦，形成削减二氧化硫能力 590 万吨。今年现有燃煤电厂投运脱硫设施 3 500 万千瓦，形成削减二氧化硫能力 123 万吨。

（十一）多渠道筹措节能减排资金。十大重点节能工程所需资金主要靠企业自筹、金融机构贷款和社会资金投入，各级人民政府安排必要的引导资金予以支持。城市污水处理设施和配套管网建设的责任主体是地方政府，在实行城市污水处理费最低收费标准的前提下，国家对重点建设项目给予必要的支持。按照“谁污染、谁治理，谁投资、谁受益”的原则，促使企业承担污染治理责任，各级人民政府对重点流域内的工业废水治理项目给予必要的支持。

四、创新模式，加快发展循环经济

（十二）深化循环经济试点。认真总结循环经济第一批试点经验，启动第二批试点，支持一批重点项目建设。深入推进浙江、青岛等地废旧家电回收处理试点。继续推进汽车零部件和机械设备再制造试点。推动重点矿山和矿业城市资源节约和循环利用。组织编制钢铁、有色、煤炭、电力、化工、建材、制糖等重点行业循环经济推进计划。加快制订循环经济评价指标体系。

（十三）实施水资源节约利用。加快实施重点行业节水改造及矿井水利用重点项目。“十一五”期间实现重点行业节水31亿立方米，新增海水淡化能力90万立方米/日，新增矿井水利用量26亿立方米；今年实现重点行业节水10亿立方米，新增海水淡化能力7万立方米/日，新增矿井水利用量5亿立方米。在城市强制推广使用节水器具。

（十四）推进资源综合利用。落实《“十一五”资源综合利用指导意见》，推进共伴生矿产资源综合开发利用和煤层气、煤矸石、大宗工业废弃物、秸秆等农业废弃物综合利用。“十一五”期间建设煤矸石综合利用电厂2 000万千瓦，今年开工建设500万千瓦。推进再生资源回收体系建设试点。加强资源综合利用认定。推动新型墙体材料和利废建材产业化示范。修订发布新型墙体材料目录和专项基金管理办法。推进第二批城市禁止使用实心粘土砖，确保2008年底前256个城市完成“禁实”目标。

（十五）促进垃圾资源化利用。县级以上城市（含县城）要建立健全垃圾收集系统，全面推进城市生活垃圾分类体系建设，充分回收垃圾中的废旧资源，鼓励垃圾焚烧发电和供热、填埋气体发电，积极推进城乡垃圾无害化处理，实现垃圾减量化、资源化和无害化。

（十六）全面推进清洁生产。组织编制《工业清洁生产审核指南编制通则》，制订和发布重点行业清洁生产标准和评价指标体系。加大实施清洁生产审核力度。合理使用农药、肥料，减少农村面源污染。

五、依靠科技，加快技术开发和推广

（十七）加快节能减排技术研发。在国家重点基础研究发展计划、国家科技支撑计划和国家高技术发展计划等科技专项计划中，安排一批节能减排重大技术项目，攻克一批节能减排关键和共性技术。加快节能减排技术支撑平台建设，组建一批国家工程实验室和国家重点实验室。优化节能减排技术创新与转化的政策环境，加强资源环境高技术领域创新团队和研发基地建设，推动建立以企业为主体、产学研相结合的节能减排技术创新与成果转化体系。

（十八）加快节能减排技术产业化示范和推广。实施一批节能减排重点行业共性、关键技术及重大技术装备产业化示范项目和循环经济高技术产业化重大专项。落实节能、节水技术政策大纲，在钢铁、有色、煤炭、电力、石油石化、化工、建材、纺织、造纸、建筑等重点行业，推广一批潜力大、应用面广的重大节能减排技术。加强节电、节油农业机械和农产品加工设备及农业节水、节肥、节药技术推广。鼓励企业加大节能减排技术改造和技术创新投入，增强自主创新能力。

（十九）加快建立节能技术服务体系。制订出台《关于加快发展节能服务产业的指导意见》，促进节能服务产业发展。培育节能服务市场，加快推行合同能源管理，重点支持专业化节能服务公司为企业以及党政机关办公楼、公共设施和学校实施节能改造提供诊断、设计、融资、改造、运行管理一条龙服务。

（二十）推进环保产业健康发展。制订出台《加快环保产业发展的意见》，积极推进环境服务产业发展，研究提出推进污染治理市场化的政策措施，鼓励排污单位委托专业化公司承担污染治理或设施运营。

（二十一）加强国际交流合作。广泛开展节能减排国际科技合作，与有关国际组织和国家建立节能环保合作机制，积极引进国外先进节能环保技术和管理经验，不断拓宽节能环保国际合作的领域和范围。

六、强化责任，加强节能减排管理

（二十二）建立政府节能减排工作问责制。将节能减排指标完成情况纳入各地经济社会发展综合评价体系，作为政府领导干部综合考核评价和企业负责人业绩考核的重要内容，实行问责制和“一票否决”制。有关部门要抓紧制订具体的评价考核实施办法。

（二十三）建立和完善节能减排指标体系、监测体系和考核体系。对全部耗能单位和污染源进行调查摸底。建立健全涵盖全社会的能源生产、流通、消费、区域间流入流出及利用效率的统计指标体系和调查体系，实施全国和地区单位GDP 能耗指标季度核算制度。建立并完善年耗能万吨标准煤以上企业能耗统计数据网上直报系统。加强能源统计巡查，对能源统计数据进行监测。制订并实施主要污染物排放统计和监测办法，改进统计方法，完善统计和监测制度。建立并完善污染物排放数据网上直报系统和减排措施调度制度，对国家监控重点污染源实施联网在线自动监控，构建污染物排放三级立体监测体系，向社会公告重点监控企业年度污染物排放数据。继续做好单位 GDP 能耗、主要污染物排放量和工业增加值用水量指标公报工作。

（二十四）建立健全项目节能评估审查和环境影响评价制度。加快建立项目节能评估和审查制度，组织编制《固定资产投资项目节能评估和审查指南》，加强对地方开展“能评”，工作的指导和监督。把总量指标作为环评审批的前置性条件。上收部分高耗能、高污染行业环评审批权限。对超过总量指标、重点项目未达到目标责任要求的地区，暂停环评审批新增污染物排放的建设项目。强化环评审批向上级备案制度和向社会公布制度。加强“三同时”管理，严把项目验收关。对建设项目未经验收擅自投运、久拖不验、超期试生产等违法行为，严格依法进行处罚。

（二十五）强化重点企业节能减排管理。“十一五”期间全国千家重点耗能企业实现节能1亿t标准煤，今年实现节能2 000万吨标准煤。加强对重点企业节能减排工作的检查和指导，进一步落实目标责任，完善节能减排计量和统计，组织开展节能减排设备检测，编制节能减排规划。重点耗能企业建立能源管理师制度。实行重点耗能企业能源审计和能源利用状况报告及公告制度，对未完成节能目标责任任务的企业，强制实行能源审计。今年要启动重点企业与国际国内同行业能耗先进水平对标活动，推动企业加大结构调整和技术改造力度，提高节能管理水平。中央企业全面推进创建资源节约型企业活动，推广典型经验和做法。

（二十六）加强节能环保发电调度和电力需求侧管理。制定并尽快实施有利于节能减排的发电调度办法，优先安排清洁、高效机组和资源综合利用发电，限制能耗高、污染重的低效机组发电。今年上半年启动试点，取得成效后向全国推广，力争节能 2 000 万吨标准煤，“十一五”期间形成 6 000 万吨标准煤的节能能力。研究推行发电权交易，逐年削减小火电机组发电上网小时数，实行按边际成本上网竞价。抓紧制定电力需求侧管理办法，规范有序用电，开展能效电厂试点，研究制定配套政策，建立长效机制。

（二十七）严格建筑节能管理。大力推广节能省地环保型建筑。强化新建建筑执行能耗限额标准全过程监督管理，实施建筑能效专项测评，对达不到标准的建筑，不得办理开工和竣工验收备案手续，不准销售使用；从 2008 年起，所有新建商品房销售时在买卖合同等文件中要载明耗能量、节能措施等信息。建立并完善大型公共建筑节能运行监管体系。深化供热体制改革，实行供热计量收费。今年着力抓好新建建筑施工阶段执行能耗限额标准的监管工作，北方地区地级以上城市完成采暖费补贴“暗补”变“明补”改革，在 25 个示范省市建立大型公共建筑能耗统计、能源审计、能效公示、能耗定额制度，实现节能 1 250 万吨标准煤。

（二十八）强化交通运输节能减排管理。优先发展城市公共交通，加快城市快速公交和轨道交通建设。控制高耗油、高污染机动车发展，严格执行乘用车、轻型商用车燃料消耗量限值标准，建立汽车产品燃料消耗量申报和公示制度；严格实施国家第三阶段机动车污染物排放标准和船舶污染物排放标准，有条件的地方要适当提高排放标准，继续实行财政补贴政策，加快老旧汽车报废更新。公布实施新能源汽车生产准入管理规则，推进替代能源汽车产业化。运用先进科技手段提高运输组织管理水平，促进各种运输方式的协调和有效衔接。

（二十九）加大实施能效标识和节能节水产品认证管理力度。加快实施强制性能效标识制度，扩大能效标识应用范围，今年发布《实行能效标识产品目录（第三批）》。加强对能效标识的监督管理，强化社会监督、举报和投诉处理机制，开展专项市场监督检查和抽查，严厉查处违法违规行为。推动节能、节水和环境标志产品认证，规范认证行为，扩展认证范围，在家用电器、照明等产品领域建立有效的国际协调互认制度。

（三十）加强节能环保管理能力建设。建立健全节能监管监察体制，整合现有资源，加快建立地方各级节能监察中心，抓紧组建国家节能中心。建立健全国家监察、地方监管、单位负责的污染减排监管体制。积极研究完善环保管理体制机制问题。加快各级环境监测和监察机构标准化、信息化体系建设。扩大国家重点监控污染企业实行环境监督员制度试点。加强节能监察、节能技术服务中心及环境监测站、环保监察机构、城市排水监测站的条件建设，适时更新监测设备和仪器，开展人员培训。加强节能减排统计能力建设，充实统计力量，适当加大投入。充分发挥行业协会、学会在节能减排工作中的作用。

七、健全法制，加大监督检查执法力度

（三十一）健全法律法规。加快完善节能减排法律法规体系，提高处罚标准，切实解决“违法成本低、守法成本高”的问题。积极推动节约能源法、循环经济法、水污染防治法、大气污染防治法等法律的制定及修订工作。加快民用建筑节能、废旧家用电器回收处理管理、固定资产投资项目节能评估和审查管理、环保设施运营监督管理、排污许可、畜禽养殖污染防治、城市排水和污水管理、电网调度管理等方面行政法规的制定及修订工作。抓紧完成节能监察管理、重点用能单位节能管理、节约用电管理、二氧化硫排污交易管理等方面行政规章的制定及修订工作。积极开展节约用水、废旧轮胎回收利用、包装物回收利用和汽车零部件再制造等方面立法准备工作。

（三十二）完善节能和环保标准。研究制订高耗能产品能耗限额强制性国家标准，各地区抓紧研究制订本地区主要耗能产品和大型公共建筑能耗限额标准。今年要组织制订粗钢、水泥、烧碱、火电、铝等 22 项高耗能产品能耗限额强制

性国家标准（包括高耗电产品电耗限额标准）以及轻型商用车等 5 项交通工具燃料消耗量限值标准，制（修）订 36 项节水、节材、废弃产品回收与再利用等标准。组织制（修）订电力变压器、静电复印机、变频空调、商用冰柜、家用电冰箱等终端用能产品（设备）能效标准。制订重点耗能企业节能标准体系编制通则，指导和规范企业节能工作。

（三十三）加强烟气脱硫设施运行监管。燃煤电厂必须安装在线自动监控装置，建立脱硫设施运行台账，加强设施日常运行监管。2007 年底前，所有燃煤脱硫机组要与省级电网公司完成在线自动监控系统联网。对未按规定和要求运行脱硫设施的电厂要扣减脱硫电价，加大执法监管和处罚力度，并向社会公布。完善烟气脱硫技术规范，开展烟气脱硫工程后评估。组织开展烟气脱硫特许经营试点。

（三十四）强化城市污水处理厂和垃圾处理设施运行管理和监督。实行城市污水处理厂运行评估制度，将评估结果作为核拨污水处理费的重要依据。对列入国家重点环境监控的城市污水处理厂的运行情况及污染物排放信息实行向环保、建设和水行政主管部门季报制度，限期安装在线自动监控系统，并与环保和建设部门联网。对未按规定和要求运行污水处理厂和垃圾处理设施的城市公开通报，限期整改。对城市污水处理设施建设严重滞后、不落实收费政策、污水处理厂建成后一年内实际处理水量达不到设计能力 60%的，以及已建成污水处理设施但无故不运行的地区，暂缓审批该地区项目环评，暂缓下达有关项目的国家建设资金。

（三十五）严格节能减排执法监督检查。国务院有关部门和地方人民政府每年都要组织开展节能减排专项检查和监察行动，严肃查处各类违法违规行为。加强对重点耗能企业和污染源的日常监督检查，对违反节能环保法律法规的单位公开曝光，依法查处，对重点案件挂牌督办。强化上市公司节能环保核查工作。开设节能环保违法行为和事件举报电话和网站，充分发挥社会公众监督作用。建立节能环保执法责任追究制度，对行政不作为、执法不力、徇私枉法、权钱交易等行为，依法追究有关主管部门和执法机构负责人的责任。

八、完善政策，形成激励和约束机制

（三十六）积极稳妥推进资源性产品价格改革。理顺煤炭价格成本构成机制。推进成品油、天然气价格改革。完善电力峰谷分时电价办法，降低小火电价格，实施有利于烟气脱硫的电价政策。鼓励可再生能源发电以及利用余热余压、煤矸石和城市垃圾发电，实行相应的电价政策。合理调整各类用水价格，加快推行阶梯式水价、超计划超定额用水加价制度，对国家产业政策明确的限制类、淘汰类高耗水企业实施惩罚性水价，制定支持再生水、海水淡化水、微咸水、矿井水、雨水开发利用的价格政策，加大水资源费征收力度。按照补偿治理成本原则，提高排污单位排污费征收标准，将二氧化硫排污费由目前的每公斤 0.63 元分三年提高到每公斤 1.26 元；各地根据实际情况提高 COD 排污费标准，国务院有关部门批准后实施。加强排污费征收管理，杜绝“协议收费”和“定额收费”。全面开征城市污水处理费并提高收费标准，吨水平均收费标准原则上不低于 0.8 元。提高垃圾处理收费标准，改进征收方式。

（三十七）完善促进节能减排的财政政策。各级人民政府在财政预算中安排一定资金，采用补助、奖励等方式，支持节能减排重点工程、高效节能产品和节能新机制推广、节能管理能力建设及污染减排监管体系建设等。进一步加大财政基本建设投资向节能环保项目的倾斜力度。健全矿产资源有偿使用制度，改进和完善资源开发生态补偿机制。开展跨流域生态补偿试点工作。继续加强和改进新型墙体材料专项基金和散装水泥专项资金征收管理。研究建立高能耗农业机械和渔船更新报废经济补偿制度。

（三十八）制定和完善鼓励节能减排的税收政策。抓紧制定节能、节水、资源综合利用和环保产品（设备、技术）目录及相应税收优惠政策。实行节能环保项目减免企业所得税及节能环保专用设备投资抵免企业所得税政策。对节能减排设备投资给予增值税进项税抵扣。完善对废旧物资、资源综合利用产品增值税优惠政策；对企业综合利用资源，生产符合国家产业政策规定的产品取得的收入，在计征企业所得税时实行减计收入的政策。实施鼓励节能环保型车船、节能省地环保型建筑和既有建筑节能改造的税收优惠政策。抓紧出台资源税改革方案，改进计征方式，提高税负水平。适时出台燃油税。研究开征环境税。研究促进新能源发展的税收政策。实行鼓励先进节能环保技术设备进口的税收优惠政策。

（三十九）加强节能环保领域金融服务。鼓励和引导金融机构加大对循环经济、环境保护及节能减排技术改造项目的信贷支持，优先为符合条件的节能减排项目、循环经济项目提供直接融资服务。研究建立环境污染责任保险制度。在国际金融组织和外国政府优惠贷款安排中进一步突出对节能减排项目的支持。环保部门与金融部门建立环境信息通报制度，将企业环境违法信息纳入人民银行企业征信系统。

九、加强宣传，提高全民节约意识

（四十）将节能减排宣传纳入重大主题宣传活动。每年制订节能减排宣传方案，主要新闻媒体在重要版面、重要时段进行系列报道，刊播节能减排公益性广告，广泛宣传节能减排的重要性、紧迫性以及国家采取的政策措施，宣传节能减排取得的阶段性成效，大力弘扬“节约光荣，浪费可耻”的社会风尚，提高全社会的节约环保意识。加强对外宣传，让国际社会了解中国在节能降耗、污染减排和应对全球气候变化等方面采取的重大举措及取得的成效，营造良好的国际舆论氛围。

（四十一）广泛深入持久开展节能减排宣传。组织好每年一度的全国节能宣传周、全国城市节水宣传周及世界环境日、地球日、水日宣传活动。组织企事业单位、机关、学校、社区等开展经常性的节能环保宣传，广泛开展节能环保科普宣传活动，把节约资源和保护环境观念渗透在各级各类学校的教育教学中，从小培养儿童的节约和环保意识。选择若干节能先进企业、机关、商厦、社区等，作为节能宣传教育基地，面向全社会开放。

（四十二）表彰奖励一批节能减排先进单位和个人。各级人民政府对在节能降耗和污染减排工作中作出突出贡献的单位和个人予以表彰和奖励。组织媒体宣传节能先进典型，揭露和曝光浪费能源资源、严重污染环境的反面典型。

十、政府带头，发挥节能表率作用

（四十三）政府机构率先垂范。建设崇尚节约、厉行节约、合理消费的机关文化。建立科学的政府机构节能目标责任和评价考核制度，制订并实施政府机构能耗定额标准，积极推进能源计量和监测，实施能耗公布制度，实行节奖超罚。教育、科学、文化、卫生、体育等系统，制订和实施适应本系统特点的节约能源资源工作方案。

（四十四）抓好政府机构办公设施和设备节能。各级政府机构分期分批完成政府办公楼空调系统低成本改造；开展办公区和住宅区供热节能技术改造和供热计量改造；全面开展食堂燃气灶具改造，“十一五”时期实现食堂节气20%；凡新建或改造的办公建筑必须采用节能材料及围护结构；及时淘汰高耗能设备，合理配置并高效利用办公设施、设备。在中央国家机关开展政府机构办公区和住宅区节能改造示范项目。推动公务车节油，推广实行一车一卡定点加油制度。

（四十五）加强政府机构节能和绿色采购。认真落实《节能产品政府采购实施意见》和《环境标志产品政府采购实施意见》，进一步完善政府采购节能和环境标志产品清单制度，不断扩大节能和环境标志产品政府采购范围。对空调机、计算机、打印机、显示器、复印机等办公设备和照明产品、用水器具，由同等优先采购改为强制采购高效节能、节水、环境标志产品。建立节能和环境标志产品政府采购评审体系和监督制度，保证节能和绿色采购工作落到实处。

附件

“十一五”时期淘汰落后生产能力一览表

行业	内容	单位	“十一五”时期	2007 年
电力	实施“上大压小”关停小火电机组	万千瓦	5 000	1 000
炼铁	300 立方米以下高炉	万吨	10 000	3 000
炼钢	年产 20 万吨及以下的小转炉、小电炉	万吨	5 500	3 500
电解铝	小型预焙槽	万吨	65	10
铁合金	6 300 千伏安以下矿热炉	万吨	400	120
电石	6 300 千伏安以下炉型电石产能	万吨	200	50
焦炭	炭化室高度 4.3 米以下的小机焦	万吨	8 000	1 000
水泥	等量替代机立窑水泥熟料	万吨	25 000	5 000
玻璃	落后平板玻璃	万重量箱	3 000	600
造纸	年产 3.4 万吨以下草浆生产装置、年产 1.7 万吨以下化学制浆生产线、排放不达标的年产 1 万吨以下废纸为原料的纸厂	万吨	650	230
酒精	落后酒精生产工艺及年产 3 万吨以下企业（废糖蜜制酒精除外）	万吨	160	40
味精	年产 3 万吨以下味精生产企业	万吨	20	5
柠檬酸	环保不达标柠檬酸生产企业	万吨	8	2

国务院批转节能减排统计监测及考核实施方案和办法的通知

国发[2007]36 号

各省、自治区、直辖市人民政府，国务院各部委、各直属机构：

国务院同意发展改革委、统计局和环保总局分别会同有关部门制订的《单位 GDP 能耗统计指标体系实施方案》、《单位 GDP 能耗监测体系实施方案》、《单位 GDP 能耗考核体系实施方案》（以下简称“三个方案”）和《主要污染物总量减排统计办法》、《主要污染物总量减排监测办法》、《主要污染物总量减排考核办法》（以下简称“三个办法”），现转发给你们，请结合本地区、本部门实际，认真贯彻执行。

一、充分认识建立节能减排统计、监测和考核体系的重要性和紧迫性

到 2010 年，单位 GDP 能耗降低 20%左右、主要污染物排放总量减少 10%，是国家“十一五”规划纲要提出的重要约束性指标。建立科学、完整、统一的节能减排统计、监测和考核体系（以下简称“三个体系”），并将能耗降低和污染减排完成情况纳入各地经济社会发展综合评价体系，作为政府领导干部综合考核评价和企业负责人业绩考核的重要内容，实行严格的问责制，是强化政府和企业责任，确保实现“十一五”节能减排目标的重要基础和制度保障。各地区、各部门要从深入贯彻落实科学发展观，加快转变经济发展方式，促进国民经济又好又快发展的高度，充分认识建立“三个体系”的重要性和紧迫性，按照“三个方案”和“三个办法”的要求，全面扎实推进“三个体系”的建设。

二、切实做好节能减排统计、监测和考核各项工作

要逐步建立和完善国家节能减排统计制度，按规定做好各项能源和污染物指标统计、监测，按时报送数据。要对节能减排各项数据进行质量控制，加强统计执法检查和巡查，确保各项数据的真实、准确。严肃查处节能减排考核工作中的弄虚作假行为，严禁随意修改统计数据，杜绝谎报、瞒报，确保考核工作的客观性、公正性和严肃性。要严格节能减排考核工作纪律，对列入考核范围的节能减

排指标，未经统计局和环保总局审定，不得自行公布和使用。要对各地和重点企业能耗及主要污染物减排目标完成情况、“三个体系”建设情况以及节能减排措施落实情况进行考核，严格执行问责制。

三、加强领导，密切协作，形成全社会共同参与节能减排的工作合力

各地区、各有关部门要把“三个体系”建设摆上重要议事日程，明确任务、落实责任，周密部署、科学组织，尽快建立并发挥“三个体系”的作用。地方各级人民政府要对本地区“三个体系”建设负总责，加强基础能力建设，保证资金、人员到位和各项措施落实，加强本地区节能减排目标责任的评价考核和监督核查工作。国务院各有关部门要根据职能分工，认真履行职责，密切协作配合，抓紧制定配套政策。发展改革委、统计局和环保总局要加强指导和监督，跟踪掌握动态，协调解决工作中出现的问题。要充分调动有关协会和企业的积极性，明确责任义务，加强监督检查。要广泛宣传动员，充分发挥舆论监督作用，努力营造全社会关注、支持、参与、监督节能减排工作的良好氛围。

国务院

二〇〇七年十一月十七日

主要污染物总量减排统计办法

第一条 为确保“十一五”主要污染物排放量数据准确、及时、可靠，按照《中华人民共和国环境保护法》、《中华人民共和国统计法》及其实施细则、《国务院关于印发节能减排综合性工作方案的通知》（国发[2007]15 号）、《国务院关于落实科学发展观 加强环境保护的决定》（国发[2005]39 号）、《环境统计管理办法》等，制定本办法。

第二条 本办法所称主要污染物排放量，是指《国民经济和社会发展第十一个五年规划纲要》确定实施排放总量控制的两项污染物，即化学需氧量（COD）和二氧化硫（SO_2）。环境统计污染物排放量包括工业源和生活源污染物排放量，COD 和 SO_2 排放量的考核是基于工业源和生活源污染物排放量的总和。

第三条 主要污染物排放量统计制度包括年报和季报。年报主要统计年度污染物排放及治理情况，报告期为 1～12 月。季报主要统计季度主要污染物排放及治理情况，为总量减排统计和国家宏观经济运行分析提供环境数据支持，报告期为 1 个季度，每个季度结束后 15 日内将上季度数据上报国务院环境保护主管部门。为提高年报时效性，各省级政府环境保护主管部门于次年 1 月 31 日前上报年报快报数据。

第四条 统计调查按照属地原则进行，即由县级政府环境保护主管部门负责完成，省、市（地）级环境保护监测部门的监测数据应及时反馈给县级政府环境保护主管部门。工业源污染物排放量根据重点调查单位发表调查和非重点调查单位比率估算；生活源污染物排放量根据城镇常住人口数（或非农业人口数，以 2005 年口径为准）、燃料煤消耗量等社会统计数据测算。工业源和生活源污染物排放量数据审核、汇总后上报上级政府环境保护主管部门，并逐级审核、上报至国务院环境保护主管部门。

第五条 本办法所称的年报重点调查单位，是指主要污染物排放量占各地区（以县级为基本单位）排污总量（指该地区排污申报登记中全部工业企业的排污量，或者将上年环境统计数据库进行动态调整）85%以上的工业企业单位。重点调查单位的筛选工作应在排污申报登记数据变化的基础上逐年进行。筛选出的重点调查单位应与上年的重点调查单位对照比较，分析增、减单位情况并进行适当调整，以保证重点调查数据能够反映排污情况的总体趋势。

季报制度中的国控重点污染源按照国务院环境保护主管部门公布名单执行，

每年动态调整。

第六条　重点调查单位污染物排放量可采用监测数据法、物料衡算法、排放系数法进行统计。

监测数据法：重点调查单位（“十五”期间约 8 万家）原则上都应采用监测数据法计算排污量。重点调查单位统计范围每年动态调整一次，纳入新增企业（不论试生产还是已通过验收，凡造成事实排污超过 1 个月以上的企业均应纳入统计范围）。对当年关停企业按其当年实际排污天数计算排污量。

物料衡算法：物料衡算法主要适用于火电厂二氧化硫排放量的测算，测算公式如下：燃料燃烧二氧化硫排放量=燃料煤消费量×含硫率×0.8×2×（1－脱硫率）

排放系数法：排放系数法主要适用于化学原料及化学品制造、造纸、金属冶炼、纺织等行业排污量的估算。

以上三种方法中优先使用监测数据法计算排放量。若无监测数据（或监测频次不足），可根据上述适用范围，火电厂选用物料衡算法，钢铁、化工、造纸、建材、有色金属、纺织等行业企业选用排放系数法。监测数据法计算所得的排放量数据必须与物料衡算法或排放系数法计算所得的排放量数据相互对照验证，对两种方法得出的排放量差距较大的，须分析原因。对无法解释的，按“取大数”的原则得到污染物的排放量数据。

第七条　非重点调查单位污染物排放量，以非重点调查单位的排污总量作为估算的对比基数，采取“比率估算”的方法，即按重点调查单位总排污量变化的趋势（指与上年相比，排污量增加或减少的比率），等比或将比率略做调整，估算出非重点调查单位的污染物排放量。

第八条　生活源 COD 排放量计算公式为

生活源 COD 排放量＝城镇常住人口数×城镇生活 COD 产生系数×365－城镇污水处理厂去除的生活 COD

其中，城镇生活 COD 产生系数优先采用各地区的 COD 产生系数或实测数据并予以说明；没有符合本地实际排放情况的系数，则统一采用国家推荐的 COD 产生系数，全国平均取值为 75 克/人·日，北方城市平均值为 65 克/人·日，北方特大城市为 70 克/人·日，北方其他城市为 60 克/人·日，南方城市平均值为 90 克/人·日。

生活源 SO_2 排放量计算公式为

生活源 SO_2 排放量=生活及其他煤炭消费量×含硫率×0.8×2

第九条　环境统计数据质量控制主要由《环境统计管理办法》、《环境统计技术规定》、《全国环境统计数据审核办法》等系列文件组成。各地在数据上报前，由当地环境、统计、发展改革等部门组成联合会审小组，根据本地区经济发展趋势和环境污染状况，联合对数据质量进行审核。

重点源的环境统计数据由企业负责填报，各级政府环境保护主管部门负责审核，如发现问题要求企业改正，并重新填报。各级政府环境保护主管部门对本级环境统计数据负责，上级政府环境保护主管部门对下级政府环境保护主管部门上报的统计数据进行审核。下级政府环境保护主管部门应按照上级政府环境保护主管部门审核结果认真复核重点调查单位报表填报数据，并重新评估非重点调查单位污染物排放量。

第十条 按照排放强度法对统计数据进行核算（详见附件）。

第十一条 在排放强度法中使用 GDP 核算各地 COD 排放量时，用监测与监察系数对计算结果进行校正；在排放强度法中使用耗煤量核算各地 SO_2 排放量时，用监察系数对 SO_2 排放量计算结果进行校正。校正方法和校正系数由国务院环境保护主管部门根据年度监测与监察情况另行确定（详见附件）。

第十二条 各省级政府环境保护主管部门按照本办法要求对年报快报数据进行核算，核算结果与核算的主要参数一并上报国务院环境保护主管部门。国务院环境保护主管部门进行初步复核后，将核算结果通报各地。各地应根据实际情况并按照国务院环境保护主管部门最终核定数据，对年报数据进行校核。

第十三条 本办法自发布之日起施行。

附件：统计数据的核算与校正

附件

统计数据的核算与校正

一、COD 核算与校正

核算方法：

工业 COD 排放量＝上年工业 COD 排放量＋新增工业 COD 排放量－新增工业 COD 削减量

其中：

新增工业 COD 排放量＝2005 年排放强度×上年 GDP×扣除低 COD 排放行业贡献率后的 GDP 增长率

2005 年排放强度＝2005 年工业 COD 排放量/2005 年 GDP

扣除低 COD 排放行业贡献率后的 GDP 增长率＝[1－（低 COD 排放行业工业增加值的增量/GDP 的增量）]×GDP 增长率

上述增量和增长率均指当年与上年相比。

低 COD 排放行业包括电力业（火力发电）、黑色金属冶炼业（钢铁）、非金属矿物制品业（建材）、有色金属冶炼业、电器机械及器材制造业、仪器仪表及文化办公用品机械制造业和通讯计算机及其他电子设备制造业七个行业。情况特殊的个别省份可以根据情况适当调整。

生活 COD 排放量＝上年生活 COD 排放量+当年城镇人口增长的 COD 排放量－当年新增生活 COD 削减量

校正方法：

在排放强度法中使用 GDP 核算各地 COD 排放量时，用监测与监察系数对计算结果进行校正：

计算用 GDP 增长率＝当年 GDP 增长率－监测与监察系数

监测与监察达标率＝监测达标企业数/监测企业数×0.5＋监察达标企业数/监察企业数×0.5

其中，监测与监察达标率为 100%的，监测与监察系数取值为 2%，90%及以上的取 1.8%，80%及以上的取 1.6%，70%及以上的取 1.4%，60%及以上的取 1.2%，50%及以上的取 1.0%，低于 50%的为 0。

二、SO_2核算与校正

核算方法：

SO_2排放量＝火电SO_2排放量＋非电SO_2排放量

其中：

非电 SO_2 排放量＝上年非电排放强度×（当年全社会耗煤量－当年电力煤耗量）－当年新增非电工业SO_2削减量

上年非电排放强度＝上年非电SO_2排放量/（上年全社会耗煤量－上年电力煤耗量）

当年非电SO_2排放量须用主要耗能产品（粗钢、有色、水泥、焦炭等）的排放系数校核，按排放强度和排放系数法估算数据，取大数原则确定非电SO_2排放量。

火电SO_2排放量＝上年火电SO_2排放量＋当年新增火电SO_2排放量－当年新增火电SO_2削减量

当年新增火电SO_2排放量：按统计部门快报确定的辖区火力发电量按320克标准煤/千瓦时（或当年火力发电标准煤耗水平）计算发电耗煤量（热电联产供热耗煤量按火电发电量同比增长，没有热电的不考虑），按辖区平均煤炭硫分确定新增电量导致的SO_2产生量，扣去当年新建燃煤机组投产脱硫设施同时运行（要考虑脱硫设施滞后时间）、上年燃煤机组投产脱硫设施滞后于当年运行（上年接转到今年的脱硫设施）形成的SO_2削减量。

有条件的地区，特别是开展节能发电调度试点的地区，可以用辖区内分机组火力SO_2排放数据库作为审核依据，数据库要有分机组装机容量、发电量和耗煤量和SO_2排放量，火力装机容量、发电量和增长速度可利用电力管理部门的火力装机容量指标。

对于燃料油使用量较大的地区，还应核算燃油SO_2排放量。

校正方法：

在排放强度法中使用耗煤量核算各地SO_2排放量时，用监察系数对SO_2排放量计算结果进行校正：

地区SO_2排放量＝当年核算SO_2排放量＋Σ企业非正常排放量

企业非正常排放量＝企业SO_2产生量×脱硫效率×（1－监察系数）

发现被检查企业脱硫设施非正常运行一次，监察系数取 0.8，非正常运行二次监察系数取 0.5，超过两次非正常运行，监察系数取 0。

脱硫设施非正常运行定义为生产设施运行期间脱硫设施因故未运行而没有向

当地政府环境保护主管部门及时报告的、没有按照工艺要求使用脱硫剂的、使用旁路偷排手段等其他违法行为。

数据来源：环境监察系统、国务院环境保护主管部门所属各环境保护督察中心、中国环境监测总站。

三、有关核算的说明

核算资料。上年主要污染物排放量、耗煤量数据依据上年环境统计资料。GDP、有关行业的工业增加值、城镇人口增长率使用国务院统计部门公布的数据。没有公布数据的，以各省级统计部门初步数为准。以上初步数应与统计部门协商一致后再使用。

削减量核算原则。当年主要污染物新增削减量，以各省（区、市）污染治理设施实际削减量为依据测算。

关停企业减少的 COD 排放量以上年纳入环境统计数据库的企业的排放量减去其当年实际排污量所得。关闭小火电计算 SO_2 减排量，减排量=上年关闭机组 SO_2 排放量×（1－当年发电量/上年发电量）；淘汰有烧结机的小钢铁，计算 SO_2 减排量。其他行业淘汰落后产能，在环境统计中有名单的计算减排量，没有名单的不计算。

企业污染治理设施污染物削减量：上年度纳入环境统计的企业新建污染治理设施通过调试期后并连续稳定运行的，其去除量从通过调试期的第二个月算起，计算本年实际运行时间（停运和非正常运行时间扣除）及污染物削减量。

城镇污水处理厂污染物去除量：新建成污水处理厂污染物去除量的核算方法与企业污染治理设施污染物削减量核算方法相同。对于现有污水处理厂增加污水处理量的，必须说明情况。增加量以新建管网的验收报告为依据（或以新建管网相关佐证材料为依据），核算时间以通过验收的第二个月算起。

当年新增火电 SO_2 削减量：包括当年新投运的老机组脱硫设施削减和上年投产老机组脱硫以及隔年投产脱硫机组当年多削减的量。当年新增非火电 SO_2 削减量：指连续稳定减排 SO_2 的工程措施，包括 2005 年企业的烧结机和冶炼等烟气脱硫工程脱硫、炼焦脱硫工程、煤改气工程、与国务院环境保护主管部门联网的循环流化床、集中供热等脱硫措施形成的 SO_2 削减量。企业通过技术改造、搬迁或拆除锅炉等措施减少的 SO_2 排放量要有详细的技术资料支持。

主要污染物总量减排监测办法

第一条 为了准确核定污染源化学需氧量和二氧化硫的排放量，按照《中华人民共和国环境保护法》、《排污费征收使用管理条例》（国令第 369 号）、《国务院关于“十一五”期间全国主要污染物排放总量控制计划的批复》（国函[2006]70号）、《国务院关于落实科学发展观加强环境保护的决定》（国发[2005]39 号）和《国务院关于印发节能减排综合性工作方案的通知》（国发[2007]15 号）的有关规定，制定本办法。

第二条 主要污染物减排监测是对污染源排放的主要污染物总量进行核定，并为国家确定的主要污染物减排工作提供数据的监测活动。监测工作采用污染源自动监测和污染源监督性监测（包括手工监测和实验室比对监测），主要是掌握污染源排放污染物的种类、浓度和数量。污染源化学需氧量和二氧化硫排放量的监测技术采用自动监测技术与污染源监督性监测技术相结合的方式。

第三条 污染源监督性监测工作原则上由县级政府环境保护主管部门负责。县级政府环境保护主管部门监测能力不足时，由市（地）级以上政府环境保护主管部门负责监测或由省级政府环境保护主管部门确定。

国控重点污染源是国家监控的占全国主要污染物工业排放负荷 65%以上的工业污染源和城市污水处理厂，国控重点污染源名单由国务院环境保护主管部门公布，每年动态调整。

国控重点污染源监督性监测工作由市（地）级政府环境保护主管部门负责，其中装机容量 30 万千瓦以上火电厂的污染源监督性监测工作由省级政府环境保护主管部门负责。国控重点污染源监督性监测数据共享使用，不重复监测。

第四条 以污染源监测数据为基础统一采集、核定、统计污染源排污量数据，根据污染物排放浓度和流量计算污染物排放量。

排污单位应当保证污染防治设施正常运行，对污染物排放状况和防治污染设施运行情况进行定期监测，建立污染源监测档案。排污单位应每月初向当地环境保护主管部门申报上月排放的化学需氧量和二氧化硫数量，并提供有关资料。

对于安装自动监测设备的污染源以自动监测数据为依据申报化学需氧量和二氧化硫的排放量。

对于未安装自动监测设备的污染源，由排污单位提供具备资质的监测单位出具的化学需氧量和二氧化硫监测数据，以此申报化学需氧量和二氧化硫排放量。

对于无法安装自动监测设备和不具备条件监测的污染源，化学需氧量和二氧化硫的排放量按环境统计方法计算，并向当地环境保护主管部门申报。

第五条 当地环境保护主管部门对排污单位每月申报的化学需氧量和二氧化硫排放量进行核定，并将核定结果告知排污单位。

对安装自动监测设备的排污单位，监测设备必须与环境保护主管部门直接联网，实时传输数据，环境保护主管部门据此数据进行核定。

对未安装自动监测设备或自动监测设备没有与环境保护主管部门联网的污染源，环境保护主管部门定期对其进行手工监测，其中国控污染源的监测频次不少于每季度一次，依此数据进行核定。

第六条 国控重点污染源必须在 2008 年底前完成污染源自动监测设备的安装和验收，污染源自动监测设备的建设由排污单位和地方财政负责，验收由地方政府环境保护主管部门负责，数据监测由企业负责，日常运行由有资质的运营单位负责。国控重点污染源自动监测设备的监测数据必须与省级政府环境保护主管部门联网，并直接传输上报国务院环境保护主管部门。

第七条 省级政府环境保护主管部门负责本辖区内的污染源监督性监测数据的质量管理工作。承担化学需氧量和二氧化硫排放量核定的环境保护主管部门具体负责污染源监督性监测数据的质量和排放量的准确性与可靠性。

环境保护主管部门负责对污染源自动监测系统的监测设备进行实验室比对监测和自动监测数据有效性审核。实验室比对监测与自动监测设备同步现场采样，监测频次为每季度一次。

实验室比对监测结果表明同步的自动监测的数据质量达不到规定时，则从本次实验室比对监测时间上推至上次实验室比对监测之间的时段按自动监测系统数据缺失处理。数据缺失时段的排放量按照相关技术规范的规定核算。

地方实验室比对监测结果与上级政府环境保护、主管部门的检查、抽查监测结果不一致时，由上级政府环境保护主管部门确认自动监测数据的有效性。

国务院环境保护主管部门定期组织对污染源监督性监测的统一质量控制考核，并组织跨省区的不定期抽查工作。

第八条 各级政府环境保护主管部门要建立完整的污染源基础信息档案，建立污染源监督性监测数据库。污染源监督性监测数据按季度逐级报送上级环境监测机构，用于监测质量管理工作。

第九条 地方各级人民政府要保证承担本辖区污染源监测工作的各级环境监测站的相关工作条件，在人员配置和培训、设备购买和更新、工作和实验用房供给、工作经费保障等方面制定切实可行的计划并予以落实，特别是要保证直接为减排统计、监测和考核服务的污染源监督性监测费用，补助国控重点污染源自动监控系统的建设和运行费用，将其纳入各级政府财政预算。承担监测任务的环境监测部门监测方法必须采用国家标准方法或环保行业标准方法，并按照国家和地方技术规范要求实行质量保证和质量控制。

第十条 本办法自发布之日起施行。

主要污染物总量减排考核办法

第一条 为贯彻落实科学发展观，加强污染防治的监督管理，控制主要污染物排放，确保实现“十一五”主要污染物总量减排目标，根据《中华人民共和国环境保护法》、《国务院关于“十一五”期间全国主要污染物排放总量控制计划的批复》（国函[2006]70 号）（以下简称《计划》）、《国务院关于落实科学发展观加强环境保护的决定》（国发[2005]39 号）和《国务院关于印发节能减排综合性工作方案的通知》（国发[2007]15 号）的有关规定，制定本办法。

第二条 本办法适用于对各省、自治区、直辖市人民政府“十一五”期间主要污染物总量减排完成情况的考核。

本办法所称主要污染物，是指《国民经济和社会发展第十一个五年规划纲要》确定的实施总量控制的两项污染物，即化学需氧量和二氧化硫。

第三条 “十一五”主要污染物总量减排的责任主体是地方各级人民政府。各省、自治区、直辖市人民政府要把主要污染物排放总量控制指标层层分解落实到本地区各级人民政府，并将其纳入本地区经济社会发展“十一五”规划，加强组织领导，落实项目和资金，严格监督管理，确保实现主要污染物减排目标。

第四条 各省、自治区、直辖市人民政府要按照《计划》的要求，确定主要污染物年度削减目标，制定年度削减计划。年度削减计划应于当年 3 月底前报国务院环境保护主管部门备案。

第五条 各省、自治区、直辖市人民政府负责建立本地区的主要污染物总量减排指标体系、监测体系和考核体系，及时调度和动态管理主要污染物排放量数据、主要减排措施进展情况以及环境质量变化情况，建立主要污染物排放总量台账。

第六条 主要污染物总量减排考核内容主要包括三个方面：

（一）主要污染物总量减排目标完成情况和环境质量变化情况。减排目标完成情况依据“十一五”主要污染物总量减排统计办法和监测办法的相关规定予以核定；环境质量变化情况依据国务院环境保护主管部门受国务院委托与各省、自治区、直辖市人民政府签订的“十一五”主要污染物总量削减目标责任书的要求核定。

（二）主要污染物总量减排指标体系、监测体系和考核体系的建设和运行情况。依据各地有关减排指标体系、监测体系和考核体系建设、运行情况的正式文件和有关抽查复核情况进行评定。

（三）各项主要污染物总量减排措施的落实情况。依据污染治理设施试运行或竣工验收文件、关闭落后产能时间和当地政府减排管理措施、计划执行情况等有关材料和统计数据进行评定。

第七条 对各省、自治区、直辖市人民政府落实年度主要污染物减排情况，由国务院环境保护主管部门所属环境保护督察中心进行核查督察，每半年一次。

各省、自治区、直辖市人民政府于每年 3 月底前将上一年度本行政区主要污染物总量减排情况的自查报告报国务院，并抄送国务院环境保护主管部门和国务院节能减排领导小组办公室。

第八条 国务院环境保护主管部门会同发展改革部门、统计部门和监察部门，对各省、自治区、直辖市人民政府上一年度主要污染物总量减排情况进行考核。国务院环境保护主管部门于每年 5 月底前将全国考核结果向国务院报告，经国务院审定后，向社会公告。

主要污染物总量减排考核采用现场核查和重点抽查相结合的方式进行。主要污染物总量减排指标、监测和考核体系建设运行情况较差，或减排工程措施未落实的，或未实现年度主要污染物总量减排计划目标的省、自治区、直辖市认定为未通过年度考核。

未通过年度考核的省、自治区、直辖市人民政府应在 1 个月内向国务院做出书面报告，提出限期整改工作措施，并抄送国务院环境保护主管部门。

第九条 考核结果在报经国务院审定后，交由干部主管部门，依照《体现科学发展观要求的地方党政领导班子和领导干部综合考核评价试行办法》的规定，作为对各省、自治区、直辖市人民政府领导班子和领导干部综合考核评价的重要依据，实行问责制和“一票否决”制。

对考核结果为通过的，国务院环境保护主管部门会同发展改革部门、财政部门优先加大对该地区污染治理和环保能力建设的支持力度，并结合全国减排表彰活动进行表彰奖励；对考核结果为未通过的，国务院环境保护主管部门暂停该地区所有新增主要污染物排放建设项目的环评审批，撤销国家授予该地区的环境保护或环境治理方面的荣誉称号，领导干部不得参加年度评奖、授予荣誉称号等。

对未通过且整改不到位或因工作不力造成重大社会影响的，监察部门按照《环境保护违法违纪行为处分暂行规定》追究该地区有关责任人员的责任。

第十条 对在主要污染物总量减排考核工作中瞒报、谎报情况的地区，予以通报批评；对直接责任人员依法追究责任。

第十一条　各省、自治区、直辖市人民政府需报经国务院环境保护主管部门会同发展改革部门、统计部门审核确认后，方可向社会公布本地区年度主要污染物排放总量数据。

第十二条　国家主要电力企业二氧化硫总量减排的考核参照本办法执行。

第十三条　本办法自发布之日起施行。

国务院关于"十一五"期间全国主要污染物排放总量控制计划的批复

国函[2006]70号

各省、自治区、直辖市人民政府，发展改革委、监察部、环保总局、统计局：

环保总局、发展改革委《关于申请批准〈"十一五"期间全国主要污染物排放总量控制计划〉的请示》（环发[2006]90号）收悉。现批复如下：

一、原则同意《"十一五"期间全国主要污染物排放总量控制计划》（以下简称《计划》）。

二、"十一五"期间全国主要污染物排放总量减少10%是《国民经济和社会发展第十一个五年规划纲要》确定的约束性指标，各省（区、市）人民政府必须严格执行，《计划》确定的化学需氧量和二氧化硫分省排放总量控制指标均不得突破。

三、各省（区、市）要将《计划》确定的主要污染物总量控制指标纳入本地区经济社会发展"十一五"规划和年度计划，分解落实到基层和重点排污单位。要制订实施方案，落实工程措施和资金，严格实行排污许可证管理，加强执法监督，加大对各种违法排污行为的监督查处力度；同时，要切实转变经济增长方式，从源头上减少污染，确保总量控制目标的实现。

四、国务院各有关部门要根据各自的职能分工，加强对《计划》执行的指导、支持和监督。环保总局、统计局、发展改革委要每半年向社会公布各省（区、市）主要污染物的排放总量，并会同监察部对《计划》完成情况进行年度检查和考核，向国务院报告。

附件：《"十一五"期间全国主要污染物排放总量控制计划》

国务院

二〇〇六年八月五日

附件

“十一五”期间全国主要污染物排放总量控制计划

一、根据《国民经济和社会发展第十一个五年规划纲要》（以下简称《纲要》）提出的环境保护目标，制订本计划。

二、“十一五”期间国家对化学需氧量、二氧化硫两种主要污染物实行排放总量控制计划管理，排放基数按 2005 年环境统计结果确定。计划到 2010 年，全国主要污染物排放总量比 2005 年减少 10%，具体是：化学需氧量由 1 414 万吨减少到 1 273 万吨；二氧化硫由 2 549 万吨减少到 2 294 万吨。在国家确定的水污染防治重点流域、海域专项规划中，还要控制氨氮（总氮）、总磷等污染物的排放总量，控制指标在各专项规划中下达，由相关地区分别执行，国家统一考核。鼓励各地根据各自的环境状况，增加本地区必须严格控制的污染物，纳入本地区污染物排放总量控制计划。

三、主要污染物排放总量控制指标的分配原则是：在确保实现全国总量控制目标的前提下，综合考虑各地环境质量状况、环境容量、排放基数、经济发展水平和削减能力以及各污染防治专项规划的要求，对东、中、西部地区实行区别对待。

四、“十一五”期间，减少化学需氧量排放总量的主要工程措施是加快和强化城市污水处理设施建设与运行管理，减少二氧化硫排放总量的主要工程措施是加快和强化现役及新建燃煤电厂脱硫设施建设与运行监管。同时，要加大工业污染源治理力度，严格监督执法，实现污染物稳定达标排放。新、扩、改建项目要积极采用先进技术，严格执行“三同时”制度（同时设计、同时施工、同时投产使用），根据国家产业政策促进产业结构调整升级，实现增产不增污或增产减污。在电力、冶金、建材、化工、造纸、纺织印染和食品酿造等重点行业大力推行清洁生产，发展循环经济，降耗减污。

五、化学需氧量和二氧化硫排放总量控制指标是依照《纲要》确定的约束性指标，各地要相应纳入本地区经济社会发展“十一五”规划并制订年度计划，分解落实到市（地）、县，落实到排污单位，严格执行。在总结“九五”、“十五”实施总量控制制度经验基础上，制订实施方案和管理办法，实行排污许可证制度，落实项目和资金，严格执法，强化对各种违法排污行为的监督查处力度，确保实现计划目标。

六、从 2006 年开始，环保总局、统计局和发展改革委每半年向社会公布各地区化学需氧量和二氧化硫排放情况，并会同有关部门进行年度检查和考核；2008 年对《计划》执行情况进行中期评估，2010 年进行期末考核。评估和考核结果向社会公布。

“十一五”期间全国化学需氧量排放总量控制计划表　　单位：万吨

省　份	2005 年排放量	2010 年控制量	2010 年比 2005 年（%）
北　京	11.6	9.9	−14.7
天　津	14.6	13.2	−9.6
河　北	66.1	56.1	−15.1
山　西	38.7	33.6	−13.2
内蒙古	29.7	27.7	−6.7
辽　宁	64.4	56.1	−12.9
其中：大连	6.01	5.05	−16.0
吉　林	40.7	36.5	−10.3
黑龙江	50.4	45.2	−10.3
上　海	30.4	25.9	−14.8
江　苏	96.6	82.0	−15.1
浙　江	59.5	50.5	−15.1
其中：宁波	5.22	4.44	−14.9
安　徽	44.4	41.5	−6.5
福　建	39.4	37.5	−4.8
其中：厦门	5.56	4.94	−11.2
江　西	45.7	43.4	−5.0
山　东	77.0	65.5	−14.9
其中：青岛	5.79	4.75	−18.0
河　南	72.1	64.3	−10.8
湖　北	61.6	58.5	−5.0
湖　南	89.5	80.5	−10.1
广　东	105.8	89.9	−15.0
其中：深圳	5.59	4.47	−20.0
广　西	107.0	94.0	−12.1
海　南	9.5	9.5	0
重　庆	26.9	23.9	−11.2
四　川	78.3	74.4	−5.0

省 份	2005年排放量	2010年控制量	2010年比2005年（%）
贵 州	22.6	21.0	−7.1
云 南	28.5	27.1	−4.9
西 藏	1.4	1.4	0
陕 西	35.0	31.5	−10.0
甘 肃	18.2	16.8	−7.7
青 海	7.2	7.2	0
宁 夏	14.3	12.2	−14.7
新 疆	27.1	27.1	0
其中：新疆生产建设兵团	1.43	1.43	0
总 计	1 414.2	1 263.9	−10.6

备注：

1. 全国化学需氧量削减10%的总量控制目标为1 272.8万吨，实际分配给各省1 263.9万吨，国家预留8.9万吨，用于化学需氧量排污权有偿分配和交易试点工作。

2. 新疆生产建设兵团化学需氧量排放量不包括兵团所属各地生活来源及农八师（石河子市）化学需氧量排放量。

“十一五”期间全国二氧化硫排放总量控制计划表　　单位：万吨

省 份	2005年排放量	2010年		2010年比2005年（%）
		控制量	其中：电力	
北 京	19.1	15.2	5.0	−20.4
天 津	26.5	24.0	13.1	−9.4
河 北	149.6	127.1	48.1	−15.0
山 西	151.6	130.4	59.3	−14.0
内蒙古	145.6	140.0	68.7	−3.8
辽 宁	119.7	105.3	37.2	−12.0
其中：大连	11.89	10.11	3.54	−15.0
吉 林	38.2	36.4	18.2	−4.7
黑龙江	50.8	49.8	33.3	−2.0
上 海	51.3	38.0	13.4	−25.9
江 苏	137.3	112.6	55.0	−18.0
浙 江	86.0	73.1	41.9	−15.0
其中：宁波	21.33	11.12	7.78	−47.9
安 徽	57.1	54.8	35.7	−4.0
福 建	46.1	42.4	17.3	−8.0
其中：厦门	6.77	4.93	2.17	−27.2
江 西	61.3	57.0	19.9	−7.0

省 份	2005 年排放量	2010 年		2010 年比 2005 年（%）
		控制量	其中：电力	
山 东	200.3	160.2	75.7	−20.0
其中：青岛	15.54	11.45	4.86	−26.3
河 南	162.5	139.7	73.8	−14.0
湖 北	71.7	66.1	31.0	−7.8
湖 南	91.9	83.6	19.6	−9.0
广 东	129.4	110.0	55.4	−15.0
其中：深圳	4.35	3.48	2.78	−20.0
广 西	102.3	92.2	21.0	−9.9
海 南	2.2	2.2	1.6	0
重 庆	83.7	73.7	17.6	−11.9
四 川	129.9	114.4	39.5	−11.9
贵 州	135.8	115.4	35.8	−15.0
云 南	52.2	50.1	25.3	−4.0
西 藏	0.2	0.2	0.1	0
陕 西	92.2	81.1	31.2	−12.0
甘 肃	56.3	56.3	19.0	0
青 海	12.4	12.4	6.2	0
宁 夏	34.3	31.1	16.2	−9.3
新 疆	51.9	51.9	16.6	0
其中：新疆生产建设兵团	1.66	1.66	0.66	0
合 计	2 549.4	2 246.7	951.7	−11.9

备注：

1. 全国二氧化硫排放量削减 10%的总量控制目标为 2 294.4 万吨，实际分配给各省 2 246.7 万吨，国家预留 47.7 万吨，用于二氧化硫排污权有偿分配和排污权交易试点工作。

2. 新疆生产建设兵团二氧化硫排放量不包括兵团所属各地生活来源及农八师（石河子市）的二氧化硫排放量。

国务院关于加快发展循环经济的若干意见

国发[2005]22 号

各省、自治区、直辖市人民政府，国务院各部委、各直属机构：

改革开放以来，我国在推动资源节约和综合利用，推行清洁生产方面，取得了积极成效。但是，传统的高消耗、高排放、低效率的粗放型增长方式仍未根本转变，资源利用率低，环境污染严重。同时，存在法规、政策不完善，体制、机制不健全，相关技术开发滞后等问题。本世纪头 20 年，我国将处于工业化和城镇化加速发展阶段，面临的资源和环境形势十分严峻。为抓住重要战略机遇期，实现全面建设小康社会的战略目标，必须大力发展循环经济，按照“减量化、再利用、资源化”原则，采取各种有效措施，以尽可能少的资源消耗和尽可能小的环境代价，取得最大的经济产出和最少的废物排放，实现经济、环境和社会效益相统一，建设资源节约型和环境友好型社会。为此，提出如下意见。

一、发展循环经济的指导思想、基本原则和主要目标

……

（三）发展目标。力争到 2010 年建立比较完善的发展循环经济法律法规体系、政策支持体系、体制与技术创新体系和激励约束机制。资源利用效率大幅度提高，废物最终处置量明显减少，建成大批符合循环经济发展要求的典型企业。推进绿色消费，完善再生资源回收利用体系。建设一批符合循环经济发展要求的工业（农业）园区和资源节约型、环境友好型城市。

（四）主要指标。力争到 2010 年，我国消耗每吨能源、铁矿石、有色金属、非金属矿等十五种重要资源产出的 GDP 比 2003 年提高 25%左右；每万元 GDP 能耗下降 18%以上。农业灌溉水平均有效利用系数提高到 0.5，每万元工业增加值取水量下降到 120 立方米。矿产资源总回收率和共伴生矿综合利用率分别提高 5 个百分点。工业固体废物综合利用率提高到 60%以上；再生铜、铝、铅占产量的比重分别达到 35%、25%、30%，主要再生资源回收利用量提高 65%以上。工业固体废物堆存和处置量控制在 4.5 亿吨左右；城市生活垃圾增长率控制在 5%左右。（注：上述有关指标将根据“十一五”规划作相应调整）

二、发展循环经济的重点工作和重点环节

（五）重点工作。一是大力推进节约降耗，在生产、建设、流通和消费各领域节约资源，减少自然资源的消耗。二是全面推行清洁生产，从源头减少废物的产生，实现由末端治理向污染预防和生产全过程控制转变。三是大力开展资源综合利用，最大程度实现废物资源化和再生资源回收利用。四是大力发展环保产业，注重开发减量化、再利用和资源化技术与装备，为资源高效利用、循环利用和减少废物排放提供技术保障。

（六）重点环节。一是资源开采环节要统筹规划矿产资源开发，推广先进适用的开采技术、工艺和设备，提高采矿回采率、选矿和冶炼回收率，大力推进尾矿、废石综合利用，大力提高资源综合回收利用率。二是资源消耗环节要加强对冶金、有色、电力、煤炭、石化、化工、建材（筑）、轻工、纺织、农业等重点行业能源、原材料、水等资源消耗管理，努力降低消耗，提高资源利用率。三是废物产生环节要强化污染预防和全过程控制，推动不同行业合理延长产业链，加强对各类废物的循环利用，推进企业废物“零排放”；加快再生水利用设施建设以及城市垃圾、污泥减量化和资源化利用，降低废物最终处置量。四是再生资源产生环节要大力回收和循环利用各种废旧资源，支持废旧机电产品再制造；建立垃圾分类收集和分选系统，不断完善再生资源回收利用体系。五是消费环节要大力倡导有利于节约资源和保护环境的消费方式，鼓励使用能效标识产品、节能节水认证产品和环境标志产品、绿色标志食品和有机标志食品，减少过度包装和一次性用品的使用。政府机构要实行绿色采购。

……

五、建立和完善促进循环经济发展的政策机制

（十五）加大对循环经济投资的支持力度。各级投资主管部门在制定和实施投资计划时，要加大对发展循环经济的支持。对发展循环经济的重大项目和技术开发、产业化示范项目，政府要给予直接投资或资金补助、贷款贴息等支持，并发挥政府投资对社会投资的引导作用。各类金融机构应对促进循环经济发展的重点项目给予金融支持。

（十六）利用价格杠杆促进循环经济发展。调整资源性产品与最终产品的比价关系，理顺自然资源价格，逐步建立能够反映资源性产品供求关系的价格机制。发展改革委要积极调整水、热、电、天然气等价格政策，促进资源的合理开发、节约使用、高效利用和有效保护。逐步提高水利工程供水价格；完善农业水费计

收办法；调整城市供水价格，合理确定再生水价格，大力推进阶梯式水价、超计划、超定额用水加价制度。扩大峰谷电价和丰枯电价执行范围，拉大差价，在有条件的地区加快实行尖峰电价和季节电价；对高耗能行业中淘汰类、限制类项目，严格执行按国家产业政策制定的差别电价政策。加大供热体制和供热价格改革力度，逐步建立基本热价和计量热价共同构成的热价形成机制，实行差别热价和煤热联动政策。逐步理顺天然气与其他产品的比价关系，建立天然气价格与可替代能源价格挂钩的机制。地方各级人民政府价格主管部门要研究制定并落实各项促进循环经济发展的价格政策。

（十七）制定支持循环经济发展的财税和收费政策。财政部门要积极安排资金，支持发展循环经济的政策研究、技术推广、示范试点、宣传培训等，并会同有关部门积极落实清洁生产专项资金。各级财政和环保部门要安排排污资金，加大对企业符合循环经济要求的污染防治项目的投入力度。有关部门要加快研究建立促进节能、节水产品和节能环保型汽车、节能省地型建筑推广的鼓励政策。继续完善资源综合利用的税收优惠政策，调整和完善有利于促进再生资源回收利用的税收政策，加快建立大宗废旧资源回收处理收费制度。适时出台燃油税，完善消费税制。积极研究以资源量为基础的矿产资源补偿费征收办法，进一步扩大水资源费征收范围并适当提高征收标准，优先提高城市污水处理费征收标准，全面开征城市生活垃圾处理费。研究完善限制国内紧缺资源及高耗能产品出口的政策。在理顺现有收费和资金来源渠道的基础上，积极探索建立和完善企业生态环境恢复补偿机制。政府采购目录要优先考虑节能、节水和环保认证产品。

六、坚持依法推进循环经济发展

……

（十九）加大依法监督管理的力度。各地区、各部门要认真贯彻落实《中华人民共和国节约能源法》、《中华人民共和国可再生能源法》、《中华人民共和国清洁生产促进法》、《中华人民共和国固体废物污染环境防治法》和《中华人民共和国环境影响评价法》等有关法律法规。依法加强对矿产资源集约利用、节能、节水、资源综合利用、再生资源回收利用的监督管理工作，引导企业树立经济与资源、环境协调发展的意识，建立健全资源节约管理制度。各级环境保护部门要将发展循环经济与环境保护工作紧密结合，严格执行环境影响评价和“三同时”制度，逐步实行排污许可证制度；严格控制污染物排放总量，加强对企业废物排放和处置的监督管理，降低排放强度；鼓励有条件的企业在自愿的基础上，开展环境管理体系认证。

（二十）依法推行清洁生产。认真实施《中华人民共和国清洁生产促进法》，加快企业清洁生产审核，积极实施清洁生产审核方案。对污染物排放超过国家和地方规定的标准或者总量控制指标的企业，以及使用有毒、有害原料进行生产或者在生产中排放有毒、有害物质的企业，要依法强制实施清洁生产审核，监督实施清洁生产方案。发展改革委、环保总局要在全国范围内组织开展创建清洁生产先进企业、环境友好企业活动，引导企业加快实施清洁生产。

……

中华人民共和国国务院

二〇〇五年七月二日

国务院关于落实科学发展观加强环境保护的决定

国发[2005]39 号

各省、自治区、直辖市人民政府，国务院各部委、各直属机构：

为全面落实科学发展观，加快构建社会主义和谐社会，实现全面建设小康社会的奋斗目标，必须把环境保护摆在更加重要的战略位置。现作出如下决定：

一、充分认识做好环境保护工作的重要意义

（一）环境保护工作取得积极进展。党中央、国务院高度重视环境保护，采取了一系列重大政策措施，各地区、各部门不断加大环境保护工作力度，在国民经济快速增长、人民群众消费水平显著提高的情况下，全国环境质量基本稳定，部分城市和地区环境质量有所改善，多数主要污染物排放总量得到控制，工业产品的污染排放强度下降，重点流域、区域环境治理不断推进，生态保护和治理得到加强，核与辐射监管体系进一步完善，全社会的环境意识和人民群众的参与度明显提高，我国认真履行国际环境公约，树立了良好的国际形象。

（二）环境形势依然十分严峻。我国环境保护虽然取得了积极进展，但环境形势严峻的状况仍然没有改变。主要污染物排放量超过环境承载能力，流经城市的河段普遍受到污染，许多城市空气污染严重，酸雨污染加重，持久性有机污染物的危害开始显现，土壤污染面积扩大，近岸海域污染加剧，核与辐射环境安全存在隐患。生态破坏严重，水土流失量大面广，石漠化、草原退化加剧，生物多样性减少，生态系统功能退化。发达国家上百年工业化过程中分阶段出现的环境问题，在我国近 20 多年来集中出现，呈现结构型、复合型、压缩型的特点。环境污染和生态破坏造成了巨大经济损失，危害群众健康，影响社会稳定和环境安全。未来 15 年我国人口将继续增加，经济总量将再翻两番，资源、能源消耗持续增长，环境保护面临的压力越来越大。

……

二、用科学发展观统领环境保护工作

……

（六）基本原则。——不欠新账，多还旧账。严格控制污染物排放总量；所

有新建、扩建和改建项目必须符合环保要求，做到增产不增污，努力实现增产减污；积极解决历史遗留的环境问题。

（七）环境目标。到 2010 年，重点地区和城市的环境质量得到改善，生态环境恶化趋势基本遏制。主要污染物的排放总量得到有效控制，重点行业污染物排放强度明显下降，重点城市空气质量、城市集中饮用水水源和农村饮水水质、全国地表水水质和近岸海域海水水质有所好转，草原退化趋势有所控制，水土流失治理和生态修复面积有所增加，矿山环境明显改善，地下水超采及污染趋势减缓，重点生态功能保护区、自然保护区等的生态功能基本稳定，村镇环境质量有所改善，确保核与辐射环境安全。到 2020 年，环境质量和生态状况明显改善。

三、经济社会发展必须与环境保护相协调

（八）促进地区经济与环境协调发展。各地区要根据资源禀赋、环境容量、生态状况、人口数量以及国家发展规划和产业政策，明确不同区域的功能定位和发展方向，将区域经济规划和环境保护目标有机结合起来。在环境容量有限、自然资源供给不足而经济相对发达的地区实行优化开发，坚持环境优先，大力发展高新技术，优化产业结构，加快产业和产品的升级换代，同时率先完成排污总量削减任务，做到增产减污。在环境仍有一定容量、资源较为丰富、发展潜力较大的地区实行重点开发，加快基础设施建设，科学合理利用环境承载能力，推进工业化和城镇化，同时严格控制污染物排放总量，做到增产不增污。在生态环境脆弱的地区和重要生态功能保护区实行限制开发，在坚持保护优先的前提下，合理选择发展方向，发展特色优势产业，确保生态功能的恢复与保育，逐步恢复生态平衡。在自然保护区和具有特殊保护价值的地区实行禁止开发，依法实施保护，严禁不符合规定的任何开发活动。要认真做好生态功能区划工作，确定不同地区的主导功能，形成各具特色的发展格局。必须依照国家规定对各类开发建设规划进行环境影响评价。对环境有重大影响的决策，应当进行环境影响论证。

四、切实解决突出的环境问题

（十三）以降低二氧化硫排放总量为重点，推进大气污染防治。加快原煤洗选步伐，降低商品煤含硫量。加强燃煤电厂二氧化硫治理，新（扩）建燃煤电厂除燃用特低硫煤的坑口电厂外，必须同步建设脱硫设施或者采取其他降低二氧化硫排放量的措施。在大中城市及其近郊，严格控制新（扩）建除热电联产外的燃煤电厂，禁止新（扩）建钢铁、冶炼等高耗能企业。2004 年年底前投运的二氧化硫排放超标的燃煤电厂，应在 2010 年底前安装脱硫设施；要根据环境状况，

确定不同区域的脱硫目标，制订并实施酸雨和二氧化硫污染防治规划。对投产20年以上或装机容量10万千瓦以下的电厂，限期改造或者关停。制订燃煤电厂氮氧化物治理规划，开展试点示范。加大烟尘、粉尘治理力度。采取节能措施，提高能源利用效率；大力发展风能、太阳能、地热、生物质能等新能源，积极发展核电，有序开发水能，提高清洁能源比重，减少大气污染物排放。

……

五、建立和完善环境保护的长效机制

……

（二十一）加强环境监管制度。要实施污染物总量控制制度，将总量控制指标逐级分解到地方各级人民政府并落实到排污单位。推行排污许可证制度，禁止无证或超总量排污。严格执行环境影响评价和“三同时”制度，对超过污染物总量控制指标、生态破坏严重或者尚未完成生态恢复任务的地区，暂停审批新增污染物排放总量和对生态有较大影响的建设项目；建设项目未履行环评审批程序即擅自开工建设或者擅自投产的，责令其停建或者停产，补办环评手续，并追究有关人员的责任。对生态治理工程实行充分论证和后评估。要结合经济结构调整，完善强制淘汰制度，根据国家产业政策，及时制订和调整强制淘汰污染严重的企业和落后的生产能力、工艺、设备与产品目录。强化限期治理制度，对不能稳定达标或超总量的排污单位实行限期治理，治理期间应予限产、限排，并不得建设增加污染物排放总量的项目；逾期未完成治理任务的，责令其停产整治。完善环境监察制度，强化现场执法检查。严格执行突发环境事件应急预案，地方各级人民政府要按照有关规定全面负责突发环境事件应急处置工作，环保总局及国务院相关部门根据情况给予协调支援。建立跨省界河流断面水质考核制度，省级人民政府应当确保出境水质达到考核目标。国家加强跨省界环境执法及污染纠纷的协调，上游省份排污对下游省份造成污染事故的，上游省级人民政府应当承担赔付补偿责任，并依法追究相关单位和人员的责任。赔付补偿的具体办法由环保总局会同有关部门拟定。

……

中华人民共和国国务院

二〇〇五年十二月三日

国务院关于印发国家环境保护“十一五”规划的通知

国发[2007]37号

各省、自治区、直辖市人民政府，国务院各部委、各直属机构：

国务院同意环保总局、发展改革委制定的《国家环境保护“十一五”规划》（以下简称《规划》），现印发给你们，请结合本地区、本部门实际，认真贯彻执行。

当前，我国经济社会发展与资源环境约束的矛盾日益突出，环境保护面临严峻的挑战。各地区、各部门必须深入贯彻科学发展观，转变经济发展方式，下大力气解决危害人民群众健康和影响经济社会可持续发展的突出环境问题，努力建设环境友好型社会。要紧紧围绕实现《规划》确定的主要污染物排放总量控制目标，把防治污染作为重中之重，加快结构调整，加大污染治理力度，确保到2010年二氧化硫、化学需氧量比2005年削减10%。同时，要加快淮河、海河、辽河、太湖、巢湖、滇池、松花江等重点流域污染治理，加快城市污水和垃圾处理，保障群众饮用水水源安全。

地方各级人民政府要把环境保护目标、任务、措施和重点工程项目纳入本地区经济和社会发展规划，做到责任到位、措施到位、投资到位、监管到位。国务院有关部门要根据各自的职能分工，切实加强对《规划》实施的指导和支持。要严格执法监督，督促企业履行保护环境的责任，动员全社会共同保护环境。要高度重视投资质量和效益，保证《规划》执行的严肃性和合理性。要建立评估考核机制，每半年公布一次各地区主要污染物排放情况、重点工程项目进展情况、重点流域与重点城市的环境质量变化情况。在2008年底和2010年底，分别对《规划》执行情况进行中期评估和终期考核，评估和考核结果要作为考核地方各级人民政府政绩的重要内容。

中华人民共和国国务院

二〇〇七年十一月二十二日

国家环境保护“十一五”规划

根据《国民经济和社会发展“十一五”规划纲要》和《国务院关于落实科学发展观加强环境保护的决定》（国发[2005]39号）编制本规划。本规划是国家“十一五”规划体系的重要组成部分，旨在阐明“十一五”期间国家在环境保护领域的目标、任务、投资重点和政策措施，重点明确各级人民政府及环境保护部门的责任和任务，同时引导企业、动员社会共同参与，努力建设环境友好型社会。

一、环境形势

（一）“十五”期间环境保护工作取得进展

党中央、国务院高度重视环境保护，将改善环境质量作为落实科学发展观、构建社会主义和谐社会的重要内容，把环境保护作为宏观经济调控的重要手段，采取了一系列重大政策措施。各地区、各有关部门不断加大环境保护工作力度，淘汰了一批高消耗、高污染的落后生产能力，加快了污染治理和城市环境基础设施建设，重点地区、流域和城市的环境治理不断推进，生态保护和治理得到加强；采取了一系列应对气候变化的对策措施，市场化机制开始进入环境保护领域，全社会环境保护投资比“九五”时期翻了一番，占GDP的比例首次超过1%；环境管理能力有所提高，环境执法力度有所加强；全社会的环境意识和人民群众的参与程度明显提高，对我国环境保护规律性的认识不断深化。在经济快速发展，重化工业迅猛增长的情况下，部分主要污染物排放总量有所减少，环境污染和生态破坏加剧的趋势减缓，部分地区和城市环境质量有所改善，核与辐射安全得到保证。

（二）环境形势依然严峻

我国环境保护虽然取得积极进展，但环境形势依然严峻。“十五”环境保护计划指标没有全部实现，二氧化硫排放量比2000年增加了27.8%，化学需氧量仅减少2.1%，未完成削减10%的控制目标。淮河、海河、辽河、太湖、巢湖、滇池（以下简称“三河三湖”）等重点流域和区域的治理任务只完成计划目标的60%左右。主要污染物排放量远远超过环境容量，环境污染严重。全国26%的地表水国控（国家重点监控）断面劣于水环境V类标准，62%的断面达不到III类标准；流经城市90%的河段受到不同程度污染，75%的湖泊出现富营养化；30%的重点城市饮用水源地水质达不到III类标准；近岸海域环境质量不容乐观；46%的设区城市空气质量达不到二级标准，一些大中城市灰霾天数有所增加，酸雨污染程度没有减轻。

全国水力侵蚀面积 161 万平方公里，沙化土地 174 万平方公里，90%以上的天然草原退化；许多河流的水生态功能严重失调；生物多样性减少，外来物种入侵造成的经济损失严重；一些重要的生态功能区生态功能退化。农村环境问题突出，土壤污染日趋严重。危险废物、汽车尾气、持久性有机污染物等污染持续增加。应对气候变化形势严峻，任务艰巨。发达国家上百年工业化过程中分阶段出现的环境问题，在我国已经集中显现。我国已进入污染事故多发期和矛盾凸显期。

“十五”期间力图解决的一些深层次环境问题没有取得突破性进展，产业结构不合理、经济增长方式粗放的状况没有根本转变，环境保护滞后于经济发展的局面没有改变，体制不顺、机制不活、投入不足、能力不强的问题仍然突出，有法不依、违法难究、执法不严、监管不力的现象比较普遍。

“十一五”期间，我国人口在庞大的基数上还将增加 4%，城市化进程将加快，经济总量将增长 40%以上，经济社会发展与资源环境约束的矛盾越来越突出，国际环境保护压力也将加大，环境保护面临越来越严峻的挑战。

（三）环境保护工作进入新阶段

党中央、国务院把环境保护摆上了更加重要的战略位置，落实科学发展观、构建社会主义和谐社会为做好环保工作提供了根本保证，环境保护面临前所未有的机遇。经济增长方式转变和经济结构调整步伐加快，将为解决结构性、区域性环境污染和生态破坏起到基础性作用。综合国力增强为环境保护提供了更有力的物质和技术支撑。经济体制和行政管理体制改革深化，为创新环保工作体制和机制提供了有利的条件。广大群众环境意识普遍提高，为环境保护提供了强大的动力。我国环境与发展的关系正在发生重大变化，环境保护成为现代化建设的一项重大任务，环境容量成为区域布局的重要依据，环境管理成为结构调整的重要手段，环境标准成为市场准入的重要条件，环境成本成为价格形成机制的重要因素。这些重大变化，标志着我国环保工作正进入以保护环境优化经济增长的新阶段，挑战与机遇同在，困难与希望并存。

专栏 1 “十五”环保计划主要指标完成情况

序号	指标名称	2000 年	2005 年计划目标	2005 年	“十五”增减情况
1	二氧化硫排放量（万吨）	1 995	1 800	2 549	27.8%
其中：两控区内排放量		1 316	1 053	1 354	2.9%
2	烟尘排放量（万吨）	1 165	1 100	1 183	1.5%
3	工业粉尘排放量（万吨）	1 092	900	911	−16.6%
4	化学需氧量排放量（万吨）	1 445	1 300	1 414	−2.1%
5	工业固体废物排放量（万吨）	3 186	2 900	1 655	−48.1%
6	工业用水重复利用率（%）	/	60	75	/
7	工业二氧化硫排放量（万吨）	1 613	1 450	2 168	34.5%
8	工业烟尘排放量（万吨）	953	850	949	−0.5%
9	工业化学需氧量排放量（万吨）	705	650	555	−21.3%
10	工业固体废物综合利用率（%）	51.8	50	56.1	4.3 个百分点
11	设区城市空气质量达到国家二级标准比例（%）	36.5	50	54	17.5 个百分点
12	城市污水处理率（%）	34.3	45（生活）	52.0	17.7 个百分点
13	城市建成区绿化覆盖率（%）	28.1	35	33	4.9 个百分点
14	自然保护区面积占国土面积比例（%）	9.9	13	15	5.1 个百分点

二、指导思想、基本原则和规划目标

做好“十一五”环境保护工作，关键要加快实现历史性转变：一是从重经济增长轻环境保护转变为保护环境与经济增长并重，把加强环境保护作为调整经济结构、转变经济增长方式的重要手段，在保护环境中求发展。二是从环境保护滞后于经济发展转变为环境保护和经济发展同步，做到不欠新账，多还旧账，改变先污染后治理、边治理边破坏的状况。三是从主要用行政办法保护环境转变为综合运用法律、经济、技术和必要的行政办法解决环境问题，自觉遵循经济规律和自然规律，提高环境保护工作水平。

（一）指导思想

以邓小平理论和“三个代表”重要思想为指导，全面落实科学发展观，坚持保护环境的基本国策，深入实施可持续发展战略；坚持预防为主、综合治理，全面推进、重点突破，着力解决危害人民群众健康的突出环境问题；坚持创新体制机制，依靠科技进步，强化环境法治，调动社会各方面的积极性。经过长期不懈的努力，使生态环境得到改善，资源利用效率显著提高，可持续发展能力不断增强，人与自然和谐相处，建设环境友好型社会。

（二）基本原则

——协调发展，互惠共赢。正确处理环境保护与经济发展和社会进步的关系，在发展中落实保护，在保护中促进发展，坚持节约发展、安全发展、清洁发展，实现可持续的科学发展。

——强化法治，综合治理。坚持依法行政，不断完善环境法律法规，严格环境执法；坚持环境保护与发展综合决策，科学规划，突出预防为主的方针，从源头防治污染和生态破坏，综合运用法律、经济、技术和必要的行政办法解决环境问题。

——不欠新账、多还旧账。严格控制污染物排放总量；所有新建、扩建和改建项目必须符合环保要求，做到增产不增污，努力实现增产减污；积极解决历史遗留的环境问题。

——依靠科技，创新机制。大力发展环境科学技术，以技术创新促进环境问题的解决；建立政府、企业、社会多元化投入机制和部分污染治理设施市场化运营机制，完善环保制度，健全统一、协调、高效的环境监管体制。

——分类指导，突出重点。因地制宜，分区规划，统筹城乡发展，分阶段解决制约经济发展和群众反应强烈的环境问题，改善重点流域、区域、海域、城市的环境质量。

（三）规划目标

到 2010 年，二氧化硫和化学需氧量排放得到控制，重点地区和城市的环境质量有所改善，生态环境恶化趋势基本遏制，确保核与辐射环境安全。

专栏 2　“十一五”主要环保指标

序号	指标名称	2005 年	2010 年	“十一五”增减情况
1	化学需氧量排放总量（万吨）	1 414	1 270	−10%
2	二氧化硫排放总量（万吨）	2 549	2 295	−10%
3	地表水国控断面劣Ⅴ类水质的比例（%）	26.1	<22	−4.1 个百分点
4	七大水系国控断面好于Ⅲ类的比例（%）	41	>43	2 个百分点
5	重点城市空气质量好于Ⅱ级标准的天数超过 292 天的比例（%）	69.4	75	5.6 个百分点

三、重点领域和主要任务

围绕实现“十一五”规划确定的主要污染物排放控制目标，把污染防治作为重中之重，把保障城乡人民饮水安全作为首要任务，全面推进、重点突破，切实解决危害人民群众健康和影响经济社会可持续发展的突出环境问题。

（一）削减化学需氧量排放量，改善水环境质量

以实现化学需氧量减排 10%为突破口，优先保护饮用水水源地，加快治理重点流域污染，全面推进水污染防治和水资源保护工作。

1．确保实现化学需氧量减排目标

加快城市污水处理与再生利用工程建设。到 2010 年，所有城市都要建设污水处理设施，城市污水处理率不低于 70%，全国城市污水处理能力达到 1 亿吨/日。污水处理厂的建设要坚持集中和分散相结合，因地制宜，优化布局，大力推进技术进步和推广先进适用技术。污水处理设施建设要厂网并举、管网优先，并与供水、用水、节水和污水再生利用统筹考虑。切实重视污水处理厂的污泥处置，实现污泥稳定化、无害化。加强污水处理厂的监管，所有污水处理厂全部安装在线监测装置，实现对污水处理厂运行和排放的实时监控。不断提高城镇污水收集的能力和污水处理设施的运行效率，保证污水处理厂投入运行后的实际处理负荷，在一年内不低于设计能力的 60%，三年内不低于设计能力的 75%。

加强工业废水治理。严格执行水污染物排放标准和总量控制制度，加快推行排污许可证制度。重点抓好占工业化学需氧量排放量 65%的国控重点企业的废水达标排放和总量削减。加快淘汰小造纸、小化工、小制革、小印染、小酿造等不符合产业政策的重污染企业。进一步强化工业节水工作，制定高耗水行业废水排放限额标准，提高工业用水重复利用率。以造纸、酿造、化工、纺织、印染行业为重点，加大污染治理和技术改造力度。在钢铁、电力、化工、煤炭等重点行业推广废水循环利用，努力实现废水少排放或零排放。严格按照有关标准监测排入城镇排水系统的工业废水水质和水量，保证污水处理厂安全运行。

2．全力保障饮用水水源安全

取缔饮用水水源一级保护区内的直接排污口。完成地表水饮用水水源保护区划定和调整工作，确定保护区等级和界限，设立警示标志，关闭二级保护区内的直接排污口。开展饮用水水源地环境状况普查，编制饮水安全保障规划和管理办法及饮用水水源地环境保护规划。加强饮用水水源保护区水土保持、水源涵养，控制面源污染。严格限制在饮用水水源保护区上游建设水污染严重的化工、造纸、印染等类企业。开展地下水污染状况调查，编制地下饮用水水源地保护规划，防

治地下水污染。重视对水体中持久性有机污染物的研究和防范。

健全饮用水水源安全预警制度，制订突发污染事故的应急预案。完善饮用水水源地监测和管理体系，每年对集中式饮用水水源地至少进行一次水质全分析监测，并及时公布水环境状况。

3．推进重点流域水污染防治

坚持不懈地推进“三河三湖”、松花江水污染治理，抓好三峡库区及其上游、南水北调水源地及沿线、黄河小浪底库区及上游的水污染治理。加强长江中下游、珠江及重要界河的水污染防治。落实流域治理目标责任制和省界断面水质考核制度，加快建立生态补偿机制。多渠道增加投入，加快治理工程建设。统筹流域水资源开发利用和保护，统筹生活、生产和生态用水，保证江河必须的生态径流。按照军地结合原则，继续开展重点流域和区域中军队单位的污水、垃圾治理，改善营区环境质量。加强国际合作，做好黑龙江、鸭绿江、伊犁河等界河的水质监测与治理。

以沿江沿河的化工企业为重点，全面排查排放有毒有害物质的工业污染源，并建立水质监测定期报告制度，督促其完善治污设施和事故防范措施，杜绝污染隐患。

（二）削减二氧化硫排放量，防治大气污染

以火电厂建设脱硫设施为重点，确保完成二氧化硫排放量减少 10%的目标，遏制酸雨发展。以 113 个环保重点城市和城市群地区的大气污染综合防治为重点，努力改善城市和区域空气环境质量。

专栏3　环境保护重点城市名单（共113个）

直辖市：北京、天津、上海、重庆；

省会城市：石家庄、太原、呼和浩特、沈阳、长春、哈尔滨、南京、杭州、合肥、福州、南昌、济南、郑州、武汉、长沙、广州、南宁、海口、成都、贵阳、昆明、拉萨、西安、兰州、西宁、银川、乌鲁木齐；

计划单列市：大连、青岛、宁波、厦门、深圳；

其他城市：秦皇岛、唐山、保定、邯郸、长治、临汾、阳泉、大同、包头、赤峰、鞍山、抚顺、本溪、锦州、吉林、牡丹江、齐齐哈尔、大庆、苏州、南通、连云港、无锡、常州、扬州、徐州、温州、嘉兴、绍兴、台州、湖州、马鞍山、芜湖、泉州、九江、烟台、淄博、泰安、威海、枣庄、济宁、潍坊、日照、洛阳、安阳、焦作、开封、平顶山、荆州、宜昌、岳阳、湘潭、张家界、株洲、常德、湛江、珠海、汕头、佛山、中山、韶关、桂林、北海、三亚、柳州、绵阳、攀枝花、泸州、宜宾、遵义、曲靖、咸阳、延安、宝鸡、铜川、金昌、石嘴山、克拉玛依。

1．确保实现二氧化硫减排目标

实施燃煤电厂脱硫工程。实施酸雨和二氧化硫污染防治规划，重点控制高架源的二氧化硫和氮氧化物排放。超过国家二氧化硫排放标准或总量要求的燃煤电厂，必须安装烟气脱硫设施。“十一五”期间，加快现役火电机组脱硫设施的建设，使现役火电机组投入运行的脱硫装机容量达到 2.13 亿千瓦。新（扩）建燃煤电厂除国家规定的特低硫煤坑口电厂外，必须同步建设脱硫设施并预留脱硝场地。在大中城市及其近郊，严格控制新（扩）建除热电联产外的燃煤电厂。

2．综合改善城市空气环境质量

以颗粒物特别是可吸入颗粒物作为城市大气污染防治的重点，加快城区工业污染源调整搬迁，集中整治低矮排放污染源，重视解决油烟污染。加强建筑施工及道路运输环境管理，有效抑制扬尘。提高城市清洁能源比例和能源利用效率，大力开展节能活动。因地制宜地发展以热定电的热电联产和集中供热。在城区内划定高污染燃料禁燃区。

统筹规划长三角、珠三角、京津冀等城市群地区的区域性大气污染防治，有条件的城市要开展氮氧化物、有机污染物等复合污染问题以及灰霾天气的研究，逐步开展对臭氧和 $PM_{2.5}$（直径小于 2.5 微米的可吸入颗粒物）等指标的监测，建立光化学烟雾污染预警系统。

3．加强工业废气污染防治

以占工业二氧化硫排放量 65%以上的国控重点污染源为重点，严格执行大气污染物排放标准和总量控制制度，加快推行排污许可证制度。促使工业废气污染源全面、稳定达标排放，实现增产不增污。工业炉窑要使用清洁燃烧技术，以细颗粒污染物为重点，严格控制烟（粉）尘和二氧化硫的排放。开展新一轮的除尘改造，推广使用高效的布袋除尘设施。继续抓好煤炭、钢铁、有色、石油化工和建材等行业的废气污染源控制，对重点工业废气污染源实行自动监控。大力推进煤炭洗选工程建设，推广煤炭清洁燃烧技术。继续开展氮氧化物控制研究，加快氮氧化物控制技术开发与示范，将氮氧化物纳入污染源监测和统计范围，为实施总量控制创造条件。

4．强化机动车污染防治

大型、特大型城市要把防治机动车尾气污染作为改善城市环境质量的重要内容。进一步提高机动车排放控制水平，规范在用机动车环保年检工作。改善油品质量，提高燃油的利用效率。大力开发和使用节能型和清洁燃料汽车，降低机动车污染物排放。

5．加强噪声污染控制

加强对建筑施工、工业生产和社会生活噪声的监管，及时解决噪声扰民问题。限制机动车在市区鸣笛，对敏感路段采取降噪措施，控制交通噪声。在大中城市创建安静小区

6．控制温室气体排放

强化能源节约和高效利用的政策导向，加大依法实施节能管理的力度，加快节能技术开发、示范和推广，充分发挥以市场为基础的节能新机制，努力减缓温室气体排放。大力发展可再生能源，积极推进核电建设，加快煤层气开发利用，优化能源消费结构。强化冶金、建材、化工等产业政策，提高资源利用率，控制工业生产过程中的温室气体排放。加强农村沼气建设和城市垃圾填埋气回收利用，努力控制甲烷排放增长速度。继续实施植树造林、天然林资源保护等重点生态建设工程，提高森林资源覆盖率，增加碳汇和增强适应气候变化能力。加强温室气体排放的监测与统计分析。

（三）控制固体废物污染，推进其资源化和无害化

以减量化、资源化、无害化为原则，把防治固体废物污染作为维护人民健康，保障环境安全和发展循环经济，建设资源节约型、环境友好型社会的重点领域。

1．实施危险废物和医疗废物处置工程

加快实施危险废物和医疗废物处置设施建设规划，完善危险废物集中处理收费标准和办法，建立危险废物和医疗废物收集、运输、处置的全过程环境监督管理体系，基本实现危险废物和医疗废物的安全处置。完成历史堆存铬渣无害化处置。

2．实施生活垃圾无害化处置工程

实施城市生活垃圾无害化处置设施建设规划，新增城市生活垃圾无害化处理能力 24 万吨/日，城市生活垃圾无害化处理率不低于 60%。推行垃圾分类，强化垃圾处置设施的环境监管。高度重视垃圾渗滤液的处理，逐步对现有的简易垃圾处理场进行污染治理与生态恢复，消除污染隐患。

3．推进固体废物综合利用

重点推进煤矸石、粉煤灰、冶金和化工废渣、尾矿等大宗工业固体废物的综合利用。到 2010 年，工业固体废物综合利用率达到 60%。推进建筑垃圾及秸秆、畜禽粪便等综合利用。建立生产者责任延伸制度，完善再生资源回收利用体系，实现废旧电子电器的规模化、无害化综合利用。对进口废物加工利用企业严格监管，防止产生二次污染，严厉打击废物非法进出口。

（四）保护生态环境，提高生态安全保障水平

以促进人与自然和谐为目标，以生态功能区划分为基础，以控制不合理的资源开发活动为重点，坚持保护优先，自然修复为主，力争使生态环境恶化趋势得到基本遏制。

1．编制全国生态功能区划

在全国生态环境现状调查的基础上，依据生态环境敏感性和生态功能重要性编制全国生态功能区划，科学确定不同区域主导生态功能类型，划定对国家生态安全具有重要意义的重点生态功能保护区，指导生态保护工作，为实施环境保护分类管理提供科学依据，并与全国主体功能区划规划衔接协调。

2．启动重点生态功能保护区工作

明确重点生态功能保护区的范围、主导功能和发展方向，按照限制开发区的要求，探索建立生态功能保护区的评价指标体系、管理机制、绩效评估机制和生态补偿机制。提高重点生态功能保护区的管护能力。

3．提高自然保护区的建设质量

进一步完善自然保护区体系，基本建成类型齐全的自然保护区网络，使95%以上的典型自然生态系统类型、国家重点保护野生动植物物种及重要自然遗迹划入自然保护区保护范围。实现自然保护区建设由重数量向重质量转变，提高自然保护区的管护能力与建设水平。制定自然保护区规范化建设标准，按照相关规划继续推进自然保护区建设。90%以上自然保护区有健全的管理机构。初步建成全国自然保护区监测网络和综合信息平台。

4．加强物种资源保护和安全管理

开展物种资源调查。建设物种资源的数据库、种质库和基因库。建设物种资源就地、迁地和离体保护设施。建立物种资源进出口查验制度，强化外来物种和转基因生物体的生态影响监控、安全防治和应急机制。开展物种资源保护的宣传教育，提高公民保护物种资源的意识。

5．加强开发建设活动的环境监管

坚持保护优先、开发有序的原则，抓好长江上游等流域的水利开发、黄土高原能源矿产开发、东北黑土地开发等重点开发规划和项目的环境影响评价，有效控制开发建设中的水土流失。加大生态保护执法力度，打击破坏生态的违法活动。

加快建立矿山环境恢复保证金制度。推进矿山环境治理，促进新老矿山及资源枯竭型城市的生态恢复。强化旅游开发活动的环境保护，加大对旅游区环境污染和生态破坏情况的检查力度，重点加强对生态敏感区域旅游开发项目的环境监管，开展生态旅游试点示范。

（五）整治农村环境，促进社会主义新农村建设

按照“生产发展、生活宽裕、乡风文明、村容整洁、管理民主”的社会主义新农村建设要求，实施农村小康环保行动计划，开展农村环境综合整治，加强土壤污染防治，控制农业面源污染，发展生态农业，优化农业增长方式。

1．重点防治土壤污染

开展全国土壤污染现状调查，建立土壤环境质量评价和监测制度，开展污染土壤修复示范。搬迁企业必须做好原厂址土壤修复工作，对持久性有机污染物和重金属污染超标耕地实行综合治理；污染严重且难以修复的耕地应依法调整用途。严格控制主要粮食产地和菜篮子基地的污水灌溉，加大对菜篮子基地的环境管理。

2．开展农村环境综合整治

推动编制农村环境综合整治规划。开展农村改水、改厕工作，改善农村环境卫生条件；生活垃圾实现定点存放、统一收集、定时清理、集中处理；采取分散或相对集中、生物或土地等多种处理方式，因地制宜推进乡镇生活污水处理；结合旧村改造、新村建设，美化村庄环境，改善村容村貌。完成 1 万个行政村的环境综合整治，建设 2 000 个环境优美乡镇。加大农村企业污染监管和治理力度，禁止工业固体废物、危险废物、城镇垃圾及其他污染物向农村转移。

3．防治农村面源污染

开展小流域综合治理，控制水土流失。开展农村面源污染综合治理的试点、示范。推广科学施用农药、化肥，提高农药、化肥利用效率。推动绿色食品和有机食品基地建设，大力发展节水农业和生态农业。推广农业资源节约和综合利用，大力发展农业循环经济。以沼气建设为纽带，合理利用秸秆资源，加强集中式畜禽养殖场污水、粪便综合利用和处理，提高农户沼气普及率。

（六）加强海洋环境保护，重点控制近岸海域污染和生态破坏

以削减陆源污染物排放为重点，以重点海域污染治理为突破口，加强海洋生态保护，提高海洋环境灾害应急能力，改善海洋生态系统服务功能。

1．努力削减陆源污染物入海量

强化直接排海工业点源控制和管理，确保稳定达标排放。加快沿海城市污水处理厂和垃圾处理场的建设。强化对污泥和垃圾渗滤液的处置，防止产生二次污染，继续在沿海地区深入开展禁磷工作。

2．加快重点海域污染治理

深入开展渤海碧海行动，力争渤海水质有明显改善。加快编制并实施长江口及毗邻海域、珠江口及其海域污染治理规划。以重点海域污染治理带动海洋环境

保护。

3．防治港口和船舶污染

制定并实施船舶污染治理技术政策和治理规划，针对各类船舶，分别提出安装污水处理设施和垃圾回收设施的技术要求和时限。到 2010 年，大中型海港都要建设船舶油类、化学品、垃圾、生活污水回收、转运设施。港口和船舶污水、垃圾处理设施建设要纳入城市污水、垃圾处理设施建设规划。加强对海洋倾废的监督管理。

4．保护海洋生态环境

以近岸海域为重点，加强海洋生态环境修复与保护。严格保护、合理利用岸线、滩涂资源，禁止不合理开发活动，防止滩涂及海水养殖造成的污染。推进海岸防护林建设，恢复和保护滨海湿地、红树林、珊瑚礁等典型海洋生态系统，建设一批海洋自然保护区。开展重点海域生物多样性普查，查清外来物种入侵现状，对引进外来海洋生物物种实行严格管理。

5．防治海洋环境灾害

建立跨部门的海上溢油监测与应急体系，提高海上溢油事故快速反应和处置能力。相关涉海部门和所有沿海城市、港口都要制订溢油应急预案。完善赤潮监测系统，提高早期预警能力，规范赤潮信息管理，建立赤潮灾害应急响应机制，尽可能减少赤潮造成的损失。

（七）严格监管，确保核与辐射环境安全

以核设施和放射源的安全监管为重点，加强放射性废物的处理处置能力，全面加强核与辐射安全管理，确保核与辐射环境安全。

1．提高核设施建造质量和运行安全水平

开发新一代核电厂安全评价技术，改进安全监管方法，提高核电站改造和运行安全监管的有效性。健全民用核安全设备管理的立法，进一步加强对民用核安全设备设计、制造、安装等活动的管理，提高国产化设备质量。

2．完善放射性同位素与射线装置的管理

进一步加强放射性同位素与射线装置生产、使用、销售和进出口的安全许可和监督，完成辐射安全许可证的换发。建设对放射源实施全寿期跟踪的全国放射源管理信息系统。实现废弃放射源的安全收贮。

3．加快治理放射性污染

制定核设施安全退役政策。加快中低放废物近地表处置场建设。完成国家和省级放射性废物库建设。推进核工业遗留放射性废物治理。开展对铀矿冶和伴生放射性矿放射性污染现状调查、评价与污染防治的监督。

通过示范项目的实施，掌握高放废物处理技术，积极推进高放废液固化处理设施的建设。积极开展高放废物处置地质调查和勘探工作。开展高放废物处置长期安全研究，确定高放废物地质处置发展战略和总体安全目标。

4．提高电磁辐射污染防治水平

建立和完善防治电磁辐射污染的法规和标准，加强电磁辐射环境影响评价。优化电磁场的空间分布，合理布局场源建设，防止人口稠密区的电磁辐射污染。

（八）强化管理能力建设，提高执法监督水平

按照目标与手段相匹配、任务与能力相适应的要求，以监测评估、及时预警、快速反应、科学管理为目标，以自动化、信息化为方向，以建设先进的环境监测预警体系和完备的环境执法监督体系为重点，实施环境监管能力建设规划，积极争取各级财政投入，努力提高环境管理能力。

1．建设先进的环境监测预警体系

按照队伍专业化、装备现代化要求，推进各级环境监测站标准化建设。到2010年，80%的县级环境监测站达到建设标准。

按照布局科学、数据准确、传输及时的要求，建设全国空气、地表水、近岸海域、辐射、生态环境等环境质量监测网络，科学、全面、及时地反映环境质量状况和变化趋势。

按照动态监控、及时预警、准确计量的要求，建设重点污染源监督性监测和自动监测系统，实时监控排污状况。优先建设燃煤电厂在线监测系统。

2．建设完备的环境执法监督体系

提高环保执法装备水平，重点支持中西部地区执法能力建设。到 2010 年，省、市、县环保执法队伍基本达到能力建设标准化要求。加强国家、省和市级核安全与辐射环境监管能力建设，提高安全监督水平。

3．建设环境事故应急系统

建成国家环境突发事故应急监测网络及指挥中心，各省、市要建立相应的环境应急指挥系统。国家、省、市以及流域分别配备水、气环境突发事故应急监测车及仪器设备，重点海港和内河港口配备应急监测船。

4．提高环境综合评估能力

开展全国污染源普查、饮用水水源地调查、地下水污染现状调查、土壤污染现状调查、持久性有机污染物调查、重点设施电磁辐射调查和伴生放射性矿物资源开发利用调查。

加强环境统计能力建设，改革环境统计方法，开展统计季报制度，全面、及时、准确提供环境综合信息。定期开展环境质量和生态变化评估以及环境经

济核算。

5．建设“金环工程”

建设国家和地方环境保护信息系统。构建环境保护信息基础网络平台，建设国家环境数据信息库和环境管理决策支持体系，建立高效、便捷的环境污染事故应急指挥信息传输系统，构筑数字环保，完善信息发布制度，促进环境信息共享。

6．增强环境科技创新的支撑能力

建成一批国家环境重点实验室、国家环境工程技术中心和环境基准实验室。初步建成国家环境标准样品研发与生产基地。

7．加强队伍建设和人才培养

加大环保管理干部和技术人员培训力度，培养高素质环保技术人才。实施资格认证制度，逐步扩大环保技术人员执业资格范围。加强环保队伍思想政治工作和廉政建设。

专栏4　环境监管能力建设重点内容

空气环境质量监测：填平补齐地级市空气自动监测站。建设农村空气质量背景站、质量监控点。建成国家酸沉降监测网和沙尘暴监测网。

水环境质量监测：加强国家地表水自动监测站建设，重点加强省界、国界及入海口实时监测与污染事故预警能力，加强近岸海域监测能力建设。

环境监测网常规监测：加强地表水、饮用水水源地、固体废物、土壤、生态、噪声、近岸海域等常规监测站的能力。

辐射环境监测：建设国控辐射自动监测站和核设施实时流出物监测系统。建设核安全监管技术支持系统。

环境应急监测：配备省级水、气环境突发事件应急监测车系统以及核污染与辐射应急监测仪器设备。

县级基本环境监测：配备实验室常规仪器，使东部、中部、西部地区县环境监测站建设达标率分别达到90%、80%、60%。

环境执法监督标准化：省级全部达到一级标准，市（地）级达二级标准的比例不低于90%，区县级达三级标准的比例不低于70%。

重点污染源自动监控：国控重点污染源安装自动监控设备，建立国家、省、市三级监控中心，实施联网监控管理。完善重点城市监测站污染源监督监测能力。

环境管理基础条件：落实环保机构基础设施和工作条件，建设一批环境重点实验室和工程技术中心、标准样品研发与生产基地，建设国家环境保护信息系统。

四、重点工程和投资重点

解决我国环境问题，必须以规划为依据，以项目为依托，以投资作保障，通过落实规划、落实资金、落实项目，把实现“十一五”环保目标落到实处。

（一）重点工程

加快完成国家“十五”各项重点治理计划的结转项目，及时开工列入国家“十一五”规划的项目，研究论证一批新的工程项目。“十一五”期间，重点实施10项环境保护工程。要调动各种资源，开辟多元化投资渠道，集中力量和资金，重点建设。

专栏5 “十一五”环境保护重点工程

环境监管能力建设工程：建设环境质量监测网络、环保执法能力、国控重点污染源自动在线监控系统、突发性环境事故应急系统、环境综合评估体系、“金环”工程、环境科技创新支撑能力建设。

危险废物和医疗废物处置工程：完成31个省级危险废物集中处置中心、300个设区市的医疗废物集中处置中心等建设任务。

铬渣污染治理工程：对堆存铬渣及受污染土壤进行综合治理。

城市污水处理工程：新增城镇污水处理规模4 500万吨/日，改造和完善现有污水处理厂及配套管网，配套污泥安全处置和再生水利用。

重点流域水污染防治工程：治理重点工业污染源、水源地上游污染防治、规模化畜禽养殖污染治理和部分城市环境综合治理。

城市垃圾处理工程：新增城市生活垃圾处理规模24万吨/日。

燃煤电厂及钢铁行业烧结机烟气脱硫工程：使现役火电机组投入运行的脱硫装机容量达到2.13亿千瓦。

重点生态功能区和自然保护区建设工程：建立一批示范性国家重点生态功能保护区。完善一批国家级自然保护区的管护基础设施。

核与辐射安全工程：建成核设备性能鉴定实验室、放射性物质鉴定实验室、放射性废物安全管理中心、电磁辐射监测实验室、全国辐射环境监督监测国控网、国家核与辐射安全监督管理系统等。

农村小康环保行动工程：建成环境优美乡镇2 000个，完成1万个行政村环境综合整治。

（二）投资重点

为实现“十一五”环境保护目标，全国环保投资约需占同期国内生产总值的1.35%。

1. 水污染治理

为实现化学需氧量减少 10%的目标，必须通过工程措施削减化学需氧量 400 万吨，其中：需新增城市污水处理能力 4 500 万吨/日，形成化学需氧量削减能力 300 万吨；工业污水治理削减化学需氧量 100 万吨。水污染治理是投资的重中之重。

2. 大气污染治理

为实现二氧化硫排放量减少 10%的目标，在“十一五”新建燃煤电厂基本都安装脱硫设施的前提下，还必须通过工程措施削减现役火电机组二氧化硫 490 万吨，使现役火电机组投入运行的脱硫装机容量达到 2.13 亿千瓦，钢铁烧结机烟气脱硫等脱硫工程形成脱硫能力 30 万吨。推进其他工业废气治理、城市集中供热、集中供气等大气污染综合治理。

3. 固体废物治理

继续实施危险废物和医疗废物处理设施建设规划，新增城市生活垃圾无害化处理能力 24 万吨/日，推进工业固体废物、废旧家电处置与综合利用等固体废物治理。

4. 核安全与放射性废物治理

重点建设退役核设施与中低放射性废物处理处置、铀矿开采的污染防治等设施。

5. 农村污染治理与生态保护

实施农村小康环保行动计划，启动农村环境治理，开展土壤污染调查与修复，强化重点生态功能保护区和自然保护区建设。

6. 能力建设

建设先进的环境监测预警体系、完备的环境执法监督体系，增强环保科技与产业支撑能力。

（三）投资来源

1. 政府投资

环境基础设施建设、重点流域综合治理、核与辐射安全、农村污染治理、自然保护区和重要生态功能区建设、环境监管能力建设等，主要以地方各级人民政府投入为主，中央政府区别不同情况给予支持。

2. 企业投资

工业污染治理按照“污染者负责”原则，由企业负责。其中现有污染源治理投资由企业利用自有资金或银行贷款解决。新扩改建项目环保投资，要纳入建设项目投资计划。

要积极利用市场机制，吸引社会投资，形成多元化的投入格局。“十一五”期间预计可征收排污费 750 亿元，用于污染治理，以补助或者贴息方式，吸引银行特别是政策性银行，积极支持环境保护项目。

五、保障措施

积极推进历史性转变，着力克服长期制约环境保护发展的制度性障碍，加大改革创新力度，完善体制，创新机制，加强法制，增加投入，提高环境保护工作水平。

（一）促进区域经济与环境协调发展

实施区域发展总体战略，将国土空间划分为四类主体功能区，既是优化经济布局、促进区域协调发展的战略举措，更是保护生态环境的一项基础性、长远性的根本措施，也为强化国家在环境保护领域的宏观调控和分类指导提供了依据。

1. 加强地区分类指导

在国家区域协调发展战略框架下，西部地区要强化生态保护，依据国家政策和规划，稳步实施生态退耕，继续推进各类生态建设工程，建设重点生态功能保护区，加大荒漠化和石漠化治理力度，加强资源开发活动的环境监管，控制和防止重化工业和资源开发过程中的污染和生态破坏，加强三峡库区及其上游、黄河中上游等重点流域水污染与水土流失防治；东北地区要加强黑土地水土流失和东北西部荒漠化综合治理，加大资源枯竭型城市和矿山的生态修复，推进松花江、辽河、鸭绿江等流域和界河的污染治理，加快生态省和循环经济试点省建设步伐；中部地区要加快环境基础设施建设，加大重点流域的水污染治理力度，有效维护区域资源环境承载能力，严格控制污染物排放总量；东部地区要率先推进历史性转变，率先还清旧账，加快产业结构优化升级，促进增长方式的转变，加大长三角、珠三角、京津冀等沿海城市群区域环境综合整治力度，大幅度削减主要污染物排放总量。

2. 逐步实行环境分类管理

按照全国主体功能区划的要求，对四类主体功能区制定分类管理的环境政策和评价指标体系，逐步实行分类管理。

在优化开发区域，坚持环境优先，优化产业结构和布局，大力发展高新技术，加快传统产业技术升级，实行严格的建设项目环境准入制度，率先完成排污总量削减任务，做到增产减污，解决一批突出的环境问题，改善环境质量。

在重点开发区域，坚持环境与经济协调发展，科学合理利用环境承载力，推进工业化和城镇化，加快环保基础设施建设，严格控制污染物排放总量，做到增产不增污，基本遏制环境恶化趋势。

在限制开发区域，坚持保护为主，合理选择发展方向，发展特色优势产业，加快建设重点生态功能保护区，确保生态功能的恢复与保育，逐步恢复生态平衡。

在禁止开发区域，坚持强制性保护，依据法律法规和相关规划严格监管，严禁不符合主体功能定位的开发活动，控制人为因素对自然生态的干扰和破坏。

3．重点支持西部地区环境保护

按照西部大开发总体战略和政策，加大对西部地区环境保护支持力度。加强对西部地区的政策指导，严格控制污染向西部地区转移。优先在西部地区建立和实施生态补偿机制。国家主要污染物排放总量指标、污染治理资金和能力建设资金，尽可能向西部地区倾斜。按照自愿互利原则，提倡东中部地区帮助西部地区加强能力建设和人才培养。做好对口援助西藏工作。

（二）加快经济结构调整

大力推动产业结构优化升级，促进清洁生产，发展循环经济，从源头减少污染，推进建设环境友好型社会。

1．强化环境准入

在确定钢铁、有色、建材、电力、轻工等重点行业准入条件时充分考虑环境保护要求，新建项目必须符合国家规定的准入条件和排放标准。已无环境容量的区域，禁止新建增加污染物排放量的项目。

依据国家产业政策和环保法规，加大淘汰污染严重的落后工艺、设备和企业的力度。把淘汰落后作为建设环境友好型社会的重要途径。

2．加快推进循环经济

根据发展循环经济的要求，制定相关配套法规，完善评价指标体系。实行有利于资源节约和循环经济发展的经济政策。推进重点行业、产业园区和省市循环经济试点工作，推广循环经济先进适用技术和典型经验，建设循环经济试点示范工程。加快制定重点行业清洁生产标准、评价指标体系和强制性清洁生产审核技术指南，建立推进清洁生产实施的技术支撑体系。进一步推动企业积极实施清洁生产方案。对污染物排放超过国家和地方标准或总量控制指标的企业，以及使用有毒有害原料或者排放有毒物质的企业，要依法实行强制性清洁生产审核。

3．大力开展资源节约和综合利用

按照低投入、高产出、低消耗、少排放、能循环、可持续的原则，把节能节水节地与削减污染物排放总量有机结合起来，实行统筹规划，同步实施，以提高能源资源利用效率为重要措施，完成“十一五”主要污染物减排目标。

（三）完善体制，落实责任

适应环境保护新形势，分清中央和地方事权，分清政府和企业职责，健全统一、协调、高效的环境监管体制。

1．加强国家监察

完善政策措施，加强对全国环境保护的评估、规划、宏观调控和指导监督。加快建立大区督察派出机构，加强区域、流域环保工作的协调和监督，查处突出的环境违法问题。

2．加强地方监管

坚持地方政府对行政区域环境质量负责，落实政府环境责任。建立环境保护目标责任制，加强评估和考核。

3．落实单位负责

综合运用约束机制和激励机制，促进企业和其他组织严格执行环境法规与标准，自觉治理污染，保护生态。建立企业环境信息公开制度，加强社会监督。建立企业环境监督员制度，实行职业资格管理。

4．加强部门合作

逐步理顺部门职责分工，增强环境监管的协调性、整体性。建立部门间信息共享和协调联动机制，充分发挥部际联席会议的作用。各有关部门依照各自职责，做好相关领域环保工作。环保部门要切实履行职责，统一环境规划，统一执法监督，统一发布环境信息，加强综合管理。

（四）创新机制，增加投入

努力推进政策创新，把政府调控与市场机制有机结合、法规约束与政策激励有机结合，以政府投入带动社会投入，以经济政策调动市场资源，以宣传教育引导公众参与，进一步完善政府主导、市场推进、公众参与的环境保护新机制。

1．加大政府投入

把环境保护投入作为公共财政支出的重点并逐步增加。国家基本建设投资要继续向环境保护倾斜，对国家环保重点工程和列入国家环境治理规划的项目，区分不同情况给予支持。各级政府都要加大对污染防治、生态保护和环境公共设施建设的投资，把环保部门工作经费纳入各级财政支出预算，切实提高环保机构经费保障程度。加强排污费资金使用管理，加强资金使用效益的监督与评估。在合理划分中央和地方事权的基础上，中央政府加大对中西部地区环境保护支持力度。

2．完善环境经济政策

在资源税、消费税、进出口税改革中充分考虑环境保护要求，探索建立环境税收制度，运用税收杠杆促进资源节约型、环境友好型社会的建设。

发挥价格杠杆的作用，建立能够反映污染治理成本的排污价格和收费机制，有条件的地区和单位可实行二氧化硫等排污权交易。实现环境成本内部化，促进企业减少排污，提高环境污染治理效果。对可再生能源发电、脱硫电厂和垃圾焚烧发电厂实行优先上网或提高电价等优惠政策，实行脱硫电价的动态管理。

全面征收城市污水、生活垃圾、危险废物和医疗废物处理处置费及放射性废物收储费，保证治理设施和收储设施正常运行。加大排污费征收和稽查力度，进一步完善排污收费制度。加快市政公用事业改革，鼓励各类企业参与环保基础设施建设和运营，推进污染治理市场化。

完善信贷政策，鼓励银行特别是政策性银行对有偿还能力的环境基础设施建设项目和企业治污项目给予贷款支持。探索建立环境责任保险和环境风险投资。积极扩大利用外资渠道，继续争取国际组织和外国政府无偿援助和优惠贷款。

按照“谁开发谁保护、谁破坏谁恢复，谁受益谁补偿，谁排污谁付费”的原则，以三峡库区、南水北调水源区、重点能源开发区和国家级自然保护区为突破口，扩大试点，完善生态补偿政策，建立生态补偿机制。

（五）强化法治，严格监管

强化法治既是防治污染、保护生态的关键，也是参与环境与发展综合决策，推动经济增长方式根本性转变的有效手段。采取有力措施，着力解决法规不健全、执法难度大、违法成本低、违法不究、执法不严的问题。

1．完善法规标准体系

抓紧修订和完善现行法规标准，填补法律空白。重点是配合做好《中华人民共和国环境保护法》、《中华人民共和国水污染防治法》的修订工作，拟订有关土壤污染、化学物质污染、生态保护、生物安全、遗传资源、臭氧层保护、核安全、循环经济、环境监测、环境损害赔偿等方面的法律法规草案。各地也要完善地方性法规。完善技术规范和环境标准体系，科学确定标准限值，鼓励各地制订更加严格的地方污染物排放标准。

积极配合司法部门，通过司法手段保障环境执法的权威和有效性。

2．完善执法监督体系

按照权责明确、行为规范、监督有力、高效运转的要求，明确执法责任和程序，提高执法效率，强化执法监督，坚决做到有法必依、执法必严、违法必究。

深入开展整治违法排污企业、保障群众健康专项行动，严厉查处环境违法行为和案件。持续开展环境安全检查，重点排查沿江沿河和人口密集区的石油、化工、冶炼等企业，努力消除环境隐患。加强危险化学品、危险废物、放射性废物监管，防范环境风险。各级政府和重点企业要制订应急方案，配备必要应急设施，提高突发环境事件的处置能力。

3．着重落实三项环境管理制度

落实污染物排放总量控制制度。把主要污染物排放总量控制计划指标层层分解，落实到基层和排污单位。加强污染物排放监测和统计。综合运用排污许可、排污收费、强制淘汰、限期治理和环境影响评价等各项环境管理制度和手段，实现总量控制目标。

强化环境影响评价和“三同时”（建设项目环保设施同时计划、同时施工、同时投产使用）制度。在加快试点的基础上推进各类发展和建设规划的环境影响评价，从源头上防止环境污染和生态破坏。严格建设项目环境影响评价和“三同时”管理，加强环评资格管理，提高环评质量，落实环评责任制。严格“三同时”验收，尽快扭转重审批轻监管、重事前评价轻事后评估和不审批就开工、不验收就投产的局面。

实行环境目标责任制。把“十一五”环保目标和任务分解到各级政府，层层抓落实。建立环境管理绩效考核机制，把环境保护纳入经济社会发展评价体系。制订科学的评价指标，纳入党政干部政绩综合评价体系。建立环境保护问责和奖惩制度，严格执行《环境保护违法违纪行为处分暂行规定》。

（六）依靠科技，发展产业

以科技创新为动力，以产业发展为支撑，努力提高环境保护技术水平。

1．大力促进科技创新

为提高科技引领和支撑环境保护的能力，以国家中长期科学和技术发展规划纲要中的环境重点领域及其优先主题为龙头，全面实施科技创新工程；以基础理论和技术创新为支撑，全面实施环境标准体系建设工程；以提高环境管理和污染防治技术为目标，全面实施环境技术管理体系建设工程。加强气候变化领域的基础研究，进一步开发和完善研究分析方法。

深化环境科技体制改革，团结各方面力量，优化整合环境科技资源，培养环境科技人才，建设环境科技支撑体系，提升环境科技创新能力。努力提高环境决策的科学化和民主化。

专栏6 “十一五”环境科技创新的优先领域

水污染防治：包括饮用水安全保障及关键支撑技术；流域（区域）水污染控制与工程示范等。

大气污染防治：包括区域大气污染现状、成因与污染损失评估；城市大气环境污染与控制；工业废气治理技术等。

土壤污染防治与农村环境综合整治：包括土壤污染与修复技术；农村环境综合整治与农村面源污染防治等。

固体废物与化学品污染防治：包括固体废物物质流特征与污染控制技术；危险废物处理处置技术；化学品环境效应与风险评估技术等。

生态保护与生态建设：包括国家重要生态功能区的保护与建设、区域生态环境保护与生态系统监测技术等。

核与辐射安全：包括核安全风险评估与放射性废物污染控制、核与辐射最优化管理、电磁辐射与环境安全等。

环境综合管理关键科学技术支撑：包括污染物排放总量核定、环境监管与应急预警；环境监测统计与信息管理；环境标准与基准；环境政策与法规等。

循环经济共性技术：包括产业污染防控和资源化技术；工业园区生态化改造技术；物质流分析和控制途径；污染控制技术经济政策等。

环境与健康：包括环境污染与健康危害；污染对人体健康影响的机理与识别技术等。

全球环境问题：包括全球气候变化影响的适应技术与对策；持久性有机污染物控制技术；生物多样性与生物安全支撑技术等。

2．积极促进环保产业发展

以环境保护重点工程为需求，以环保示范工程为依托，以标准化、系列化、国产化、现代化为导向，自主创新和引进消化吸收相结合，大力发展环保装备制造业。

以环境影响评价、环境工程服务、环境技术研发与咨询、环境风险投资为重点，以市场化为主体，积极发展环保服务业。

制定发展规划，推进技术进步，加强行业自律，规范市场行为，促进公平竞争，推动环保产业健康发展。

加大对外开放，实施引进来、走出去战略，支持各类所有制企业进入环保产业。培育一批具有自主品牌、核心技术能力强、市场占有率高、能够提供较多就业机会的优势企业和企业集团，使环保产业成为国民经济的新兴支柱产业。

专栏 7 “十一五”环保产业优先发展领域

水污染防治技术与装备：重点发展富营养化污染防治、污废水回用、饮用水中有机物与微污染去除、高负荷生物脱氮除磷、高效厌氧好氧生物处理、高盐度及难降解有毒有机废水处理、污泥稳定化与资源化、河口与海岸溢油和化学事故应急控制等。

大气污染防治技术与装备：重点发展 300MW 以上火电厂机组脱硫、可资源化脱硫脱硝、选择性催化还原烟气脱硝、大型燃煤电厂锅炉袋式除尘、柴油发动机排气净化、汽油车和摩托车排气催化等。

固体废物处理处置技术与装备：重点发展 600 t/d 以上大型城市垃圾焚烧、焚烧烟气和二噁英控制、2 000 m^3/h 以上填埋气体处理与回收利用、200 t/d 以上中温和高温厌氧消化、30t/d 以上回转窑危险废物集中焚烧、特殊危险废物等离子体高温处理等。

污染场地修复技术：重点发展减少土壤污染的高效生态调控和修复、土壤化学污染修复、矿山废弃地植被恢复、矿山废弃物资源利用、矿山酸性废弃物堆场生态修复、碱性赤泥堆场生态恢复及稳定等。

环境监测技术与装备：重点发展在线自动监测系统、危险废物鉴别专用仪器、细微颗粒物和有机污染物采样仪器、二噁英分析设备、污染事故应急监测技术与仪器、污染远距离遥测系统。

物理污染控制：重点发展城市交通噪声与振动控制、城市社区和建筑物配套设施噪声与振动控制、声源控制和低噪声设备、电磁污染控制、光污染控制等。

专用药剂和材料：重点发展膜材料与膜组件、耐高温耐腐蚀的袋式除尘滤料、高效生物填料和专用催化剂、垃圾卫生填埋防渗材料等。

资源综合利用：重点发展废品回收利用，再生水、微咸水、海水淡化等非常规水资源化，高效冷却节水，报废汽车、废旧轮胎、废旧家电、电子废物和尾矿再利用等。

污染治理设施建设运营和咨询服务业：重点推进城市污水、垃圾、危险废物等环境设施建设运行市场化；规模化工业废水处理、电厂脱硫、除尘设施专业化运营；大力发展环境保护的技术咨询和管理服务。

环境服务贸易：建立与国际接轨的环境服务标准体系；推动环境工程设计与施工领域对外承包工程；鼓励出口环境产品和服务。

（七）动员社会力量保护环境

开展各类环境宣传教育活动，实行环境信息公开，动员社会各界力量参与环境保护。

1．增强全社会生态文明意识

不断增强各级干部和广大群众的环境意识和法制观念，重点加强对领导干部的环境教育和培训。充分发挥舆论引导和监督作用，大力宣传环境保护的方针政策和法律法规，公开曝光环境违法行为。抓好环保基础教育、专业教育、社会教育和岗位培训。全方位、多层次推广适应建立资源节约型、环境友好型社会要求的生产生活方式。

2．扩大公众环境知情权

推行政务公开，实行环境保护政策法规、项目审批、案件处理等政务公告公示制度。完善环境信息政府网站，公开发布环境质量、环境管理等环境信息。依法推进企业环境信息公开，开展上市公司的环境绩效评估和环境信息公告。

3．完善公众参与环境保护机制

大力普及环境科学知识，实施千乡万村环保科普行动计划。推广环境标志和环境认证，倡导绿色消费、绿色办公和绿色采购，广泛开展绿色社区、绿色学校、绿色家庭等群众性创建活动，充分发挥工会、共青团、妇联等群众组织、社区组织和各类环保社团及环保志愿者的作用。加强信访工作，充分发挥 12369 环保热线的作用，拓宽和畅通群众举报投诉渠道。开展环境公益诉讼研究，加强行政复议，推动行政诉讼，依法维护公民环境权益。完善公众参与的规则和程序，采用听证会、论证会、社会公示等形式，听取公众意见，接受群众监督，实行民主决策。

（八）积极开展环境保护国际合作

把环境保护作为我国对外开放的重要领域，继续扩大对外开放，在国际环境事务中发挥更加积极的作用。

1．积极参与全球环境保护

坚持"共同但有区别的责任"原则，积极参与国际环境公约和世贸组织环境与贸易谈判，维护我国和广大发展中国家环境权益。履行相应国际义务，大力推进国内履约工作，加快消耗臭氧层物质的淘汰进程，努力控制温室气体排放。

专栏 8　我国参加的国际环境公约

公约名称	批准时间	国内负责部门
《濒危野生动植物国际贸易公约》	1981 年 4 月 8 日	林业局
《防止倾倒废物和其他物质污染海洋的公约》	1985 年 9 月 6 日	海洋局
《关于保护臭氧层的维也纳公约》	1989 年 9 月 11 日	环保总局
《关于消耗臭氧层物质的蒙特利尔议定书》伦敦修正案	1991 年 6 月 14 日	环保总局
《关于控制危险废物越境转移及其处置的巴塞尔公约》	1991 年 9 月 4 日	环保总局
《关于特别是作为水禽栖息地的国际重要湿地公约》	1992 年 7 月 31 日	林业局
《生物多样性公约》	1992 年 11 月 7 日	环保总局

公约名称	批准时间	国内负责部门
《联合国气候变化框架公约》	1992 年 11 月 7 日	发展改革委
《核安全公约》	1996 年 4 月 9 日	环保总局
《防治荒漠化公约》	1996 年 12 月 30 日	林业局
《关于控制危险废物越境转移及其处置的巴塞尔公约》修正案	2001 年 5 月 1 日	环保总局
《京都议定书》	2002 年 8 月 1 日	发展改革委
《关于消耗臭氧层物质的蒙特利尔议定书》哥本哈根修正案	2003 年 4 月 22 日	环保总局
《关于持久性有机污染物的斯德哥尔摩公约》	2004 年 6 月 25 日	环保总局
《关于在国际贸易中对某些危险化学品和农药采用事先知情同意程序的鹿特丹公约》	2004 年 12 月 29 日	环保总局
《卡塔赫纳生物安全议定书》	2005 年 4 月 17 日	环保总局
《〈防止倾倒废物和其他物质污染海洋的公约〉1996 年议定书》	2006 年 6 月 29 日	海洋局

2. 广泛开展国际环境合作

巩固并深化与重要大国、大国集团、传统友好国家的环境合作，重点加强与周边国家的环境合作，扩大与发展中国家的环境合作，继续深化与联合国环境规划署、世界银行、全球环境基金等国际组织的合作。通过合作与交流，宣传我国环境保护政策和进展，维护我国及发展中国家的环境权益。

引进国外资金、技术和管理经验，提高我国环保技术和管理水平。推动我国环保设备和技术走向国际市场。加强自主创新能力，积极推进减少温室气体排放的国际合作与技术转让。

加强环境与贸易的协调。积极应对绿色贸易壁垒，完善对外贸易产品的环境标准，建立环境风险评估机制和进口货物的有害物质监控体系，既要合理引进可利用再生资源和物种资源，又要严格防范污染引进、废物非法进口、有害外来物种入侵和遗传资源流失。

六、规划实施与考核

实施本规划，是全社会共同的义务，更是各级人民政府的重要责任。各级人民政府都要切实履行职责，加大工作力度，确保环保投入，引导社会资源，做到责任有主体，投入有渠道，任务有保障，逐项落实本规划提出的各项任务和保证措施。

“十一五”主要污染物排放总量控制指标，是国家“十一五”规划纲要确定的约束性指标，已经下达到各省、自治区、直辖市。各省、自治区、直辖市要层层分解，落实到各地区，落实到重点行业和单位，确保完成。

要在本规划指导下，抓紧编制重点领域、流域和地区的环境保护专项规划并组织实施。要做好环境保护规划与经济社会发展相关规划的衔接协调，相互促进，同步实施。各地区也要做好本地区环境保护规划的编制，经批准后实施。

加强部门合作，共同推进规划实施。发展改革部门要制定有利于环境保护的产业、价格、投资政策，把重点环保工程纳入经济社会发展规划和计划。财税部门要研究制定有利于环境保护的财税政策，建立和完善生态补偿机制，支持环境监测预警体系、环境执法监督体系建设。建设部门要做好城市污水、垃圾处理、园林绿化等环境建设与管理。国土资源、交通、水利、农业、林业、旅游、海洋等有关部门也要依据各自职责，支持和推进环境保护。

环保部门要建立评估考核机制，加强对规划执行情况的督促和检查，加强环境统计和监测，每半年公布一次各地区主要污染物排放情况、重点工程项目进展情况、重点流域与重点城市的环境质量变化情况。

在2008年底和2010年底，分别对本规划执行情况进行中期评估和终期考核。

关于印发《二氧化硫总量分配指导意见》的通知

各省、自治区、直辖市环境保护局（厅），新疆生产建设兵团环境保护局，六大电力集团公司：

为做好“十一五”期间污染物总量控制工作，加强对二氧化硫总量分配工作的指导，现将《二氧化硫总量分配指导意见》印发给你们，请参照执行，并认真做好二氧化硫总量的分解落实工作，确保按时完成“十一五”二氧化硫削减目标。

附件：二氧化硫总量分配指导意见

国家环保总局

二○○六年十一月九日

附件

二氧化硫总量分配指导意见

一、基本原则

（一）为控制全国二氧化硫排放总量，防治区域和城市二氧化硫污染，促进经济、社会和环境可持续发展，根据国家有关环保法律法规和标准的规定，按照公开、公平、公正的原则，确保总量分配的科学性和可操作性，制定二氧化硫总量分配指导意见（以下简称意见）。

（二）本意见适用于上级政府对下级政府的二氧化硫总量分配和环保部门对排污企业的二氧化硫总量分配。

（三）各行政区域二氧化硫总量包括电力和非电力两部分。电力二氧化硫总量由省级环境保护行政主管部门严格按照本意见规定的绩效要求直接分配到电力企业；非电力二氧化硫总量由各级环境保护行政主管部门按照本意见的要求逐级进行分配。

（四）省级环保行政主管部门确定的二氧化硫总量指标之和不得突破国家下达的总量指标（见附表），各级环境保护行政主管部门分配的二氧化硫总量指标之和不得突破上一级下达的总量指标，不得保留指标。

（五）按照本意见分配给企业的二氧化硫总量指标为年度允许排污总量。环保部门现场执法时，二氧化硫排放浓度不得超过排放标准。

二、电力二氧化硫总量指标分配

（六）电力二氧化硫总量分配的范围包括2005年底前运行的以煤、油和煤矸石等为主要燃料单机装机容量（含）6MW以上机组和国家发展与改革委员会核准并在“十一五”期间投产运行的燃煤发电机组（含热电联产、企业自备发电机组）。

2005年底前批复的环境影响评价文件明确要求关闭的火电机组不予分配二氧化硫总量指标。

（七）发电机组二氧化硫总量指标，按照所在的区域和时段，采取统一规定的绩效方法进行分配。火电机组二氧化硫总量指标分配绩效值见表1。

表 1　火电机组二氧化硫总量指标分配绩效值表

时段	分区	2010 年排放绩效值 GPS（克/度电）
第Ⅰ时段机组	东部地区	4.5
	其中北京、天津、上海和江苏	2.0
	中部地区	5.0
	西南地区	7.5
	西北地区	6.0
第Ⅱ时段机组	东部地区	1.6
	中部地区	3.0
	西南地区	5.0
	西北地区	5.0
第Ⅲ时段机组	东部地区	0.7
	中部地区	1.0
	西南地区	2.2
	西北地区	1.5

注：1．表中所列排放绩效值 G 仅为以煤为主要燃料的发电机组的取值，燃油机组要在表中相应值的基础上乘以 0.85 计算得出。

2．燃烧煤矸石、褐煤等低热值燃料（入炉燃料收到基低位发热量低于 12 550 千焦/千克）的发电机组，排放绩效值为表中规定值的 1.2 倍。

3．机组时段按照《火电厂大气污染物排放标准 GB 13223—2003》规定的时段划分。

4．东部地区为北京、天津、辽宁、河北、山东、上海、江苏、浙江、福建、广东和海南；中部地区为黑龙江、吉林、山西、河南、湖北、湖南、安徽、江西；西南地区为重庆、四川、贵州、云南、广西和西藏；西北地区为内蒙古、陕西、甘肃、宁夏、青海、新疆。

（八）Ⅰ和Ⅱ时段机组，根据机组的分区选用表 1 中对应的排放绩效值；用机组的装机容量乘以平均发电小时数（5 500 h），再乘以排放绩效值，得到该机组的二氧化硫总量指标，计算公式为

$$M_i=CAP_i\times 5\,500\times GPS_i\times 10^{-3} \tag{1}$$

式中：M_i——第 i 个机组的二氧化硫总量指标，吨/年；

CAP_i——第 i 个机组的装机容量，兆瓦（MW）；

GPS_i——第 i 个机组的排放绩效值，克/度电。

热电联产机组的供热部分折算成发电量参与分配，用等效发电量 D 表示。计算公式为

$$D_i=H_i\times 0.278\times 0.3 \tag{2}$$

式中：D_i——第 i 个机组供热量折算的等效发电量，千瓦时；

H_i——第 i 个机组供热量，兆焦。

热电联产机组总量指标为设计发电量和等效发电量之和乘以排放绩效值确定，计算公式为

$$M_i=（CAP_i\times5\,500+D_i/1\,000）\times GPS_i\times10^{-3} \quad （3）$$

式中符号同上。

（九）“十一五”期间建成投产的Ⅲ时段机组，分配的总量为以采取先进生产工艺或脱硫措施后实际排放量，原则上分配总量对应的绩效值不得超过表 1 中规定的数值。已批复环境影响评价文件的Ⅲ时段机组要求采取脱硫措施的Ⅰ或Ⅱ时段机组，Ⅰ或Ⅱ时段机组总量指标在（八）的基础上等量（Ⅲ时段机组总量指标）扣减。

（十）已获得批复环境影响评价文件但“十一五”期间未建成投产的煤电机组和今后申报批准环境影响评价文件的新、改、扩建常规煤电机组（除热电站供热部分、煤矸石和垃圾焚烧机组外），总量指标为采取先进生产工艺或脱硫措施后预测排放量，但必须从具有总量余额指标（按绩效值核定值与 2010 年实际排放量之差）的Ⅰ或Ⅱ时段机组获取，并明确具体来源。总量余额指标可以跨行政区域调剂或交易。

Ⅰ或Ⅱ时段机组总量余额指标的使用另行规定。

（十一）已经颁布或“十一五”期间实施地方火电厂或锅炉大气污染物排放标准的省（自治区、直辖市），可以制定更加严格的绩效值，绩效值不得超过表 1 规定的数值。

（十二）同一电厂所有机组的总量指标之和为该电厂的二氧化硫排放总量指标。

$$M=\sum_{i-1}^{n} M_i \quad （4）$$

式中：M——电厂的二氧化硫排放总量指标，吨/年；

M_i——该电厂第 i 个机组的二氧化硫排放总量指标，吨/年；

n——该电厂机组个数。

三、非电力二氧化硫总量控制指标

（十三）省级环境保护行政主管部门参考辖区内市（地、州）2005 年空气二氧化硫年均浓度，实行区别对待的原则分配非电力二氧化硫总量指标。

（十四）空气二氧化硫年均浓度等于或低于 0.06 mg/m³ 的市（地、州），非电力二氧化硫总量指标为 2005 年环境统计的实际排放量或省级环保行政主管部门制订的适合本辖区分配方法分配确定的值。

（十五）空气二氧化硫年均浓度高于 0.06 mg/m³ 的城市（地、州），二氧化硫总量指标为下列方法之一确定的值。

（1）省级环保行政主管部门制订的适合本辖区分配方法；

（2）按 2005 年二氧化硫年均浓度达 0.06 mg/m³ 的浓度削减率，削减 2005 年环境统计的实际排放量；

（3）大气二氧化硫环境容量核定值。

（十六）市（地、州）级环境保护行政主管部门在分配辖区内主要非电力排污企业（除常规电厂、热电站和自备电厂外）的二氧化硫总量指标时，依据省（自治区、直辖市）分配的总量指标，制订适合于本市（地、州）的分配方法。

原则上，若空气二氧化硫年均浓度等于或低于 0.06 mg/m³，达到或低于排放标准的重点工业污染源二氧化硫总量指标按 2005 年实际排放量分配，计算公式为

$$M_i=C_i \times V_i \times h_i \times 10^{-6} \tag{5}$$

式中：M_i——第 i 个排放口的二氧化硫排放量指标，吨/年；

C_i——第 i 个排放口的二氧化硫排放浓度，克/标立方米；

V_i——第 i 个排放口烟气排放量，标立方米/小时；

h_i——第 i 个排放口对应生产设施年运行小时数。

未达到排放标准的按排放标准定额分配或按清洁生产审核值分配，计算公式为

$$M_j=C_j \times V_j \times h_j \times 10^{-6} \tag{6}$$

式中：M_j——第 j 个排放口的二氧化硫排放量指标，吨/年；

C_j——第 j 个排放口的二氧化硫排放标准，克/标立方米；

V_j——第 j 个排放口烟气排放量，标立方米/小时；

h_j——第 j 个排放口对应生产设施年运行小时数。

重点工业企业二氧化硫总量指标计算公式为

$$M=\sum_{i=1}^{n} M_i+\sum_{j=1}^{k} M_j \tag{7}$$

式中：M——某重点工业企业二氧化硫总量指标，吨/年；

n 和 k——该重点工业企业达标和不达标污染源个数。

若空气二氧化硫年均浓度高于 0.06 mg/m^3，重点工业污染源二氧化硫总量指标在公式（6）和（7）基础上，按照空气质量达到国家环境空气质量二级标准定额分配。达标排放污染源计算公式为

$$M_i = C_i \times V_i \times h_i \times 10^{-6} \tag{8}$$

式中：M_i——第 i 个排放口的二氧化硫排放量指标，吨/年；

C_i——第 i 个排放口的二氧化硫排放浓度，克/标立方米；

V_i——第 i 个排放口烟气排放量，标立方米/小时；

h_i——第 i 个排放口对应生产设施年运行小时数。

未达到排放标准计算公式为

$$M_j = \frac{0.06}{C_{城市}} \times C_j \times V_j \times h_j \times 10^{-6} \tag{9}$$

式中：M_j——第 j 个排放口的二氧化硫排放量指标，吨/年；

$C_{城市}$——城市 2005 年空气中二氧化硫年平均浓度，毫克/立方米；

C_j——第 j 个排放口的二氧化硫排放标准，克/标立方米；

V_j——第 j 个排放口烟气排放量，标立方米/小时；

h_j——第 j 个排放口对应生产设施年运行小时数。

重点工业企业二氧化硫总量指标计算公式为

$$M = \sum_{i=1}^{n} M_i + \sum_{j=1}^{k} M_j \tag{10}$$

式中：M——某重点工业企业二氧化硫总量指标，吨/年；

n 和 k——该重点工业企业达标和不达标污染源个数。

（十七）新建非电力项目二氧化硫总量指标为采取先进生产工艺或治理措施后的预测排放量，但必须依据“增产不增排放量”的原则，通过区域替代或其他污染源治理方式获取总量指标。总量指标可在市（地、州）辖区内调剂或交易。

附表

省（自治区、直辖市）
“十一五”期间全国二氧化硫排放总量指标

省 份	2005 年统计值（万吨）	2010 年分配（万吨）		2010 年比 2005 年（%）
		分配总量	其中：电力	
北 京	19.1	15.2	5.0	−20.4
天 津	26.5	24.0	13.1	−9.4
河 北	149.6	127.1	48.1	−15.0
山 西	151.6	130.4	59.3	−14.0
内蒙古	145.6	140.0	68.7	−3.8
辽 宁	119.7	105.3	37.2	−12.0
其中大连	11.89	10.11	6.41	−15.0
吉 林	38.2	36.4	18.2	−4.7
黑龙江	50.8	49.8	33.3	−2.0
上 海	51.3	38.0	13.4	−25.9
江 苏	137.3	112.6	55.0	−18.0
浙 江	86.0	73.1	41.9	−15.0
其中宁波	21.33	11.12	7.78	−47.9
安 徽	57.1	54.8	35.7	−4.0
福 建	46.1	42.4	17.3	−8.0
其中厦门	6.77	4.93	2.17	−27.2
江 西	61.3	57.0	19.9	−7.0
山 东	200.3	60.2	75.7	−20.0
其中青岛	15.54	11.45	4.86	−26.3
河 南	162.5	139.7	73.8	−14.0
湖 北	71.7	66.1	31.0	−7.8
湖 南	91.9	83.6	19.6	−9.0
广 东	129.4	110.0	55.4	−15.0
其中深圳	4.35	3.48	2.78	−20.0
广 西	102.3	92.2	21.0	−9.9

省 份	2005年统计值（万吨）	2010年分配（万吨）		2010年比2005年（%）
		分配总量	其中：电力	
海 南	2.2	2.2	1.6	0.0
重 庆	83.7	73.7	17.6	−11.9
四 川	129.9	114.4	39.5	−11.9
贵 州	135.8	115.4	35.8	−15.0
云 南	52.2	50.1	25.3	−4.0
西 藏	0.2	0.2	0.1	0.0
陕 西	92.2	81.1	31.2	−12.0
甘 肃	56.3	56.3	19.0	0.0
青 海	12.4	12.4	6.2	0.0
宁 夏	34.3	31.1	16.2	−9.3
新 疆	51.9	51.9	16.6	0.0
其中建设兵团	1.66	1.66	0.66	0.0

关于印发《主要水污染物总量分配指导意见》的通知

各省、自治区、直辖市环境保护局（厅），新疆生产建设兵团环境保护局：

为做好“十一五”期间污染物总量控制工作，加强对主要水污染物总量分配工作的指导，现将《主要水污染物总量分配指导意见》印发给你们，请参照执行，并认真做好主要水污染物总量的分解落实工作，确保按时完成“十一五”主要水污染物削减目标。

附件：主要水污染物总量分配指导意见

二〇〇六年十一月二十七日

附件

主要水污染物总量分配指导意见

一、总则

（一）为控制全国主要水污染物（化学需氧量）排放总量，防治水环境污染，促进经济、社会和环境可持续发展，根据国家有关环境保护法律法规的规定、《国务院关于“十一五”期间全国主要污染物排放总量控制计划的批复》和环保总局受国务院委托与各省级人民政府签订的《“十一五”水污染物总量削减目标责任书》的要求，制定本指导意见。

（二）本指导意见适用于地方环境保护部门对区域（流域）和排污单位分配化学需氧量总量指标。本指导意见所称排污单位，是指直接或间接向环境排放水污染物的单位，包括企事业单位、城市污水处理设施或其他工业污水集中处理设施等。

（三）各级环境保护部门依据本指导意见逐级分配给区域（流域）的化学需氧量排放量，即为核定的区域（流域）总量控制指标；分配给排污单位的化学需氧量排放量，即为核定的排污许可量。

（四）各级环境保护部门制定的化学需氧量总量分配方案，应报本级人民政府批准，并报上一级环境保护部门备案。下一级环境保护部门分配的化学需氧量总量指标之和不得突破上一级下达的区域总量控制指标，也不得突破国家确定的水污染防治重点流域等专项规划下达的流域总量控制指标。

二、区域（流域）总量指标分配

（五）各级环境保护部门在分配区域（流域）化学需氧量总量指标时，应综合考虑不同地区的环境质量状况、环境容量、排放基数、经济发展水平和削减能力以及有关污染防治专项规划的要求，对重点保护水系、污染严重水体、一般水域等实行区别对待，确保流域水环境质量的总体改善。

（六）区域（流域）化学需氧量总量指标在水质控制目标容量测算和出境断面污染物总量削减的基础上进行分配，计算方法如下：

（1）以 2005 年环境统计数据为基准，核算 2005 年区域（流域）化学需氧量出境量，计算公式如下：

$$P_c = \sum P_{si} K_i$$

式中：P_c——省（市、县）控断面化学需氧量出境量；

P_{si}——流域内第 i 个控制区域的实际排放量；

K_i——流域内第 i 个控制区域的污染物综合传递系数。

污染物综合传递系数 K_i 按下式计算：

$$K_i = K_{1i} \times K_{2i} \times K_{3i} \times K_{4i}$$

式中：K_{1i}——入河系数（以企业排放口和城市污水处理设施排放口到入河排污口的距离（L）远近确定：L≤1 km，入河系数取 1.0；1＜L≤10 km，入河系数取 0.9；10＜L≤20 km，入河系数取 0.8；20＜L≤40 km，入河系数取 0.7；L＞40 km，入河系数取 0.6）；

K_{2i}——渠道修正系数（通过未衬砌明渠入河，渠道修正系数取 0.6～0.9；通过衬砌暗管入河，渠道修正系数取 0.9～1.0）；

K_{3i}——温度修正系数（气温≤10℃，温度修正系数取 0.95～1.0；10℃＜气温≤30℃，温度修正系数取 0.8～0.95；气温＞30℃，温度修正系数取 0.7～0.8）；

K_{4i}——河道内对控制断面影响系数（一般按 0.2～0.6 计算，各地可按照水环境容量测算确定的系数取值）。

（2）根据出境断面浓度控制目标确定区域（流域）出境化学需氧量削减水平，计算公式如下：

$$X = (1 - C_m / C_s) \times 100\%$$

式中：X——省（市、县）控断面出境化学需氧量削减水平；

C_m——出境断面 2010 年化学需氧量目标浓度；

C_s——出境断面 2005 年化学需氧量实测平均浓度。

（3）确定区域（流域）化学需氧量初始分配总量，计算公式如下：

$$P_i = P_c(1 - X) \times P_{di} / \sum_{i=1}^{n} P_{si} K_i$$

式中：P_i——区域（流域）化学需氧量初始分配总量；

P_{di}——流域内第 i 个控制区域排污单位排放定额总量。

（4）调整区域（流域）化学需氧量初始分配总量。若 $P_i > P_{si}$，则 P_i 调整为 P_{si}，以控制区域的实际排放量作为区域（流域）化学需氧量总量指标。

（七）对于所排废水无法进入确定的河流水体的区域或河网水系过于复杂的

区域，各级环境保护部门可结合当地经济发展情况、区域排污现状、环境质量要求和污染总体削减水平等，采用等比例削减等方法分配区域化学需氧量总量指标。

三、排污单位总量指标分配

（八）各级环境保护部门在分配排污单位的化学需氧量总量指标时，应坚持公平合理、技术可行和绩效提高的原则，在达到国家或地方污染物排放标准的基础上，以具有较好的生产工艺、治理技术和管理水平的排污单位为基准分配总量指标。

（九）排污单位化学需氧量总量指标采用定额达标法予以分配，即按照现有的国家行业污染物排放标准中规定的排污定额为依据确定总量指标。在优先考虑生活污水的基础上，对工业企业分配总量指标（不考虑农业面源的污染影响）。城市污水处理设施或其他工业污水集中处理设施的化学需氧量总量指标，按设计处理能力和出水水质标准进行计算。工业企业化学需氧量总量指标的计算方法如下：

（1）工业企业有行业排水定额时，以企业的产品数量、排水定额、废水排放浓度计算排放限值：

$$M_i=A_i\times B_i\times C_i$$

式中：M_i——第 i 个工业污染源在定额排放情况下的排放限值；

A_i——第 i 个工业污染源基准年的产品数量（或近三年平均产品数量）；

B_i——第 i 个工业污染源所属行业单位产品最高排水定额；

C_i——第 i 个工业污染源废水允许排放浓度。

（2）工业企业有行业污染物排放定额时，以企业的产品数量和污染物排放定额计算排放限值：

$$M_i=A_i\times D_i$$

式中：D_i——第 i 个工业污染源单位产品排放污染物的限值。

（3）工业企业既无排水定额也无污染物排放定额时，以企业的产品数量、用水定额、排水系数和废水允许排放浓度计算排放限值：

$$M_i=A_i\times E_i\times q\times C_i$$

式中：E_i——第 i 个工业污染源单位产品用水定额；

q——排水系数，一般按 0.6～0.8 计算。

（4）如果企业所属行业无排水定额、用水定额、排污定额等相关数值，则采用基准年排水量和废水允许排放浓度计算排放限值：

$$M_i = Q_i \times C_i$$

式中：Q_i——第 i 个工业污染源基准年排水量。

（十）按定额达标法分配的各排污单位总量指标之和超过上一级政府下达的总量控制指标时，各级环境保护部门应根据区域总体削减水平，以区域内排放水污染的重点排污单位（包括重点工业企业、城市污水处理设施和其他工业污水集中处理设施）排放定额为基础，按等比例分配方法重新分配其总量指标；其他工业企业则按定额达标排放量进行分配。等比例分配方法计算公式如下：

$$W_i = \frac{M_i}{\sum_{i=1}^{n} M_i} \times W$$

式中：W_i——第 i 个排污单位化学需氧量总量指标；

W——已确定的总量控制指标。

（十一）废水排入城市污水处理设施或其他工业污水集中处理设施的排污单位，对其分配的化学需氧量排放量不计入区域总量控制指标中。

（十二）新建、扩建和改建项目的化学需氧量总量指标，应从项目所处流域控制单元中进行调剂或有偿转让；已经审批的新建、扩建和改建项目，按照环境影响评价文件和区域污染总体削减要求确定化学需氧量总量指标。

（十三）地方环境保护部门在分配辖区内化学需氧量总量指标时，可兼顾当地经济发展的需要，预留一部分总量作为建设项目的发展用量或调节指标备用，但预留指标不得超过区域总量控制指标的 15%。

（十四）排污单位进行改制、改组或者兼并的，其总量指标不超过原分配的指标值。分立的单位，其总量指标从原排污单位总量指标中划转；合并的单位，其总量指标不得大于原各排污单位总量指标之和。

（十五）对采用的工艺、技术、设备或生产的产品属于国家明令禁止、淘汰或者不符合环境保护要求的排污单位，各级环境保护部门不予分配化学需氧量总量指标。

（十六）对依法被责令限期整改、停产治理的，或不按规定利用城市污水处理设施或其他工业污水集中处理设施的排污单位，各级环境保护部门对其核定化学需氧量总量指标，但暂缓分配给具体的排污单位。

（十七）在国家确定的水污染防治重点流域等专项规划中，还要控制氨氮（总氮）、总磷等污染物的排污总量，控制指标由国务院批复的各专项规划下达；各地也可根据各自的水环境状况，增加本地区必须严格控制的特征水污染物，纳入本地区污染物排放总量控制计划。氨氮（总氮）、总磷等污染物以及特征水污染物的总量分配可参照本指导意见执行。

关于印发《中央财政主要污染物减排专项资金项目管理暂行办法》的通知

国家环境保护总局
财　　政　　部　文件

环发[2007]67号

各省、自治区、直辖市环境保护局（厅）、财政厅（局），计划单列市环境保护局、财政局：

为规范中央财政主要污染物减排专项资金项目（以下简称“减排项目”）管理，确保主要污染物减排指标、监测和考核体系建设顺利实施，推动主要污染物减排目标的实现，根据有关法律、法规和《中央财政主要污染物减排专项资金管理暂行办法》，我们制定了《中央财政主要污染物减排专项资金项目管理暂行办法》。现印发给你们，请遵照执行。

因时间紧、任务重，2007年度减排项目申报和审批程序应按照环保总局2007年3月中旬的会议部署和要求执行。

附件：中央财政主要污染物减排专项资金项目管理暂行办法

二〇〇七年五月十一日

附件

中央财政主要污染物减排专项资金项目管理暂行办法

第一章　总　则

第一条　为规范中央财政主要污染物减排专项资金项目（以下简称“减排项目”）管理，确保主要污染物减排指标、监测和考核体系（以下简称“三大体系”）建设顺利实施，推动主要污染物减排目标的实现，根据有关法律、法规和《中央财政主要污染物减排专项资金管理暂行办法》，制定本办法。

第二条　减排项目实行统一监管、分级实施的原则。环保总局和财政部负责减排项目审查、管理、监督和检查；省级环保部门和财政部门负责本辖区减排项目的组织、申报和实施。

第二章　项目申报和审批

第三条　环保总局和财政部根据国家主要污染物减排任务要求和年度预算安排原则及重点，联合发布减排项目申报通知，规定申报具体事宜。

第四条　各级环保部门和项目单位按照年度申报通知的要求做好项目前期准备工作；省级环保部门和财政部门在规定时间内联合向环保总局和财政部统一申报项目，申报材料包括资金申请报告、建设方案、预算目标管理责任书和资金承诺函。

建设方案内容包括：建设目标、依据、背景及现状、建设内容、实施进度、资金筹措方案和效益分析等项内容。

第五条　项目组织申报的具体程序和要求：

（一）“三大体系”建设项目：

1．中央本级项目建设方案由建设任务承担单位组织编制后报送环保总局。

2．地方项目由省级环保部门和财政部门在对各市（地）、县上报的基础情况、工作和资金需求、运行条件落实等情况进行审核的基础上，编制项目建设方案，经专家论证后，统一编制项目申报材料报送环保总局和财政部。

3．环保总局会同财政部对上报项目进行论证和审查。

（二）其他项目：减排项目运行费补助等的申报和审批程序另行规定。

第六条　环保总局根据审查结果，编制减排项目年度预算报送财政部。

第三章　项目组织和实施

第七条　按照减排资金目标预算管理的要求，省级环保部门和财政部门在上报“三大体系”建设项目时，须出具预算目标管理责任书和资金承诺函，承诺配套资金及时到位、项目按进度实施、工程建设保质保量、按照国家核准的建设内容完成建设目标，系统持续运行，并保证运行实效。

预算目标管理责任书和资金承诺函作为减排专项资金申请的必要条件和项目申报材料的基本内容。责任书和资金承诺函的落实情况将作为监督检查的重点。

第八条　中央本级“三大体系”建设项目由环保总局负责组织实施，地方“三大体系”项目由省级环保部门和财政部门负责组织实施。其他项目由项目单位负责实施。

第九条　地方各级财政部门要加大减排的投入，落实“三大体系”建设所需资金，确保建设和运行资金到位，并督促项目单位落实应由其承担的项目建设配套资金及时到位。

第十条　项目建设应统一标准和技术规范，相关项目建设标准和规范由环保总局负责制定。

第十一条　要切实强化工程实施管理制度，严格落实项目法人责任制、招投标制、合同制和工程监理制，加强对建设资金、工程质量和进度的监督管理，确保项目按计划完成建设任务。

第十二条　要建立项目进展情况报告制度，省级环保部门和财政部门每半年将项目进展情况报告环保总局和财政部，项目进展情况报告的内容包括项目建设进度、招投标情况、中央和地方资金到位情况、资金使用情况及项目管理措施等。

第十三条　专项资金项目建设内容一经审查确定，原则上不得调整。如确需调整的，必须按照规定程序报环保总局、财政部同意后方可执行。

第四章　项目竣工验收

第十四条　减排项目应按照计划在规定时间内建成并投入使用。

中央本级项目由环保总局和财政部组织验收，地方项目由省级环保部门和财政部门组织验收，并将项目验收结果及时报环保总局和财政部备案，环保总局和财政部进行抽查。

第十五条　项目实施单位要做好验收准备工作，要提交验收报告、整理归档项目资料、编制财务竣工决算、项目总结，提交试运行数据成果以及项目实施效益情况分析。

第十六条　项目验收要成立验收小组，验收小组应由环保、财政等相关部门代表及专家组成。验收小组要根据目标预算管理的要求，审阅工程档案、资料、财务决算报表，实地查验建设工程和设备安装运转情况，依据建设方案对工程质量、资金管理和使用情况、环境效益和社会效益等作出全面评价。对遗留问题提出具体的解决意见，限期整改。限期未完成整改或整改未达标的，按本办法第十九条处理。

第十七条　项目验收后的运行管理。

（一）“三大体系”能力建设项目

省级环保部门和财政部门应加强监督管理，保证设备正常运行和数据真实有效，使项目在污染减排核查工作中真正发挥效益，做到统一采集、公布国控重点污染源污染物排放总量，及时跟踪各地区和重点企业主要污染源污染物排放变化情况，以此考核区域污染减排责任落实情况。

（二）其他项目

由项目所在地环保部门负责日常监督管理，保证项目所建设施稳定运行，确保发挥长期减排效益。

第五章　项目检查和处罚

第十八条　环保总局和财政部将不定期地开展检查和考核，重点对项目实施情况和减排情况进行监督检查，加强项目绩效评估。

第十九条　对于违反本办法及有关要求，环保总局和财政部将视情况采取通报批评、取消申报资格以及停止资金安排或追缴已拨付资金等处罚措施予以处理，并追究有关人员责任，构成犯罪的，依法追究刑事责任。

第六章　附　则

第二十条　本办法由环保总局会同财政部负责解释。

第二十一条　本办法自发布之日起施行。

主要污染物总量减排计划编制指南（试行）

按照《国务院关于印发节能减排综合性工作方案的通知》精神，各地区、各部门和中央企业要在2007年6月30日前提出贯彻落实的具体方案报节能减排领导小组办公室。为确保完成“十一五”主要污染物排放总量削减任务，需要制定具体方案和主要污染物总量减排计划，这是各地污染减排工作的行动指南，是各省落实“十一五”污染物总量削减目标责任书的具体体现，是实现2010年主要污染物减排约束性指标的基础性工作，各省、自治区、直辖市环保局（厅）应充分重视主要污染物减排计划的编制，加强组织领导和技术指导，统一部署省内各地市主要污染物减排计划编制工作，将污染减排责任和任务进一步分解落实，做好与发改、财政、建设等有关部门以及中央企业减排计划的协调工作，科学论证，强化可操作性和可实施性，统一编制本省主要污染物总量减排计划，经省级人民政府同意后按时上报国家环保总局。

为加强计划编制的科学性、可操作性、指导性、规范性，国家环保总局制定主要污染物总量减排计划编制指南，作为各地编制主要污染物总量减排综合方案、计划、年度计划的依据和参考。各地减排计划主要内容和技术要求为：

（一）总则

1．指导思想

以邓小平理论和“三个代表”重要思想为指导，全面贯彻落实科学发展观，控制增量、削减存量，政府主导、企业主体、全社会参与，提高认识、加大投入、完善政策、落实责任、强化监管，突出重点，统筹兼顾，协调配合，综合推进，确保实现污染减排约束性指标，推动经济社会又好又快发展。

2．编制依据

（1）《中华人民共和国环境保护法》

（2）《国务院关于落实科学发展观加强环境保护的决定》

（3）《国务院关于“十一五”期间全国主要污染物排放总量控制计划的批复》（国函[2006]70号）

（4）国家环境保护总局与各省、自治区、直辖市人民政府签订的“十一五”主要污染物总量削减目标责任书

（5）《国务院关于印发节能减排综合性工作方案的通知》（国发[2007]15号）

（6）《国民经济和社会发展“十一五”规划》

（7）《国家环境保护“十一五”规划》

（8）《“十一五”主要污染物总量减排考核办法》

（9）《“十一五”主要污染物总量减排监测办法》

（10）《“十一五”主要污染物总量减排统计办法》

（11）《2006 年各地主要污染物排放量核算办法》

（12）《二氧化硫总量分配指导意见》

（13）《主要水污染物总量分配指导意见》

（14）《“十一五”全国主要污染物总量减排核查办法》

3．编制原则

（1）全过程系统控制原则：要综合运用经济、法律和必要的行政手段，从资源消耗、技术进步、产业结构调整、工程治理、监督管理等全过程角度提出综合工作方案，系统推进污染减排工作。要充分做好与节能降耗工作的衔接，分析节能降耗工作对污染减排工作的促进作用，重点提出各项节能降耗措施之后的污染减排针对性工程对策，总体规划、分步实施。

（2）同口径比较原则：以二氧化硫和化学需氧量 2005 年统计基数、口径、范围为计划编制范围，不在统计口径内的面源等不纳入计划编制重点，对不削减 COD 和二氧化硫排放量的工程措施不纳入项目清单。将排放总量基数分为环境统计发表调查工业企业、非发表调查的一般测算工业企业、生活源三部分，现状分析和未来综合措施均按照同口径分类进行归纳。在基础数据逐步核准的基础上，着重分析年际变化。

（3）强化动态变化原则：污染减排计划编制重点在于规划各项工程措施，以能形成稳定削减能力的硬件建设为主，将反映污染物排放总量动态削减量的工程因素作为核心，淘汰落后产能形成的减排量为重点和加强监管作为配套措施。强化新增量部分的预测，不能按照 GDP 零增长测算静态的工程削减能力需求。各项措施的削减量要在最不利情况下保持一定的工程富裕能力。

（4）责任分解落实原则：应以实现从上到下的约束性指标为基本要求，通过计划的编制，将污染减排的目标责任层层分解落实到年度、部门、地区，将减排任务落实责任单位和企业。各年度计划要有辅助性的监测和支持指标，明确工作重点和方向，便于自查和核查。

（5）可达性原则：减排计划的编制要充分考虑各地市的实际，企业污染减排责任和任务落实要兼顾需求和实际可能。各项对策措施要具有可操作和可实施性。在综合考虑新增量的基础上，做好新增量、存量、减排量之间的系统分析，减排目标和计划任务相互吻合，资金供给何需求相互平衡，强化可达性分析。

4．口径和范围

基准年：本计划编制的基准年实现双基准年为2005年，并分析2006年实施进展。

总量排放基数与范围：主要污染物指国民经济和社会发展第十一个五年规划确定的实施排放总量控制的两项污染物，即化学需氧量和二氧化硫。各省2005年主要污染物排放总量按照国家环保总局公布的统计数据确定，2006年主要污染物排放总量及增减情况按照国家环保总局公布的正式核算数据确定。未纳入总量统计口径的污染物总量不作为减排计划编制重点（如面源、农村生活源），对二氧化硫和COD动态变化不产生影响的工程措施不考虑（如生活垃圾处理厂）。计划编制强调属地原则，即区域内的污染物排放不论企业隶属，均应包括在计划内，有关项目安排、治理计划需要做好与有关主管部门的衔接。

5．目标确定

减排目标的表达以绝对量和相对量两种形式，减排目标必须考虑新增量、工程实施进度等因素。其中，绝对量包括减排能力规模和实际减排量，以及新增量、排放量和净减排量，相对量包括相对2005年的削减比例、相对于上年的削减比例，用于表示不同年份间污染物排放量之间的变化率。

（1）五年总目标

各省、自治区、直辖市五年污染减排总目标：国务院批复的各省“十一五”期间全国主要污染物排放总量控制计划数。

各地市五年污染减排总目标：执行各省、自治区、直辖市与各地市签订的责任书规定的数据。

污染物排放总量在省内区域之间分配、分解可以参照《二氧化硫总量分配指导意见》、《主要水污染物总量分配指导意见》进行。

（2）年度削减计划目标

各省级政府要按照五年总量控制目标和《目标责任书》的要求，统筹考虑，做好年际削减目标的平衡，确定主要污染物年度削减目标。

年度削减计划，应以五年期间每年计划的减排工程、措施、对策实际形成各年度削减效果合理推算确定每年削减目标。

2007、2008、2009、2010年4年污染减排目标需要考虑本省2006年污染物排放总量减排的统计数据实际情况后综合分析确定。对于2006年没有完成年度目标的，需要在后续4年通过综合措施予以弥补，确保实现“十一五”期间主要污染物减排的总目标。

各省可以将 2007 年已经公布和报人大、政府批准的年际削减目标作为 2007 年计划目标。2008、2009、2010 年减排年度目标的确定应以综合论证并经总局同意后的减排计划年度目标为依据，报省政府批准实施。

（3）各地市总量削减目标及其年度目标

减排计划要将全省的减排目标分解到各地市，各地市、各区县的五年减排目标要求按照各省与各地方签订的目标责任书等为准。

各地市年度目标的确定，应以满足五年削减目标总任务的各单项措施预期进度进行安排，并应符合全省当年总的削减计划目标要求。

（二）现状分析

1．各省（区、市）主要污染物排放总体情况

说明本辖区 2005 年和 2006 年主要污染物排放总量、2006 年主要污染物排放量的增减变化情况。

在进行现状分析和减排措施分析时，应特别注意应将污染源和污染物排放总量进行分类分析。要将各地污染物排放总量分解到发表调查单位、非发表调查单位和生活源三部分（其中二氧化硫重点调查单位还要分解到火电行业）。对于削减方案应按此进行分类，有条件的地区，预测也应落实到这三类。

2．各市（地）主要污染物排放量情况

按照国家要求，各省应将总量指标分解落实到省内各市（地）。与此相对应，需要说明各市（地）2005 年主要污染物排放量情况，2006 年主要污染物排放量及增减变化情况。

3．重点行业主要污染物排放量情况

说明本省主要排污行业（如高耗能、高污染的电力、钢铁、有色、建材、石油加工、化工和化学需氧量排放量大的造纸、纺织印染、食品酿造等行业）2005 年主要污染物排放量情况，2006 年主要污染物排放量及增减变化情况。

有条件的地区，各行业污染物排放量要按照环境统计发表调查工业企业、非发表调查的一般测算工业企业分别说明其排放情况。火电行业要逐一列出全口径分机组装机容量、发电量、煤炭消耗量和二氧化硫排放量，合计数据要与统计部门公布的数据一致。

本省总量削减任务已经分解落实到重点排污单位的，也要相应说明重点排污单位 2005 年和 2006 年的主要污染物排放量及 2006 年排放量变化情况。

4．减排战略和重点分析

基于本省经济发展和产业结构现状，尤其是高耗能、高污染行业发展状况，结合“十一五”经济发展速度和产业结构变化形势预测，评估总量减排所面临的

压力和困难，分别按照行业、地区和污染源种类对总量削减可能及削减潜力进行分析，提出本省减排重点方向和重点途径。

（三）污染物新增排放量预测

在总量现状分析基础上，结合经济社会发展情况，对污染物的排放趋势和新增量做出科学分析和定量预测，这是减排计划编制的重要组成部分。

从全国来看，在“十一五”年均经济增长速度 10%、节能降耗任务如期完成、新建项目环保措施到位的情况下，新建项目将分别增加二氧化硫、化学需氧量排放 370 万吨和 430 万吨，总量削减的任务远高于静态削减量。各地应科学预测新增量，合理提出减排工程需求，避免污染减排综合措施不充分、不到位。

新增量的预测，以省为单位进行，按照确定的方法，确定 2010 年比 2005 年和 2006 年的新增量。有条件的地区，年度新增量可细化。

新增量的预测采用产污系数法和排放强度法两种方式。其中城镇生活 COD 预测采用，工业 COD、工艺产品二氧化硫预测采用排放强度法，煤炭消费量法预算燃烧产生的二氧化硫也属于产污系数法。

1．社会经济发展情景预测

（1）城镇人口预测

可采用城镇常驻人口或者非农业人口进行测算，但其口径应与 2005 年环境统计相同。

总人口、城市化率等数据优先选用本省规划数据。应注意总人口、城镇化率各年有所差异，进行年度预测的，可以按照不同年份相同比例进行处理。

（2）经济发展预测

主要是国内生产总值（GDP）、工业增加值预测、燃料煤消费总量等。

国内生产总值预测：按本辖区规划纲要中确定的生产总值年均增长速度和参考 2005 年、2006 年实际 GDP 发展速度高于规划数据较多的，需要适度调高 GDP 增速预测数据。

新增能源消费量预测包括新增能源消费总量、煤炭消费量和电力煤炭消费量。

根据基准年单位 GDP 能耗、2010 年 GDP、本省单位 GDP 能耗降低数据（以国家下达或签订的节能目标责任书数据为准）确定 2010 年能源消费总量，扣去基准年能源消费量，即为 2010 年同基准年相比新增能源消费总量。

辖区内有“十一五”能源规划数据的，可以直接采用。

根据基准年煤炭在能源消费量的比例，确定 2010 年煤炭消费量（原煤=标准煤×1.4），扣去基准年煤炭消费总量，即为 2010 年同基准年相比新增煤炭消费总量。

电力煤炭消费量根据电力生产弹性系数和火电在发电量的比例，确定 2010 年新增火力发电量，按 320 克标煤/千瓦时，确定 2010 年同基准年相比新增电力煤炭消费总量。

2．COD 新增排放量预测

工业和城镇生活 COD 排放合计为全部 COD 排放量。面源以及其他不在环境统计口径内的因素均不考虑。国家在确定主要污染物总量控制计划时，已经考虑了城镇化率增加等因素，即由于城市化进程加快，部分 2005 年农村地区或农村人口将在 2010 年形成城镇生活 COD 排放量测算的基数部分。各地可以根据近年来工业、城镇生活 COD 排放量的变化趋势，对预测 COD 排放量数值进行校核、分析和适当调整。

（1）工业 COD 排放新增量预测

用排放强度法预测工业 COD 排放量：新增工业 COD 排放量＝基准年工业 COD 排放强度×2010 年 GDP 增量。基准年 COD 排放强度＝基准年工业 COD 排放量（万吨）/基准年 GDP（亿元）。

2008、2009、2010 年度计划编制时，可以根据最近年份的工业 COD 排放强度进行修正。

基准年排放强量，指的是经过企业治理设施但没有经过城市污水处理厂等集中处理设施进一步削减的污染物量。基准年工业 COD 排放强度取 2005 年 COD 数据计算。

（2）生活 COD 排放新增量预测

用产生系数法预测生活 COD 排放量，根据城镇常住人口数（或非农人口数）等社会统计数据测算得到。生活 COD 排放新增量为新增城镇人口与 COD 产生系数乘积。

城镇生活 COD 产生系数优先采用本省的 COD 产生系数或实测数据（实测数据需要予以说明，对与国家统计系数取值差异大的，需要进行深入分析）；当地未进行人均 COD 产生系数测算和实测工作的省份，则统一采用环境统计中规定的 COD 产生系数，并与基准年该数据取值保持一致。

按照环境统计规定，原则上，全国平均取值为 75 克/人·日，北方城市平均值为 65 克/人·日，北方特大城市为 70 克/人·日，北方其他城市为 60 克/人·日，南方城市平均值为 90 克/人·日。

3．新增二氧化硫排放量预测

二氧化硫排放量预测分为电力部分和非电力两部分。

（1）电力工业 SO_2 新增排放量预测

火电行业 SO_2 新增产生量＝电力燃煤增量×（1－三同时执行率）×含硫率×0.8×2+电力燃煤增量×三同时执行率×含硫率×0.8×2×（1－脱硫率）。式中，前者表示脱硫电厂部分形成的二氧化硫排放增量。电力燃煤增量要包括热电联产机组供热部分的煤炭增加量。

脱硫三同时执行率全国 2006 年为 70%，各地参考实际情况确定。

（2）非电力新增 SO_2 新增排放量预测

非电力二氧化硫排放量预测，采用排放强度法预测二氧化硫新增量。

根据非电力煤炭新增量和基准年排放强度，预测非电力 SO_2 新增量=基准年本省单位耗煤非电力 SO_2 排放强度×（2010 年煤炭增加量－电力行业煤炭增加量）。

同时可按照 2006 年主要耗能产品产量增加速度预测 2010 年产量，依据单位产品产量排污系数，预测新增量，同排放强度方法比对，按取大数原则，确定新增量。

非电力二氧化硫包括非电力工业燃煤锅炉，原料用煤生产工艺、生活燃煤部分。有条件的地区，可以对非电力燃煤锅炉、生活燃煤排放的二氧化硫采用物料衡算方法计算。对工艺排放的二氧化硫采用排放强度法进行测算。

（四）产业结构减排实施方案

产业结构调整减排只针对到现有企业。已经在新增量部分、节能降耗部分考虑过的或者重复计算的部分，应不包括在产业结构减排削减量部分。

产业结构减排量计算方法为等量替代法：

COD：因企业关停直接导致的 COD 排放减少量=关停企业基准年工业增加值（或 GDP）×关停企业所在行业基准年平均排放强度。

SO_2：因企业关停直接导致的 SO_2 排放减少量=关停企业基准年煤炭消费量×关停企业所在行业基准年单位煤炭消费排放的 SO_2 量。

等量替代法实质是关停企业与行业平均物耗和排放水平之间的差异为产业结构减排量。若淘汰关停企业污染物排放水平、资源能源利用效率与本行业平均水平差异不大的，产业结构关停减少的污染物量实际上由新建项目的新增排放量抵消，产业结构关停调整的污染物减排量实际为零。

对于电力行业，若采用煤炭消费量预测二氧化硫预测时，新增煤炭消费量为总体预算，所以关停基准年在环境统计中的小火电企业时，其产业结构减排量可以直接采用环境统计中的关停企业的排放量。但采用单位产值排放强度法测算工艺二氧化硫时仍然需要采用等量替代法。

（五）工程治理减排实施方案

完成全国污染减排目标，需要通过工程治理减排二氧化硫 520 万吨、化学需氧量 400 万吨，是减排计划的重点。城镇污水处理和再生利用设施建设规划、目标责任书等是工程减排的重点工程。

1．COD 减排方案

COD 削减能力=城镇生活 COD 削减能力+工业 COD 削减能力。其中工业 COD 削减能力还要分为环境统计发表调查工业企业削减能力、非发表调查的一般测算工业企业削减能力进行分类汇总。

1）污水处理厂削减能力测算

① 新建污水处理厂削减能力测算

包括新建污水处理厂和现有污水处理厂扩建两种类型。

COD 削减能力=新增城镇污水处理规模×运行天数×（进水浓度－出水浓度）×现有负荷率

原则上污水处理厂削减量不宜高估。对于现有污水处理厂扩建工程，污水处理负荷率、进水出水浓度等可以按照现有污水处理厂实际情况进行测算。对于新建污水处理厂，运行天数可按照 330 计算（事后总量核定和统计按照实际运行天数计算），进水 COD 浓度可用设计浓度代替，出水 COD 浓度按污水处理厂排放标准规定的出水浓度计算，污水处理厂负荷率可按照全省基准年平均数据计算，没有数据的原则上按 60%计算。

② 通过污水收集管网改造与完善形成的削减能力测算

鉴于目前城镇污水处理厂的管网收集系统尚不完善，“十一五”期间通过收集管网改造与完善可提高现有污水处理厂负荷率，增加 COD 削减能力。

新增 COD 削减能力=城镇污水处理规模×运行天数×（进水浓度－出水浓度）×负荷率

③ 城镇污水再生利用形成的削减能力

“十一五”期间，北方地区和沿海缺水地区的城镇污水的再生利用率将有显著提高，从而减少 COD 的排放量。再生利用水补充河道生态用水不纳入削减能力。

COD 削减能力=城镇污水再生利用规模×运行天数×城镇污水出水浓度（或再生设施进水浓度）

2）工业企业污染控制削减能力测算

工业企业可通过污染治理、深度处理、清洁生产和再生水利用等途径削减 COD。

污染治理及深度净化形成的 COD 削减能力=污水处理能力×运行天数×（进水浓度－出水浓度）

再生水利用形成的COD削减能力=污水再生利用能力×运行天数×出水浓度

清洁生产形成的 COD 削减能力可通过清洁生产审核报告、项目可研报告数据等计算。清洁生产仅包括能形成稳定减排效果的工程因素部分，对于管理因素等不包括在内。

污水处理能力按设计能力计算，进水浓度均应取实测值，出水浓度取标准值。

工业企业污染治理的减排量（包括 COD 和二氧化硫）预测应客观准确，不能虚高甚至超过2005年该企业污染物排放量统计量。

2．二氧化硫治理工程

（1）工程项目确定方法

以省政府与国家签订的SO_2削减目标责任书中规定的项目为基础，若该项目清单难以保证完成省、地市减排计划，则应从其他SO_2排放量大、对环境质量影响大的重点污染源和超标排放源中，进一步增补SO_2排放治理项目。

重点是工业锅炉烟气脱硫（尤其是火电行业）、钢铁烧结机头烟气脱硫、有色金属冶炼行业酸性尾气综合治理等项目。

重点工程年度建设计划包括：项目名称、地点、生产设备编号、生产能力、治理工艺类型、工程进度、预计二氧化硫削减量等。

（2）二氧化硫削减量计算方法

锅炉烟气脱硫设施全年稳定运行情况下，二氧化硫削减量的计算公式为

$$R = 2\times0.8\times M\times S\times\eta$$

式中：R——脱硫设施的二氧化硫削减量（吨/年）；

M——燃料消耗量（吨/年）；

S——燃料硫分（%）；

η——脱硫效率（%）。

脱硫效率可以采用实际工程确认的数据。若无数据，不同脱硫技术的脱硫效率按全年平均运行情况取值（小于设计脱硫效率）——①石灰石/石膏法或海水脱硫法取值不高于 85%；②烟气循环流化床法取值不高于 80%；③单机容量大于（含）20 万千瓦循环流化床锅炉，若有在线监测设备且与省级环保部门联网，按照全年平均脱硫效率取值，没有在线监测设备或未与省级环保部门联网，取值为零；④其他方法脱硫效率取值不高于 70%。

污染治理设施减排量要考虑能力和实际效率之间的差异，可以按照计划投产

时间进行预测，对较小的单项治理工程也可以按照全年计算（事后总量核定和环境统计按照实际运行天数进行核算）。

（六）监督管理减排实施方案

1．监督管理方案措施

提出“三大”体系建设方案及其实施计划。包括重点污染源安装在线监控装置并实行联网、环境监测、执法检查和环境统计能力建设情况等。其他与污染减排相关的监督管理措施，包括评估考核制度的建立，强化环境监管的具体措施等。重点企业总量台账制度的建立和保障措施等。

2．稳定达标排放形成的污染减排方案

重点污染企业排放达标或稳定达标管理措施，包括企业名单、污染物排放量、预计削减量等，并适当说明测算依据。

对污染物达标排放率较高的地区，应重点提高其稳定达标率，加强污染物排放的监管，严格杜绝偷排等违法行为。该部分削减量的预测主要根据不同地区的实际情况进行估算，并对测算依据进行适当的说明。

各地对某企业稳定达标减排量计算时，要充分考虑该企业 2005 年环境统计总量数据对应的达标率，不能片面降低 2005 年达标率从而变相虚增减排量。

各省稳定达标形成的污染减排量不超过本省污染物减排总量的 10%。

3．提高污染物排放标准或实施严格的地方排放标准减排方案

通过提高污染物排放标准或实施严格的地方排放标准估算主要污染物削减量，即估算现行排放标准与新标准两种情景方案的主要污染物排放量之间的差值。计算中主要依据实施新标准的行业废水排放量、废气排放量等预测数据，废水排放量、废气排放量可通过各地区基准年的该行业单位工业增加值废水、废气排放系数与预计的行业工业增加值的乘积求得。

计算公式为

主要污染物削减量＝现行标准下该行业污染物排放量－新标准下该行业污染物排放量

新标准下污染物排放量＝基准年废水（废气）预测排放量×污染物排放浓度标准

此部分只计算现有行业监督管理的减排量，对于未来新建企业不考虑此部分减排量的计算。

本部分投资和项目只包括提高达标率、提高排放标准的企业治理项目及其投资。其他的治理工程应包括在治理工程减排中。本部分投资估算也不包括三大体系等监管能力建设。

（七）综合辅助方案

（1）本省对于统计范围或口径之外（化学需氧量和二氧化硫）的污染源的主要污染物排放削减工程及措施，如面源、农村生活源等。这些污染源的污染物排放不纳入总量环境统计范围，但采取削减工程或措施后能够有效促进环境质量改善。

（2）结合本省环境状况，除国家要求的主要污染物（化学需氧量和二氧化硫）之外，本省增加的需严格控制的或纳入本省污染物排放总量控制计划的污染物的排放总量削减工程和措施。如对于粉尘、氨氮、总磷的总量控制措施。

（3）已经在节能降耗指标、排放强度数据变化中得到反映的工程措施，如控制高耗能高污染行业过快增长、燃煤改清洁能源、技术进步等。

（4）新建项目“三同时”治理等其他项目，如新建火电厂脱硫项目等，产业结构调整、工程治理、监督减排等均以现有企业为对象，不包括新建项目措施部分。

（八）可达性分析

1．部门职责分解和组织领导

减排计划应将任务分解到各责任部门，对于产业结构、工程治理、监督管理等各项具体减排措施，落实到承担单位，明确责任目标完成的责任主体和考核指标。

2．投资需求及落实情况

说明减排计划中各项方案措施所需投资情况，包括与主要污染物削减有关的产业结构、工程治理、监督管理等投资需求、资金来源，明确资金渠道和落实情况，说明资金到位情况、资金保障措施，兼顾资金需求和供给实际，进行资金供需平衡和可能分析。

3．政策措施

说明本省为推动减排计划实施制定或计划出台的各项政策措施，包括目标分解办法、目标考核责任制、监督管理办法、淘汰关停落后生产能力的相关政策、地方排放标准、行业或项目准入标准、财政、税收等，以及保障工程措施落实的各项政策。

4．可达性分析

通过以上减排措施实现的污染物总量减排情况及配套的保障政策，对比本省签订的主要污染物总量削减目标责任书，做好新增量、存量、减排量三者之间的平衡分析，并保留一定的预留和工程运行实际，对 2010 年总量减排目标完成情况进行可达性分析，并分析可能存在的问题及影响目标实现的主要因素和环节。

（九）减排计划实施

各地上报实施方案时，将2007年实施具体内容单作一章予以详细论述。2008年、2009年、2010年实施方案将在本实施方案和2007年度计划的基础上，结合上年计划完成情况并做针对性动态调整后于当年的3月30日前报送国家环保总局。年度减排计划的主要内容包括：上年总量基数，新增量预测，减排年度目标和分地区目标，各项减排措施，配套政策和保障措施，减排计划项目清单（具体要求见附表），并可以按照上述章节进行编排。

国家环保总局将在汇总分析各省年度削减目标的基础上，对全国总量削减目标进行宏观测算，提出预警和针对性的措施。对于不能满足全国或各省5年目标的，国家环保总局将提出调整意见。国家环保总局将按照各省上报计划的实施情况进行备案审查、专项核查、年度评估，强化考核工作，开展预警试点，并以适当形式公布各省执行情况。

减排计划的编制，实质在于提出未来污染物产生量新增、年度目标、各类削减工程和能力需求，属于事前预测范畴，以稳妥可靠为出发点。国家环保总局对各省污染物排放量的统计、核查、考核，属于各类计划措施付诸实施后的事后评估，与事前预测相辅相成，同时也存在较大的差异。需要把握减排计划预测量、总局污染物排放审核量、环境统计排放量之间的差异。污染减排目标责任制的考核、统计按照总局有关要求执行，不作为计划编制的重点。核算污染物总量增减情况测算依据及方法按照环保总局正式发布的核算方法执行；主要污染物总量减排考核采用现场核查和重点抽查相结合的方式进行，依据主要污染物排放总量统计办法、监测办法、考核的相关规定予以核定。

各省应将国家环保总局同意后的减排计划作为本省节能减排综合性工作方案的重要内容，逐级纳入辖区国民经济和社会发展的年度计划，确保投入到位、政策到位、执法监督到位、能力建设到位、组织领导到位、责任到位、宣传动员到位。

各级人民政府每年向国务院报告污染减排责任的履行情况和污染减排年度计划实施情况，向同级人民代表大会报告污染减排工作和污染减排计划实施情况，要把污染减排指标完成情况纳入各地经济社会发展综合评价体系，实施严格问责。

附表

附表 1　主要污染物排放量情况

	2005 年排放量（万吨）	2006 年排放量（万吨）	增减量（万吨）	削减率（%）
化学需氧量				
其中：重点调查工业企业				
非重点调查工业企业				
社会生活及其他				
二氧化硫				
其中：重点调查工业企业				
重点调查工业中的火电行业				
非重点调查工业企业				
社会生活及其他				

附表 2　分地区主要污染物排放量情况　　单位：万吨

市（地）	化学需氧量			二氧化硫		
	2005 年排放量	2006 年排放量	增减量	2005 年排放量	2006 年排放量	增减量

附表 3　分行业主要污染物排放量情况　　单位：万吨

行业名称	分类	化学需氧量			二氧化硫		
		2005 年排放量	2006 年排放量	增减量	2005 年排放量	2006 年排放量	增减量
	合计						
	发表调查企业						
	非发表调查企业						
	合计						

附表 4　社会经济发展与能源消费预测

	2005 年	2006 年	2010 年	预测依据
城镇人口（万人）				
国内生产总值（GDP）（亿元）				
工业增加值（亿元）				
能源消费总量（万吨）				
煤炭消费总量（万吨）				
电力消费总量（万吨）				

附表 5　到 2010 年新增 COD 排放量预测

新增城镇人口	城镇人口 COD 产生系数	新增城镇生活 COD 预测	新增工业增加值（GDP）	排放强度	工业 COD 合计	新增 COD 合计

附表 6　到 2010 年新增 SO_2 排放量预测

电力燃煤增量	火电新增排放量	非电力煤炭新增量	非电力排放强度	非电力新增排放量	工艺排放强度法测算新增量校核	合计新增量

附表 7　COD 减排年度目标　　单位：万吨

地市	2007 年		2008 年	2009 年		2010 年	
	排放量	削减量	排放量	削减量	排放量	排放量	削减量
全省合计							

附表 8　二氧化硫减排年度目标

单位：万吨

地市	2007 年		2008 年	2009 年		2010 年	
	排放量	削减量	排放量	削减量	排放量	排放量	削减量
全省合计							

附表 9　COD 减排年度目标

单位：万吨

地市名称	产业结构调整减排量				工程治理减排量				监督管理减排量			
	2007 年	2008 年	2009 年	2010 年	2007 年	2008 年	2009 年	2010 年	2007 年	2008 年	2009 年	2010 年
全省合计												

附表 10　二氧化硫减排年度目标

单位：万吨

地市名称	产业结构调整减排量				工程治理减排量				监督管理减排量			
	2007 年	2008 年	2009 年	2010 年	2007 年	2008 年	2009 年	2010 年	2007 年	2008 年	2009 年	2010 年
全省合计												

附表 11　淘汰、关停企业项目名单

地市	企业名称	生产工艺	企业规模	污染物种类	关停时间	等量替代减排量（吨）	责任部门	2005 年统计排放量（吨）	是否属于环统发表调查重点源

附表 12　COD 减排计划工程项目削减能力汇总　　单位：万吨

地市	城镇生活 COD 削减量			工业 COD 削减量				合计
	新建扩建处理厂	管网改造与完善	再生水利用	污染治理	深度净化处理	清洁生产工程	再生水利用	

附表 13　污水处理厂工程项目清单

地市	项目名称	建设内容	建设内容	建设规模	投资（万元）	COD 减排量	建成时间	目前进展	责任部门

附表 14　COD 减排计划工程削减项目清单表

地市	项目名称	所属行业	建设内容	建设规模	COD 减排量	预计建成年份	目前进展	责任部门

附表 15　SO_2减排计划工程项目削减能力汇总　　单位：万吨

地市	电力行业	非电力行业			合计
		非电工业锅炉	钢铁烧结机头	有色金属冶炼	

附表 16　现役燃煤发电机组烟气脱硫项目表

所在城市	电厂名称	机组编号	装机容量（MW）	燃煤硫分	治理技术	投资（万元）	SO_2减排量（万吨/年）	开工日期	投运日期	目前进度	责任部门

附表 17　非电力行业二氧化硫治理重点项目表

所在城市	所属行业	企业名称	项目名称和规模	投资（万元）	SO_2减排量（万吨/年）	开工日期	投运日期	目前进度	责任部门	是否属于环统发表调查重点源

附表 18　稳定达标排放减排计划表

地市	企业名称	2005 年污染物排量（吨）	2005 年排放达标率（%）	提高后的稳定达标率（%）	预计削减量（吨）

附表 19　实施严格的排放标准减排计划表

地市	企业名称	污染物种类	COD 排放浓度（mg/L）		SO_2排放浓度（mg/L）		预计排放量（万吨）		预测削减量（吨）	
			现行标准	新标准	现行标准	新标准	废水	废气	COD	SO_2

关于印发《“十一五”主要污染物总量减排核查办法（试行）》的通知

环发[2007]124 号

各省、自治区、直辖市环境保护局（厅），各环境保护督察中心，新疆生产建设兵团环境保护局：

为确保实现“十一五”主要污染物总量减排目标，加强和规范主要污染物总量减排核查工作，我局制定了《“十一五”主要污染物总量减排核查办法（试行）》。现印发给你们，请遵照执行。

附件：“十一五”主要污染物总量减排核查办法（试行）

二〇〇七年八月十六日

附件

“十一五”主要污染物总量减排核查办法（试行）

第一章 总 则

第一条 为加强和规范“十一五”期间全国主要污染物总量减排核查工作，确保完成“十一五”全国主要污染物总量减排目标，依据《节能减排综合性工作方案》和国家环保总局与各省、自治区、直辖市人民政府签订的《“十一五”主要污染物总量削减目标责任书》的有关规定，制定本办法。

第二条 本办法所称主要污染物排放量，是指《国民经济和社会发展第十一个五年规划纲要》确定的实施排放总量控制的两项污染物，即化学需氧量（COD）和二氧化硫（SO_2）的排放量。

第三条 本办法适用于国家对各省、自治区、直辖市“十一五”期间主要污染物总量减排（以下简称“污染减排”）年度计划完成情况的核查。

各省、自治区、直辖市对本行政区域的污染减排核查可参照本办法执行。

第四条 污染减排核查的内容包括：各省、自治区、直辖市污染减排工作开展情况，年度污染减排计划制定情况、采取的各项工程措施及减排计划完成情况。污染减排核查的重点是治理工程减排项目、结构调整和监督管理减排措施的落实情况。

第五条 污染减排核查的目的是：通过对各省、自治区、直辖市上报的年度主要污染物削减量相关数据真实性和一致性的审核、检查，为国家考核提供依据，促进各地完成年度污染减排计划和实现“十一五”主要污染物总量减排目标。

第六条 国家环保总局华北环境保护督查中心、东北环境保护督查中心、华东环境保护督查中心、华南环境保护督查中心、西南环境保护督查中心和西北环境保护督查中心（以下简称“总局各督查中心”），分别负责监管范围内污染减排的核查工作。

第七条 污染减排核查坚持实事求是、客观公正的原则，采用资料审核与现场核查相结合的方式。

第八条 污染减排核查包括日常督查和定期核查。定期核查分为半年核查和年度核查。

第九条 总局各督查中心开展污染减排核查工作所需经费列入本部门预算。

第二章 日常督查

第十条 污染减排的日常督查是指总局各督查中心对各省、自治区、直辖市制定的减排措施的落实及其计划的完成情况所进行的日常督促检查。

第十一条 日常督查的重点是：监管范围内治理工程减排项目（城市污水处理厂、企事业单位污染治理工程、燃煤电厂脱硫工程、非电企业脱硫工程）的建设和运行情况；结构调整减排项目（按照国家产业政策和有关规定取缔关停的企业、生产线、设施等）的实施情况；监督管理减排措施（主要是企业清洁生产方案、污染物排放稳定达标）的落实情况。

第十二条 日常督查采用明查与暗查相结合的方式，由总局各督查中心会同有关省、自治区、直辖市环保部门联合开展，或者由总局各督查中心独立开展。

第十三条 总局各督查中心与有关省、自治区、直辖市环保部门联合开展的日常督查，每上、下半年至少各进行一次。对核查期内新建和上年度接转已运行的城市污水处理厂和燃煤电厂脱硫工程建设及运行情况的检查率应为 100%，对现有城市污水处理厂和燃煤电厂脱硫工程运行情况的检查率不低于 20%，对其他企事业单位的工业废水、二氧化硫废气治理工程检查率不低于 30%，对取缔关停企业、生产线、设施的检查率不低于 20%。

联合督查的具体时间和安排由总局各督查中心商有关省、自治区、直辖市环保部门共同确定。

第十四条 总局各督查中心独立开展的日常督查采用明查与暗查相结合以暗查为主的方式进行。对核查期内新建和上年度接转已运行的城市污水处理厂和燃煤电厂脱硫工程建设及运行情况的检查率不低于 30%，对已有城市污水处理厂和燃煤电厂脱硫工程运行情况的检查率不低于 10%，对其他企事业单位的工业废水、二氧化硫废气治理检查率不低于 15%，对取缔关停企业、生产线、设施的检查率不低于 10%。

第十五条 日常督查中，对城市污水处理厂、燃煤电厂脱硫工程、企事业单位污染减排工程建设及运行情况和取缔关停企业、生产线、设施情况应做出现场督查记录，并作为确定监察系数的主要依据之一。

第十六条 总局各督查中心分别于每年 6 月 30 日前和 12 月 31 日前向国家环保总局报送半年和年度日常督查情况报告。

第三章 定期核查

第十七条 定期核查是指总局各督查中心对各省、自治区、直辖市上报的半年或年度污染减排计划执行情况及治理工程减排项目、结构调整减排项目和监督管理减排措施的实施情况与完成的 COD 和 SO_2 削减量数据的真实性和一致性所进行的检查与核实。

第十八条 各省、自治区、直辖市环保部门应于每年 7 月 10 日前和次年 1 月 15 日前，向国家环保总局报送辖区半年和年度污染物减排工作报告，并抄送所在区域的督查中心。

第十九条 各省、自治区、直辖市污染减排工作报告的内容应包括：

（一）政府污染减排工作组织领导情况；

（二）环保部门组织实施污染减排工作情况；

（三）政府的相关职能部门组织实施污染减排工作情况；

（四）相关企事业单位开展污染减排工作的典型事例；

（五）制定年度减排计划情况（含新增量、存量、减排量之间的平衡分析，应该完成的削减量及其测算依据），核查期内减排计划的完成情况；

（六）治理工程减排项目、结构调整减排项目和监督管理减排措施的项目清单及其实施效果。各地报送的减排项目清单超过第十八条规定期限的，不计入本核查期减排量；

（七）按照总量减排调度规定应当报告的其他有关数据和资料。

第二十条 总局各督查中心按照国家环保总局的统一部署，组织对相关省、自治区、直辖市的污染减排工作进行全面核查，确保在 15 个工作日内完成核查任务，并向国家环保总局报送对监管范围内各省、自治区、直辖市的核查报告。

第二十一条 总局各督查中心定期核查的重点是：省、自治区、直辖市上报的减排措施在核查期内对 COD 和 SO_2 的实际削减量及其相关数据的真实性和一致性。

第二十二条 定期核查采用资料审核和现场抽查相结合的方式进行。

资料审核主要是对各省、自治区、直辖市提交的减排措施项目清单及其实施效果进行审查，并依据所提供的有关政府和环保部门批准文件、验收报告、试运行许可、自动监测和监督性监测等相关资料进行逐项审核，核实每个项目的实施情况及其实际削减量。

现场抽查采用重点抽查为主，随机抽查为辅的方式进行。对资料审核中发现有问题的企业和项目进行重点抽查；其他减排措施采用随机抽查的方式。抽查结果作为确定监察系数的依据之一，与日常督查结果具有同等效力。

第二十三条 总局各督查中心要建立主要污染物减排措施档案制度。年度内对新增减排措施的书面审核、督查以及核查的累计核查率要达到 100%。

第二十四条 总局各督查中心向国家环保总局报送的主要污染物减排核查报告的内容包括：各省、自治区、直辖市主要污染物减排工作开展情况；污染物减排年度计划的制定及完成情况；实施治理工程减排项目、结构调整减排项目和监督管理减排措施情况及其 COD 和 SO_2 实际削减量的认定结果；污染物减排工作的总体评价、评估及结论。报告应对核查结果进行认真分析说明，并就下一步污染减排工作提出有针对性的意见和建议。

第四章 COD 削减量核查（督查）

第二十五条 COD 削减量核查（督查）是指对核查期内各省、自治区、直辖市新增的 COD 实际削减量的核查（督查）。核查期内新增 COD 削减量主要包括：

（一）城市污水处理厂新增的 COD 削减量；

（二）企事业单位工业废水治理工程新增的 COD 削减量；

（三）取缔关停企业、生产线、设施新增的 COD 削减量；

（四）因执行新的排放标准新增的 COD 削减量等。

第二十六条 城市污水处理厂新增的 COD 削减量的核查（督查）包括：

（一）核查（督查）范围：

1．当年新建并投入运行的城市污水处理厂 COD 削减量；

2．上年建成投入运行但运行不满全年的城市污水处理厂当年新增 COD 削减量；

3．原有城市污水处理厂通过改建、扩建增加污水处理能力（如新增管网、扩容、污水回用等）和提高治理效果而形成的新增 COD 削减量。

（二）核查（督查）内容：

1．核查城市污水处理厂的基本情况，包括设计处理能力、处理工艺、建成投运时间等。需要检查的资料包括项目设计文件、环境影响评价报告及批复、工程竣工环保验收报告等。

2．核查城市污水处理厂的实际处理情况，包括：

（1）实际运行时间、处理水量和处理效果。需要审核的资料包括污水处理厂自动在线监测的进出口流量和 COD 浓度数据，并现场随机抽调、查阅 10 天自动在线监测装置记录的进出口水量和 COD 浓度，各级环保部门对污水处理厂的日常监督性监测数据和监察报告，污水处理厂内部日常测定的进出口水量和 COD 浓度数据，查阅生产用电记录、污泥产生量记录，拍摄主要设施照片等。

（2）对实际处理水量和处理效果，按照以下顺序采用数据：自动在线监测的进出口流量和 COD 浓度数据（必须是与当地环保部门监控平台联网或通过数据有效性校核的数据）；各级环保部门对污水处理厂的日常监督性监测数据和监察报告；污水处理厂日常生产中进出口水量和 COD 浓度监测的有效记录，以及生产用电记录、污泥产生量记录等辅助说明材料。

（3）对原有城市污水处理厂通过改建、扩建等增加污水处理能力和提高治理效果的，必须提供新增管网长度、扩容能力、污水回用量以及回用工程运行记录等相关文件、资料。

无上述数据和文件资料或者弄虚作假的，视为该污水处理厂不运行，不计 COD 削减量。

3．对污水处理厂各处理工序进行现场检查。

4．制作现场核查（督查）笔录。

（三）核查计算方法：

1．当年新建投入运行的城市污水处理厂通过调试期后并连续稳定运行的，从其通过调试期的第二个月起，按照实际运行时间、处理水量和处理效率计算 COD 削减量。

2．上年建成投入运行但运行不满全年的城市污水处理厂，按照上年未运行时间计算当年同期增加的 COD 削减量。

3．原有城市污水处理厂通过改建、扩建增加污水处理能力和提高治理效果的，按照其当年实际新增的 COD 去除量计算 COD 削减量。

（四）核查（督查）中发现城市污水处理厂有下列情况之一的，认定为不正常运行：

1．整体不运行或者部分关键设备不运行的；

2．排水污染物浓度或总量超过规定标准 30%的；

3．污水处理量达不到应接纳量 50%的。

（五）核查（督查）中发现城市污水处理厂不正常运行一次，监察系数取 0.8，不正常运行两次，监察系数取 0.5，超过两次不正常运行，监察系数取 0。情节严重的，当地环保部门应依法予以处罚，并提请当地人民政府责令其整改，追究有关人员的责任。

核查中发现国控重点污染源没有建立直报系统的，在线监测设备使用、运行及记录不正常的，参照以上规定确定监察系数。

第二十七条 企事业单位工业废水治理工程新增 COD 削减量的核查（督查）：

（一）核查（督查）范围：

1．企事业单位当年新、改、扩建投入运行的污水治理工程 COD 削减量；

2．企事业单位上年建成投入运行但运行不满全年的污染治理工程新增 COD 削减量；

3．企事业单位原有污水治理设施经过深度处理、改进工艺和再生水利用等新增 COD 削减量；

4．企事业单位通过实施清洁生产审核方案达标排放或完成削减污染物排放量协议，并通过省级环保行政主管部门或清洁生产相关行政主管部门评审、验收而形成的新增 COD 削减量。

（二）核查（督查）内容：

1．核实企事业单位污染治理工程的基本情况，包括设计能力、处理工艺、建成投运时间等。对于实施工艺改进、清洁生产、再生水利用的，还应当了解具体实施情况。需要检查的资料包括设计文件、环境影响评价报告及批复、工程竣工环保验收报告、清洁生产审核报告及生产调度记录、再生水利用设施运行记录等。

2．核查企事业单位污染治理工程实际处理情况，包括：

（1）实际处理时间、处理水量和处理效果。需要审核的资料包括：污染治理设施自动在线监测的污水流量和 COD 浓度数据，各级环保部门对污染治理工程的日常监督性监测数据和监察报告，企事业单位内部污染治理工程日常运行记录、监测数据和用电记录、主要设施照片等。

（2）对实际处理量和处理效果，按照以下顺序采用数据：自动在线监测的排放口流量和 COD 浓度数据（必须是与当地环保部门监控平台联网并通过数据有效性校核的）；各级环保部门对污水处理工程的日常监督性监测数据和监察报告；企事业单位内部污水治理工程日常运行和监测的有效记录。还可参考污水治理工程用电记录等。

（3）对企事业单位实施工艺改进、再生水利用的，必须提供相关资料和监测数据等文件资料。

（4）企事业单位实施清洁生产削减 COD 的，必须提供清洁生产审核报告、方案实施情况说明、达标排放前后情况、削减污染物排放量协议及完成情况，省级环保行政主管部门或清洁生产相关行政主管部门的评审、验收报告。

无上述数据和文件资料或者弄虚作假的，认定该单位污水治理工程不运行，不计 COD 削减量。

3．对污染治理工程各处理工序进行现场检查。

4．制作现场核查（督查）笔录。

（三）核查计算方法：

1．对企事业单位当年新建的污水治理工程和原有污水处理工程进行深度处理通过调试期后并连续稳定运行的，从其通过调试期的第二个月起，按照实际运行时间、处理水量和处理效率计算 COD 削减量。

2．对企事业单位上年建成投入运行但运行不满全年的污水治理工程，按照上年未运行的时间计算当年同期增加的 COD 削减量。

3．对企事业单位通过工艺改进、清洁生产等减少 COD 排放的，根据相关部门出具的证明资料，经核实后计算其核查期 COD 削减量。

4．对企事业单位建设再生水利用工程通过调试期后达到城市杂用水、景观环境用水水质要求并连续稳定运行的，从其通过调试期的第二个月起，按照当年实际运行时间、回用水量和处理效率计算其 COD 削减量。

5．企事业单位因执行国家和地方新的 COD 排放标准后实际减少的排放量计算其 COD 削减量。

以上未纳入上年度环境统计的与“三同时”项目均不计算其削减量。

（四）核查（督查）中按照国家环保总局《关于“不正常使用”污染物处理设施违法认定和处罚的意见》（环发[2003]177 号）有关规定，认定企事业单位污染治理工程不正常使用的情况。

（五）核查（督查）中发现企事业单位污水处理工程不正常运行一次，监察系数取 0.8，不正常运行两次，监察系数取 0.5，超过两次不正常运行，监察系数取 0，情节严重的，当地环保部门应依法予以处罚，责令其整改，并提请有关部门追究其责任人员的责任。

核查中发现国控重点污染源没有建立直报系统的，在线监测设备使用、运行及记录不正常者参照以上规定确定监察系数。

第二十八条 产业结构调整新增 COD 削减量的核查（督查）包括：

（一）核查（督查）范围：

纳入上年环境统计的核查期年度或上年度已经取缔关停的工业企业、设施等。

（二）核查（督查）内容：

1．核实取缔关停企业、生产线、设施的基本情况，包括厂址，取缔关停生产设施的规模及其主要设备名称和数量，取缔关停时间，营业执照是否吊销等。

2．检查企业被取缔关停的相关资料，主要是当地政府取缔关停的文件，工商部门出具的营业执照吊销证明，供电部门下发的停电通知或出具的断电证明，环保部门现场检查取缔关停的记录、照片等。

3．对取缔关停企业、生产线、设施进行现场核查，检查是否拆除主要生产设备，是否断水断电，是否存有生产原料和产品等。

4．制作现场核查（督查）笔录。企业关闭，无法找到相关人员时，可采取行政主管部门或企业上级单位的笔录。

（三）核查计算方法：

对于当年根据国家产业政策和有关规定取缔关停的企业、生产线、设施等，按照上年纳入环境统计的排放量减去当年实际排放量计算其 COD 削减量。

关于实施“十一五”主要污染物总量减排措施季度报告制度的通知

环办[2007]131 号

各省、自治区、直辖市环境保护局（厅），新疆生产建设兵团环境保护局：

为进一步促进全国污染减排工作的顺利实施，及时掌握工作进展，确保完成“十一五”减排目标，根据《节能减排综合性工作方案》（国发[2007]15 号）的要求，各地要认真贯彻落实主要污染物总量减排措施季度报告制度。具体通知如下：

一、化学需氧量（COD）减排措施季度报告的内容

（一）新增城市污水处理厂情况。新建成和新投产污水处理厂名称、地址、主体处理工艺、设计处理能力、实际处理能力及进、出水水量和 COD 浓度、投产运行时间；改建、扩建等污水处理厂增加的污水处理能力及 COD 减排量；深度治理（含中水回用）的污水处理厂增加的 COD 减排量。

（二）新建工业企业和事业单位污水处理工程情况。纳入上年度环境统计且每季度新增污水处理设施的企事业单位，新增 COD 减排的工程名称、地址、处理工艺、投产运行时间和设计处理规模、实际污水处理量和 COD 减排量。

（三）淘汰落后产能情况。每季度取缔关停的企业或生产线名称、地址、生产规模、关闭时间和上年环境统计 COD 排放量。

二、二氧化硫（SO_2）减排措施季度报告的内容

（一）新建燃煤电厂烟气脱硫工程情况。每季度新建燃煤脱硫机组所在电厂名称、地址、通过 “168 小时”时间、装机容量、脱硫技术、脱硫公司、发电量（供热量）、原煤消耗量、原煤发热值和入炉原煤平均硫分。

（二）新建非电力工业企业 SO_2 治理工程情况。纳入上年度环境统计且每季度新增 SO_2 处理设施的单位名称、处理工艺、投产日期、处理烟气量、减排 SO_2 能力。

（三）企事业单位清洁能源替代情况。纳入上年度环境统计且每季度新增燃煤设施改造为清洁燃料设施的企事业单位，季度煤炭减少量和清洁燃料增加量。

（四）淘汰落后产能情况。纳入上年度环境统计且每季度关闭小火电机组所在的电厂名称、地址、装机容量、上年度 SO_2 排放量、燃煤消耗量、煤炭平均硫分；关闭落后炼钢炼铁产能的企业及高炉名称、地址、容积、产量、烧结机规模、上年度 SO_2 排放量；关闭小造纸、酒精、味精、小炼焦、小水泥、玻璃等落后产能的企业及生产线名称、地址、生产能力、上年度产量、上年度 SO_2 排放量。

三、工作要求

请各单位高度重视，组织有关人员，结合环境统计工作，认真落实本辖区减排措施的季度报告制度。请各单位于每个季度结束后的 10 日内，将本辖区减排措施实施进展情况（一式两份）报送我局总量办和规划司。逾期未报的，视该地区季度内无新增减排措施。

二〇〇七年十月三十日

国家环境保护总局关于印发《主要污染物总量减排监察系数核算办法（试行）》的通知

环发[2007]194 号

各省、自治区、直辖市环境保护局（厅），新疆生产建设兵团环境保护局，各环境保护督查中心：

为规范主要污染物总量减排监察系数核算工作，确保实现“十一五”主要污染物减排目标，根据《国务院批转节能减排统计监测及考核实施方案和办法的通知》（国发[2007]36 号）以及《关于印发〈主要污染物总量减排核算细则（试行）〉的通知》（环发[2007]183 号）的有关规定，我局组织制定了《主要污染物总量减排监察系数核算办法（试行）》。现印发给你们，请遵照执行。

附件：主要污染物总量减排监察系数核算办法（试行）

二〇〇七年十二月二十六日

附件

主要污染物总量减排监察系数核算办法（试行）

一、为规范主要污染物总量减排监察系数核算工作，促进总量减排项目和排污企业达标排放，保障实现总量减排目标，依据《国务院批转节能减排统计监测及考核实施方案和办法的通知》（国发[2007]36 号）、《关于印发〈“十一五”主要污染物总量减排核查办法（试行）〉的通知》（环发[2007]124 号）、《关于印发〈主要污染物总量减排核算细则（试行）〉的通知》（环发[2007]183 号）等有关规定，制定本办法。

二、各省、自治区、直辖市进行半年和年度主要污染物总量减排核算时，在排放强度法中使用 GDP 核算化学需氧量（COD）排放量时，用监测与监察系数对计算结果进行校正；在排放强度法中使用耗煤量核算二氧化硫（SO_2）排放量时，应当用监察系数对 SO_2 排放量计算结果进行校正。

COD 监测与监察系数和 SO_2 监察系数的具体核算方法参照《国务院批转节能减排统计监测及考核实施方案和办法的通知》（国发[2007]36 号）的要求执行。

在本办法中，COD 监测与监察系数、SO_2 监察系数统称主要污染物总量减排监察系数（以下简称“减排监察系数”）。

三、减排监察系数的核算范围包括各省、自治区、直辖市环保部门，国家环保总局各环境保护督查中心（以下简称“总局各督查中心”）和国家环保总局环境监察局（以下简称“总局环监局”）在核算期内实际检查的企业数的总和。

其中，各省、自治区、直辖市环保部门检查的范围是国家重点监控企业以及各省、自治区、直辖市列入 COD 和 SO_2 总量减排的治理工程减排项目，两者不重复计算。国家重点监控企业名单由国家环保总局公布，每年动态调整。

由总局环监局或总局各督查中心与省级环保部门联合检查的企业不重复计算。

四、各省、自治区、直辖市半年和年度减排监察系数核算情况由各省、自治区、直辖市环保部门上报，总局各督查中心进行审核，总局环监局最后核定。

五、各省、自治区、直辖市环保部门应按照《环境监理工作制度（试行）》（环监[1996]888 号）、《环境监理工作程序（试行）》（环监[1996]888 号）和《主要污染物总量减排监测办法》的要求，认真开展对辖区内国家重点监控企业和减排治理工程项目的监察和监测工作。根据监察和监测的结果核算减排监察系数。并于每年 6 月 15 日前和 12 月 15 日前，向总局环监局报送本辖区半年和年度减排监察系数核算情况报告，并抄送所在区域的总局督查中心。

各省、自治区、直辖市减排监察系数核算情况报告的内容包括：

（一）组织开展环保执法监察和污染源监测的工作情况。

（二）对监测监察企业和减排项目具体实施环保监察和监测的情况，重点列表说明各个企业和项目超标排放和不正常运行的情况。

（三）核算本地区 COD 监测与监察达标率、监测与监察系数的情况及核算过程的简要说明。

（四）核算本地区 SO_2 监察系数及确定的 SO_2 非正常排放量情况及核算过程的简要说明。

（五）其他需要说明的情况和数据资料。

六、总局各督查中心依照《“十一五”主要污染物总量减排核查办法（试行）》的要求认真开展半年和年度主要污染物总量减排日常督查，并依据日常督查情况及其他有关督查工作情况，对辖区内各省、自治区、直辖市报送的半年和年度减排监察系数核算情况报告进行审核，对督查工作中所发现的企业和工程减排项目主要污染物超标排放或不正常运行情况，应累加计算该企业和项目的超标排放或不正常运行次数（与地方环保部门联合督查的超标排放或不正常运行情况不重复计算），重新核定其减排监察系数，并于每年 6 月 25 日前和 12 月 25 日前向总局环监局报送辖区内各省、自治区、直辖市半年和年度减排监察系数核查情况报告，有关要求参照本办法第五条。

七、总局环监局负责监督指导各省、自治区、直辖市环保部门和总局各督查中心的日常督查和减排监察系数核算工作，并根据环境执法检查情况，对各省、自治区、直辖市环保部门及总局各督查中心上报的半年和年度减排监察系数核算情况报告进行最终核定，并向总局总量控制办公室提交各省、自治区、直辖市的减排监察系数，必要时向总局各督查中心及各省、自治区、直辖市环保部门反馈有关核定情况。

八、各省、自治区、直辖市环保部门和总局各督查中心于每季度结束后 10 个工作日内通过“www.12369.gov.cn”网站，填报主要污染物总量减排监察系数有关信息，有关填报的具体要求由总局环监局另行规定。

九、本办法自印发之日起执行。

国务院批转发展改革委、能源办关于加快关停小火电机组若干意见的通知

国发[2007]2 号

各省、自治区、直辖市人民政府，国务院各部委、各直属机构：

国务院同意发展改革委、能源办《关于加快关停小火电机组的若干意见》，现转发给你们，请认真贯彻执行。

“十一五”规划纲要明确提出，到 2010 年单位国内生产总值能源消耗和主要污染物排放总量分别比 2005 年降低 20%左右和 10%。这是贯彻落实科学发展观、构建社会主义和谐社会战略思想的重大举措，也是加快建设资源节约型、环境友好型社会的迫切需要。电力工业是节能降耗和污染减排的重点领域。近年来，电力工业快速发展，但电力结构不合理，特别是能耗高、污染重的小火电机组比重过高，成为制约电力工业节能减排和健康发展的重要因素。抓住当前经济社会发展较快、电力供求矛盾缓解的有利时机，加快关停小火电机组，推进电力工业结构调整，对于促进电力工业健康发展，实现“十一五”时期能源消耗降低和主要污染物排放减少的目标至关重要。

各地区、各有关部门和单位要从全局和战略的高度，充分认识关停小火电机组的重要性和紧迫性，把关停小火电机组作为一项重要工作抓紧抓好。要认真贯彻《国务院关于加强节能工作的决定》（国发[2006]28 号）和《国务院关于落实科学发展观加强环境保护的决定》（国发[2005]39 号）精神，按照统筹规划、分类实施、明确标准、落实责任、政策配套、积极稳妥的原则，充分发挥市场机制的作用，综合运用经济、法律和行政手段，严格执行电力工业产业政策，加大结构调整力度，确保如期实现“十一五”小火电机组的关停目标，完成电力工业能源消耗降低和污染减排的各项任务。

国家将继续按照电力工业产业政策和发展规划，加大高效、清洁机组的建设力度，保持电力工业持续健康发展，为加快推进小火电机组关停工作创造宽松的市场环境。要大力推进“上大压小”工作，在新建电源项目安排上，考虑小火电机组关停的因素，对关停工作成效显著的省份和电力企业优先给予支持。要严格控制新建小火电机组，大电网覆盖范围内不得建设小火电机组，各类投资主体建设燃煤电站及煤矸石等综合利用电站，均应报国务院投资主管部

门核准后方可建设。

发展改革委牵头负责全国小火电机组关停工作，电力监管、国有资产管理、环境保护、国土、水利、财政和税收等部门及电网企业要积极配合，制定相应的政策措施，共同推进小火电机组关停工作。发展改革委要依照电力工业产业政策，结合电力工业发展规划和各地实际情况，尽快将全国小火电机组关停目标分解到各省（区、市），并与各省级人民政府和国有大型电力集团公司签署小火电机组关停目标责任书。各省级人民政府和有关电力企业负责本地区、本企业小火电机组关停工作，将关停小火电机组纳入工作日程，主管领导亲自抓，建立相应的协调机制，制订具体实施方案，明确相关部门的责任和分工，确保责任到位、措施到位、落实到位。在关停小火电机组过程中，各省级人民政府要妥善解决关停机组涉及的人员安置、债务等问题，协调处理好各种关系，确保社会稳定。

各省级人民政府和有关电力企业要在2007年3月31日前，将本地区、本企业小火电机组关停具体实施方案报发展改革委并抄送有关部门。发展改革委要会同有关部门加强对小火电机组关停工作的指导协调和监督检查，重大情况及时向国务院报告。

中华人民共和国国务院

二〇〇七年一月二十日

关于加快关停小火电机组的若干意见

（发展改革委、能源办）

为实现“十一五”规划纲要提出的单位国内生产总值能源消耗降低和主要污染物排放总量减少目标，推进电力工业结构调整，根据《国务院关于加强节能工作的决定》（国发[2006]28 号）、《国务院关于落实科学发展观加强环境保护的决定》（国发[2005]39 号）、《国务院关于发布实施〈促进产业结构调整暂行规定〉的决定》（国发[2005]40 号）和《产业结构调整指导目录（2005 年本）》，现就加快关停小火电机组工作提出以下意见：

一、“十一五”期间，在大电网覆盖范围内逐步关停以下燃煤（油）机组（含企业自备电厂机组和趸售电网机组）：单机容量 5 万千瓦以下的常规火电机组；运行满 20 年、单机 10 万千瓦级以下的常规火电机组；按照设计寿命服役期满、单机 20 万千瓦以下的各类机组；供电标准煤耗高出 2005 年本省（区、市）平均水平 10%或全国平均水平 15%的各类燃煤机组；未达到环保排放标准的各类机组；按照有关法律、法规应予关停或国务院有关部门明确要求关停的机组。

二、对在役的热电联产和资源综合利用机组，要实施在线监测，由省级人民政府组织对其开展认定和定期复核工作。不符合国家规定的，责令其限期整改；逾期不改或整改后仍达不到要求的，予以关停。

三、热电联产机组供电标准煤耗高出第一条中煤耗要求的，要结合热电联产规划，以“上大压小”或在役机组供热改造，按“先建设后关停”或“先改造后关停”的原则予以关停。在大中型城市优先安排建设大中型热电联产机组，在中小型城镇鼓励建设背压型热电机组或生物质能热电机组。鼓励运行未满 15 年的在役大中型发电机组改造为热电联产机组。新建机组或在役机组改造要与原供热机组的关停做好衔接。

热电联产机组原则上要执行“以热定电”，非供热期供电煤耗高出上年本省（区、市）火电机组平均水平 10%或全国火电机组平均水平 15%的热电联产机组，在非供热期应停止运行或限制发电。

四、属于上述关停范围，但承担当地主要供热任务且其所在地 10 公里以内没有其他热源点或其性能优于该范围内其他热源点的热电联产机组，处于电网末端或独立电网内、承担当地主要供电任务或对当地电网安全具有支撑作用的机组，以及《国务院办公厅转发国家经贸委关于关停小火电机组有关问题意见的通知》（国办发[1999]44 号）下发前依法批准且合同约定中外合作或合资期限未满的机组，企业可提出申请，由省级人民政府有关部门委托发展改革委认可的中介机构进行评估，情况属实的，可暂缓关停，但须每年评估一次。

五、支持按照生物质能开发利用规划和城镇集中供热规划，已落实生物质能来源、同步建设热网并落实热负荷的地区，将运行未满 15 年、具备改造条件的应关停机组改造为符合国家有关规定要求的生物质能发电或热电联产机组。

拟实施改造的应关停机组，由省级人民政府有关部门委托发展改革委认可的中介机构进行评估，符合条件的，按照有关规定办理核准手续。

六、到期应实施关停的机组，电力监管机构要及时撤销其电力业务许可证，电网企业及相关单位应将其解网，不得再收购其发电，电力调度机构不得调度其发电，银行等金融机构要停止对其发放贷款；机组关停后应就地报废，不得转供电或解列运行，不得易地建设。

七、鼓励各地区和企业关停小机组，集中建设大机组，实施“上大压小”。鼓励通过兼并、重组或收购小火电机组，并将其关停后实施“上大压小”建设大型电源项目。

发展改革委根据各省（区、市）关停机组的容量，相应增加该省（区、市）的电源建设规模。跨省（区、市）进行“上大压小”的，关停小机组容量可保留在当地，并相应调减新项目建设地区的电源建设规模。

八、新建电源项目替代的关停机组容量作为衡量其可否纳入规划的重要指标。替代关停机组容量较多并能够妥善安置关停电厂职工的电源建设项目，优先纳入国家电力发展规划。

企业建设单机 30 万千瓦、替代关停机组的容量达到自身容量 80%的项目，单机 60 万千瓦、替代关停机组的容量达到自身容量 70%的项目，单机 100 万千瓦、替代关停机组的容量达到自身容量 60%的项目，可直接纳入国家电力发展规划，优先安排建设。

企业建设单机 20 万千瓦以上的热电联产项目，替代关停机组的容量达到自身容量 50%，并按所替代关停机组和关停拆除的供热锅炉蒸发量计算可减少当地燃煤总量的，可直接纳入国家电力规划，优先安排建设。“上大压小”建设的大中型火电项目，扩建项目可建设单台机组，新建项目原则上按两台机组以上考虑。

实施“上大压小”的新建机组，原则上应在所替代的关停机组拆除后实施建设。

九、加强发电调度监督管理，积极推进发电机组统一调度工作，大电网覆盖范围内的所有火电厂，其调度都要逐步纳入省级以上电力调度机构统一管理。

改进发电调度方式，按照节能、环保、经济的原则，优先调度可再生能源和高效、清洁的机组发电，限制能耗高、污染重的机组发电。节能发电调度办法另行制定。

未实施节能发电调度的地区要实行差别电量计划，鼓励可再生能源和高效、清洁大机组多发电，并逐年减少未关停小火电机组的发电量。

十、电网企业要加快配套电网建设，扩大供电范围，提高供电可靠性和服务水平，并制订科学的供电预案，保证小火电机组关停后的电力供应。地方各级人民政府和有关部门要配合做好相关工作，切实保证电网工程建设的顺利实施。关停机组涉及的输配线路、变电站等资产，可在平等协商的基础上，有偿移交所在地的电网企业。

十一、推进电价和趸售体制改革，逐步实现同网同价。各省（区、市）人民政府要加强小火电机组上网电价管理，尽快将所有燃煤（油）小火电机组上网电价降低到不高于本地区标杆上网电价，并不得实行价外补贴；价格低于本地区标杆上网电价的小火电，仍执行现行电价。

十二、各级环保部门要严格执行国家环保政策，加强对电厂污染物排放的监督检查，对排放不达标的依法予以处理。新建燃煤机组必须同步建设高效脱硫除尘设施，关停范围以外现役单机 13.5 万千瓦以上燃煤机组要尽快完成脱硫设施改造。要提高排污收费标准，促进电厂进行脱硫改造。安装脱硫设施但未达标排放的燃煤机组不得执行脱硫机组电价。

十三、改进并加强对企业自备电厂的管理，对自备电厂自发自用电量征收国家规定的三峡工程建设基金、农网还贷资金、城市公用事业附加费、可再生能源附加、大中型水库移民后期扶持资金等，并按规定收取备用容量费。禁止公用电厂转为企业自备电厂。具体办法由发展改革委另行制定。

十四、纳入各省“十一五”小火电关停规划并按期关停的机组在一定期限内（最多不超过 3 年）可享受发电量指标，并通过转让给大机组代发获得一定经济补偿，发电量指标及享受期限随关停延后的时间而逐年递减。具体办法由各省（区、市）人民政府制定，报发展改革委备案。

十五、自备电厂或趸售电网的机组按期关停后，电网企业可对趸售电网和符合国家产业政策并关停自备电厂的企业给予适当的电价优惠。鼓励关停自备电厂的企业或原趸售电网直接向发电企业购电，电网企业按照有关规定收取合理的过网费。

十六、有条件的地区可开展污染物排放指标、取水指标交易，按期关停的机组可按照国家有关规定，有偿转让其污染物排放指标、取水指标［取水指标限本省（区、市）内］。具体办法由各省（区、市）人民政府制定，报发展改革委、环保总局和水利部备案。

十七、要根据国家有关规定，制订职工安置方案，妥善安置关停机组人员。关停部分机组的企业，要妥善处理职工的劳动关系，原则上应在本企业内部安置；关停全部机组的企业，要按照有关规定妥善处理好经济补偿、社会保险等相关问题。改造项目和新建、扩建电厂应优先招用关停机组分流人员。地方人民政府要切实做好分流人员安置工作。

十八、各省（区、市）人民政府要根据土地利用总体规划、城镇规划和产业政策，因地制宜开发利用关停机组的土地资源。涉及土地使用权转让和改变土地用途的，应按照土地管理法律法规和政策，积极帮助企业办理相关手续。因电厂关停带来的变电站和供电线路改造等征地问题，结合关停电厂现有土地处置一并考虑。

十九、电力监管机构要加强小火电机组监督管理，建立监管信息系统，对不符合设计要求和有关规定的，不予颁发电力业务许可证。

二十、对应关停而拒不关停的小火电机组，省级以上人民政府有关部门和单位可责令其立即关停，并暂停该企业新建电力项目的资格，直至完成关停任务；对弄虚作假逃避关停或关停后易地建设的机组，一经查实，应责令其立即关停并予以拆除，同时追究相关人员的责任。

二十一、各地区和企业要严格按照国家电力工业产业政策和发展规划开展电源项目前期工作，严格执行国家电力项目核准制度，坚决制止违规和无序建设电站的行为。在大电网覆盖范围内，原则上不得建设单机容量 30 万千瓦以下纯凝汽式燃煤机组。电网企业不得为违规建设的发电机组提供并网服务。对违反国家电力项目核准规定、越权核准小火电项目建设的部门领导及当事人，省级以上人民政府部门应追究其责任，并撤回项目核准文件。

二十二、省（区、市）人民政府对本地区小火电机组关停工作负总责，要根据发展改革委确定的关停目标，负责制订本地区小火电机组关停方案和年度关停计划，向社会公布并组织实施。关停方案应包括责任分工和机组关停后的职工安置、资产处置和债务处理等内容，年度关停计划应明确关停机组名单和关停时限。要加强领导，精心组织，明确责任，落实任务，确保按期完成小火电机组关停任务。

二十三、发电企业是小火电机组关停工作的直接责任人，应按照各省（区、市）人民政府制订的小火电机组关停方案和年度关停计划，对本企业所属机组实施关停，并妥善处理善后事宜。

二十四、各省（区、市）人民政府要将本地区小火电机组关停情况定期向发展改革委和电监会报告。

发布部门：国务院　发布日期：2007 年 1 月 20 日　实施日期：2007 年 1 月 20 日（中央法规）

财政部、国家环境保护总局关于印发《中央财政主要污染物减排专项资金管理暂行办法》的通知

（财建[2007]112号　2007年4月17日）

各省、自治区、直辖市、计划单列市财政厅（局）、环境保护局（厅）：

为支持国家确定的主要污染物减排工作，提高资金使用效益，确保主要污染物减排的指标、监测和考核体系建设顺利实施，推动主要污染物减排目标的实现，根据有关法律、法规，我们制定了《中央财政主要污染物减排专项资金管理暂行办法》。现印发给你们，请遵照执行。

附件

中央财政主要污染物减排专项资金管理暂行办法

第一条　为支持国家确定的主要污染物减排工作，中央财政设立主要污染物减排专项资金（以下简称减排资金）。为加强减排资金管理，提高资金使用效益，根据国家有关法律法规，制定本办法。

第二条　按照政府与市场职能划分的原则，减排资金重点用于支持中央环境保护部门履行政府职能而推进的主要污染物减排指标、监测和考核体系建设，以及用于对主要污染物减排取得突出成绩的企业和地区的奖励。减排资金主要用于以下几个方面：

（一）支持国家、省、市国控重点污染源自动监控中心能力建设；

（二）补助污染源监督性监测能力建设和环境监察执法能力建设；

（三）补助国控重点污染源监督性监测运行费用；

（四）补助提高环境统计基础能力和信息传输能力项目；

（五）围绕主要污染物减排开展的排污权交易平台建设及交易试点工作等；

（六）主要污染物减排工作取得突出成绩的企业和地区的奖励；

（七）财政部、环保总局确定的与主要污染物减排有关的其他工作。

第三条　实行减排资金预算目标管理责任制。

财政部、环保总局每年年初共同研究确定减排资金预算目标管理的具体内容、目标、要求和考核等内容，年底联合将减排资金预算目标管理责任制的落实情况向国务院报告。

环保总局与各地区各项目单位签订预算目标管理责任书。环保总局对落实减排资金预算目标管理责任制负总责。

各地区和项目单位应确保建设和运行资金及时到位，按时完成项目年度预算目标。

第四条　减排资金由财政部、环保总局共同管理。

（一）财政部主要负责减排资金的预算和资金管理。具体职责如下：

1. 确定减排资金年度总预算；

2. 确定减排资金年度预算安排的原则和重点；

3. 审核并按预算管理程序下达项目预算；

4. 对减排工作取得突出成绩的企业和地区给予奖励；

5. 监督检查经费的管理和使用情况。

（二）环保总局主要负责减排资金项目的监督管理。具体职责如下：

1. 根据国务院确定的主要污染物减排任务科学制定减排规划和年度减排建设及奖励计划，发布相关的建设标准、技术规范，明确建设要求、实施进度，制定减排项目管理办法，并报财政部备案；

2. 根据减排规划和年度计划并结合年度总预算，组织项目申报、审查；要充分论证，周密制订建设方案，既要吸收借鉴世界先进经验，又要勇于创新，务必使污染减排指标、监测和考核体系达到国际一流水平；

3. 按照预算管理程序向财政部提出年度预算建议；

4. 切实加强项目管理，建立严格的责任制，并落实相关地区和企业，对落实预算目标负总责；

5. 会同财政部加强监督检查和项目绩效考评。

第五条 建立主要污染物减排奖励机制。

（一）对超额完成国家确定的主要污染物减排指标的企业和地区予以奖励；

（二）对积极开展排污权交易试点的企业和地区予以奖励。具体奖励办法由财政部会同环保总局另行制定。

第六条 减排资金专款专用，任何单位和个人不得挤占、截留和挪用。

财政部、环保总局将不定期地开展检查和考核，对项目预算执行情况和项目实施情况进行监督检查。

对于违反本办法及有关要求，弄虚作假、截留、挪用、挤占专项资金的行为，财政部、环保总局将视情况采取通报批评、停止资金安排、取消申报资格等措施予以相应处理；构成犯罪的，移交司法机关依法追究刑事责任。

第七条 本办法由财政部会同环保总局负责解释。

第八条 本办法自印发之日起实施。

发布部门：财政部/国家环境保护总局 发布日期：2007 年 4 月 17 日 实施日期：2007 年 4 月 17 日 （中央法规）

国务院办公厅关于转发发展改革委等部门节能发电调度办法（试行）的通知

国办发[2007]53号

各省、自治区、直辖市人民政府，国务院各部委、各直属机构：

发展改革委、环保总局、电监会、能源办《节能发电调度办法（试行）》已经国务院同意，现转发给你们，请认真贯彻执行。

改革现行发电调度方式，开展节能发电调度，对于减少能源消耗和污染物排放，推动国民经济又好又快发展，具有重要意义。发展改革委要会同有关部门认真组织试点，并做好与电力市场建设的衔接，积极推进电价改革，逐步建立销售电价与上网电价联动机制。试点省（区、市）人民政府及其有关部门要认真落实节能发电调度的各项措施，妥善解决小机组减发后的相关问题。未开展试点的地区，要全面推行差别电量计划，做好实施节能发电调度的准备工作。

国务院办公厅

二〇〇七年八月二日

节能发电调度办法（试行）

发展改革委　环保总局　电监会　能源办

为提高电力工业能源使用效率，节约能源，减少环境污染，促进能源和电力结构调整，确保电力系统安全、高效运行，实现电力工业的可持续发展，依据《中华人民共和国电力法》、《电网调度管理条例》和《电力监管条例》，制定本办法。

一、基本原则和适用范围

（一）节能发电调度是指在保障电力可靠供应的前提下，按照节能、经济的原则，优先调度可再生发电资源，按机组能耗和污染物排放水平由低到高排序，依次调用化石类发电资源，最大限度地减少能源、资源消耗和污染物排放。

（二）基本原则。以确保电力系统安全稳定运行和连续供电为前提，以节能、环保为目标，通过对各类发电机组按能耗和污染物排放水平排序，以分省排序、区域内优化、区域间协调的方式，实施优化调度，并与电力市场建设工作相结合，充分发挥电力市场的作用，努力做到单位电能生产中能耗和污染物排放最少。

（三）适用范围。节能发电调度适用于所有并网运行的发电机组，上网电价暂按国家现行管理办法执行。对符合国家有关规定的外商直接投资企业的发电机组，可继续执行现有购电合同，合同期满后，执行本办法。

二、机组发电序位表的编制

（四）机组发电排序的序位表（以下简称排序表）是节能发电调度的主要依据。各省（区、市）的排序表由省级人民政府责成其发展改革委（经贸委）组织编制，并根据机组投产和实际运行情况及时调整。排序表的编制应公开、公平、公正，并对电力企业和社会公开，对存在重大分歧的可进行听证。

（五）各类发电机组按以下顺序确定序位：

1．无调节能力的风能、太阳能、海洋能、水能等可再生能源发电机组；

2．有调节能力的水能、生物质能、地热能等可再生能源发电机组和满足环保要求的垃圾发电机组；

3．核能发电机组；

4．按“以热定电”方式运行的燃煤热电联产机组，余热、余气、余压、煤矸石、洗中煤、煤层气等资源综合利用发电机组；

5．天然气、煤气化发电机组；

6．其他燃煤发电机组，包括未带热负荷的热电联产机组；

7．燃油发电机组。

（六）同类型火力发电机组按照能耗水平由低到高排序，节能优先；能耗水平相同时，按照污染物排放水平由低到高排序。机组运行能耗水平近期暂依照设备制造厂商提供的机组能耗参数排序，逐步过渡到按照实测数值排序，对因环保和节水设施运行引起的煤耗实测数值增加要做适当调整。污染物排放水平以省级环保部门最新测定的数值为准。

三、机组发电组合方案的制订

（七）省级发展改革委（经贸委）认真组织开展年、季、月、日电力负荷需求预测及管理工作，并定期向相关部门及电网和发电企业发布预测信息；根据负荷预测和发电机组实际运行情况，制订本省（区、市）年、季、月发电机组发电组合的基础方案。

（八）各级电力调度机构应按照排序表和发电组合的基础方案，并根据电力日负荷预测和发电机组的实际发电能力、电网运行方式，综合考虑安全约束、机组启停损耗等各种因素，确定次日机组发电组合的方案。

（九）省级电力调度机构依据本省（区、市）排序表和各机组申报的可调发电能力，确定发电机组的启停机方式，形成满足本省（区、市）电力系统安全约束的机组次日发电组合方案，报所在区域电力调度机构。

（十）区域电力调度机构在各省（区、市）机组次日发电组合方案的基础上，依据本区域内各省（区、市）排序表、各机组申报的可调发电能力、跨省输电联络线的输送电能力和网损，进一步优化调整本区域内发电机组的启停机方式。即：进一步对各省（区、市）边际机组（被调用的最后一台机组）考虑网损因素后的供电煤耗率（简称边际供电煤耗率）进行比较，对边际供电煤耗率较高的省（区、市）依次调整安排停机，对边际供电煤耗率较低的省（区、市）依次调整安排启机，直至区域中各省（区、市）的边际供电煤耗率趋同，或跨省（区、市）输电联络线达到输送容量的极限。

（十一）国家电网公司和南方电网公司电力调度机构依据跨区域（省）输电联络线的输送电能力、网损以及发电机组排序结果，按照第十条的原则，协调所辖各区域（省）的发电机组启停机方式，形成各区域机组日发电组合方案，下发各区域（省）电力调度机构执行，并抄报有关省（区、市）发展改革委（经贸委）和区域电力监管机构。

四、机组负荷分配与安全校核

（十二）各级电力调度机构依照以下原则，对已经确定运行的发电机组合理分配发电负荷，编制日发电曲线。

1．除水能外的可再生能源机组按发电企业申报的出力过程曲线安排发电负荷。

2．无调节能力的水能发电机组按照“以水定电”的原则安排发电负荷。

3．对承担综合利用任务的水电厂，在满足综合利用要求的前提下安排水电机组的发电负荷，并尽力提高水能利用率。对流域梯级水电厂，应积极开展水库优化调度和水库群的联合调度，合理运用水库蓄水。

4．资源综合利用发电机组按照“以（资源）量定电”的原则安排发电负荷。

5．核电机组除特殊情况外，按照其申报的出力过程曲线安排发电负荷。

6．燃煤热电联产发电机组按照“以热定电”的原则安排发电负荷。超过供热所需的发电负荷部分，按冷凝式机组安排。

7．火力发电机组按照供电煤耗等微增率的原则安排发电负荷。

（十三）各级电力调度机构应积极开展水火联合优化调度，充分发挥水电的调峰、调频等作用。

（十四）节能发电调度要坚持“安全第一”的原则。电力调度机构应依据《电力系统安全稳定导则》的要求，对节能发电调度各环节进行安全校核，相应调整开停机方式和发电负荷，保障电力系统安全稳定运行和连续可靠供电。

在电力系统异常或紧急情况下，值班调度员可根据实际情况对发电组合和负荷分配进行调整。电力系统异常或紧急情况消除后，电力调度机构应按照排序表逐步调整到新的机组发电组合。

五、机组检修、调峰、调频及备用容量安排

（十五）发电机组的检修由发电企业按照有关规程的规定和实际需要提出申请，经相应电力调度机构批准后执行。燃煤、燃气、燃油发电机组检修应充分利用年电力负荷低谷时期、丰水期进行。各级电力调度机构应依据负荷预测结果和排序表，在保证系统运行安全的前提下，综合各种因素，优化编制发电机组年、月检修计划；依据短期负荷预测结果，安排日设备检修工作。各类机组的检修安排信息要予以公布。

（十六）所有并网运行的发电机组均有义务按照调度指令参与电力系统的调频、调峰和备用。具体经济补偿办法由电监会会同发展改革委另行制定。

（十七）电网调峰首先安排具有调节能力的水电、燃气、燃油、抽水蓄能机组和燃煤发电机组，然后再视电力系统需要安排其他机组。必要时，可安排火电机组进行降出力深度调峰和启停调峰。

（十八）为保证电力系统安全稳定运行，各级电力调度机构应根据有关规定和安全校核的要求，安排备用容量。备用容量安排应以保证电网运行安全为前提，按照节能环保要求，统筹考虑，合理分布。

六、信息公开与监管

（十九）节能发电调度的全过程实行信息公开制度。各有关单位应按有关规定及时、准确、完整地向相应电力调度机构提供节能调度所需的信息，并对其所提供信息的准确性和完整性负责。

（二十）各级电力调度机构要严格按照本办法的规定实施发电调度，按照有关规定及时对全体发电企业和有关部门发布调度信息，定期向社会公布发电能耗和电网网损情况，自觉接受电力监管机构、省级发展改革委（经贸委）的监管和有关各方的监督。具体监管办法由电监会会同发展改革委另行制定。

（二十一）火力发电机组必须安装并实时运行烟气在线监测装置，并与省级环保部门、电力监管机构和省级电力调度机构联网；供热机组必须安装并实时运行热负荷实时监测装置，并与电力调度机构联网，接受实时动态监管。未按规定安装监测装置或监测装置不稳定运行的，不再列入发电调度范围。

（二十二）并网的发电厂应加强设备运行维护，提高设备运行的可靠性；要加强技术改造，降低能源消耗，减少污染物排放。

（二十三）火力发电机组煤耗的检测与认证工作，由发展改革委指定技术监督检测机构或行业协会负责。各机组污染物排放水平测定工作，由省级环保部门负责。

（二十四）发展改革委要会同有关部门按照本办法，制定节能发电调度实施细则，加强对节能发电调度执行情况的监管。

本办法由发展改革委会同环保总局、电监会、能源办负责解释。具体监督检查工作由区域电力监管机构、省级发展改革委（经贸委）和环保部门负责。

国家发展改革委、国家环保总局关于印发《燃煤发电机组脱硫电价及脱硫设施运行管理办法（试行)》的通知

发改价格[2007]1176 号

各省、自治区、直辖市发展改革委、物价局、经贸委、环保局（厅），国家电网公司、南方电网公司，中国华能、大唐、华电、国电、中电投集团公司：

为加快燃煤机组烟气脱硫设施建设，提高脱硫效率，减少二氧化硫排放，促进环境保护，国家发展改革委和国家环保总局联合制定了《燃煤发电机组脱硫电价及脱硫设施运行管理办法（试行）》，现印发给你们，请按照执行。

附件：燃煤发电机组脱硫电价及脱硫设施运行管理办法（试行）

国家发展改革委　国家环保总局

二〇〇七年五月二十九日

附件

燃煤发电机组脱硫电价及脱硫设施运行管理办法（试行）

第一条 为加快燃煤机组烟气脱硫设施建设，提高脱硫设施投运率，减少二氧化硫排放，促进环境保护，根据《中华人民共和国环境保护法》、《中华人民共和国大气污染防治法》、《中华人民共和国价格法》、《国务院关于落实科学发展观加强环境保护的决定》等法律、法规，特制定本办法。

第二条 本办法适用于符合国家建设管理有关规定建设的燃煤发电机组脱硫设施电价和运行管理。

第三条 新（扩）建燃煤机组必须按照环保规定同步建设脱硫设施，其上网电量执行国家发展改革委公布的燃煤机组脱硫标杆上网电价。

第四条 现有燃煤机组应按照国家发展改革委、国家环保总局印发的《现有燃煤电厂二氧化硫治理“十一五”规划》要求完成脱硫改造。安装脱硫设施后，其上网电量执行在现行上网电价基础上每千瓦时加价 1.5 分钱的脱硫加价政策。

电厂使用的煤炭平均含硫量大于 2%或者低于 0.5%的省（区、市），脱硫加价标准可单独制定，具体标准由省级价格主管部门提出方案，报国家发展改革委审批。

第五条 安装脱硫设施的燃煤发电企业，持国家或省级环保部门出具的脱硫设施验收合格文件，报省级价格主管部门审核后，自验收合格之日起执行燃煤机组脱硫标杆上网电价或脱硫加价。

第六条 2004 年以前投产的燃煤机组执行脱硫加价后电网企业增加的购电成本，通过调整终端用户销售电价解决。

第七条 国家发展改革委按照补偿治理二氧化硫成本的原则，调整二氧化硫排污费征收标准。具体标准另行公布。

第八条 环保部门应按国家规定的征收标准足额征收二氧化硫排污费，严格按照有关法律法规使用排污费，并做到公开、透明。

第九条 新（扩）建燃煤机组建设脱硫设施时，鼓励不设置烟气旁路通道。不设置烟气旁路通道的，环保部门优先审批新（扩）建燃煤机组的环境影响评价文件。国家发展改革委组织新（扩）建燃煤机组进行不设置烟气旁路通道的试点，取得经验后逐步推广。

第十条 国家或省级环保部门负责电厂脱硫设施的竣工验收，并自收到发电企业竣工验收申请之日起 30 个工作日内完成验收并出具验收文件。投资主管部门负责发电项目的全面监督检查。

第十一条 安装脱硫设施的发电企业要保证脱硫设施的正常运行，不得无故停运。需要改造、更新脱硫设施，因脱硫设备维修需暂停脱硫设施运行的发电企业，需提前报请所在省级环保部门批准并报告省级电网企业；省级环保部门在收到申请后10个工作日内作出决定，逾期视为同意。遇事故停运应立即报告。

第十二条 安装的烟气脱硫设施必须达到环保要求的脱硫效率，并确保达到二氧化硫排放标准和总量指标要求。

第十三条 燃煤电厂（机组）应建立脱硫设施运行台账，记录脱硫设施运行和维护、烟气连续监测数据、机组负荷、燃料硫分分析和脱硫剂的用量、厂用电率、脱硫副产物处置、旁路挡板门启停时间、运行事故及处理等情况，并接受省级发展改革（经贸）、价格、环保部门核查。

第十四条 省级环保部门和省级电网企业负责实时监测燃煤机组脱硫设施运行情况，监控脱硫设施投运率和脱硫效率。

第十五条 燃煤电厂建设脱硫设施时，必须安装烟气自动在线监测系统，并与省级环保部门和省级及以上电网企业联网，向省级环保部门和省级电网企业实时传送监测数据。

第十六条 燃煤电厂安装烟气自动在线监控系统应当符合《计量法》和《污染源自动监控管理办法》有关规定。自动在线监控装置及传输系统由计量鉴定机构或其授权的单位执行强制检定、测试任务。

第十七条 烟气自动在线监控系统发生故障不能正常采集、传输数据的，燃煤电厂应在事故发生后立即报告所在省（区、市）环保部门及电网企业。

第十八条 环保部门不得向燃煤电厂收取自动在线监控设备及系统的验收费、管理费等不合理费用。

第十九条 具有下列情形的燃煤机组，从上网电价中扣减脱硫电价：

（一）脱硫设施投运率在 90%以上的，扣减停运时间所发电量的脱硫电价款。

（二）投运率在 80%～90%的，扣减停运时间所发电量的脱硫电价款并处 1 倍罚款。

（三）投运率低于 80%的，扣减停运时间所发电量的脱硫电价款并处 5 倍罚款。

第二十条 省级环保部门会同省级电网企业每月计算辖区内各燃煤机组脱硫设施月投运率，于每月初 5 个工作日内报省级价格主管部门。同时向社会公告所辖地区各燃煤机组上月脱硫设施投运率、脱硫效率及排污费征收情况。

第二十一条 省级价格主管部门根据各月份脱硫设施运行情况计算年度投运率，于次年 1 月 1 日起 10 个工作日内根据年度投运率扣减脱硫电价，并在 15 个工作日内向社会公告所辖地区各燃煤机组上年度脱硫电价扣减及处罚情况。从发电企业扣减脱硫电价形成的收入，由省级价格主管部门上缴当地省级财政主管部门，同时报国家发展改革委和国家环保总局备案。

第二十二条 国家发展改革委每年 1 月底前汇总各地脱硫电价执行和扣减情况并向社会公布。

第二十三条 发电企业未按规定安装脱硫设施、自动在线监测装置或者脱硫设施、自动在线监测装置没有达到国家规定要求的，由省级环保部门按照《中华人民共和国环境保护法》第三十六条、《中华人民共和国大气污染防治法》第四十七条、《污染源自动监控管理办法》第十六条依法予以处罚。

第二十四条 发电企业擅自拆除、闲置或者无故停运脱硫设施及自动在线监测系统，以及故意开启烟气旁路通道、未按国家环保规定排放二氧化硫的，按照《中华人民共和国环境保护法》第三十七条、《中华人民共和国大气污染防治法》第四十六条第三款及第四十八条、《污染源自动监控管理办法》第十八条第二款有关规定予以处罚，并根据《环境保护违法违纪行为处分暂行规定》第十一条第三款规定，由省级环保部门、监察部门追究有关责任人的责任。

第二十五条 发电企业拒报或者谎报脱硫设施运行情况、没有建立运行台账、故意修改自动在线监控设备参数获得脱硫电价款的，按照《中华人民共和国环境保护法》第三十五条第二款、《中华人民共和国大气污染防治法》第四十六条第一款、《污染源自动监控管理办法》第十八条、《价格违法行为行政处罚规定》第十二条、第十三条、第十四条有关规定，由省级及以上环保、价格主管部门予以处罚。

第二十六条 电网企业未按规定对电厂脱硫设施运行情况实施自动在线监测、拒报或谎报燃煤机组脱硫设施运行情况，以及拒绝执行或者未能及时执行脱硫电价的，按照《中华人民共和国价格法》、《中华人民共和国环境保护法》、《中华人民共和国大气污染防治法》和《价格违法行为行政处罚规定》有关规定，由省级及以上价格、环保主管部门予以处罚。

第二十七条 省级环保部门拒报或谎报燃煤机组脱硫设施运行情况、未在规定时间内完成脱硫设施验收、未在规定时间向社会公告燃煤机组投运率以及违反规定擅自减免排污费或违规使用排污费的，由国家环保总局通报批评、责令改正，并建议省级人民政府按照《中华人民共和国环境保护法》、《中华人民共和国大气污染防治法》和《环境保护违法违纪行为处分暂行规定》有关规定追究有关责任人责任。

第二十八条 省级价格主管部门未按时审核符合条件的电厂执行脱硫电价、未在规定时间按电厂脱硫设施投运率足额扣减脱硫电价、未在规定时间向社会公告扣减情况的，由国家发展改革委通报批评、责令改正，并建议省级人民政府按照依据《价格法》、《价格违法行为行政处罚规定》追究有关责任人责任。

第二十九条 国家环保总局定期对完成脱硫设施验收的燃煤机组进行公告，并会同国家发展改革委每年对地方和企业排放目标完成情况进行评估，向社会公布评估结果。

第三十条 各省（区、市）价格主管部门、发展改革（经贸）部门、环保部门要会同电力监管部门和行业组织对电厂环保设施的运行情况及脱硫电价执行情况进行经常性检查。鼓励群众向各级环保部门举报电厂非正常停运脱硫设施的行为；群众举报属实的，环保部门给予适当奖励。加强新闻舆论对燃煤电厂脱硫情况的监督。

第三十一条 鼓励燃煤电厂委托具有环保治理设施运营资质的专业化脱硫公司承担污染治理或脱硫设施运营。国家发展改革委会同国家环保总局组织开展烟气脱硫特许经营试点，提高脱硫设施的建设质量和运行质量。

第三十二条 国家发展改革委会同国家环保总局加强对脱硫产业发展的指导，并对脱硫项目进行后评估，提高脱硫设施整体技术水平。

第三十三条 国家发展改革委和国家环保总局制订和完善脱硫设计、施工、运行、维护等技术规范，建立脱硫产业技术规范体系，规范脱硫装置的建设和运行。

第三十四条 电网企业应在同等条件下优先安排安装脱硫设施的燃煤机组上网发电。

第三十五条 本办法由国家发展改革委会同国家环保总局负责解释。

第三十六条 本办法自从2007年7月1日起施行。

附件：1．名词解释

2．相关法律法规条文

附件 1

名词解释

1．燃煤机组脱硫标杆上网电价：自 2004 年起，国家发展改革委对各省（区、市）电网统一调度范围的新投产燃煤机组不再单独审批电价，而是事先制定并公布统一的上网电价，称为燃煤机组标杆上网电价。其中，安装脱硫设施的燃煤机组上网电价比未安装脱硫设施的机组每千瓦时高出 1.5 分钱。

2．脱硫加价政策：是指 2004 年以前投产的燃煤机组安装脱硫设施的，上网电价每千瓦时加价 1.5 分钱的价格政策。

3．脱硫设施投运率：是指脱硫设施年运行时间与燃煤发电机组年运行时间之比。按照“十一五”规划，“十一五”末脱硫设施投运率目标是达到 90%。目前环境影响评价时批复文件明确投运率需达到 95%。

4．脱硫效率：指烟气通过脱硫设施后脱除的二氧化硫量与未经脱硫前烟气中所含二氧化硫量的百分比。根据环保法规，燃煤机组脱硫效率一般应达到 90%以上才能保证达到二氧化硫排放标准。但西南高硫煤地区脱硫效率需达到 95%，西北和东北低硫煤地区达到 80%即可。

5．烟气旁路通道：是指烟气不通过脱硫装置，直接通往烟囱向大气排放的通道，其作用是脱硫设施发生故障时可以不影响发电主机正常运行。

附件 2

相关法律法规条文

1．《中华人民共和国环境保护法》第三十五条：违反本法规定，有下列行为之一的，环境保护行政主管部门或者其他依照法律规定行使环境监督管理权的部门可以根据不同情节，给予警告或者处以罚款：

（一）拒绝环境保护行政主管部门或者其他依照法律规定行使环境监督管理权的部门现场检查或者在被检查时弄虚作假的。

（二）拒报或者谎报国务院环境保护行政主管部门规定的有关污染物排放申报事项的。

（三）不按国家规定缴纳超标准排污费的。

（四）引进不符合我国环境保护规定要求的技术和设备的。

（五）将产生严重污染的生产设备转移给没有污染防治能力的单位使用的。

2．《中华人民共和国环境保护法》第三十六条：建设项目的防治污染设施没有建成或者没有达到国家规定的要求，投入生产或者使用的，由批准该建设项目的环境影响报告书的环境保护行政主管部门责令停止生产或者使用，可以并处罚款。

3．《中华人民共和国环境保护法》第三十七条：未经环境保护行政主管部门同意，擅自拆除或者闲置防治污染的设施，污染物排放超过规定的排放标准的，由环境保护行政主管部门责令重新安装使用，并处罚款。

4．《中华人民共和国环境保护法》第四十五条：环境保护监督管理人员滥用职权、玩忽职守、徇私舞弊的，由其所在单位或者上级主管机关给予行政处分；构成犯罪的，依法追究刑事责任。

5．《中华人民共和国大气污染防治法》第四十六条：反本法规定，有下列行为之一的，环境保护行政主管部门或者本法第四条第二款规定的监督管理部门可以根据不同情节，责令停止违法行为，限期改正，给予警告或者处以五万元以下罚款：

（一）拒报或者谎报国务院环境保护行政主管部门规定的有关污染物排放申报事项的；

（二）拒绝环境保护行政主管部门或者其他监督管理部门现场检查或者在被检查时弄虚作假的；

（三）排污单位不正常使用大气污染物处理设施，或者未经环境保护行政主管部门批准，擅自拆除、闲置大气污染物处理设施的；

（四）未采取防燃、防尘措施，在人口集中地区存放煤炭、煤矸石、煤渣、煤灰、砂石、灰土等物料的。

6. 《中华人民共和国大气污染防治法》第四十七条：违反本法第十一条规定，建设项目的大气污染防治设施没有建成或者没有达到国家有关建设项目环境保护管理的规定的要求，投入生产或者使用的，由审批该建设项目的环境影响报告书的环境保护行政主管部门责令停止生产或者使用，可以并处一万元以上十万元以下罚款。

7. 《中华人民共和国大气污染防治法》第四十八条：违反本法规定，向大气排放污染物超过国家和地方规定排放标准的，应当限期治理，并由所在地县级以上地方人民政府环境保护行政主管部门处一万元以上十万元以下罚款。限期治理的决定权限和违反限期治理要求的行政处罚由国务院规定。

8. 《中华人民共和国大气污染防治法》第六十四条：环境保护行政主管部门或者其他有关部门违反本法第十四条第三款的规定，将征收的排污费挪作他用的，由审计机关或者监察机关责令退回用款项或者采取其他措施予以追回，对直接负责的主管人员和其他直接责任人员依法给予行政处分。

9. 《中华人民共和国大气污染防治法》第六十五条：环境保护监督管理人员滥用职权、玩忽职守的，给予行政处分；构成犯罪的，依法追究刑事责任。

10. 《污染源自动监控管理办法》第十六条：违反本办法规定，现有排污单位未按规定的期限完成安装自动监控设备及其配套设施的，由县级以上环境保护部门责令限期改正，并可处1万元以下的罚款。

11. 《污染源自动监控管理办法》第十八条：违反本办法规定，有下列行为之一的，由县级以上地方环境保护部门按以下规定处理：

（一）故意不正常使用水污染物排放自动监控系统，或者未经环境保护部门批准，擅自拆除、闲置、破坏水污染物排放自动监控系统，排放污染物超过规定标准的；

（二）不正常使用大气污染物排放自动监控系统，或者未经环境保护部门批准，擅自拆除、闲置、破坏大气污染物排放自动监控系统的；

（三）未经环境保护部门批准，擅自拆除、闲置、破坏环境噪声排放自动监控系统，致使环境噪声排放超过规定标准的。

有前款第（一）项行为的，依据《水污染防治法》第四十八条和《水污染防治法实施细则》第四十一条的规定，责令恢复正常使用或者限期重新安装使用，并处 10 万元以下的罚款；有前款第（二）项行为的，依据《大气污染防治法》第四十六条的规定，责令停止违法行为，限期改正，给予警告或者处 5 万元以下罚款；有前款第（三）项行为的，依据《环境噪声污染防治法》第五十条的规定，责令改正，处 3 万元以下罚款。

12．《环境保护违法违纪行为处分暂行规定》第五条：国家行政机关及其工作人员有下列行为之一的，对直接责任人员，给予警告、记过或者记大过处分；情节较重的，给予降级处分；情节严重的，给予撤职处分：

（一）在组织环境影响评价时弄虚作假或者有失职行为，造成环境影响评价严重失实，或者对未依法编写环境影响篇章、说明或者未依法附送环境影响报告书的规划草案予以批准的；

（二）不按照法定条件或者违反法定程序审核、审批建设项目环境影响评价文件，或者在审批、审核建设项目环境影响评价文件时收取费用，情节严重的；

（三）对依法应当进行环境影响评价而未评价，或者环境影响评价文件未经批准，擅自批准该项目建设或者擅自为其办理征地、施工、注册登记、营业执照、生产（使用）许可证的；

（四）不按照规定核发排污许可证、危险废物经营许可证、医疗废物集中处置单位经营许可证、核与辐射安全许可证以及其他环境保护许可证，或者不按照规定办理环境保护审批文件的；

（五）违法批准减缴、免缴、缓缴排污费的；

（六）有其他违反环境保护的规定进行许可或者审批行为的。

13．《环境保护违法违纪行为处分暂行规定》第十一条：企业有下列行为之一的，对其直接负责的主管人员和其他直接责任人员中由国家行政机关任命的人员给予降级处分；情节较重的，给予撤职或者留用察看处分；情节严重的，给予开除处分：

（一）未依法履行环境影响评价文件审批程序，擅自开工建设，或者经责令停止建设、限期补办环境影响评价审批手续而逾期不办的；

（二）与建设项目配套建设的环境保护设施未与主体工程同时设计、同时施工、同时投产使用的；

（三）擅自拆除、闲置或者不正常使用环境污染治理设施，或者不正常排污的；

（四）违反环境保护法律、法规，造成环境污染事故，情节较重的；

（五）不按照国家有关规定制定突发事件应急预案，或者在突发事件发生时，不及时采取有效控制措施导致严重后果的；

（六）被依法责令停业、关闭后仍继续生产的；

（七）阻止、妨碍环境执法人员依法执行公务的；

（八）有其他违反环境保护法律、法规进行建设、生产或者经营行为的。

14. 《环境保护违法违纪行为处分暂行规定》第十二条：有环境保护违法违纪行为，涉嫌犯罪的，移送司法机关依法处理。

15. 《环境保护违法违纪行为处分暂行规定》第十三条：环境保护行政主管部门和监察机关在查处环境保护违法违纪案件中，认为属于对方职责范围内的，应当及时移送。监察机关认为应当给予有关责任人员处分的，应当依法作出监察决定或者提出给予处分的监察建议。

16. 《环境保护违法违纪行为处分暂行规定》第十四条：法律、法规授权的具有管理公共事务职能的组织和国家行政机关依法委托的组织及其工作人员，以及其他事业单位中由国家行政机关任命的人员有环境保护违法违纪行为，应当给予处分的，参照本规定执行。

17. 《价格违法行为行政处罚规定》第十二条：拒绝提供价格监督检查所需资料或者提供虚假资料的，责令改正，给予警告；逾期不改正的，可以处 5 万元以下的罚款，对直接负责的主管人员和其他直接责任人员给予纪律处分。

18. 《价格违法行为行政处罚规定》第十三条：政府价格主管部门进行价格监督检查时，发现经营者的违法行为同时具有下列三种情形的，可以依照价格法第三十四条第（三）项的规定责令其暂停相关营业：

（一）违法行为情节复杂或者情节严重，经查明后可能给予较重处罚的；

（二）不暂停相关营业，违法行为将继续的；

（三）不暂停相关营业，可能影响违法事实的认定，采取其他措施又不足以保证查明的。政府价格主管部门进行价格监督检查时，执法人员不得少于两人，并应当向经营者或者有关人员出示证件。

19. 《价格违法行为行政处罚规定》第十四条：本规定第四条至第十一条规定中的违法所得，属于价格法第四十一条规定的消费者或者其他经营者多付价款的，责令经营者限期退还。难以查找多付价款的消费者或者其他经营者的，责令公告查找。

经营者拒不按照前款规定退还消费者或者其他经营者多付的价款，以及期限届满没有退还消费者或者其他经营者多付的价款，由政府价格主管部门予以没收，消费者或者其他经营者要求退还时，由经营者依法承担民事责任。

关于印发节能减排全民行动实施方案的通知

发改环资[2007]2132 号

各省、自治区、直辖市及计划单列市、副省级省会城市、新疆生产建设兵团发展改革委、经贸委（经委）、宣传部、文明办、科技厅（科委）、教育厅（教委、教育局）、财政厅（局）、国资委、环保局、总工会、团委、妇联、科协、机关事务管理部门，各军区联勤部、各军兵种后勤部、四总部有关部门，武警部队后勤部，国务院有关部门：

为贯彻落实全国节能减排工作电视电话会议和《国务院关于印发节能减排综合性工作方案的通知》（国发[2007]15 号）精神，进一步动员全社会积极参与节能减排和应对气候变化工作，形成以政府为主导、企业为主体、全社会共同推进的节能减排工作格局，国家发展改革委会同中宣部、教育部、科技部、全国总工会、共青团中央、全国妇联、中国科协、解放军总后勤部、全国人大常委会办公厅、全国政协办公厅、财政部、国资委、环保总局、中央文明办、国管局和中直管理局制定了《节能减排全民行动实施方案》，已经国务院同意。现印发你们，请结合本地区、本部门实际，认真贯彻执行。

为形成强大的宣传声势，营造良好的社会氛围，将于 9 月份集中开展节能减排全民行动大型主题宣传活动。请各地区、各部门积极配合，认真做好活动的组织和宣传工作。

附件：节能减排全民行动实施方案

国家发展改革委　中宣部　教育部　科技部　全国总工会　共青团中央　全国妇联中国科协　解放军总后勤部　全国人大常委会办公厅　全国政协办公厅　财政部　国资委　环保总局　中央文明办　国管局　中直管理局

二〇〇七年八月二十八日

附件

节能减排全民行动实施方案

为贯彻落实全国节能减排工作电视电话会议和《国务院关于印发节能减排综合性工作方案的通知》（国发[2007]15 号）精神，进一步动员全社会积极参与节能减排工作，形成政府推动、企业实施、全社会共同参与的节能减排工作机制，国家发展改革委会同中宣部、教育部、科技部、全国总工会、共青团中央、全国妇联、中国科协、解放军总后勤部、全国人大常委会办公厅、全国政协办公厅、财政部、国资委、环保总局、中央文明办、国管局和中直管理局共同研究制订了节能减排全民行动实施方案。

一、节能减排家庭社区行动

家庭是社会的细胞，社区是社会的基层组织，是推动节能减排的重要依靠力量。以改变当前家庭生活中与节能减排不相适应的观念、行为方式为重点，在广大家庭成员中大力倡导节能环保新理念，形成健康、文明、节约、环保的生活方式，并通过家庭影响社区，通过社区带动全社会参与节能减排工作。主要活动包括：

（一）重塑家庭生活消费新模式。大力提倡重拎布袋子、菜篮子，自觉选购节能家电、节水器具和高效照明产品，减少待机能耗，拒绝过度包装，使用无磷洗衣粉等，充分发挥妇女在践行节能环保消费行为过程中不可替代的重要作用。

（二）搭建节能减排社区平台。利用社区、街道宣传栏、黑板报等载体，张贴节能减排标语、口号、招贴画、条幅等。向社区居民发放宣传资料、科普读物，介绍和宣传日常节能环保知识。在社区组织居民开展资源节约志愿活动，交流节能减排经验，做好垃圾、废物的分类回收。在社区设立乱扔垃圾、浪费资源行为的曝光栏（台）、举报电话和节约资源光荣榜，积极发挥居民监督作用。

（三）"简约生活"宣讲活动。成立家庭生活节能减排专家讲师团及绿色家庭主妇节能减排经验宣讲团，深入社区、家庭，开展多种形式的宣传咨询活动，指导公众建立健康文明、勤俭节约的生活方式。编制家庭生活节能减排宣传折页，拍摄节能减排家庭行动公益广告片，与中央电视台《神州大舞台》、《半边天》等栏目合作制作节能减排家庭、社区专题节目，通过广大家庭喜闻乐见、热心参与的才艺比赛、知识问答、手工展示等形式，加大宣传力度。组织节能减排家庭社区全国知识大赛，在《人民日报》、《中国妇女报》、《中国改革报》及其他相关报刊、网站刊登知识大赛试题，动员广大妇女和家庭成员参赛。

（四）设立“节能减排家庭、社区行动”网页。在中国妇女网、国家发改委网站、人民网及新浪等门户网站设立活动专栏，发布家庭节能减排金点子、小窍门，征询公众对家庭节能减排问题的疑问，组织专家进行解答。

（五）评选 1 000 户“节能环保家庭”。以家庭为单位，由各省（区、市）评选出 1 000 户全国“节能环保家庭”进行表彰，并同时授予全国五好文明家庭称号，再从中评选出 10 个“节能环保家庭”标兵户，予以隆重表彰和大力宣传。对在活动中表现突出的个人和集体，授予全国三八红旗手和三八红旗集体荣誉称号。

（六）创建 500 个“节能减排家庭行动”示范社区。在全国选择 500 个社区，创造富有社区特色的家庭及社区节能减排模式，把节能环保的理念贯穿到社区管理工作中，使社区内居民具备良好的节能环保意识，自觉选择节能减排生活方式，社区内使用节能家电、节水器具、环保产品的家庭占较大比例，发挥示范引导作用。

主办单位：全国妇联　中央文明办　国家发展改革委

二、节能减排青少年行动

青少年思想活跃，分布面广，是推动节能减排工作的重要力量。要充分发挥青少年的积极性和创造力，动员全国广大青少年积极参与到节能减排实践中来。主要活动包括：

（一）加强节能减排教育。在企业、机关事业单位、学校、社区、村镇设立共青团和少先队节能减排宣传栏，采取报告、征文、演讲、板报等方式，并利用青少年报刊、中小学生报和共青团、少先队网站，大力宣传节能环保知识。引导青少年充分认识节能减排的重要性和紧迫性，强化节能观念，树立环保意识，增强参与节能减排工作的责任感和自觉性。开展现场宣传活动，推介节能减排的新知识、新产品，引导青少年在学习、工作和生活中推广应用。

（二）提高节能减排能力。采取技能培训、技能竞赛、参观学习等方式，提高青少年节能增效能力。实施青工技能振兴计划，帮助青年职工在岗位上学习节能减排知识、训练节能减排技能、掌握节能减排本领，以过硬的技术更有效地节能减排。举办节能减排技能竞赛，引导青年勤学技术，苦练技能，成为节能减排行家里手。举办节能发明竞赛，使广大青年职工、科技人员依托企业、学校、科研机构，为节能减排献计献策。开展青年农民技能培训，掌握节能减排知识和技能。

（三）强化节能减排实践。在青年职工中开展争创节能标兵、节能岗位活动，动员青年在本职岗位上、在日常生活中节能减排。开展青年创新创效活动，引导青年职工发明节能减排技术，创新节能减排方式。举办青年节能减排创新成果展，展示青年职工的发明创造。广泛开展“我为企业节能减排献计策”活动，组织青年职工积极参与企业节能减排工作，提出合理化建议。开展“做节约先锋，展青年风采”为主题的青年文明号节约示范行动，动员优秀青年集体带头节能减排。在少先队员中开展以“节约一滴水、一张纸、一粒米、一度电”为主要内容的节约资源“四个一”教育实践活动。开展保护母亲河行动，动员青年和社会力量植树造林，美化江河，建设绿色家园。

（四）培育节能减排文化。在青少年中大力提倡崇尚节俭、合理消费、绿色消费等理念，养成节约、环保的消费方式和生活习惯。鼓励青少年通过日记、征文、墙报、书法、绘画、摄影、摄像等，记录参与节能减排的经历，展示参与节能减排的做法和体会。动员青少年结合工作和生活实际，设计通俗易懂的节能减排标语口号，提出节能减排警句公约，努力在青少年中营造人人争做节能标兵的良好氛围。

（五）开展节能减排志愿者活动。组织青年志愿者向社会宣传节能减排意义，介绍节能减排知识。组织青年志愿者监督和举报违法用能、排污现象和行为。采取记录家庭能耗、水耗，采用节能节水产品，减少垃圾排放等方式，动员青年在日常生活和工作中自觉节能减排。

（六）组织开展青少年节能减排评选表彰活动。评选一批在节能减排中作出突出贡献的优秀青年，授予“青年节能减排标兵”称号。举办“青年节能减排标兵”先进事迹报告会，宣传先进典型，形成比学赶帮超的生动局面。对在节能减排青少年行动中表现特别突出的个人，按程序申报“五四”奖章等荣誉称号。

主办单位：共青团中央　国家发展改革委

三、节能减排企业行动

企业（单位）是节能减排的主体，职工是节能减排的主力军，要从岗位做起，从自身做起，从点滴做起，积极投身节能减排活动。主要活动包括：

（一）企业节能减排宣传教育活动。要充分发挥工会组织优势，利用各种宣传阵地，宣传国家有关节能环保的法律、法规和政策，开展资源警示教育，不断增强广大职工的忧患意识、危机意识和责任感、使命感，积极投身到节能减排活动。在广大职工中积极倡导节约型的生产方式和消费方式，节约一度电、一滴水、一滴油、一块煤、一张纸，自觉养成节能环保的好习惯。

（二）我为节约作贡献活动。把节能减排作为工会开展的“我为节约作贡献活动”的重要内容，大力开展小革新、小发明、小设计、小创新、小窍门等活动。开展推广“四新”活动，组织和发动广大技协会员，积极开发和推广节能新技术、新工艺、新材料和新设备。积极参与节能服务体系建设，利用职工技协的科技中介机构，开展技术开发、转让、咨询和服务活动，并通过科技成果展示、发布、洽谈等多种途径，促进职工节能减排技术成果进入市场。普遍开展岗位练兵、技术比武、技术培训等活动，帮助职工掌握节能减排技能，不断提高职工节能减排能力。

（三）节能义务监督员行动。在市、县和大中型企业设立节能义务监督员，聘请具有从事节能相关工作经历，掌握一定专业知识和操作技能的在职或退休职工组成义务监督员队伍，协助政府有关部门对本企业节能减排工作进行监督，监督企业是否将节能目标的完成情况纳入各级员工的业绩考核范畴，做到严格考核，节奖超罚；是否有严格的节能、节水和资源综合利用管理制度；监督各环节是否有跑冒滴漏及严重浪费能源的现象；是否使用应淘汰的落后设备等，为政府和企业强化节能管理提出改进建议。

（四）发动职工参与企业节能减排管理。充分发动广大职工围绕企业生产经营的每个环节，找漏洞，找原因，提出针对性的意见和建议，增强企业节能减排意识，完善管理制度，制定奖励措施，促进节能减排；从细微处着手，采取措施杜绝跑冒滴漏现象，减少资源浪费；改进和完善工艺设计，提高资源利用率；采用先进技术，加强“三废”利用和处理，促进环境保护。

（五）“百名专家巡诊千家企业”活动。组织百名节能专家，深入千家企业开展节能咨询和用能诊断。通过用能诊断，分析现状，挖掘潜力，提出切实可行的节能措施，推动企业加强节能技术改造和节能管理，努力实现节能目标。

（六）开展能效水平对标活动。开展与国际国内同行业能效先进水平对标活动，包括分析现状，确定对标内容，瞄准先进水平，寻找差距，制订和实施提高能效的工作方案。把节能压力和动力，传递到企业中每一层级的管理人员和员工身上。

（七）中央企业节能减排表率行动。中央企业要带头履行社会责任，在节能减排工作中发挥表率作用。在中央企业深入开展创建节约型企业活动，以督促规划、考核推动、调研指导、抓好典型为重要手段，大力推动中央企业节能减排取得新成效。

（八）选树节能减排先进典型。大力表彰和选拔企业、职工节能减排先进典型，总结经验和做法，推广先进技术、先进操作法和优秀技术成果。在开展创建“全国工人先锋号”活动和评选“全国职工优秀技术创新成果”中，突出节能减排主题，评选节能环保班组、节能环保标兵，对在节能减排工作中作出突出贡献、具有重大影响的集体和个人，按程序申报全国“五一”劳动奖状、奖章。大张旗鼓地宣传节能减排工作先进集体、先进个人的先进事迹，营造良好社会氛围。

主办单位：全国总工会　国家发展改革委　国资委

四、节能减排学校行动

学校在培养学生树立节能环保意识上发挥着不可替代的重要作用。在采取节能减排措施的同时，通过积极开展以节能减排为内容的学校主题教育和社会实践活动，营造节能减排校园文化，使学生养成良好的节能环保意识和行为习惯。主要活动包括：

（一）加强节能环保基础教育。结合义务教育课程标准修订工作，在义务教育课程标准中，适当增加节约能源、保护环境等教育内容，将节能、节水、节地、节粮、节材等教育内容纳入学校课堂教学，真正落实节能环保进学校、进课堂。

（二）积极开展以节能减排为内容的学校主题教育活动。在中小学校、幼儿园组织开展“节能伴我在校园，我把节能带回家”活动、节约能源体验与创意活动、“节约一二三”活动、“爸爸妈妈听我说节能”演讲比赛等，引导中小学生、幼儿从小树立节能环保的观念，关注生活中的节约方式，学习和寻找节能的窍门和方法，不仅从自己做起，而且督促父母等家庭成员节约用电、节约用水、爱惜粮食。

（三）开展节能环保社会实践与科技创新活动。建设一批满足广大中小学生参加节能环保社会实践活动需要的基地，使学生在实践中学习节能环保知识和技能，提高节能环保能力。结合提高高等学校的人才培养质量，从 2007 年至 2010 年，在全国范围内每年开展一次“大学生节能减排社会实践与科技创新竞赛活动”，在 2010 年举行“大学生节能减排社会实践与科技创新成果展”，分研究生和本专科两部分组织在校大学生报名参加。

（四）营造节能减排校园文化。号召各级学校认真贯彻《教育部关于建设节约型学校的通知》，加强学校节约管理，利用各种方式，在广大师生中开展节能、环保活动，营造良好的校园文化氛围。编写适合中小学宣传节能环保教育的挂图和光盘，免费发放到中小学校。制定《高等学校节约型校园建设管理与技术导则》，在高校进一步量化和细化节能环保指标，逐步对有关标准和要求规范化，在此基础上进一步推动高校节约型校园的建设。

（五）推广教科书的循环使用。结合农村义务教育试行免费教科书制度，在全国范围内制定分科教科书的循环使用方案，在宁夏回族自治区或东、中、西部各选择 1 个试点，开展教科书的循环使用工作，并总结经验、逐步推广。

主办单位：教育部　国家发展改革委

五、节能减排军营行动

全军部队要按照党中央、国务院和军委总部的统一部署，自觉服从服务于国家经济社会发展大局，把节约资源的要求，贯彻到决策计划、资源配置和日常管理的方方面面，努力走在全社会的前列。主要活动包括：

（一）深入抓好宣传教育。把资源节约纳入部队经常性教育和经常性管理之中，纳入院校教学和专业培训，利用报刊、杂志、网络、橱窗、宣传手册和知识竞赛等多种形式，大张旗鼓地宣传资源节约的重大意义、方针政策、法规制度和先进典型，普及节约知识，曝光铺张浪费现象，积极引导广大官兵牢固树立艰苦奋斗、勤俭建军的思想，追求文明节俭的生活方式，提高节约的自觉性、积极性和创造性。

（二）加快构建和完善节约型供应保障和消费方式。合理确定经费开支的比例关系，优化军事资源的投向投量。大力推行集约消费、绿色消费，健全物资采购管理体系，优先采购节能环保新产品、新材料，严禁采购、使用国家明令淘汰的高耗、低效产品和非环保材料。建立钱物结合理财机制，实现存量资产与预算安排有机结合。加强集中集约保障，统一调剂空闲资源，最大限度地实现保障资源共享，减少分散保障、重复建设造成的损失浪费。

（三）建立长效管理机制。建立健全与国家政策法规相配套的军队节能规章制度。制定出台相关节能产品目录和经济技术指标，规范节能技术产品的推广运用。修订制订水、电、气（暖）、油、煤等各类实物消耗标准，修订会议、接待、办公等消耗限额和营房住用限额，以及各类设施建设标准。建立能够反映资源消耗、节约与管理水平的统计、考评和奖惩制度，实行严格的目标责任制，定期组织检查。

（四）抓好各领域节约工作。在全军推广使用 IC 卡加油管理系统，严格按照训练大纲、年度任务和油料供应标准组织油料保障。各类工程建设严格执行国家规定的节能设计标准，严格工程项目节能审查和节能评估。完成分类、分户预付费电表和水表的安装，办公生活和业务用水、用电落实分类计量收费制度，对超出供应标准的提高收费标准。优化改造供热管网，合理选用供热模式。积极推行集中办伙。医院、疗养院实行全成本核算管理，加强大型医疗设备、药品采购和大中型卫生设施建设控制，防止重复建设。优化运输方案，综合运用各种运输方式，减少迂回运输，提高交通运输工具的利用率。研究改进运载方法和驾驶员模拟训练手段，减少资源消耗。严格落实新修订颁发的军队会议费、差旅费管理规定，推行行政消耗性开支管理办法改革。

（五）积极推广应用节能新技术新产品。组织对 400 个左右旅团级单位，成建制实施建筑围护结构、水电暖气管线、用能器具等设施设备综合节能改造，因地制宜推广运用可再生能源，使改造后的营区达到节能型营区的标准。同时，抓好机关、院校、科研等单位既有营房改造。抓好油料库站设施设备、老旧锅炉、营区供水供电管网改造，优化变配电及电力输送系统，在全军建制伙食单位逐步推广使用高效节能灶。大力推广节水龙头、节能灯具、营区绿化和农副业生产喷灌滴灌、高压水枪洗车等新技术新产品。在有条件的营区建设中水回用系统，进行地源热泵、水源热泵、污水热泵、太阳能、沼气等可再生资源能源利用改造。在部队营区特别是驻高山、海岛等严重缺水地区的营区建设雨水收集设施，在驻无市电地区的部队建设太阳能、风能和小水电等可再生能源发供电系统。

（六）组织开展创建节约型示范军营。在全军部队重点创建 50 个左右的资源节约示范单位。各级机关重点在提高科学决策能力、优化资源配置，贯彻从严治军方针、强化依法管理，减少“五多”问题、压减行政消耗性开支等方面下工夫、见成效。组织部队官兵广泛开展节约一滴水、一度电、一滴油、一块煤、一粒米和“红管家、好当家、小行家”活动，大力倡导小革新小发明，强化全面、整体、精细管理，提高保障水平。

主办单位：解放军总后勤部　国家发展改革委

六、节能减排政府机构行动

政府是社会行为和公共道德的示范和标杆，政府机构自身对节能的重视程度影响着公众观念。政府机构工作人员要带头增强资源忧患意识、节约意识和责任意识，从自身做起，从点滴做起，形成崇尚节俭、合理消费的机关文化，为全民节能减排发挥表率作用。主要活动包括：

（一）发挥政府机构节能导向作用。与人民网、新华网、中国政府网等大型网站合作，进一步丰富“政府机关节能减排”网页的栏目和内容，及时宣传报道政府机关节能减排行动情况，推广示范典型，征集、发布政府机关节能减排的意见和建议，扩大宣传和受众面，发挥政府机关的示范表率作用。组织开展“节能减排政府机关带头行动”电视宣传系列活动，制作专题宣传片、公益广告，通过多种形式宣传政府机关节能减排的意义。开展“政府机构节能减排征文”活动，在全国范围内广泛征集政府机构节约资源和保护环境方面的论文、专题报告等。对征文进行评选，在有关报刊杂志上刊发。

（二）自查提高见效活动。各级政府机构对履行职能过程中和工作人员日常工作中，是否坚持节约优先的方针开展一次全面自查。通过对照检查找出差距，增强资源忧患意识、节约意识和责任意识，切实把节约资源和保护环境的理念和要求贯彻到工作的各个环节，努力提高工作效能。

（三）启动“百名省部长签约”活动。制定《政府机关节能减排公约》，由有关部门与中央国家机关百名部长签订公约，明确各部门节能减排的职责和义务，落实目标责任和措施。

（四）创建“节约型政府机构”活动。建立能耗报告制度，定期公布机关能耗及费用支出情况。在全国选择 100 个政府机关，以节能减排为主题，创建“节能环保办公区”，从节电、节油、节气、节水、节地、节材、可再生能源利用、节能采购、新技术新产品应用等方面提出相应要求。推进无纸化办公，倡导节约资源的办公习惯。

（五）开展能源紧缺体验活动。通过广播、电视、报纸、网络等向全社会发出能源重要性体验活动的倡议，如除有特殊需要外所有政府机构空调夏季每天晚开一个小时；景观照明灯、装饰用灯、办公用灯等每天少开半小时；号召机关工作人员每月少开一天车，6 楼以下每月一天不乘电梯。通过日常生活中必不可少的但又不太注意的事情，来提醒大家注意能源对现代文明、对我们生活的重要性，提高节能意识，自觉遵守全民节约行为公约。

（六）开展资源循环利用活动。倡议全国政府机关工作人员使用节能环保铅笔、再生纸等节能环保办公用品，使用再生纸名片，开展废旧电脑、打印机、电池、灯管等办公用品的回收利用。

主办单位：国家发展改革委　国管局　中直管理局　全国人大机关事务管理局　全国政协机关事务管理局　解放军总后勤部

七、节能减排科技行动

节能减排科技行动以科技创新为主线，整合社会资源，调动公众开展节能减排的积极性，围绕“从我做起，从每天做起，从周边做起，从点滴做起”，形成“科技支撑，社会参与，全民动员开展节能减排”的工作局面和良好社会氛围。主要活动包括：

（一）发布公民节能减排量化指标体系。制订 6 大类 36 项全民节能减排潜力量化指标，直观反映老百姓的衣、食、住、行、用等日常生活细节中的节能减排潜力，方便公众了解日常生活节能减排行动效果，提高公众的节能减排意识和能力，激发公民节能减排的潜力和积极性。

（二）组织科技宣传活动。开展以“从我做起，从每天做起，从周边做起，从点滴做起”为主题的节能减排科技宣传工作，使国家对节能减排的要求转变为每个公民的自觉行动。利用国家和地方平面、电视和网络媒体，分阶段、有重点、有步骤地加大宣传力度。组织机关、企事业单位、学校和社区开展经常性的节能环保常识宣传，开展节能减排宣传周和宣传日活动。

（三）科技教育推广。开展“节能减排小专家”，让中小学生把节能减排知识从课堂传播到千家万户。编写《节能减排公民手册》等材料，广泛征集国内外百姓生活、消费节能减排小窍门和实用方法，如选用节能电器、关紧水龙头、自备购物袋、轻踩汽车油门等，广为传播、普及节能减排科学知识和方法。编写《节能减排科技行动指导手册》，指导社区、机关、企业组织职工开展节能减排活动。选择节能减排先进企业、机关、学校、社区典型，作为节能减排科普教育基地，面向全社会开放。

（四）研发节能减排适用技术。面向机关、学校、社区、家庭对节能减排适用技术的实际需求，研究开发一批节能、节水、节地、节材方面的适用新技术及产品。面向电力、钢铁、化工、建材等节能减排重点行业，围绕节能、新能源应用、废物处理等节能减排重点技术领域，研究、开发一批先进的适用技术、装备和产品。

（五）加快节能减排技术成果集成、推广和应用。加强对国内外成熟适用节能减排技术的筛选与集成，建设“节能减排适用技术成果库”，通过网络和培训等手段实现技术成果的传播、推广和应用。

（六）培育技术服务体系。按照企业、机关、社区、居民节能减排的不同需求和特点，加强节能减排专家队伍和技术服务体系建设。促进节能减排技术服务产业发展，推动建立以企业为主体、产学研相结合的节能减排技术服务体系建设。

（七）综合科技示范。在全国范围内组织开展节能减排综合科技示范工作，包括社区、企业、机关、村镇节能减排综合示范。选择一批典型作为节能减排科技示范基地，面向全社会开放。

（八）综合成效评估与社会监督。研究制定科学、可行的节能减排成效评估办法，科学客观地开展节能减排成效评估工作。开设节能违法行为和事件举报网上信箱，畅通信息渠道，便于百姓反映意见，提出建议，充分发挥社会公众监督作用，建立有效的节能减排公众监督机制。

主办单位：科技部　国家发展改革委　全国人大环资委　全国政协人资环委

中国科协

八、节能减排科普行动

围绕百姓日常生活中资源节约方面的问题，以节能、节水、节材、节地、资源综合利用、循环经济为重点，主要面向中小学生和广大居民，宣传科学思想、科技知识、实践经验、先进典型和节约型的消费模式，介绍相关的先进实用技术、科技成果和节约小窍门，以提高公众的资源节约意识，促进资源节约新技术、新设备、新产品的推广应用，帮助广大居民和中小学生掌握资源节约的基本知识，提高相关本领，为建设节约型社会共同努力。主要活动包括：

（一）举办科普巡回展览。在一些大中城市举办建设节约型社会主题科普巡回展览。在中国科技馆和部分地区科技馆等科普场馆设置“建设节约型社会常设展区”。在科普大篷车等流动科普设施中增设建设节约型社会科普宣传内容。将节能减排作为每年科普宣传日宣传的重要内容之一。

（二）编制系列科普宣传品。组织编排一套（以节能、节水、节地、节材、资源综合利用、循环经济为主题）新颖和富有创意的科普剧，并制作成光盘，供有关电视台和学校播放使用。组织创作以节能减排为主题的科普挂图，免费发放到全国县以上地区，用于城乡社区科普画廊张贴宣传。组织编写建设节约型社会的科普图书，编写建设节约型社会系列小手册、宣传册等，介绍相关实用知识和节约技巧。

（三）组织群众科普活动。组织“建设节约型社会科普知识宣讲团”，邀请有关院士、专家、科技工作者深入到学校、社区等开展建设节约型社会科普知识宣传。组织全国青少年科技创新大赛，以节能减排为主线，设专门展区，向公众展示中小学生开展节约资源等方面的科技实践活动。

（四）广泛开展科普宣传。在电视台、广播电台、报刊、网站等开设科普宣传专栏，系统介绍建设节约型社会的有关科普知识、节约小窍门和有关新技术、新产品。开展以建设节约型社会为主题的网上座谈。组织建设节约型社会科普知识有奖征文活动。在中央电视台科教频道或少儿频道组织全国中小学生建设节约型社会科普知识电视竞赛节目。

（五）“节约奥运”科普活动。宣传北京 2008 奥运会落实“绿色奥运”理念的主要措施。将建设节约型社会科普知识宣传纳入到“绿色奥运”、“科技奥运”的宣传之中。举办奥运志愿者资源节约科普知识宣传培训班，介绍有关的资源节约知识和技巧。宣传北京绿色奥运的典型案例和发放宣传册等。在奥运会期间，加大绿色消费、节约型消费的宣传力度。

主办单位：中国科协　国家发展改革委

九、节能减排媒体行动

媒体是党和人民的喉舌，要着眼于进行节能减排全国性动员和部署的要求，灵活运用各种宣传方式，营造舆论氛围，达到动员和组织全社会投入节能减排行动的目的。主要活动包括：

（一）突出节能减排日常宣传。将节能减排宣传纳入每年的重大主题宣传活动，组织好每年一度的全国节能宣传周、全国城市节水宣传周及世界环境日、地球日、水日宣传活动。广泛深入持久地宣传党中央、国务院关于节能减排的方针政策和重大部署，积极宣传各地区、各部门节能减排工作取得的成就、经验和做法；宣传我国经济社会发展面临的资源环境形势，突出节能减排的重要性和紧迫性；紧紧抓住群众所关心的热点和焦点问题，有针对性地进行深入采访和深入报道，特别要通过明查暗访等形式，对破坏环境、浪费资源的各种行为和现象展开批评，对严重的典型案例予以“曝光”。通过宣传，进一步提高公众的资源忧患意识和节约意识，增强紧迫感和责任感。

（二）开展“节能减排全民行动”大型主题宣传活动。动员、组织中央和各地媒体力量，深入宣传报道节能减排全民行动。每年要集中一段时间，有针对性地进行深入采访和报道，突出宣传报道节能减排全民行动九个专项行动的进展与成效，展现企业、社区、家庭、机关、学校等开展节能减排全民行动的进展，及时报道宣传各行各业节能减排的先进典型，普及节能减排知识，宣传动员全民参与和共同行动，大力弘扬“节约光荣，浪费可耻”的社会风尚。

（三）开展节能减排好新闻评选活动。对近年来中央和地方各大媒体围绕建设资源节约型、环境友好型社会组织的新闻稿件进行评选，进一步宣传这些作品，鼓励更多的新闻工作者投身到节能减排的宣传活动中来。

（四）开展适合不同媒体特点的系列宣传报道活动。与 CCTV 经济频道合作开展大型节能减排专题宣传活动，并强力推出“谁是节能冠军”大型电视活动，在全社会范围内，以寻找“节能冠军”为名，进行一次节能减排理念的普及，提倡绿色生活的方式。在电视、广播等视听媒体的重要时段，播出节能减排专题报道和相关公益广告；在报纸、杂志等媒体的重要版面，开辟专门栏目、专题报道和专版，进行集中和系列的宣传报道；发挥网络宣传的作用，人民网、新华网、央视国际、中国经济网等中央重点新闻网站要积极组织网民话题，营造强大的舆论宣传声势。

（五）扎实推进节能减排宣传活动。各地党委宣传部与发展改革委（经贸委、经委）加强本地区节能减排宣传的组织协调，未建立协调机制的，要抓紧建立协调机制，扎实推进宣传工作。中央和地方主要媒体均要根据每个阶段的节能减排工作要求和全民行动内容，制订可操作的节能减排宣传报道计划和方案，做到长流水、不断线；周密部署，认真组织，以求真务实的精神搞好节能减排宣传报道工作。

主办单位：中宣部　国家发展改革委

二〇〇七年八月二十八日

国家发展改革委关于做好中小企业节能减排工作的通知

各省、自治区、直辖市及计划单列市、副省级省会城市、新疆生产建设兵团发展改革委、经贸委（经委）、中小企业局（厅、办）：

节能减排是贯彻落实科学发展观、促进经济结构调整和转变发展方式的重要举措。为贯彻国务院《节能减排综合性工作方案》，做好中小企业节能减排工作，通知如下：

一、充分认识中小企业贯彻科学发展观、推进节能减排的重要意义

近年来，我国中小企业发展迅速，已成为推动经济社会发展的重要力量。当前，中小企业发展中存在着总体素质不高、增长方式粗放、结构不合理等问题，相当一部分中小企业工艺和装备落后，资源利用率低、环境污染重。在一些规模经济要求较高的资源型产业，中小企业数量多、规模小，工艺水平落后。如，黑色冶炼及加工行业中小企业数量虽占全部企业的 74%，但其总产值规模仅占全行业的 20%；在安全和技术要求较高的采矿业，中小企业占采矿企业的 96%；在建材行业，落后工艺 80%以上集中在中小企业。服务业中小企业节能减排任务也十分艰巨。如，洗车行业用水浪费、超标排放现象较为突出。

节约资源和保护环境是我国一项基本国策，实现“十一五”《规划纲要》提出的节能减排目标，需要广大中小企业和全体职工的共同努力，也是每个中小企业和职工应承担的社会责任。贯彻落实科学发展观，建设生态文明社会，实现国民经济又好又快发展，迫切要求广大中小企业从主要依靠数量扩张转变为更加注重质量提高，从主要依靠粗放型增长转变为更加注重节约资源、保护环境，走低消耗、少排放、能循环、可持续的中国特色新型工业化道路。

当前，中小企业在节能减排中也面临一些问题，主要是：不少中小企业科学发展、节能减排意识淡薄，思想和认识还不到位；一些企业工艺装备落后，有些落后生产能力在产业转移中没有依法淘汰；节能减排投入不足，安全生产、劳动保护措施缺乏，违规排放现象时有发生；节能减排技术开发和应用不够，节能减排中介服务体系还不健全；污染治理等相关基础设施建设滞后，在产业集聚区内还难以做到统一排放、集中治理等。这些问题迫切需要研究和着力加以解决。

二、以科学发展观为指导，扎实推进中小企业节能减排

中小企业节能减排的总体要求是：深入贯彻科学发展观，以转变经济发展方式、调整经济结构、加快技术进步为根本，全面调动中小企业和职工节能减排的积极性，坚持节约发展、清洁发展、安全发展，依法淘汰落后产能，推广先进适用节能减排技术，健全节能减排技术服务，加强企业管理，力争使中小企业单位国内生产总值能源消耗、单位工业增加值用水量、主要污染物排放指标以及安全生产指标达到全国平均水平。

（一）广泛宣传发动，提高思想认识。结合学习党的十七大精神，深刻领会科学发展观的科学内涵、精神实质和根本要求，增强广大中小企业和职工贯彻落实科学发展观的自觉性和坚定性。各级中小企业部门充分利用信息网和各种媒体，宣传节能减排的重大意义、方针政策、基本知识和先进经验，要将节能减排纳入年度培训重点，利用电视、网络以及集中面授等方式开展针对中小企业的节能减排相关培训。采取多种形式，开展资源警示教育，增强中小企业节能减排的责任感和使命感。选择确定若干节能减排示范单位，宣传推广先进经验和做法。

（二）淘汰落后产能，控制“两高”行业发展。严格按《产业结构调整指导目录》和相关法律法规严格淘汰中小企业中的落后技术、工艺和装备。对不按期淘汰的企业要依法责令其停产或予以关闭，依法吊销生产许可证和排污许可证，依法停止供电。提高节能环保市场准入门槛，严格执行项目开工建设的相关政策规定。密切关注落后产能转移趋向，坚决制止落后装备设施外流，坚决防止以招商引资、产业转移等形式新增落后生产能力。

（三）加快节能减排技术开发，大力推广共性节能减排技术。针对中小企业特点，加快开发节能减排关键和共性技术，推动建立以企业为主体、产学研相结合的节能减排技术创新与成果转化体系。在冶金、有色、石化、化工、电力、煤炭、建材、轻工等重点行业中，鼓励使用“零排放”技术、废弃物综合利用技术等循环经济的减量化技术、再利用技术和再循环技术，推动企业内循环经济发展。各类中小企业专项资金要将中小企业节能减排作为支持重点，促进中小企业节能技术改造和节能新技术、新工艺、新产品的推广使用，提升中小企业节能、节水、节地、节材水平。

（四）促进服务业和科技型中小企业发展，优化产业结构。大力鼓励在信息技术、工程及科学仪器、生物工程、新能源与节能技术、环境保护新技术等领域大力发展科技型中小企业，促进高技术产业加快发展。落实《国务院关于加快发展服务业的若干意见》，积极支持中小企业发展现代服务业，提升生产服务业的

产业档次和现代化水平。引导中小企业发展特色农业、循环农业、生态农业和旅游观光农业。促进垃圾资源化利用，大力发展循环经济和环保产业。

（五）健全节能减排服务体系，探索污染集中治理模式。组织专家队伍深入开展节能减排咨询和诊断，鼓励专业化节能服务公司为中小企业开展节能减排咨询，并提供设计、培训、融资、改造、运行管理一条龙服务，选择若干地区和机构先行开展试点。完善相关政策，大力发展产业化、社会化、专业化的中小节能减排技术服务机构。对于排放集中、污染严重的产业集聚区，探索集中治理模式，促进公共环境和资源综合利用设施建设，重点支持一批产业集群环境治理建设项目。支持在产业集群内发展热处理、电镀等工艺专业化企业。鼓励发展生态型工业和生态型工业园区。

（六）引导企业加强管理，夯实节能减排基础。企业（单位）是节能减排的主体，职工是节能减排的主力军。中小企业必须严格遵守节能和环保法律法规及标准，强化管理措施。引导中小企业完善产品质量监测管理制度，加入国际质量认证体系。引导和督促企业依法获得从事生产经营活动所必需的产品质量资格和许可。加强计量管理，完善计量器具和检测手段。引导中小企业认真贯彻《清洁生产促进法》，支持中小企业开展能效水平对标活动。积极帮助职工掌握节能减排技能，不断提高职工节能减排能力。建立健全企业内部节能减排的激励机制，动员全体员工参与节能减排活动。

三、加大工作力度，切实做好节能减排工作

（一）各级中小企业部门要把节能减排作为当前一项重要工作抓紧抓好。中小企业管理部门要积极配合有关部门，认真落实国务院和各省市节能减排综合性和全民行动实施方案，结合本地区实际，抓紧制订本地区中小企业节能减排工作方案，尽快确定中小企业节能减排工作目标、重点和相关措施，加强对中小企业节能减排工作的指导协调。

（二）协助研究制定相关政策措施。按照“淘汰一批、升级一批、发展一批”的目标导向，系统研究相应的财税、价格、信贷、担保、市场准入标准等方面的配套政策措施，充分发挥经济手段在扶优限劣的作用。中小企业管理部门要主动与相关部门沟通协调配合，尽快研究探索建立落后产能退出机制，争取对中小企业节能减排工作的资金、税收等方面的支持。

（三）充分发挥各方面力量，形成工作合力。有条件的省市可设立节能义务监督员，协助对企业节能减排进行监督。充分发挥行业协会等各类中介机构的积极作用，开展调研活动，针对中小企业节能减排开展咨询诊断、人员培训等方面

服务。中小企业管理部门要配合有关部门加强对企业安全生产、环保卫生、资源开采、土地使用等方面的监管。积极开展中小企业节能减排和发展循环经济的国际合作与交流。

各级中小企业管理部门要深入基层调查研究，协调解决工作中出现的新情况、新问题，及时将中小企业节能减排工作方案、进展情况及联系人上报我委（中小企业司）。

中华人民共和国国家发展和改革委员会

二〇〇七年十一月二十七日

关于加强城镇污水处理厂污染减排核查核算工作的通知

环办[2008]90 号

各省、自治区、直辖市环境保护局（厅），新疆生产建设兵团环境保护局，华北、华东、华南、西南、西北、东北环境保护督查中心：

为进一步落实国务院《节能减排综合性工作方案》及《节能减排统计监测及考核实施方案和办法》，提高城镇污水处理厂的运行效率和管理水平，确保实现“十一五”主要污染物总量减排目标，切实加强对城镇污水处理厂运行过程的监管，现就有关要求通知如下：

一、各地要督促辖区内的城镇污水处理厂切实加强设施的运行、维护和管理，确保污水处理设施的正常运行，严禁无故停运。城镇污水处理厂因改造、更新或维修需暂停运行的，需按有关规定提前报当地环保部门备案。污水处理设施遇事故停运、在线监控系统或中控系统发生故障不能正常监测、采集、传输数据的，应在事故发生 24 小时内向当地环保部门报告。

二、各地要严格按照《主要污染物总量减排监测办法》（国发[2007]36 号）和《关于进一步做好国控重点污染源自动监控能力建设项目实施工作的通知》（环发[2008]25 号）的要求，督促城镇污水处理厂按期完成自动监控设备的安装和验收，并与环保部门联网运行。

三、已投入运行的城镇污水处理厂必须建立生产运行台账，按日记录进出水水量、水质、污泥产生量与处置情况、主要设备运行状况等，按月记录用电量、运行成本等。运行台账必须妥善保管，随时接受各级环保部门核查。

四、2009 年 2 月底前设计日处理能力大于 2 万吨的城镇污水处理厂都必须安装完成中控系统，实施监控进出污水处理厂的水量和水质主要指标、鼓风机电流、鼓风量、曝气设备的运行状况、曝气池的溶解氧浓度、污泥浓度、滤池堵塞率等数据，并能随机调阅核查期内上述运行指标数据及趋势曲线，相关数据至少保存一年以上，作为核算主要污染物减排量的重要依据。

五、各环保督查中心要按照《“十一五”主要污染物总量减排核查办法（试行）》（环发[2007]124 号）、《主要污染物总量减排核算细则（试行）》（环发[2007]183 号）的要求，加强和规范对城镇污水处理厂运行情况的督促检查。

六、各级环保部门要把城镇污水处理厂作为监督性监测、污染源建档和信息公开的重点，环境监察部门至少每月对城镇污水处理厂进行一次现场执法检查，环境监测部门至少每季度开展一次监督性监测，同时做好对自动监测仪器的比对监测工作和自动监测数据的有效性审核工作。要及时记录及公布城镇污水处理厂污染排放、环境监测、运行状况等相关情况，实行动态管理，发挥舆论监督作用，动员全社会的力量推动污染减排。

二〇〇八年十一月十九日

环境保护部办公厅关于加强燃煤脱硫设施二氧化硫减排核查核算工作的通知

环办[2009]8号

各省、自治区、直辖市环境保护局（厅），新疆生产建设兵团环境保护局，各环境保护督查中心，国家电网公司、中国华能集团公司、中国大唐集团公司、中国华电集团公司、中国国电集团公司、中国电力投资集团公司：

为进一步落实国务院《节能减排综合性工作方案》及《节能减排统计监测及考核实施方案和办法》，提高燃煤脱硫设施的运行效率和管理水平，确保实现“十一五”二氧化硫总量减排目标，切实加强对燃煤脱硫设施运行过程的监管，现就有关要求通知如下：

一、各地要督促辖区内的燃煤电厂和使用燃煤锅炉的企事业单位切实加强脱硫设施的运行、维护和管理，确保脱硫设施的正常运行，严禁开启烟道旁路运行和严禁脱硫设施无故停运。脱硫设施已投入运行的燃煤电厂和企事业单位必须建立生产运行台账，记录脱硫设施主要设备运行和维护情况，并记录烟气连续监测数据、机组负荷（锅炉负荷）、燃料硫分和脱硫剂的用量、厂用电率、脱硫副产物产生量和处置情况、旁路挡板门启停时间、运行事故及处理情况等。运行台账必须妥善保管，以备环保部门的核查。

二、要严格按照国务院《主要污染物总量减排监测办法》和《关于进一步做好国控重点污染源自动监控能力建设项目实施工作的通知》（环发[2008]25 号）的要求，督促企事业单位按期完成烟气自动在线监控设备的安装和验收，并与环保部门联网运行。烟气经脱硫系统治理后，自动在线监控设备烟气采样装置必须按要求设置在旁路排放原烟气与净化烟气汇合后的混合烟道部分，确实因客观原因无法在混合烟道上安装或已安装但位置不符合规范要求的，应在旁路烟道加装烟气温度和流量采样装置。烟气自动在线监控设备按有关规定必须进行标定。

三、所有脱硫设施必须安装完成分布式控制系统（或集散控制系统，简称脱硫 DCS 系统），实时监控脱硫系统的运行情况。对湿法脱硫系统和烟气循环流化床脱硫系统，DCS 系统要记录发电负荷（或锅炉负荷）、烟气温度、烟气流量、增压风机电流和叶片开启度、氧化风机和密封风机电流、脱硫剂输送泵电流、烟气旁路开启度、脱硫岛 pH 值以及烟气进口和出口二氧化硫、烟尘、氮氧化物浓度等参数；对于循环流化床锅炉炉内脱硫系统和炉内喷钙炉外活化增湿脱硫系统，DCS 系统要记录自动添加脱硫剂系统输送风机电流以及烟气出口温度、流量、二氧化硫、烟尘、氮氧化物浓度等参数。在旁路烟道加装的烟气温度和流量等参数应记录入 DCS 系统。DCS 系统要确保能随机调阅上述运行参数及趋势曲线，相关数据至少保存六个月以上。

四、脱硫设施因改造、更新、维修或喷油助燃需暂停运行而开启旁路的，需按有关规定提前报当地环保部门备案；脱硫设施遇事故停运、在线监控系统或中控系统发生故障不能正常监测、采集、传输数据的，应在事故发生 24 小时内向当地市级以上环保部门报告。

五、各省级环保部门和各电力集团公司要按照上述要求，全面检查辖区内或所属企业的燃煤脱硫设施，逐一列出整改方案，督促企事业单位确保于 2009 年 3 月底前完成整改。限期达不到上述要求的，将按照《节能减排统计监测及考核实施方案和办法》的要求，不计算脱硫设施的二氧化硫减排量或按照监测系数法核减减排量，并列入该地区和企业集团减排年度考核。对脱硫设施全烟气脱硫效率、投运率达不到要求的，会同有关部门，按照《燃煤发电机组脱硫电价及脱硫设施运行管理办法（试行）》（发改价格[2007]1176 号）要求，扣减脱硫电价款，足额征收二氧化硫排污费。

六、各级环保部门要把脱硫设施作为监督性监测、污染源建档和信息公开的重点，环境监察部门至少每月对脱硫设施进行一次现场执法检查，环境监测部门至少每季度开展一次监督性监测，同时做好对自动监测仪器的比对监测工作和自动监测数据的有效性审核工作。要及时记录及公布燃煤电厂和使用燃煤锅炉的企事业单位二氧化硫排放、监测、运行状况等相关情况，实行动态管理，发挥舆论监督作用，动员全社会的力量推动污染减排。

七、各环保督查中心要采取现场核查和重点抽查相结合的方式，加强燃煤脱硫设施的运行监管，并将上述要求落实整改情况及时报环境保护部。

二〇〇九年一月十九日

二、省出台文件

辽宁省人民政府关于落实科学发展观加强环境保护的决定

辽政发[2006]34号

各市人民政府，省政府各厅委、各直属机构：

为深入贯彻《国务院关于落实科学发展观加强环境保护的决定》和第六次全国环境保护大会精神，全面落实科学发展观，构建和谐辽宁，加快生态省建设进程，提前实现全面建设小康社会的奋斗目标，现就加强环境保护作出如下决定：

一、要把保护环境摆到与经济增长并重的战略位置

（一）战略意义。“十五”期间，辽宁省环境保护工作取得积极进展。在经济快速增长、能耗总量大幅增加的情况下，环境污染和生态破坏加剧的趋势得到减缓，局部地区环境质量有所改善。但是，全省环境形势依然相当严峻，污染物排放总量大大超出环境承载能力，结构性、复合性污染尚未得到根本改变。主要河流水质达不到功能区标准，多数城市空气污染还比较严重，农村生态环境问题日益突出，环境安全存在隐患。环境资源已经成为影响辽宁省经济社会持续健康发展的重要制约因素。加强环境保护是落实科学发展观的重要举措，是搞好宏观调控、推进结构调整和转变经济增长方式的重要手段，是全面振兴老工业基地、构建和谐辽宁和实现全面建设小康社会目标的内在要求，是坚持执政为民、提高人民群众生活质量和健康水平、保障民族生存与长远发展的实际行动。必须把环境保护摆到与经济发展同等重要的战略地位，痛下决心，切实采取更加有力的措施，实现经济社会与环境保护统筹协调发展。

（二）指导思想。以邓小平理论和“三个代表”重要思想为指导，以科学发展观为统领，全面贯彻环境保护基本国策和可持续发展战略；坚持以保护环境优化经济增长，在保护环境中求发展，在发展中着力解决危害人民群众健康的突出环境问题；坚持预防为主、综合治理、全面推进、重点突破，以经济结构

调整和增长方式转变为主线，创新体制机制，依靠科技进步，以生态省建设为载体，发展循环经济，倡导生态文明，强化环境法治，充分发挥社会各方面的积极性，努力建设资源节约型和环境友好型社会，实现老工业基地全面振兴，构建和谐辽宁。

（三）环境目标。到 2010 年，城市环境质量全面改善，重点流域和近岸海域水质明显好转，农村环境污染得到有效控制，自然生态恶化趋势基本遏制。城乡饮用水源地水质基本达标，各城市环境空气质量优良天数比率稳定达到 85%以上，辽河流域主要河段水质消灭超 5 类，水土流失面积、土地沙化面积分别控制在国土面积的 27%和 6%以内，全省森林覆盖率达到 37%，自然保护区覆盖率达到 12%。与 2005 年相比，单位国内生产总值能耗下降 20%，主要污染物排放总量下降 15%，重点行业二氧化硫和化学需氧量排放强度明显下降。到 2020 年，基本达到生态省建设标准，实现经济繁荣、社会和谐、生活富裕、环境优美和生态良性循环。

二、经济社会与环境保护同步协调发展

（四）按照生态功能要求调整区域发展布局。实行生态环境分区管理，按照资源禀赋、环境容量、生态状况和国家产业政策，划定辽东、辽东南、辽中、辽西、辽西北和近岸海域 6 个生态功能区，明确不同区域主导功能和发展方向，将区域经济规划与环境保护目标有机结合起来，形成各具特色的发展格局。针对不同功能分区，实行优化开发、重点开发、限制开发和禁止开发。必须按照国家规定对各类开发建设规划进行环境影响评价。对环境有重大影响的决策应当进行环境影响论证。县域经济的发展要充分考虑生态环境保护的要求，坚持走可持续发展道路，促进经济发展与人口、资源、环境相协调。

（五）按照环境保护的要求优化经济结构。按照有利于资源节约利用、提高能源效率、保护和改善生态环境、不欠新账、多还旧账的原则，大力推动产业结构优化升级，加快发展先进制造业、高新技术产业和现代服务业，积极扶持持续高效农业发展。认真执行国家产业政策，严格实行环境准入制度，禁止新上高投入、高消耗、高排放、低效益的建设项目，强制淘汰浪费资源、污染严重的落后生产能力、工艺、技术、设备和产品，形成有利于资源节约、环境保护的新型产业体系和低投入、低消耗、低排放、高效益的经济增长方式，走新型工业化道路。

（六）按照节约型社会的要求发展循环经济。把发展循环经济作为编制各项发展规划的重要指导原则，制定和实施循环经济推进计划。把控制资源消耗作为

保护环境的首要环节，在资源开采、资源消耗、废物产生和消费环节制定促进发展循环经济的政策法规、相关标准和评价体系。大力推进节能、节水、节地、节材，制定重点产品单位能耗和主要用能设备标准，对重点行业和企业能耗、水耗和排污实行限额管理。依法实施清洁生产，重点推进和规范强制审核，鼓励创建环境友好型企业。建立生产者责任延伸制度，完善再生资源回收利用体系，提倡绿色消费。重点推进冶金、石化、电力、建材、煤炭、镁硼等重点行业的循环经济发展，建设一批重点生态工业和生态农业园区。加大对发展循环经济的投入，优先安排清洁生产和资源综合利用重点项目。

（七）按照新兴支柱产业的要求扶持环保产业。把发展环保产业纳入老工业基地振兴规划，加大政策扶持力度，促进环保产业成为具有良好经济效益和社会效益的新兴支柱产业。鼓励社会资本参与环保产业的发展。通过引进消化吸收，重点发展具有自主知识产权的先进、适用环保技术装备和产品，提高重要环保装备企业的自主创新和制造能力。规划建设环保产业园区，积极培育一批核心技术能力强、市场占有率高、能够提供较多就业机会的环保龙头企业。加快发展环境咨询和污染治理服务产业，推进城市环境基础设施市场化运营、企业化管理。加强环保市场监管，充分发挥环保行业协会等中介组织的作用。到 2010 年，全省环保产业产值要达到同期 GDP 的 6%以上。

（八）按照人与自然和谐的要求建设生态省。大力建设高效、低耗、低污染的生态经济体系，和谐、稳定、高质的生态环境体系，优美、舒适、协调的生态人居体系，现代、文明、各具特色的生态文化体系。全面实施绿色创建、综合整治、生态保护、生态产业、环境建设 5 大工程，建成一批重点项目和示范工程。形成政府主导、科技先导、法律规范、市场运作、公众参与的推进机制。

三、切实解决突出的环境问题

（九）以保障饮用水水源安全和辽河治理为重点，加强水污染防治。制定饮用水水源地安全保障规划和环境保护规划，科学划定和调整饮用水水源保护区，切实保障饮用水安全。坚决取缔水源保护区内的直接排污口，禁止有毒有害物质进入饮用水水源保护区，强化水污染事故的预防和应急处理。加快建设城市备用水源，着力解决农村饮水安全问题，让人民群众喝上干净的水。进一步加强辽河流域水污染防治工作，落实鸭绿江、大凌河流域水污染防治规划。到 2010 年，市级以上污水处理厂和重点流域内的县级污水处理厂都要建成并投入运行，沈阳、大连城市污水处理率要达到 80%以上，其他城市达到 70%以上，再生水利用率达到 20%以上。加强对城市污水处理费征收使用的监管，保障污水处理厂的建设和运营。严禁直接向江、河、湖、海排放超标准的工业污水。

（十）以控制排污总量为主线，加强工业污染防治。加快实施重点工业污染源3年治理计划，实现稳定达标排放。制定并实施全省主要污染物排放总量控制计划，将总量控制目标责任分解落实到市、县（市、区）和重点排污单位，实行目标责任制，确保按期完成。加强二氧化硫污染防治，对投产20年以上或装机容量10万千瓦以下的燃煤电厂，限期改造或者关停。已经投入运行的燃煤电厂，要按计划要求完成二氧化硫排放总量削减任务。造纸、石化、印染、制药、食品发酵等行业重点削减化学需氧量排放。按照国家产业政策，逐步淘汰化学制浆生产线。严禁直接向江、河、湖、海排放固体废物。继续深入开展整治违法排污企业、保障群众健康专项行动。

（十一）以环境综合整治为重点，改善城市人居环境。以创建国家环境保护模范城市为载体，大力实施城市环境综合整治。加快城市中心区污染企业的搬迁，将污染修复费用纳入企业破产清算或搬迁成本。改善城市能源结构和燃烧方式，积极推进集中供热、热电联产，城市集中供热普及率达到70%以上。实施中部城市群区域大气污染综合防治，在中部6城市逐步取缔10吨以下燃煤锅炉，其他城市取缔4吨以下燃煤锅炉。加强对建筑、拆迁、市政施工、道路和运输扬尘污染的管理。积极防治机动车尾气污染，控制油品质量，禁止未经环保检测、尾气超标排放车辆上路行驶。加强餐饮业污染治理，积极解决噪声、油烟扰民问题，综合整治城乡结合部和小街小巷环境。重点治理城市河湖污染，消除黑臭现象，扩大城市绿地面积。城市生活垃圾无害化处理率达到60%以上。沿海城市全部达到国家环境保护模范城市标准。

（十二）以防治土壤污染为重点，加强农村环境保护。结合社会主义新农村建设，实施农村小康环保行动计划。坚持发展农村经济与优化农村生态环境并举，开展土壤污染状况调查，修复和调整污染严重的耕地，严格控制用超标水进行农业灌溉。实施改水改厕工程和乡村清洁示范工程，妥善处理生活污水和垃圾，大力防治畜禽养殖和乡村工业污染，合理使用农药、化肥等农用化学品，积极控制农业面源污染，创建环境优美村镇。建设无公害农产品基地，发展绿色食品、有机食品。发展县域经济要选择适合本地区资源优势和环境容量的特色产业，严格限制高污染企业到农村建厂，同时要加大对现有农村、乡镇重点排污企业的监管力度，防止城市污染向农村转移。

（十三）以恢复生态功能为重点，强化生态保护与建设。重点控制不合理的资源开发活动，实行矿产资源开发生态补偿制度。加强浑河、太子河源头和辽河三角洲湿地等重要生态功能区以及各类自然保护区的建设和监管。优先保护天然植被，重视自然恢复。实施天然林保护、退耕还林、退牧还草、退田还苇、防沙治沙、水土保持和荒漠化防治等生态恢复工程。建立矿山环境恢复治理备用金制度，加快矿山生态环境的治理和恢复。保护生物多样性，防止外来物种侵害。

（十四）以实施海洋功能区划和碧海行动计划为重点，加强海洋环境保护。强化辽东湾、黄海北部海域和河口地区环境保护。强化港口、船舶和石油平台污染防治，对污染严重的河口邻近海域、海湾进行综合整治，消灭劣 4 类水质。强化海洋环境监测，重点开展对入海排污口、滨海旅游度假区附近海域和典型海洋生态脆弱区的海洋环境监测，加强赤潮预报预警，建立海上污染应急体系。落实海洋环境保护规划，建立典型海洋生态环境保护示范区，逐步恢复典型海洋生态系统的功能。

（十五）以危险废物和核设施、放射源监管为重点，确保环境安全。加快危险废物和医疗废物集中处置设施建设，健全危险废物的全过程管理和安全处置体系。对生产、销售、使用放射性同位素和射线装置的单位实行许可证管理。加强对放射源转让转移、核设施建造、军工遗留放射性废物、退役铀矿和伴生放射性矿产资源开发的监管，建立核设施辐射环境在线监测系统。改扩建全省放射性废物库。进一步完善危险废物和放射性废物收费管理制度。

（十六）实施环保重点工程，切实改善生态环境。实施工业污染防治、资源综合利用、燃煤电厂脱硫、环境综合整治、生态保护与治理、危险废物处理、农村小康环保行动、环境监管能力建设 8 大重点工程，纳入国民经济和社会发展总体规划及相关专项规划，确保按期完成。

四、强化综合措施，建立环境保护长效机制

（十七）完善环境政策法规和标准体系。配合修改《辽宁省环境保护条例》，制定机动车污染防治、饮用水源环境保护管理、辐射环境管理、矿山生态环境恢复、湿地保护等地方性法规和规章。制定主要污染物排放、清洁生产、地表水环境功能区划分等地方标准，健全和完善地方环境标准体系。

（十八）理顺环境管理体制。按照全省生态功能区划和环境管理需要，逐步建立健全区域性环境督查机制，加强跨市域环境保护的协调。进一步理顺市区环境管理体制，逐步实行设区城市环保派出机构监管模式，对省级以上的经济技术开发区、工业园区由市级环保部门根据需要设立派出机构。县级政府要加强环保机构建设，落实职能、编制和经费保障。乡镇政府要配备环境保护监察员。按照政府机构改革与事业单位改革的总体要求，研究解决环境执法人员纳入公务员序列问题。依法规范环境执法机构设置，积极实行环境执法人员统一着装。建立企

业环境监察员制度，实行职业资格管理。

（十九）强化环境监管制度。实行污染物总量控制和排污许可证制度。将主要污染物排放总量指标逐级分解落实到各市、县（市、区）和企业，禁止超总量和无证排污。严格执行环境影响评价和“三同时”制度。对超总量指标排污、生态破坏严重或者未完成生态恢复任务的地区，暂停审批新增排污总量和对生态影响较大的建设项目。未经环评擅自开工建设或投产运行的，可由负责环评审批、核准的部门或其上级部门责令停建、停产，限期补办环评手续，并严格追究有关人员的责任。对未依法履行环评审批程序的建设项目，经济综合、规划、土地、建设、工商和安全监管部门不得办理相关手续，金融机构不得提供贷款。建立重大建设项目施工期环境监理和后评估制度。强化限期治理制度。对不能稳定达标或超总量排污单位，各级政府可依法授权环保部门实施限期治理，治理期间应予限产、限排；逾期未完成治理任务的，应责令其停产整治，相关部门应配合采取停止供水、供电措施；对拒不履行污染治理责任的企业，可依法实施行政代执行。认真执行排污收费制度。排污企业要及时、按标准足额缴纳排污费和超标排污费，环保部门要加强对排污收费的稽查。完善环境监察制度，加大环境现场执法检查力度，建立重点环境案件的执法信息通报、部门联合办案和向司法部门移交移办的联动机制，严厉打击环境犯罪。

（二十）运用市场机制推进污染治理。进一步完善城市污水、生活垃圾收费管理制度。按照保本微利原则，提高城市污水收费标准，健全收费管理体制。靠收费满足不了运营需要的地方，当地财政要给予适当补助。积极鼓励社会资本和外资参与城市污水、垃圾处理等基础设施的建设和运营。加快城市污水和垃圾处理单位转制改企，采用公开招标方式，择优选择投资主体和经营单位，实行特许经营。推行污染治理工程的设计、施工和运营一体化模式，实现污染治理设施的市场化运营、专业化服务、企业化管理。研究和探索二氧化硫等排污权交易。

（二十一）完善环境保护投入机制。各级政府要将生态环境保护投入列入本级财政支出的重点内容并逐年增加。要加大对污染防治、生态保护、环保试点示范和环保监管能力建设的资金投入。环境保护行政和事业经费要全部纳入财政支出预算，确保环保公用经费和能力建设财力保障率达到 100%。排污收费要全额缴入国库，实行“收支两条线”管理，不得坐支、挤占、挪用，不得用于平衡预算，确保排污费全部用于污染防治。要把环境保护作为政府基本建设投资的重点领域，不断加大环境保护监管能力和基础设施建设投资力度。技术改造资金投入要重点向有利于节约资源、保护环境的清洁生产和循环经济项目倾斜。建立省辽河流域水污染防治专项资金，主要用于解决流域内重点污染企业历史遗留环境问题、公共环境危害、生态保护和跨区域、跨流域污染综合治理等方面。要引导社会资金参与城乡环境保护基础设施和有关工作的投入，完善政府、企业、社会多元化环保投融资机制。

（二十二）制定和实行有利于生态环境保护的经济政策。对企业原设计规定的产品以外，综合利用本企业生产过程中产生的，在《资源综合利用目录》中的资源做主要原料生产的产品所得，免征所得税5年；企业利用本企业以外的大宗煤矸石、粉煤灰、炉渣做主要原料，生产建材产品的所得，免征所得税5年。环境基础设施运营单位从事城市生活污水处理、垃圾处理、危险废物处置等业务取得的收入，不征收营业税。对污染处理设施建设和运营的用地、用电、设备折旧等实行扶持政策。对有偿还能力的环境基础设施建设、资源综合利用、生态保护与建设等投资项目，银行给予贷款倾斜，政府优先给予贷款贴息。鼓励和支持利用可再生能源和清洁能源发电，对使用清洁能源和可再生能源发电的电厂，按照略高于成本的电价优先收购；对安装脱硫设施的燃煤电厂，在脱硫电价的基础上实行上网电量全额收购。建立环境友好型产品标识制度，全面实行“政府绿色采购”。探索建立生态补偿机制。

（二十三）推动环境科技进步。实施生态环境与循环经济中长期科技发展规划，将重大科技项目优先纳入年度科技计划。加强政府对环境科技的投入，引导企业逐步成为科技投入的主体，形成多元化的环境科技投入机制。整合全省环境科技资源，强化环保科技基础平台建设，加快建立以企业为主体，产、学、研相结合的环境科技自主创新体系。通过引进消化吸收，重点研究和开发工业污水深度处理技术、人工湿地污水处理技术、污泥资源化处置技术、煤炭洁净燃烧技术、燃煤电厂脱硫脱硝技术、畜禽养殖粪污综合利用技术、循环经济关键链接技术、生物质能技术等。开展环保技术示范工程建设，加快高新技术在环保领域的应用。

（二十四）加大环境宣传教育和公众参与力度。加强环境保护宣传，报纸、电台、电视台要适时开辟环境保护专栏。依托全民教育体系，开展全民环境教育，提高公众环境意识和环境科学知识水平。建设生态环境教育场馆设施和科普基地。鼓励公众参与环境保护，依法保障公众的环境知情权、参与权。实现环境信息公开，建立企业环境信用等级评价和环境违法行为举报奖励制度，强化社会监督。聘请人大代表、政协委员作为社会环境监督员，监督环境违法行为及政府环保工作。建立环境保护法律援助和公益诉讼机制。

（二十五）加强环境监测、监管和应急能力建设。主要河流市界断面、重要水源地、重要水域要建成水质自动监测系统网络，所有县（市）都要建成环境空气质量自动监测系统，占污染负荷 80%的重点污染源都要安装在线自动监控装置。开展鸭绿江流域水环境监测预警体系建设试点，建立近岸海域环境监测中心。完成省环境监测实验中心重点项目建设。各级环境监察机构全面完成标准化建设，建成省、市环境监控中心，完善核与辐射、危险废物和机动车污染监管能力。建设“金环工程”，实现“数字环保”，实行信息资源共享机制。制定突发环境污染和生态破坏公共事件应急预案，建立环境事故应急监控和重大环境突发事件预警体系，提高应急处置能力。

（二十六）加强环境国际合作与交流。积极引进国外资金、先进环保技术和管理经验，继续扩大与世界银行、欧盟、美国、日本、韩国等的环境合作。引进国际环保人才，定期选派优秀环保人员出国培训。建立环境招商网络。

五、加强对环境保护工作的领导

（二十七）落实环境保护领导责任制。各级政府要把思想统一到科学发展观上来，树立正确的政绩观，增强对生态环境的忧患意识和做好环保工作的责任意识，切实加强对环境保护工作的领导。各级政府主要领导和有关部门主要负责人是本地区、本系统环境保护的第一责任人，政府和各部门都要确定一位领导具体分管环保工作。各地、各部门主要领导要定期听取环保工作汇报，研究部署环保工作，检查工作落实情况。要抓住制约环境保护的难点问题和影响群众身体健康的重点问题，一抓到底，抓出成效。各级政府要定期向同级人大、政协报告环保工作并向社会发布通报，接受监督。

（二十八）实行环境保护政绩考核制度。要把环境保护纳入地方和有关部门领导班子和领导干部政绩考核的重要内容，并将考核情况作为干部选拔任用和奖惩的依据之一。对环境保护主要任务和指标实行年度目标管理，定期进行考核评价，并公布考核结果。评优创先活动要实行环保一票否决。对环保工作作出突出贡献的单位和个人，应给予表彰和奖励。建立环境保护问责制，强化环境保护双重管理，对因决策失误造成重大环境事故、严重干扰环境执法的领导干部和公职人员要追究责任，切实解决地方保主义干预环境执法的问题。

（二十九）完善环境保护协调机制。建立环境保护联席会议制度，完善环境保护行政主管部门统一监管、有关部门分工负责的环境保护协调机制，加强环境保护综合决策。经济综合和有关部门要制定有利于环境保护的财政、税收、金融、价格、贸易、科技等政策。环保部门是环境保护的执法主体，要加强综合管理，统一环境规划、统一执法监督、统一发布环境信息。建设、国土、水利、海洋与渔业、农业、林业等有关部门要依法做好各自领域的环境保护和资源管理工作。

宣传教育部门要积极开展环境宣传教育，普及环保知识。充分发挥地方驻军在环境保护方面的重要作用。

各级政府、有关部门要按照本决定要求，制定具体措施，抓好落实。省环保局、监察厅要监督检查本决定的贯彻执行情况，每年向省政府作出报告。

二〇〇六年九月二日

辽宁省人民政府关于印发辽宁省节能减排综合性工作方案的通知

辽政发[2008]25号

各市人民政府，省政府各厅委、各直属机构：

现将《辽宁省节能减排综合性工作方案》印发给你们，请结合本地区、本部门实际，认真组织实施。

二○○八年八月四日

辽宁省节能减排综合性工作方案

为深化节能减排工作，确保“十一五”节能减排目标的实现，推动全省经济又好又快发展，根据《国务院关于印发节能减排综合性工作方案的通知》（国发[2007]15 号）精神，结合辽宁省实际，制订本方案。

一、总体要求和主要目标

（一）总体要求。以邓小平理论和“三个代表”重要思想为指导，全面贯彻科学发展观，落实节约资源和保护环境基本国策，把节能减排作为调整经济结构、转变经济发展方式的突破口和重要抓手。综合运用经济、法律和必要的行政手段，狠抓绩效考评、制度准入、监察督导、激励约束推进机制，突出重点、强化宣传，调动一切社会因素和力量，扎实做好节能降耗和污染减排工作。

（二）主要目标。到 2010 年，全省万元国内生产总值能耗由 2005 年的 1.83 吨标准煤下降到 1.46 吨标准煤以下，降低 20%左右；单位工业增加值能耗由 2005 年的 3.11 吨标准煤下降到 2.33 吨标准煤以下，降低 25%左右；万元国内生产总值用水量由 2005 年的 196 立方米下降到 156 立方米以下，降低 20%左右，单位工业增加值用水量由 2005 年的 62 立方米下降到 44 立方米，降低 30%左右；主要污染物排放总量减少 10%，其中化学需氧量（COD）排放总量控制在 56.1 万吨，比 2005 年削减 12.9%，二氧化硫排放总量控制在 105.3 万吨，比 2005 年削减 12%，其中电力行业二氧化硫排放总量控制在 37.2 万吨；市以上城市污水处理率不低于 80%；工业固体废物综合利用率达到 60%以上，主要再生资源回收利用率达到 65%。

二、控制增量，盘整存量，调整和优化产业结构

（三）控制增量，严格控制新建高耗能、高污染项目，控制高耗能、高污染行业过快增长。严把土地、信贷两个“闸门”和节能环保准入“门槛”，严格执行国家控制的钢铁、铁合金、焦化等 13 个行业准入条件，建立新开工项目管理部门联动机制和项目审批问责制，项目开工建设必须符合产业政策和市场准入标准、项目审批核准或备案程序、用地预审、环境影响评价审批、节能评估审查以及信贷、安全和城市规划等规定和要求，根据行业情况，适当提高建设项目在土地、环保、节能、技术、安全等方面的准入标准。实行新开工项目报告和公开制

度。建立高耗能、高污染行业新上项目与地方和企业节能减排指标挂钩、与淘汰落后产能相结合机制。凡新上高耗能、高污染行业生产能力项目，必须由当地政府和企业出具淘汰等量落后生产能力的具体意见和措施。全面落实国家限制高耗能、高污染产品出口政策，控制高耗能、高污染产品出口。落实国家差别电价政策，提高高耗能、高污染产品差别电价标准，扩大差别电价实施范围。对高耗能、高污染行业节能减排工作定期组织开展专项检查，认真清理和纠正各地自行对高耗能、高污染行业在电价、地价、税费等方面的优惠政策。

（四）盘整存量，加快淘汰落后生产能力。“十一五”期间，辽宁省限期淘汰炼铁 300 万吨、钢 500 万吨、小火电机组 102 万千瓦、铁合金 2.4 万吨、焦炭 160 万吨、电石 2.4 万吨、造纸 8.5 万吨、酒精 11.8 万吨、水泥 700 万吨。各地要认真制订淘汰落后产能具体工作方案，并认真组织实施。建立落后产能退出机制，对列入国家明令淘汰关停的生产能力严禁出租、出售、转让或者异地转移，对不按期淘汰的企业，当地政府要依法予以关停，有关部门依法吊销生产许可证和排污许可证并予以公布，电力供应企业依法停止供电。对没有完成淘汰落后产能任务的地区，严格实行“区域限批”。省有关部门每年要向社会公布淘汰落后产能的企业名单和各地执行情况。加快建立落后产能退出联动和补偿机制，弱化维系落后产能生存的优惠政策支持。各地要安排资金支持淘汰落后产能，通过增加转移支付，对经济欠发达地区给予适当补助和奖励。

（五）调整和优化产业结构。进一步落实《国务院关于发布实施促进产业结构调整暂行规定的决定》（国发[2005]40 号），严格执行《产业结构调整指导目录》。重点发展现代装备制造业，用高新技术和先进适用技术改造提升制造业，用“辽宁装备”支撑“辽宁制造”。鼓励发展低能耗、低污染的先进生产能力。促进外商投资产业结构升级，引导鼓励外商投资节能减排领域，严格限制高耗能、高污染外资项目转移，重点吸收世界 500 强的优化和升级投入。落实《加工贸易禁止类商品目录》，提高加工贸易准入门槛，促进加工贸易转型升级，优化产业链。

（六）积极推进能源结构调整。积极开发利用水能、风能、太阳能、地热能、生物质能等可再生资源，加强相关资源调查评价、技术研发、设备制造以及开发建设，稳步提高可再生能源消费比重。到 2010 年，全省风电、水电装机容量分别超过 150 万千瓦；加快太阳能热利用与建筑一体化推广应用进程，推广水源、地源热泵供暖面积 1.1 亿平方米，累计建设户用沼气 60 万户，大中型沼气工程 300 处。稳步推进非粮液体燃料研发和示范工程，实施生物化工、生物质能固体成型燃料等一批具有突破性带动作用的示范项目。发展煤炭洗选加工，提高煤炭入洗比例，推广洁净煤燃料技术，加快煤层气开发利用进程。有序推进煤炭液化及地下气化、整体化联合循环发电等相关工程。加大油气勘探力度，加快石油储备、进口天然气以及全省油气管网建设进程。加强省间电网、油气管网、煤炭运输通道以及相关港口建设，扩大省外优质能源供给能力、煤基醇醚和烯烃代油大型台套示范工程和技术储备。

（七）加快发展服务业和高新技术产业。落实《国务院关于加快发展服务业的若干意见》（国发[2007]7 号），大力推进服务业的社会化、市场化和产业化，用现代经营方式和信息技术改造提升传统服务业，大力发展生产性服务业，大力发展服务贸易；以沈阳、大连两个中心城市经济区为重点，辐射带动全省服务业的发展。积极支持传统服务业运用现代新技术更新改造老旧设备降低能耗水平。要以推进商业领域节能减排为突破口，重点支持 1 万平方米以上零售业节能改造。重点发展高新技术产业，加快自主创新成果转化，建立专业化的制造业技术平台和服务体系。加快国家级、省级高新技术产业开发区和中心的建设，打造一批高新技术骨干企业和名牌产品，大力发展电子信息、生物与医药、新材料等高新技术产业，推动产业优化升级。

三、增加投入，全面实施重点工程

（八）加快实施十大重点节能工程。利用各种资金渠道，重点抓好钢铁、有色、石化、化工、建材、电力等重点耗能行业的工业锅炉（窑炉）改造、余热余压利用、节约和替代石油、电机系统节能、能量系统优化等工程项目，“十一五”期间要形成 1 200 万吨标准煤的节能能力。推进大中型城市热电联产集中供热以及县级城市、城镇、各类园区的区域集中供热工程，组织实施低能耗、绿色建筑示范项目 10 个，推动既有居住建筑供热计量及节能改造 1 000 万平方米，开展大型公共建筑节能运行管理与改造示范，启动 30 个可再生能源在建筑中规模化应用示范推广项目；推广高效照明产品，重点发展发光二极管（LED）灯，运用大宗采购方式推广高效节能灯 500 万支，政府机关率先实施机构节能改造，大型公建实施节能改造。

（九）加快水污染治理工程建设。重点推进辽河流域、渤海海域水污染治理。“十一五”期间新增 99 座污水处理厂，污水日处理能力增加到 876 万吨、城市污水处理率达到 86.1%，县城达到 82%，新增 COD 削减能力 22.4 万吨。加大中水回用力度，提高中水回用率。加大工业废水治理力度，对违法排污企业实施限期治理或停产治理，新增 COD 削减能力 9.7 万吨。加快城市污水处理配套管网建设和改造。严格饮用水水源保护，加大污染防治力度。

（十）推动重点行业二氧化硫治理。对电力、钢铁、石化行业企业实行限期治理。2010 年底前，全省燃煤电厂、钢铁烧结机、炼厂干气脱硫项目全部完成，新增二氧化硫削减能力 34.4 万吨。通过关闭取缔不符合产业政策的火电、钢铁、铁合金、水泥等严重污染企业，减排二氧化硫 14 万吨。

（十一）多渠道筹措节能减排资金。政府安排一定规模的引导资金，用于支持企业节能减排技术改造工程项目建设。鼓励企业拓展融资渠道，加大节能减排投入。引导各级金融机构资金向节能减排工程项目倾斜。城市污水处理设施和配套管网建设的责任主体是地方政府，在实行城市污水处理费最低收费标准的前提下，省里要对重点建设项目给予必要的支持。按照“谁污染、谁治理，谁投资、谁受益”的原则，落实企业污染治理责任，各级政府对列入年度节能减排实施计划的项目给予重点支持。

四、创新模式，加快发展循环经济

（十二）深化循环经济试点。落实《辽宁省循环经济工作实施方案》，重点培育 6 个行业、5 个循环经济型城市、10 个循环经济型县区、10 个循环经济型园区、50 户循环经济型重点企业，实现梯次发展。在发展模式上，强化全过程的物质流优化和生产全过程的污染控制，培育清洁生产企业、生态工业园区和循环经济型社会的新型发展模式。督促国家级试点单位建立健全工作机制，加大投入力度。建立示范项目推进机制，支持一批技术开发和推广的示范项目，加快成熟技术工艺、设备的推广应用。建立循环经济技术咨询服务体系，及时向社会发布有关循环经济的技术、管理和政策等方面的信息。深入推进废旧家电回收、再生资源生态产业等试点建设。推动重点矿山和矿业城市循环再利用。组织编制钢铁、煤炭、电力、化工、建材、镁硼等重点行业循环经济推进计划。加快制订循环经济评价指标体系。

（十三）节约利用水资源。编制“十一五”节水型社会建设规划，完善流域水量分配方案，修订《辽宁省行业用水定额》；继续推进灌区节水改造和农业节水示范项目，加快实施钢铁、电力、造纸重点行业节水改造及矿井水利用重点项目。“十一五”期间实现重点行业节水 2 亿立方米，新增海水淡化能力 17 万立方米/日，新增海水直接利用能力 24 亿立方米，新增矿井水利用量 3 300 万立方米；在城市强制推广使用节水器具 500 万套。

（十四）推进资源综合利用。认真落实国家资源综合利用政策，规范全省资源综合利用认定管理工作，推进以粉煤灰、煤矸石以及工业废渣为主的大宗固体废弃物的综合利用，推进再生资源回收体系建设。“十一五”期间，工业固体废物综合利用率达到 60%以上，主要再生资源回收利用率达到 65%，资源综合利用产值 200 亿元。贯彻执行国家和省新型墙体材料目录和管理规定，推动新型墙体材料和利废建材产业化示范，推进“禁实”目标完成。

（十五）提高垃圾资源化利用水平。抓紧制定全省垃圾处理设施建设规划，加强垃圾处理基础设施建设，县级以上城市（含县城）要建立健全垃圾收集系统，大力推进城乡垃圾集中收集、流转、处理，全面推进城市生活垃圾分类体系建设，充分回收垃圾中的废旧资源，鼓励垃圾焚烧发电和供热、填埋气体发电，争取资源综合利用电厂，积极推进城乡垃圾无害化处理，城市和有条件的县城要建设规范的无害化垃圾处理厂，实现垃圾减量化、资源化和无害化。

（十六）全面推进清洁生产。加快推进全省清洁生产工作，建立清洁生产先进机制，加大清洁生产强制审核力度，提高审核质量，对没有完成节能减排任务的企业实行强制性清洁生产审核；制订全省重点行业清洁生产标准和评价指标。推进农业清洁生产，合理使用农药、肥料，减少农村面源污染。搞好清洁生产示范企业评选活动，重点污染企业全部实施清洁生产，清洁生产中高费方案实施率要达到 70%以上。

五、依靠科技，加快节能减排技术开发和推广

（十七）加快节能减排技术研发。加快节能减排技术支撑建设，编制全省节能减排科技支撑计划，积极争取国家科技计划支持，攻克一批节能减排关键和共性技术。加快节能减排技术支撑平台建设，以大中专院校、科研院所和行业骨干企业为主体，建设一批国家和省级工程技术中心和重点实验室。优化节能减排技术创新与转化的政策环境，加强资源环境领域高层次创新团队和研发基地建设，推动建立以企业为主体、市场为导向、产学研相结合的节能减排技术创新与成果转化体系。

（十八）加快节能减排技术产业化示范和推广。实施节能减排重点行业共性、关键技术及重大技术装备产业化示范项目和循环经济高技术产业化重大专项。落实节能、节水技术政策大纲，加快采用节能减排新技术、新工艺、新设备、新材料，提升钢铁、煤炭、电力、石化、化工、建材、纺织、造纸等重点行业运行水平，推广应用一批潜力大、效应突出的节能减排技术。加强节电节油农业机械，农产品加工设备，农业节水、节肥、节药和渔船节油等技术推广。鼓励企业加大节能减排技术改造和技术创新投入，增强自主创新能力。

（十九）加快建立节能技术服务体系。制定加快发展节能服务产业的政策措施，推进节能服务产业良性发展。加强节能技术队伍建设，培育社会服务体系，

规范节能服务市场。加快推行合同能源管理、节能自愿协议、电力需求侧管理、能效电厂等节能新机制，建立节能投资担保机制。重点支持合同能源管理运营商通过节能效益分享方式为企业以及党政机关办公楼、公共建筑提供诊断、设计、融资、改造、运行管理一条龙服务。

（二十）推进环保产业健康发展。大力推动节能减排基础设施市场化、产业化进程，培育一批环保骨干企业。积极推进环境服务产业发展，研究提出推进污染治理市场化的政策措施。尝试推行节能减排基础设施特许经营制度，在工业污染源防治、城市环境基础建设、固体废物处理等经营活动领域积极推进环保设施运营的企业化、社会化、专业化运营。鼓励排污单位委托专业化公司承担污染治理或设施运营。建立环保设施社会化运营单位激励制度和自行运营不达标企业退出及淘汰机制。

（二十一）加强国际交流合作。广泛开展与国际科研机构、国际大企业集团在节能减排领域的交流与合作，建立合作机制，及时掌握国际节能减排技术发展的动态和信息，积极引进国外先进的节能环保技术、设备和管理经验。引导辽宁省重点耗能企业同国际对接，积极利用清洁发展机制（CDM），推动节能降耗、清洁生产和环保产业发展，拓宽节能环保国际合作的领域和范围。

六、强化责任，加强节能减排管理

（二十二）建立政府节能减排工作问责制和“一票否决”制。各级政府对本行政区域的节能减排负总责，政府主要负责人为第一责任人，将节能减排指标完成情况纳入各级经济社会发展综合评价体系，作为政府领导班子和领导干部综合考核评价和企业负责人业绩考核的重要内容，综合考核评价结果作为政府领导班子调整和领导干部选拔任用、奖励惩戒的重要依据。抓紧制定完善节能目标责任考核办法和污染物削减目标责任考核办法，严格实行问责制和“一票否决”制。

（二十三）建立和完善节能减排指标体系、监测体系和考核体系。对全部耗能单位和污染源进行调查摸底，建立健全涵盖全社会的能源生产．流通．消费及利用效率的统计指标体系和调查体系，实施全省单位 GDP 能耗指标核算制度。建立并完善年耗能万吨标准煤以上企业能耗统计数据网上直报系统。加强能源统计巡查和监测，每年编写并公布全省能源利用状况。制定并实施主要污染物排放统计和监测办法，完善统计和监测制度，建立环境统计系统，建立完善污染物排放数据网上直报系统和减排措施调度制度，抓好省、市、县三级在线监测联网，对重点监管企业污染排放情况、污水处理厂进出口水质、主要河流断面的水质、主要水源地水质、14 市建成区空气质量五个方面实施在线自动监控，向社会公告重点监控企业年度污染物排放数据。按照国家规定完善辽宁省单位生产总值能耗、主要污染物排放量和工业增加值用水量指标公报制度。

（二十四）建立健全项目节能评估审查和环境影响评价制度。抓紧制定辽宁省固定资产投资项目节能评估和审查办法，建立健全“能评”制度。在项目审批过程中，严格审查节能评估情况，对达不到能耗准入条件的高耗能企业一律不予审批、核准、备案。把总量指标作为环评审批的前置性条件。上收部分高耗能、高污染行业环评审批权限。把排污总量指标作为环评审批的前置性条件。对超过总量指标、重点项目未达到目标责任要求的地区，暂停审批新增污染物排放的建设项目。建立实施“企业限批”、“局部限批”、“区域限批”制度。强化环评审批向上级备案制度和向社会公布制度。加强“三同时”管理，严把项目验收关。对建设项目未经验收擅自投运、久拖不验、超期试生产等违法行为，依法进行处罚，并暂停审批其新上项目。

（二十五）强化重点企业节能减排管理。修订《辽宁省重点用能单位管理办法》，制定实施辽宁省“双千企业行动计划”。“十一五”期间，辽宁省参加国家节能行动的 64 家重点耗能企业要节约 850 万吨标准煤，参加省节能行动的年用能 5 000 吨标准煤以上的企业要节约 700 万吨标准煤。加强对重点企业节能工作的检查和指导，进一步落实目标责任，完善节能计量和统计。加强对企业节能管理人员和重点用能岗位操作人员的节能培训。组织开展用能设备检测，编制节能规划。在重点耗能企业试行能源管理师制度。实行能源审计和能源利用状况报告及公告制度，定期公布重点企业能源消耗与节约情况，对未完成节能目标任务的企业，强制实行能源审计。按照国际国内同行业能耗先进水平和节能标准，加大节能管理和技术进步力度，提高企业的节能管理和技术水平。总结推广节能减排先进经验，开展创建节约型企业活动。建立重点排污企业档案，所有重点监管企业凡在技术上能够安装自动监测设备的尽快安装自动监测设备，实现与县、市、省三级环保部门联网。加强重点监管企业污染减排工作的检查和指导，将“十一五”污染减排指标分解到每一个重点企业，指导编制分年度污染减排计划，加强污染减排督查考核，对未完成年度污染减排目标任务的企业，责令限期整改，暂停该企业建设项目审批。

（二十六）加强节能环保发电调度和电力需求侧管理。制定有利于节能减排的发电调度办法，优先安排清洁、高效机组和资源综合利用机组发电，限制能耗高、污染重的低效机组发电，实现电力节能环保和经济调度。研究推行发电权和排污权交易，逐年削减小火电机组发电上网小时数，通过市场竞争将小火电机组的排污总量指标交易给大型发电机组。推进电力需求侧管理机制，提高电能使用效率，继续执行峰谷分时电价，鼓励全社会自觉通过避峰、移峰等有序用电措施削峰填谷，制定配套政策推进能效电厂试点工作。

（二十七）严格建筑节能管理。新建、改建和扩建的居住建筑和公共建筑要强制性执行节能 50%的节能标准，沈阳、大连等较大城市继续执行节能 65%的标准。大力推广节能省地环保型建筑。强化新建建筑执行能耗限额标准全过程监督管理，实施建筑能效专项测评，严把施工许可关，完善施工图建筑节能专项设计审查制度，对达不到标准的建筑，不得办理开工和竣工验收备案手续，不准销售使用。从 2008 年起，凡新建商品房销售时要在买卖合同等文件中要载明耗能量、节能措施等信息。建立完善大型公共建筑节能运行监管体系，启动政府办公既有建筑节能改造试点。深化供热体制改革，实行供热计量收费。新建建筑全部达到按热计量收费条件，各地级以上城市完成采暖费补贴“暗补”变“明补”，在 14 个市建立大型公共建筑能耗统计、能源审计、能效公示、能耗定额制度。

（二十八）强化交通运输节能减排管理。发展现代物流业，推进集约化运营。优先发展城市公共交通，合理进行城市（际）功能区和快速公交设施（包括轨道交通）规划和建设，逐步建立以公共汽（电）车为主体的城市公共交通系统，加快城市快速公交和轨道交通建设。控制高耗油、高污染机动车发展，鼓励生产和使用新能源与节能汽车，严格执行乘用车、轻型商用车燃料消耗量限值标准，建立汽车产品燃料消耗量申报和公示制度。加快淘汰老旧铁路机车、汽车和船舶，鼓励发展节能环保型交通工具，加快开发和推广液化石油气、压缩天然气、二甲醚、生物柴油以及纯电动、混合动力等代用燃料和清洁燃料汽车。建立健全机动车污染排放管理机制，严格执行机动车排气污染物环保年度检测制度，强化机动车环保检测合格标志管理，完善机动车环保检测维修体系。严格实施国家第三阶段机动车污染物排放标准和船舶污染物排放标准，有条件的地方要适当提高排放标准，继续实行财政补贴政策，加快老旧汽车、船舶等的报废更新。公布实施新能源汽车生产准入管理规则，推进新能源与节能汽车产业化。凡达不到排放和能耗标准的车辆不得进入道路运输市场。推广使用全球卫星定位系统（GPS）等先进科技和信息手段进行道路运输组织管理，促进各种运输方式的协调和有效衔接。

（二十九）加大实施能效标识和节能节水产品认证管理力度。加快实施强制性能效标识制度，扩大能效标识应用范围，加强对能效标识的监督管理，强化社会监督、举报和投诉处理机制，开展专项市场监督检查和抽查，开展对家用电器及照明灯具等产品能效标识的专项市场监督检查和抽查，严格查处虚假标注、以假充真、以次充好等能效质量欺诈行为。加强引导，提高节能节水产品认证及能效标识社会认可程度，推动节能、节水和环境标志产品认证，规范认证行为，扩展认证范围，加快节能认证技术开发、示范和推广，建立以认证机构为主体的节能认证技术创新体系，加快科技成果转化，吸收引进国外先进的节能认证技术。

（三十）加强节能环保管理能力建设。落实《辽宁省节能监察管理办法》，建立健全节能监察体制，构建省、市、县三级节能监察机构。市、县政府要进一步健全节能管理体系，充实节能管理人员队伍。加快建立地方各级节能监察中心，合理布局。建立健全省监察、市监管、单位负责的污染减排监管体制。重点加强县级基层环保部门监测能力和执法能力的标准化建设。大力支持各级环境监测和监察机构标准化、信息化体系建设。扩大国家重点监控污染企业实行环境监督员制度试点。加强节能监察、节能技术服务中心及环境监测站、环保监察机构、城市排水监测站的条件建设，适时更新监测设备和仪器，开展人员培训。各级节能减排监察监管机构经费纳入本级财政预算。加强节能减排统计能力建设，充实统计力量，适当加大投入。

七、健全法制，加大监督检查执法力度

（三十一）健全法律法规。加快省节能减排立法体系建设，加快制定省资源综合利用条例、循环经济促进条例、建筑节能管理条例、辽河流域水资源管理条例、清洁生产促进办法、再生资源回收利用管理办法、机动车尾气控制管理办法等地方性法规和规章；适时修订辽宁省节约能源条例，积极开展环保设施运营监督管理、排污许可、畜禽养殖污染防治、城市排水和污水管理、建设项目节能评估管理办法以及电网调度管理等立法项目的调研和论证；抓紧节能监察管理、重点用能单位节能管理、节约用电管理、二氧化硫排污交易管理等规章的制定及修订；积极开展节约用水、废旧轮胎回收利用、包装物回收利用等方面立法的准备工作。

（三十二）完善节能和环保标准。加强全省节能减排标准体系建设。研究制订高耗能产品能耗限额、本地区主要耗能产品和大型公共建筑能耗限额标准。以石化、电力、煤炭、水泥、钢铁、电熔镁等高耗能行业为主，制订 100 项以上具有强制性和前瞻性的产品能耗限额标准。完善地方环境标准体系，全面实施分阶段逐步加严的引导性污染物排放标准，修订钢铁、煤炭、焦化、建材、石油天然气等重点行业污染物地方性排放标准。制订重点耗能企业节能标准体系编制通则，指导和规范企业节能工作。研究制订省环保工程技术规范和环保产品标准。

（三十三）加强烟气脱硫设施运行监管。燃煤电厂必须安装在线自动监控装置，建立脱硫设施运行台账，加强设施日常运行监管。2008 年底前，所有燃煤

脱硫机组要与环保部门和省级电网公司完成在线自动监控系统联网，到 2010 年，所有燃煤脱硫机组的在线自动监控系统要与环保部门联网。对未按规定和要求运行脱硫设施的电厂不予核定或扣减脱硫电价，加大执法监管和处罚力度，并向社会公布。

（三十四）强化城市污水处理厂和垃圾处理设施运行管理和监督。实行城市污水处理厂运行评估制度，委托具有相关资质的监测机构出具污水处理量和出水水质报告，经环保和建设部门审核后，财政部门方予核定拨款。建立城市污水厂运行报告制度，列入国家重点环境监控的城市污水处理厂应当每季度将运行情况及污染物排放信息向环保、建设和水行政主管部门报告，同时要在 2008 年限期安装在线自动监控系统，实现与环保、建设部门联网。对未按规定和要求运行污水处理厂和垃圾处理设施的城市公开通报，限期整改。对城市污水处理设施建设严重滞后、不落实收费政策、污水处理厂建成后一年内实际处理水量达不到设计能力 60%的，以及已建成污水处理设施但无故不运行的地区，暂缓审批该地区项目环评，暂缓下达有关项目的各项建设资金。

（三十五）严格节能减排执法监督检查。各地要认真组织开展节能减排专项检查和监察行动，严肃查处各类违法违规行为。加强对重点耗能企业和污染源的日常监督检查，对违反节能环保法律法规的单位公开曝光，依法查处，对重点案件挂牌督办。违反节能环保法律法规情节严重的，依法责令限期停产整顿，逾期仍达不到要求的，依法予以关闭。对私设排污口的企业，一经发现立即关停取缔；对造成重大环境污染事故的企业和责任人，移送司法机关追究刑事责任。强化上市公司节能环保核查工作。开设节能环保违法行为和事件举报电话和网站，充分发挥社会公众监督作用。建立节能环保执法责任追究制度，对行政不作为、执法不力、徇私枉法、权钱交易等行为，依法追究有关主管部门和执法机构负责人的责任。

八、完善政策，形成激励和约束机制

（三十六）积极稳妥推进资源性产品价格改革。认真落实国家相关价格政策，理顺煤炭价格成本构成机制，建立煤热价格联动机制。推进成品油、天然气价格改革。完善电力峰谷分时电价办法，实施有利于烟气脱硫的电价政策。鼓励风力发电、垃圾焚烧发电以及利用余热余压、煤矸石和城市垃圾发电，执行相应的电价政策。实行超标准耗能加价制度，合理调整各类用水价格，加快推行阶梯式水价、超计划超定额用水加价制度，对国家产业政策明确的限制类、淘汰类高耗水企业实施惩罚性水价，制定支持再生水、海水淡化水、苦咸水、矿井水、雨水利用的价格政策，加大水资源费征收力度，适时调整水资源费征收标准。按照补偿治理成本原则，提高排污单位排污费征收标准，适时提高钢铁、化工、建材等10大高耗能、高污染行业COD排污费标准；制定提高化学需氧量排污费征收标准及高污染行业超标准排污加价收费管理办法，报国务院有关部门批准后实施。加强城市污水处理费的征收、使用管理，严禁随意减免排污收费，确保依法足额征收排污费。全面开征城市污水处理费并逐步提高征收标准，力争3年内将污水处理费征收标准调整到位。加快建立和完善城市生活垃圾处理费制度，提高收费标准，改进征收方式，确保垃圾处理费按标准征收到位。

（三十七）完善促进节能减排的财政政策。研究建立相对稳定的财政投入机制，各级政府要在财政预算中设立专项资金，采用补助、奖励等方式，支持节能减排重点工程、可再生能源开发、淘汰落后产能、污染治理、烟气脱硫改造及高效节能产品和节能新机制推广、节能管理能力建设及污染减排监管体系建设。整合现有技术改造、科技创新等相关财政专项资金的扶持方向和结构，向节能环保倾斜。发挥财政资金的引导和杠杆作用，推进和支持节能技术、产品、设备的研发和推广。健全矿产资源有偿使用制度，改进和完善资源开发生态补偿机制。建立辽河流域生态补偿机制，实行河流断面考核，对超过规定标准的市给予经济处罚，处罚金额直接补偿给下游城市。继续加强和改进新型墙体材料专项基金和散装水泥专项资金征收管理。研究建立高能耗农业机械和渔船更新报废经济补偿制度。

（三十八）完善鼓励节能减排的税收政策。贯彻执行国家在节能减排方面的税收优惠政策。落实国家节能减排设备投资给予增值税进项税抵扣以及废旧物资、资源综合利用产品增值税优惠政策，对企业综合利用资源，生产符合国家产业政策规定的产品取得的收入，在计征企业所得税时实行减计收入的政策。鼓励节能环保型车船、节能省地环保型建筑和既有建筑节能改造的税收优惠政策。

（三十九）加强节能环保领域金融服务。通过政策性调节手段，鼓励和引导金融机构按照货币信贷政策和节能环保政策，加大对循环经济、环境保护及节能减排技术改造项目的信贷支持。充分发挥财政专项资金作用，引导金融机构加大对节能减排技术改造项目的支持。加大对节能减排项目、循环经济项目的直接融资支持力度，优先做好符合节能环保条件的企业和节能环保领域企业的上市资源培育工作，为企业上市融资和发行债券提供指导和服务。鼓励支持利用产业投资基金、资产证券化等新型融资方式，筹措节能减排工程建设资金。建立环境污染责任保险制度。建立节能减排信息通报制度，将企业节能环保信息纳入人民银行企业征信系统。金融机构要把企业的节能环保信息作为对企业进行信贷授信的重要参考依据，对严重浪费能源、环境违法行为的企业可采取限贷、停贷、不予上市融资审核措施。

九、加强宣传，提高全民节约意识

（四十）将节能减排宣传纳入重大主题宣传活动。认真制订节能减排宣传方案，主要新闻媒体在重要版面、重要时段开设专栏进行系列报道，刊播节能减排公益性广告，广泛宣传节能减排工作重要意义、政策措施。要组织好每年的全国节能宣传周、城市节水宣传周及世界环境日、地球日、水日宣传活动。组织节能减排全民行动，组织开展创建节约型机关、学校、社区等活动，建立崇尚节约的社会风尚和生活方式。利用公共媒体广泛开展节能环保科普宣传活动，普及节能减排知识，传播节能减排理念。把节约资源和保护环境观念渗透在各级各类学校的教育教学中，培养节约环保意识。培育节能宣传教育基地，选择有代表性的节能先进企业、机关、商厦、社区等，面向全社会开放。

（四十一）建立政府表彰制度。探索建立政府绩效评估制度，重点研究绩效评估指标体系、运行机制、结果使用等。完善政府表彰奖励政策体系，建立协调的工作格局。

各地对在节能降耗和污染减排工作中作出突出贡献的单位和个人按有关规定予以表彰和奖励。

十、政府带头，发挥节能表率作用

（四十二）政府机构率先垂范。制定全省党政机关节能减排实施意见，发挥表率垂范作用，加快节约型机关建设，建设崇尚节约、厉行节约、合理消费的机关文化。组织能源短缺体验日活动。建立科学的政府机构节能目标责任和评价考核制度，节能考核同机关精神文明建设挂钩。制定办公建筑供热采暖系统、空调系统日常节能运行规范，2008 年底前完成省级党政机关及所属事业单位用能分项计量，建立水、电、气、油等能源资源消耗统计信息平台，制订并实施政府机构能耗定额标准，逐步建立健全科学的节能减排统计指标体系和能耗报告制度。积极推进能源计量和监测，配合供热体制改革，对集中供热的办公区和住宅区，开展供热计量改造，逐步实现按使用热量收费。实施能耗公布制度，实行节奖超罚。教育、科技、文化、卫生、体育等部门要制订适应本系统特点的节约能源资源工作方案并认真组织实施。

（四十三）抓好政府机构办公设施和设备节能。建立政府机构办公建筑节能设计和监管体系，建立能效评定机制。抓好政府办公既有建筑改造和优化运行管理，对现有建筑外墙、屋面及外窗等建筑围护结构进行改造，必须采用达到建筑节能标准的新型墙体材料。加强空调系统节电，控制空调用电负荷，严格执行公共建筑空调温度控制标准。强化照明系统节电，2008 年底更换所有非节能灯（包括 T8、T12 直管型荧光灯和白炽灯）。开展办公区和住宅区供热节能技术改造和供热计量改造。优选燃烧和热能供给效率高的燃气灶具，全面开展食堂燃气灶具改造。及时淘汰高耗能设备，合理配置并高效利用办公设施、设备。组织开展政府机构办公区和住宅区节能改造示范项目。推动公务车节油，严格公务用车检测、维修、报废、更新、能耗管理，推广实行一车一卡定点加油制度。

（四十四）推行节能环保产品强制采购制度。进一步完善政府采购节能和环境标志产品清单制度，不断扩大节能和环境标志产品政府采购范围，不断扩大节能环保产品政府采购范围，把节能、节水产品、再生产品和简易包装产品纳入到政府采购目录。把好政府采购关。对空调机、计算机、打印机、显示器、复印机等办公设备和照明产品、用水器具，由同等优先采购改为强制采购高效节能、节水、环境标志产品，对于未按要求采购的，财政部门拒付采购资金。建立节能和环境标志产品政府采购评审体系和监督制度，保证节能和绿色采购工作落到实处。完善节能产品、技术、服务征集制度，建立跟踪、监测和优选淘汰机制。

辽宁省人民政府办公厅关于对排放二氧化硫重点单位实施限期治理的通知

辽政办发[2008]18号

各市人民政府，省政府各厅委、各直属机构：

为确保实现辽宁省“十一五”二氧化硫减排目标，根据《中华人民共和国环境保护法》等有关规定，省政府决定对全省排放二氧化硫重点单位实施限期治理。经省政府同意，现就有关问题通知如下：

一、各级政府要切实加强对排放二氧化硫重点单位实施限期脱硫治理工作的组织领导，及时研究解决限期治理工作中存在的问题。每季度要向省政府报告一次限期治理工作的进展情况。对辖区内的中直、省直企业，要加强监管，督促企业及时把限期治理任务落到实处；对市、县管辖的企业，按企业隶属关系立即下达限期治理决定。

二、各有关企业要按照“谁污染，谁治理”的原则，抓紧制订脱硫治理方案，认真组织治理项目的实施，保证如期完成限期治理任务。企业在限期治理期间应予限产、限排，不得建设与污染治理无关的项目。对逾期不能完成限期治理任务的企业，环保部门依法加倍收取超标排污费，对企业及主要责任人要根据有关规定予以严肃处理，并追究责任。

三、省环保局要会同省政府有关部门对全省中直和省属企业限期脱硫治理工作进行指导、督促和检查，定期通报全省限期治理工作进展情况。

四、驻辽宁中直企业和省属企业限期治理项目验收工作由省环保局负责组织实施。市、县管辖企业的限期治理项目验收工作由市、县环保局负责组织实施。

附件：1. 驻辽宁中直和省属企业限期治理项目名单

2. 各市二氧化硫重点污染源名单

二〇〇八年四月二十日

附件 1

驻辽宁中直和省属企业限期治理项目名单

序号	城市	治理单位或项目	治理要求	二氧化硫削减量（吨）	完成时限
1	沈阳	沈阳热电有限公司 $3^{\#}$机组	脱硫治理	1 000	2008 年 12 月
2	沈阳	沈阳热电有限公司 $1^{\#}$、$2^{\#}$机组	脱硫治理	1 000	2009 年 12 月
3	大连	大连开发区热电厂	脱硫治理或关闭	1 700	2010 年 4 月
4	大连	华能大连电厂 $3^{\#}$、$4^{\#}$机组	脱硫治理	10 700	2008 年 12 月
5	大连	华能大连电厂 $1^{\#}$、$2^{\#}$机组	脱硫治理	10 700	2009 年 12 月
6	鞍山	鞍钢股份能源动力总厂中央、西区、北区电站	脱硫治理	9 800	2008 年 10 月
7	鞍山	鞍钢二发电厂 $1^{\#}$机组	脱硫治理		2008 年 10 月
8	鞍山	鞍钢二发电厂 $2^{\#}$、$3^{\#}$机组	脱硫治理		2009 年 6 月
9	鞍山	鞍钢齐大山铁矿热电分厂 $1^{\#}$、$2^{\#}$机组	脱硫治理		2008 年 10 月
10	鞍山	鞍钢烧结机脱硫工程	脱硫治理	12 000	2009 年 12 月
11	抚顺	辽宁发电有限责任公司 $1^{\#}$、$3^{\#}$机组	脱硫治理或关闭	2 726	2008 年 6 月
12	抚顺	抚顺发电有限责任公司 $6^{\#}$、$7^{\#}$机组	脱硫治理或关闭	3 069	2008 年 12 月
13	抚顺	抚顺发电有限责任公司 $1^{\#}$、$2^{\#}$机组	脱硫治理	10 200	2009 年 6 月
14	抚顺	中国石油抚顺石油化工公司热电厂	脱硫治理	5 012	2009 年 6 月
15	抚顺	辽电东方发电有限公司	脱硫治理	11 700	2009 年 9 月
16	本溪	辽宁公路水泥厂发电厂	脱硫治理或关闭	128	2008 年 12 月
17	本溪	本钢发电厂	脱硫治理或关闭	19 756	2009 年 12 月
18	本溪	本钢烧结机脱硫工程	脱硫治理	3 000	2009 年 12 月
19	本溪	北营钢厂烧结机脱硫工程	脱硫治理	2 000	2009 年 12 月
20	丹东	华能丹东电厂	脱硫治理	12 000	2008 年 9 月
21	锦州	中信锦州铁合金公司热电分厂	脱硫治理	690	2009 年 12 月
22	锦州	华润电力锦州有限公司 3 台机组	脱硫治理或关闭	17 500	2008 年 8 月

序号	城市	治理单位或项目	治理要求	二氧化硫削减量（吨）	完成时限
23	锦州	华润电力锦州有限公司另 3 台机组	脱硫治理或关闭	17 500	2009 年 12 月
24	锦州	中国天然气股份有限公司锦州石化分公司热电厂	脱硫治理	520	2009 年 12 月
25	营口	营口五矿中板有限公司烧结机脱硫工程	脱硫治理	2 800	2009 年 12 月
26	营口	华能营口电厂 1#、2#机组	脱硫治理	17 280	2009 年 10 月
27	阜新	阜新发电有限责任公司 2#机组	脱硫治理	5 000	2008 年 4 月
28	阜新	阜新发电有限责任公司 7#、8#机组	脱硫治理或关闭	6 000	2008 年 5 月
29	阜新	阜新煤矸石热电厂	脱硫治理	450	2009 年 12 月
30	辽阳	中石油辽阳石化分公司热电厂 1#、2#机组	脱硫治理	1 250	2008 年 9 月
31	辽阳	中石油辽阳石化分公司热电厂 3～7#机组	脱硫治理	7 742	2009 年 10 月
32	辽阳	庆阳化工自备电厂	脱硫治理	1 052	2009 年 10 月
33	铁岭	中电国际清河发电有限公司 3#、4#机组	脱硫治理或关闭	5 000	2008 年 4 月
34	铁岭	中电国际清河发电有限公司 7#、8#机组	脱硫治理	7 000	2008 年 9 月
35	铁岭	中电国际清河发电有限公司 5#、6#机组	脱硫治理	7 000	2009 年 12 月
36	铁岭	华电铁岭电厂 3#、4#机组	脱硫治理	14 000	2008 年 6 月
37	铁岭	华电铁岭电厂 1#、2#机组	脱硫治理	14 000	2009 年 10 月
38	朝阳	国电朝阳发电厂	脱硫治理或关闭	15 469	2009 年 12 月
39	盘锦	辽河富腾热电有限公司	脱硫治理	1 017	2008 年 12 月
40	盘锦	辽河油田电力集团公司	脱硫治理	2 351	2009 年 12 月
41	葫芦岛	南票煤电有限公司	脱硫治理	205	2008 年 12 月
42	葫芦岛	绥中发电厂	脱硫治理	31 876	2009 年 3 月

附件 2

各市二氧化硫重点污染源名单

序号	城市	企业名称或项目	治理要求
1	沈阳	沈海热电有限公司 1#、2#机组	脱硫治理
2	沈阳	沈阳新北热电有限责任公司	脱硫治理
3	沈阳	沈阳皇姑热电公司	脱硫治理
4	沈阳	沈阳经济技术开发区热电公司	脱硫治理
5	沈阳	沈阳金山热电股份有限公司金山热电分公司	脱硫治理或关闭
6	沈阳	沈阳有色金属加工厂	脱硫治理或关闭
7	沈阳	同联集团沈阳抗生素厂	脱硫治理
8	大连	大化集团	脱硫治理或关闭
9	大连	大连热电股份有限公司东海热电厂	脱硫治理
10	大连	大连金州热电股份有限公司	脱硫治理
11	大连	大连热电股份有限公司北海热电厂	脱硫治理或关闭
12	大连	大连北方热电股份有限公司（瓦房店热电厂）	脱硫治理
13	大连	普兰店热电厂	脱硫治理
14	鞍山	鞍山市第二热电厂	脱硫治理
15	鞍山	万海能源开放（海城）有限公司	脱硫治理
16	鞍山	鞍山轮胎厂自备电厂	脱硫治理
17	鞍山	鞍山热电新材股份有限公司	脱硫治理
18	抚顺	抚顺热电厂	脱硫治理或关闭
19	抚顺	抚顺新抚钢有限公司烧结机脱硫工程	脱硫治理
20	本溪	桓仁金山热电（桓仁城区供热管理处）	脱硫治理
21	本溪	工源水泥厂发电厂	脱硫治理或关闭
22	本溪	华兴热电（本溪泛亚环保热电有限公司）	脱硫治理
23	丹东	凤城海德热电有限公司	脱硫治理
24	丹东	丹东爱阳电厂	脱硫治理或关闭
25	丹东	丹东鸭绿江海德热电有限责任公司	脱硫治理
26	丹东	丹东银利电力有限公司	脱硫治理或关闭
27	丹东	丹东吉丹化纤有限责任公司	脱硫治理
28	锦州	锦州金城造纸公司热电分厂	脱硫治理
29	锦州	锦州热电总公司	脱硫治理
30	锦州	锦州节能热电股份有限公司	脱硫治理

序号	城市	企业名称或项目	治理要求
31	营口	营口春城银珠热电有限公司（营口市第一热电厂）	脱硫治理
32	营口	营口造纸厂电站	脱硫治理
33	营口	辽宁熊岳印染有限公司电站	脱硫治理
34	阜新	彰武热电有限责任公司	脱硫治理
35	阜新	超懿集团阜新热电厂	脱硫治理
36	阜新	阜新盛明热电有限责任公司	脱硫治理
37	辽阳	辽阳第一热电有限公司（辽阳热电厂）	脱硫治理或关闭
38	辽阳	辽阳热电有限责任公司（第二热电厂）	脱硫治理或关闭
39	铁岭	铁煤集团热电厂	脱硫治理
40	铁岭	开原市宏达热电限公司	脱硫治理
41	朝阳	北票发电有限责任公司	脱硫治理
42	朝阳	北票和尚沟煤矸石发电有限责任公司	脱硫治理
43	朝阳	朝阳宏文热电有限责任公司	脱硫治理或关闭
44	朝阳	凌源钢铁集团有限公司烧结机脱硫工程	脱硫治理
45	盘锦	盘锦热电有限责任公司	脱硫治理

辽宁省人民政府办公厅关于对全省造纸企业进行污染整治有关问题的通知

辽政办明电[2008]83号

各市人民政府，省政府有关厅委、直属机构，各有关单位：

目前，全省共有造纸企业420多家，2007年化学需氧量排放10.44万吨，占全省工业排放量的40%。造纸企业污染是辽河的主要污染源之一，为确保按期完成省政府确定的辽河治理目标，依据国家发展改革委《造纸产业发展政策》（第71号令）、《产业结构调整指导目录（2005年本）》（第40号令）和国家环保总局《草浆造纸工业废水污染防治技术政策》等有关规定，经省政府同意，现就全省造纸企业污染整治有关问题通知如下：

一、企业规模要求

（一）现有企业规模要求。关闭淘汰取缔年产3.4万吨以下（含3.4万吨）的草浆生产装置，年产1万吨以下（含1万吨）废纸造纸企业，年产0.2万吨以下（含0.2万吨）纯木浆（浆板）造纸企业。关闭淘汰取缔的企业，6月底前必须自行拆除主要生产设备。

（二）新建、扩建非木浆制浆项目单条生产线起始规模要求达到年产5万吨；新建、扩建造纸项目单条生产线起始规模要求达到：新闻纸年产30万吨、文化用纸年产10万吨、箱纸板和白纸板年产30万吨、其他纸板项目年产10万吨。支持造纸企业进入工业园区，实现造纸废水集中处理并实现集中供热。

二、污染整治要求

（一）污染治理企业必须符合产业政策要求，厂址合理，技术装备、产品质量、能耗、水耗达到同行业先进水平；具有有效的环境影响评价报告书（表）及批复、环境保护验收批准文件、排污许可证及总量指标。新建、改建、扩建造纸项目，环评文件必须报省环保局审批。

（二）污染整治企业，其污染整治方案必须经省、市环保部门组织评审通过后，方可进行污染整治工程施工。

（三）污染整治工程完成后，企业应提出试生产申请，经省、市环保部门现场检查合格后，方可试生产。试生产 3 个月内，企业向省、市环保部门申请正式验收，验收合格后方可正式生产。具体的试生产和验收办法由省环保局另行制定。

（四）废水进入城市或工业园区污水处理厂进行集中处理的企业，其废水污染物的排放浓度必须达到《辽宁省污水综合排放标准》限值要求，其中 COD 排放浓度要低于 300ml/L；并与污水处理厂签订同意接收处理其废水的协议。同时，其废水排污口要规范化，要安装在线监控设备，与省、市环保部门联网。发现超标排放，第一次依法处罚；第二次责令停产治理。

（五）废水直接排入地表水体的企业，必须属当地政府重点支持的造纸企业，并经省、市环保部门审核同意。企业必须建设配套完善的废水治理设施，确保能够长期稳定达标排放，其废水污染物的排放浓度必须达到《辽宁省污水综合排放标准》要求，其中 COD 排放浓度低于 50 ml/L；废水排污口规范化，并安装在线监控设备，与省、市环保部门联网。发现超标排放，立即责令停产治理，停产治理无效的予以关闭。

（六）废水闭路循环，实现“零”排放的企业，必须彻底关闭所有排污口，并与市级环保部门签订守信协议。发现企业偷排污水，立即责令停产，并依法予以关闭。

（七）城市供热管网覆盖地区的企业，要采用集中供热，取消燃煤锅炉。其他地区企业的燃煤锅炉要配套安装脱硫、除尘设施，确保烟气经处理后达标排放，排气筒高度符合环保要求。

（八）对在生产过程中产生的粉尘、废渣、噪声等污染，企业要采取有效措施，达到相应环保标准。

三、加强组织领导

（一）各市政府要对造纸企业污染整治工作负总责，必须按期关闭取缔不符合企业规模和环保要求的造纸企业，并做好有关善后工作。各级发展改革、经委、环保、工商、电力、金融、监察等有关部门，要按照职责分工，加强领导，明确任务，落实责任，协调解决造纸企业污染整治工作中存在的问题。

（二）对于不符合产业政策，未按期关闭取缔的企业，省直有关部门将依据《中华人民共和国水污染防治法》和监察部、国家环保总局发布的《环境保护违法违纪行为处分暂行规定》相关要求，严肃追究有关市、县政府和有关部门领导及企业法人的责任。

（三）各市政府和省政府有关部门要加大对造纸企业污染整治工作的宣传与

监督力度，宣传造纸企业污染防治工作的重要性和紧迫性，定期公布典型环境违法案件的查处情况，对整治行动成效明显的单位予以通报表扬，对查处不力、问题严重的单位予以公开曝光。

辽宁省人民政府办公厅

二〇〇八年六月十八日

关于严格控制建设项目主要污染物排放总量强化污染减排工作有关问题的通知

辽环发[2007]34 号

各市环保局：

为落实国家加强宏观调控和主要污染物总量减排的有关政策要求，确保完成全省“十一五”总量减排任务，实现经济又好又快发展，现就进一步严格控制建设项目主要污染物排放总量，强化污染减排工作的有关问题通知如下：

一、严格主要污染物总量指标管理，控制建设项目排放增量

所有新（扩改）建项目在履行环境影响评价审批手续前，必须取得污染物总量控制指标。各级环保局总量管理部门应根据国家关于总量减排指标核定的有关规定，在确保完成区域总量减排任务的前提下，对辖区内新（扩改）建项目核定总量排放指标，实现“增产减污”。国家、省环保部门审批的项目和排放二氧化硫或化学需氧量大于 100 吨/年的项目，须由建设单位填写《辽宁省建设项目污染物总量确认书》（以下简称《总量确认书》），申请总量指标，经市环保局审查同意后，报省环保局总量管理部门核定。排放二氧化硫或化学需氧量大于 10 吨/年的项目，总量指标由市环保局总量管理部门核定。

二、加强监督管理，确保减排措施落实

各级环保部门要加强项目建设过程中的监督管理，将项目环保设施、“以新带老”措施以及相关的污染减排措施落实情况纳入施工期环境监理的重要内容，督促建设单位认真落实环评报告、《总量确认书》的有关要求，确保按规定期限建成运行，坚决杜绝拖欠现象。要建立建设项目“三同时”督查制度，定期将辖区内在建项目环保设施和“以新带老”等总量减排措施落实情况进行汇总，分析区域减排形势，科学制定和调整项目审批、总量替代等减排保障政策措施，确保完成减排目标。

三、强化试生产和验收环节的环境监管，全面清查超期试生产排污行为

建设项目在试生产前，建设单位应向审批环评文件的环保局提出试生产申

请，环保局组织试生产现场检查，在检查合格及建设单位取得《辽宁省建设项目排放污染临时许可证》（以下简称《临时排污许可证》）后，由审批环评文件的环保局同意试生产申请（国家环保总局审批项目由省环保局批准试生产申请）。实行依法持证排污管理制度，试生产期间的排污量应纳入各地区环境统计范畴，并依法征收排污费。国家和省环保局审批的项目，由省环保局负责发放《临时排污许可证》，征收试生产期间的排污费。

各市环保局要对辖区内尚未通过环保验收的试生产建设项目进行全面清查。2007 年 6 月底前，将超期试生产的建设项目清单上报省环保局环评审批部门。年底前，全面完成省、市、县级环保部门审批环评报告的超期试生产项目的验收工作，并核定企业排污总量，核发（换发）排污许可证。

四、建立全省主要污染物排放总量减排管理台账，实施动态管理

各市环保局要对辖区内所有纳入 2005 年环境统计重点污染源范围和已经批准试生产的排污企业，逐一核定“十一五”末期和分年度主要污染物总量控制指标，下达总量削减任务，明确完成时限，建立总量减排管理台账，确保达到区域减排目标。核定新（扩改）建项目总量指标，不得挤占区域减排指标。

各市环保局应于每季度结束后 1 周内，对辖区内新审批的建设项目总量指标核定情况、在建项目环保设施和“以新带老”等总量减排措施落实情况、新批准试生产和通过“三同时”验收的项目引起的区域总量变化情况等进行汇总分析，及时调整总量减排管理台账，并上报省环保局备案，实行区域动态管理。

省局将组织对建设项目总量指标管理、污染减排措施落实情况等进行重点抽查。对试生产期间污染物排放不能达标或达不到总量控制要求，不能按期通过验收的，坚决予以停产治理；对未按要求将“十一五”总量指标和削减任务分解落实到具体排污单位和项目，以及不落实国家和省有关总量减排管理规定，存在总量指标管理混乱、严重超期试生产现象的地区或企业，将严格控制新建项目审批，并予以通报；对未按计划完成年度主要污染物总量削减任务、未按期实施政府“总量减排责任书”和省重点污染治理计划项目的地区或企业，将暂停建设项目审批。

附件：1. 《辽宁省建设项目污染物总量确认书》

2. 《辽宁省建设项目污染物排放临时许可证》

二〇〇七年五三十一日

转发国家环保总局等三部委关于不得自行公布主要污染物排放总量和削减情况的通知

辽环发[2007]10号

各市环保局、统计局、发展和改革委员会：

现将国家环保总局、国家统计局、国家发展和改革委员会联合印发的《关于不得自行公布主要污染物排放总量和削减情况的通知》（环发[2007]11号）转发给你们，请结合下列要求贯彻落实。

一、要高度重视，切实做好总量减排工作

主要污染物排放总量是国家确定的“十一五”约束性指标，各市要高度重视总量减排工作，各部门应密切配合，按照国家和省里的有关要求，做好污染物排放总量的统计、审核、上报工作。

二、要加大治理力度，确保实现总量减排目标

各市要认真落实省政府与各市政府签订的“十一五”主要污染物总量削减目标责任书确定的重点工程项目，按期完成治理任务，加大污染治理力度，严格控制新污染产生，确保实现总量减排目标。

三、要强化环境统计等基础工作，为环境管理提供依据

统计污染物排放总量等环境数据是重要的基础性工作，各市要宏观把握、统筹平衡经济、能耗、环境等统计数据，科学分析污染物排放总量变化的原因，准确把握动态趋势，为环境决策提供重要依据。

辽宁省环境保护局　辽宁省统计局　辽宁省发展和改革委员会

二〇〇七年三月十六日

关于实施辽宁省环境警戒制度的通知

辽环发[2008]35 号

各市环保局：

为深入贯彻落实科学发展观，保障环境安全和人民群众健康，大力推进污染减排和辽河治理工作，及时发现和解决突出的环境问题，确保环境质量持续改善，省环保局决定建立和实施环境警戒制度，现就有关问题通知如下：

一、警戒范围及内容

（一）水环境质量

1．河流水质：辽河干流、支流及大凌河、鸭绿江干流水质主要污染因子浓度较高的；

2．集中式饮用水源水质：水质持续下降，临界或超过有关标准的。

（二）城市环境空气质量

较上年度同期恶化程度较大的，劣于二级天数较多的。

（三）国家和省重点监控企业污染物排放状况

污染物超标排放企业数量较多的。

（四）主要污染物减排和环保重点工作进展情况

污染减排计划项目实施及核与辐射安全、固体废物污染防治等重点工作推进滞后的。

二、警戒分级

（一）黄色警戒

1．水环境质量

（1）河流水质：辽河干流和 43 条支流以及大凌河、鸭绿江干流监测断面水质月均值 COD 浓度 60～100 mg/L 的；

（2）集中式饮用水源水质：水质持续下降或临界《地表水环境质量标准》（GB 3838—2002）Ⅲ类标准的；

2．城市环境空气质量：当月劣于二级天数累计超过 30%的；

3．重点监控企业污染物排放情况：监测周期内，国家和省重点监控企业超标企业数量超过35%的；

4．污染减排计划项目实施率低于 70%，预计难以完成阶段性减排目标任务的；固体废物、核与辐射环境安全存在重大隐患的。

（二）红色警戒

1．水环境质量

（1）河流水质：辽河干流和 43 条支流以及大凌河、鸭绿江干流监测断面水质月均值COD浓度超过100 mg/L的。

（2）集中式饮用水源水质：水质超过《地表水环境质量标准》（GB 3838—2002）III类标准的。

2．城市环境空气质量：当月劣于二级天数累计超过50%的。

3．重点监控企业污染物排放情况：监测周期内，国家和省重点监控企业超标企业数量超过50%的。

4．污染减排计划项目实施率低于 50%，预计难以完成阶段性减排目标任务的；固体废物、核与辐射发生污染事故的。

5．已经进行黄色警戒，在规定期限内未达到改进要求的。

三、警戒实施

1．对达到黄色警戒等级的，由省环保局向市环保局发出警戒通知。

2．对达到红色警戒等级的，由省环保局向市政府发出警戒通知，并以“专报”形式报送省委、省政府。

3．对已实施红色警戒，但在规定期限内未能采取有效措施达到改进要求的，由省环保局再次向市政府发出警戒通知，并通过新闻媒体向社会公布。

4．对主要污染物总量减排没有达到阶段性考核目标的，已经实施两次红色警戒，但在规定期限内仍未能采取有效措施达到改进要求的，以及在监测、考核等工作中玩忽职守、弄虚作假的，实施区域流域限批、“一票否决”和问责制，追究有关人员责任。

二〇〇八年七月四日

关于印发重点燃煤电力企业脱硫设施运行管理的若干规定的通知

辽环发[2008]49号

各市环保局：

为进一步落实国务院《节能减排综合性工作方案》，提高重点燃煤电力企业脱硫设施脱硫率，确保完成我省减排目标，特制定《关于重点燃煤电力企业脱硫设施运行管理的若干规定》，现印发给你们，请遵照执行。

二〇〇八年八月二十日

关于重点燃煤电力企业脱硫设施运行管理的若干规定

第一条 为提高我省重点燃煤电力企业脱硫设施投运率、脱硫率，根据《中华人民共和国大气污染防治法》和《燃煤发电机组脱硫电价及脱硫设施运行管理办法（试行）》（发改价格[2007]58 号）等相关法律、法规和规章，结合我省实际，制定此规定。

本规定中重点燃煤电力企业是指总装机容量 30 万千瓦以上的燃煤电厂。

第二条 重点燃煤电力企业要按照国家和省市规定时限，完成脱硫改造。

新（扩）建燃煤机组要同步建设脱硫设施，与机组同步投入使用。

第三条 安装脱硫设施的重点燃煤电力企业要加强脱硫设施的运行、维护和管理，确保脱硫设施的正常运行，严禁无故停运。

石灰/石膏法湿法脱硫投运率要达到 90%以上，脱硫率要达到 85%以上；循环流化床、炉内喷钙炉外活化增湿等（半）干法脱硫投运率要达到 95%以上，脱硫率要达到 80%以上；石灰/石膏半干法、喷雾干燥法等投运率要达到 95%以上，脱硫率要达到 70%以上。

第四条 安装脱硫设施的重点燃煤电力企业必须建立脱硫设施运行台账，记录机组负荷、燃料用量、厂用电率、燃煤煤质分析；脱硫设施运行、故障和维护；脱硫剂的用量、脱硫副产物处置、旁路挡板门启停时间；烟气在线监测数据、运行事故及处理等情况。

运行台账必须妥善保管，随时接受各级环保部门核查。

运行台账格式由省环保局统一制定。

第五条 重点燃煤电力企业要安装烟气自动在线监控系统，并与省、市环保部门及省电监部门、电网公司联网，向省、市环保部门和省电监部门、电网公司实时传送监测数据。

烟气自动在线监控系统建设要符合国家、省的相关规范要求，实现对脱硫效率和全部烟气排放情况的监测。

在线监测设备现场端数据记录至少保存一年以上。

第六条 按照属地管理原则，地方环保部门负责本地区重点燃煤电力企业脱硫设施运行的日常监管，每月对重点脱硫燃煤电力企业的现场检查次数不少于二次，发现问题及时报上级环保部门。

第七条 省级环保部门要加强对重点脱硫燃煤电力企业及地方环保部门的监

督、检查和指导，每月对重点脱硫燃煤电力企业进行一次现场监察和监督性监测。

第八条　重点燃煤电力企业脱硫设备因改造、更新或维修需暂停运行的，需提前 10 天报省级环保部门批准，并报当地环保部门备案；省级环保部门在收到申请后 7 个工作日内做出决定，逾期视为同意。

脱硫设施遇事故停运、烟气自动在线监控系统发生故障不能正常监测、采集、传输数据的，重点燃煤电力企业应在事故发生 24 小时内向当地环保部门报告，并报省环保局备案。

重点燃煤电力企业的脱硫设施运行台账每月同时上报省、市环保部门。

第九条　省环保局每季度对安装脱硫设施的重点燃煤电力企业脱硫设施投运率、脱硫率及脱硫设施运行情况进行通报，并抄送电监局及有关电力公司。

第十条　重点燃煤电力企业具有下列违反本规定行为之一的，环保部门将依法采取行政处罚、追缴排污费、扣减脱硫电价、停止上市融资核查、纳入银行征信系统、停止审批新建项目、核减总量减排监察系数等处罚措施，并视情况会同监察部门依据《环境保护违法违纪行为处分暂行规定》对相关责任人员进行责任追究。

（一）未按规定建设脱硫设施、自动在线监测设施或者脱硫设施、自动在线监测设施没有达到国家和省规定要求的；

（二）擅自拆除、闲置或者无故停运脱硫设施及自动在线监测设施的；

（三）故意开启烟气旁路通道的；

（四）脱硫设施、自动在线监测装置发生事故停运未按规定报告的；

（五）拒报谎报脱硫设施及在线设施运行情况、没有建立运行台账或运行台账作假的、故意修改自动在线监控设备参数骗取脱硫电价款的。

第十一条　本规定自二〇〇八年九月一日起执行。

关于实施绿色信贷促进污染减排的意见

辽环发[2008]52号

各市环保局，中国人民银行沈阳分行辽宁省各中心支行、营业管理部，辽宁银监局各市银监分局，各政策性银行，各国有商业银行辽宁省分行，各股份制商业银行沈阳分行，中国邮政储蓄银行辽宁省分行，辽宁省农村信用联社，盛京银行，各外资银行沈阳分行：

为贯彻原国家环境保护总局、中国人民银行、中国银行业监督管理委员会《关于落实环保政策法规防范信贷风险的意见》（环发[2007]108号）、中国人民银行《关于改进和加强节能环保领域金融服务工作的指导意见》（银发[2007]215号）和《中国银监会关于印发〈节能减排授信工作指导意见〉的通知》（银监发[2007]83号），加强环保和信贷管理工作的协调配合，强化环境监督管理，严格信贷环保要求，促进污染减排，防范信贷风险，提出以下意见。

一、加强环保金融部门联动

省环保局、沈阳分行、辽宁银监局建立联席会议制度，进行情况沟通和信息交流。各自确定本单位责任部门和联络员。三方联席会议由省环保局负责召集，实行每季度例会一次，特殊情况可随时召开。共同研究制定信贷管理的环保指导名录，共同组织开展相关环保政策法规培训和咨询。加强环境信息对金融信贷的指导作用，对环境友好型企业、环保模范企业和减排先进企业，积极提供信贷支持，对污染严重企业严格信贷控制。

二、建立信息交流共享机制

省环保局按照职责权限，向三方联席会议提供以下类别信息：环保法律、法规、标准、环境经济政策和环保相关的产业政策；省环保局经核实的违反环保法律法规的企业或建设项目名单；省环保局环评审批信息、“三同时”验收结果等环境执法信息；各市县（市）污染减排指标年度（半年度）数据信息；国家监控的重点企业污染减排情况；污染物排放超过国家或地方排放标准、污染物排放总量超过地方人民政府核定的总量控制指标的污染严重企业名单；发生重大、特大环境污染事故或事件的企业名单；拒不执行已生效的环境行政处罚决定的企业名单；挂牌督办、限期治理或关停的企业名单；环境友好企业、环境友好工程、环保最佳适用技术等信息；环境违法企业整改动态信息；其他有必要通报金融机构的环境监管信息。

沈阳分行按照职责权限，向三方联席会议提供以下类别信息：国家有关环境保护的货币信贷政策；已纳入企业和个人信用信息数据库的有关信息。

辽宁银监局按照职责权限，向三方联席会议提供以下类别信息：银行业金融机构对环境信息使用情况和反馈意见；对银行业金融机构污染减排授信工作的监督管理情况；银行业金融机构对环保重点监管行业的授信情况；其他省环保局需求的相关信息。

三方根据形势变化和工作需要进行协商，对提供的信息内容及时进行调整和补充。

三、建设和完善企业征信系统

省环保局、沈阳分行、辽宁银监局进一步推动企业环保信息纳入人民银行企业征信系统，按照“整体规划、分步实施”原则，从企业环境违法信息起步，逐步将企业依法履行环境义务情况、环保成绩突出企业和环境问题严重企业等信息，纳入企业征信系统。三方在履行职责中，可随时查询征信系统，充分利用有关信息。省环保局按照环境保护部与中国人民银行制定的统一标准，向沈阳分行提供可纳入企业和个人信用信息基础数据库的企业环境违法、环保审批、环保认证、清洁生产审计、环保先进奖励等信息。沈阳分行按照环境保护部与中国人民银行制定的统一标准，将省环保局提供的信息纳入企业信息基础数据库，完善征信系统，并对省环保局、辽宁银监局在履行职责过程中查询征信系统有关信息提供方便。沈阳分行引导和督促辖内各银行金融机构，认真落实国家产业政策和环保政策，在为企业或项目提供授信等金融服务时，把审查企业信用报告中环保信息、企业环保守法情况作为提供金融服务的重要依据。

四、严格建设项目和企业环境监管与信贷管理

沈阳分行、辽宁银监局以国家产业政策和减排政策为基础，加强信贷政策与国家产业政策衔接，斩断重污染企业的资金链条。督促辖内各金融机构，严格信贷投放的环保标准，实施有差别的信贷政策，对减排成效显著地区的企业和建设项目，以及被省环保局列入鼓励类的企业，在符合贷款条件的前提下，优先给予信贷支持；对未完成污染减排指标或被省环保局列入限制类企业和“限批”地区的企业与建设项目，从严控制授信。省环保局要加强对企业环境违法行为的监督，

加大对环境违法企业的查处力度。及时向沈阳分行、辽宁银监局反映企业的减排目标完成情况、环保合规情况和环保整改情况，定期更新鼓励类和限制类企业名单。积极督促有违法违规行为的企业进行整改，引导企业通过技术改造和升级达到环保要求，促进污染减排，防范信贷风险。金融机构应根据省环保局提供的企业环保整改情况，对达到整改要求的企业，适时地调整信贷的收放。

五、切实提高环境监管和信贷管理效能

为提高环境监管和信贷管理的有效性，各级环保金融部门要不断扩大与相关方面与部门的协作，增强全社会的环境法制意识，积极防范环境问题可能带来的信贷风险。建立信息披露制度，适时召开新闻发布会，公开披露有关环境监管和信贷管理信息，主动接受社会监督。积极与新闻媒体协作，开辟专栏，宣传环境政策法规和货币信贷政策，曝光环境违法典型案例，充分发挥舆论监督的作用。加强与政府相关职能部门特别是公安部门、检察院和法院的协作，严肃处理企业违反国家产业政策、货币信贷政策和环保法律的行为。

辽宁省环境保护局　中国人民银行沈阳分行　中国银监会辽宁监管局

二〇〇八年八月二十五日

关于印发《辽宁省上市公司环保核查工作制度》的通知

辽环发[2008]54号

各市环保局：

为规范上市公司环保核查工作，提高核查效率，进一步加强上市公司环境管理，推进污染减排工作，使上市公司成为环境保护模范企业，根据中国证券监督管理委员会、环境保护部关于上市公司环境保护核查的规定，我局制定了《辽宁省上市公司环保核查工作制度》（试行），现印发给你们，请认真贯彻执行。

二〇〇八年八月三十日

辽宁省上市公司环保核查工作制度（试行）

为规范上市公司环保核查工作，提高核查效率，进一步加强上市公司环境管理，推进污染减排工作，使上市公司成为环境保护模范企业，根据环境保护部有关要求，制定本制度。

一、政策依据

辽宁省环境保护局出具企业申请上市或上市公司再融资（以下简称上市公司）环保核查意见的依据为原国家环保总局《关于对申请上市的企业和申请再融资的上市企业进行环境保护核查的通知》（环发[2003]101 号）、《关于进一步规范重污染行业生产经营公司申请上市或再融资环境保护核查工作的通知》（环办[2007]105 号）、《关于加强上市公司环境保护监督管理工作的指导意见》（环发[2008]24 号）、环境保护部《关于印发〈上市公司环保核查行业分类管理名录〉的通知》（环办函[2008]373 号）等相关文件。

二、工作职责

省环保局负责依据上述文件要求，对企业的环境保护情况进行核查，并出具核查意见。

省环保局建立上市公司环保审核专题会议制度，负责审定上市公司的环保核查意见。

污染控制处具体负责上市公司的环境保护核查材料的审核，现场核查的组织、拟定核查意见、媒体公示、核查意见报送及上市整改措施的监督落实等。

辽宁省环境工程技术评估审核中心负责对我省范围内上市公司的技术核查、技术核查报告的编制及国家环境保护部组织核查的上市公司技术核查报告的复核并出具复核意见。

三、受理范围

经股份公司同意，有融资意向的，辽宁省范围内申请上市的企业和申请再融资的已上市企业。

四、工作程序

（一）申请

1．列入环境保护部《关于印发〈上市公司环保核查行业分类管理名录〉的通知》（以下简称《管理名录》）规定核查范围的企业

向辽宁省环保局提出书面申请（由国家环境保护部组织核查的，企业须同时提供向环保部申请并抄送辽宁省环保局的申请函），并提供如下材料：

（1）企业（含本企业紧密型成员单位）的基本情况介绍：包括企业基本情况、主要产品、主要生产工艺和生产线、生产设备和污染治理设施等；

（2）报中国证券监督管理委员会待批准的上市方案或再融资方案；

（3）证明符合国家环境保护部规定要求的自查材料；

（4）市环保局出具的企业排污情况说明（三年内企业排污费交纳记录和违规记录等）；资质单位对企业环境管理、防污措施、排污现状、环保法律法规执行情况等方面是否符合国家和地方有关环保要求的评估报告等；

（5）属于《关于加强上市公司环境保护监督管理工作的指导意见》（环发[2008]24号）中所列的重污染行业的企业，须提供通过清洁生产审核的证明材料；

（6）省环保局需要企业提供的其他相关材料。

2．未列入环境保护部《管理名录》规定核查范围，但需出具环保证明的企业

向辽宁省环保局提出书面申请，并提供如下材料：

（1）企业（含本企业紧密型成员单位）的基本情况介绍：包括企业基本情况、主要产品、主要生产工艺和生产线、生产设备和污染治理设施等；

（2）报中国证券监督管理委员会待批准的上市方案或再融资方案；

（3）市环保局出具的企业排污情况说明（三年内企业排污费交纳记录和违规记录等）；

（4）企业环保法律法规执行情况是否符合国家和地方有关环保的证明材料；

（5）省环保局需要企业提供的其他相关材料。

（二）受理

1．污染控制处对申请单位提交的证明材料进行审查，对申请材料不齐全或者不符合规定形式的，当场或5日内一次告知申请人需要补正的全部内容。

2．接到符合核查条件的材料或补正合格的材料后，省环保局予以受理，列入环境保护部《管理名录》规定核查范围的企业，在5个工作日内，将申请材料转交辽宁省环境工程技术评估审核中心，进行技术核查。

由国家环保部组织核查的企业，在提交相关材料的同时，须一并提交资质单位编写的技术核查报告。

（三）技术核查或复核

1．列入环境保护部《管理名录》规定核查范围的企业，由辽宁省环境工程技术评估审核中心对企业开展核查，并出具技术核查报告。

2．由国家环保部组织核查的企业，由辽宁省环境工程技术评估审核中心负责对核查报告进行复核，并出具复核意见。

（四）审核、拟定核查意见

1．列入环境保护部《管理名录》规定核查范围的企业，污控处依据技术核查报告或复核意见，针对企业存在的环保问题，与相关部门沟通，提出整改要求。

2．未列入《管理名录》核查范围的企业，污控处征求相关市环保局意见后，提出整改要求。

3．在企业落实整改要求或提出切实可行的分步骤实施的整改方案后，拟定上市公司环保核查意见。

（五）审定核查意见

列入《管理名录》核查范围的企业，污控处负责将拟定的上市公司环保核查意见（包括企业整改方案及落实情况），提交省环保局上市公司审查专题会议集体讨论审定。

（六）公示

由省局负责组织核查的企业，在受理后即在省及企业所在市有关媒体公示，公示期15天。

由国家环境保护部组织核查的企业，依据环境保护部有关要求，在相关媒体予以公示。

（七）签发、报送

1．经上市公司审查专题会议集体讨论审定的核查意见，由主管局长或局长助理审核，局长签发。

2．未列入《管理名录》规定核查范围的企业环保核查意见，公示后，由主管局长或局长助理审核，局长签发。

3．由省局负责组织核查的企业，按规定程序报送证监会，并抄送环境保护部、企业所在地环保局及申请企业。

4．《关于进一步规范重污染行业生产经营公司申请上市或再融资环境保护核查工作的通知》（环办[2007]105号）中规定的由环境保护部组织核查的企业，签发后上报环境保护部，并抄送企业所在地环保局及申请企业。

（八）整改措施检查落实

在上市公司环保核查过程中企业承诺的整改方案，在整改期限到达后，由污控处负责组织相关部门，对落实情况进行专项检查。对没有按承诺落实到位的，将有关情况通报证监会及有关部门，通过新闻媒体公布，纳入企业环保诚信系统，并依法处罚。

（九）归档

污控处负责建立上市公司环保核查档案，在上市公司完成融资后，移交档案室归档。

省环保局信息中心负责将有关档案资料电子信息化，并将有关业务主管部门提供的档案材料及时进行补充，实现动态管理。

关于加强燃煤发电机组脱硫电价环保审核及管理工作有关问题的通知

辽环发[2007]58 号

各市环保局：

为贯彻落实国家发展改革委、国家环保总局《燃煤发电机组脱硫电价及脱硫设施运行管理办法（试行）》（发改价格[2007]1176 号）和国家环保总局《关于加强现役火电机组脱硫设施验收工作的通知》（环办[2006]85 号）要求，规范我省燃煤发电机组脱硫电价环保审核及管理工作，进一步促进我省污染减排工作，现就有关问题通知如下：

一、燃煤发电机组脱硫电价环保审核的范围和条件

（一）审核范围

同步建设脱硫设施的新（扩）建燃煤发电机组和安装脱硫设施的现有燃煤发电机组可申请脱硫电价环保审核。

（二）审核条件

1．燃煤发电机组确已安装了脱硫设施，且脱硫设施经过 168 小时连续满负荷运行后能够正常稳定运行，经省环保部门现场核查情况属实；

2．燃煤发电机组安装了在线监测系统，并与省环保部门联网，监测数据可连续稳定地传输至省环保局；

3．具有省级环境监测部门出具的脱硫设施监测报告。

二、燃煤发电机组脱硫电价环保审核的程序

全省燃煤发电机组脱硫电价的环保审核由省环保局负责。

具体程序如下：

1．符合申请条件的企业向省环保局提出书面申请，并附企业申请材料，包括 168 小时测试报告、脱硫设施运行记录、监测报告、所在市级环保部门推荐意见等；

2．省局污染控制处具体负责受理企业申请并对申报材料进行审核；

3．省大气污染防治管理中心根据审核意见，负责对申请脱硫电价企业进行

现场核查，并形成书面技术审查意见；

4．省局污染控制处根据材料审核和省大气污染防治管理中心的技术审查意见，出具省局燃煤发电机组脱硫电价环保审核批复意见。

三、燃煤发电机组脱硫电价的监督管理

1．省环保部门通过在线自动监测实时监测燃煤机组脱硫设施运行情况，监控脱硫设施投运率和脱硫效率，监控结果作为享受脱硫电价的重要依据。

2．省环保部门将会同省级电网公司定期计算燃煤机组脱硫设施投运率，并定期会同省物价部门对燃煤电厂进行现场检查，对投运率达不到《燃煤发电机组脱硫电价及脱硫设施运行管理办法》有关要求的，扣减脱硫设施停运时间所发电量的脱硫电价款。

3．燃煤电厂出现下列情况的，将不予计算投运率：

（1）发电企业脱硫设施不能正常稳定运行，脱硫效率达不到规定要求的；

（2）未经省环保部门批准，暂停脱硫设施运行的；

（3）烟气自动在线监控系统发生故障不能正常采集、传输数据的。

4．燃煤电厂出现下列情况的，省环保部门将通告省物价部门按照《燃煤发电机组脱硫电价及脱硫设施运行管理办法》有关规定进行处罚，并取消享受脱硫电价资格。待整改后，可重新申请脱硫电价：

（1）发电企业擅自拆除、闲置或者无故停运脱硫设施及自动在线监测系统，以及故意开启烟气旁路通道、未按国家环保规定排放二氧化硫的；

（2）发电企业拒报或者谎报脱硫设施及在线自动监测系统运行情况、故意修改自动在线监测设备参数获得脱硫电价款、没有建立运行台账的。

5．燃煤电厂必须建立分机组脱硫设施运行台账，记录脱硫设施运行和维护、烟气连续检测数据、机组负荷、燃料硫分分析和脱硫剂的用量、厂用电率、脱硫副产物处置、旁路挡板门启停时间、运行事故及处理等情况，并接受省环保部门核查。

二○○七年十月二十九日

关于成立辽宁省环保局污水处理厂建设领导小组的通知

辽环发[2008]60号

各有关单位：

为加快推进我局负责的 32 家县级污水处理厂建设进度，确保年底前保质保量建成并投入运营，实现项目建设的“高质量建设，低成本投资，低费用运行”的工作目标，省环保局决定成立辽宁省环保局污水处理厂建设领导小组（以下简称领导小组）。其组成人员如下：

组长：王秉杰　局长

常务副组长：朱京海　副局长

副组长：杨　哲　副局长

李宇斌　总工程师

成员：赵恒心　规划与财务处处长

侯永顺　辽河流域水污染防治领导小组办公室副主任

赵　军　环境科学研究院院长

沈　越　规划与财务处副处长

领导小组下设办公室，具体负责省组织建设污水处理厂的建设和移交工作，办公室主任由李宇斌同志兼任，副主任由沈越同志兼任。

二〇〇八年十月九日

关于下发《辽宁省水污染源COD在线监测系统验收实施细则（试行）》和《辽宁省固定污染源烟气在线监测系统验收实施细则（试行）》的通知

辽环发[2008]61号

各市环保局：

辽宁省国控重点污染源在线监测建设项目现场端设备安装工作已基本完成，为保证项目的顺利进行，我局制定了《辽宁省水污染源 COD 在线监测系统验收实施细则（试行）》和《辽宁省固定污染源烟气在线监测系统验收实施细则（试行）》。现下发给你们，请认真遵照执行。

辽宁省水污染源COD在线监测系统验收实施细则（试行）

为保证辽宁省水污染源在线监测系统建设质量，制定本细则。

一、验收组织

水污染源在线监测系统由市以上环境保护部门组织验收。市以上环境监测站对在线监测系统数据有效性、准确性进行监测评价并出具监测评价报告。市以上环境保护部门根据监测评价报告和现场考核作出验收结论。

二、验收程序

建设单位在建设完成后，按照管理权限，向市以上环境保护部门提出书面验收申请并提交完整的验收资料文件。市以上环境保护部门接到验收申请后，组织监测站、信息中心、环境监察等相关部门开展验收工作，并出具验收报告。

三、验收实施

1．环境保护部门在收到建设单位书面验收申请后，3 个工作日内通知监测站开展监测评价。7个工作日内，组织相关部门完成现场验收。

2．监测站接到通知后 15 个工作日内完成监测评价并出具监测评价报告。

3．环境保护部门在监测评价报告、现场考核完成后，5 个工作日内作出正式批复（含现场验收）。

4．收费标准按照当地物价主管部门核准的对外技术服务收费标准执行。

5．由各市验收的设备，验收报告经市级环境保护部门批复后报省环监局备案。

四、申请验收的条件

具备以下各项条件的建设单位可申请验收：

1．水污染源在线监测系统由建设单位完成调试，经过 168 小时试运行，并提供调试与试运行报告。

2．在线监测仪器进行了零点漂移、量程漂移、重复性检测，满足表 1 中的性能要求并提供检测报告。（检测报告可由供应商、用户或受委托的有检测能力的部门承担）

表 1　水污染源在线监测仪器零点漂移、量程漂移、重复性和平均无故障连续运行时间性能指标

仪器类型	项目	性能指标
化学需氧量（COD_{Cr}）在线自动监测仪	重复性	±10%
	零点漂移	±5 mg/L
	量程漂移	±10%
	平均无故障连续运行时间	≥360 h/次

3．提供水污染源在线监测系统的选型、工程设计、施工、安装调试及性能等相关资料。

4．水污染源在线监测系统所采用基础通信网络和基础通信协议应符合 HJ/T 212—2005 的相关要求，对通信规范的各项内容作出响应，并提供相关的自检报告。

5．数据采集传输仪已稳定通过 168 小时试运行，并向上位机发送数据准确、及时。

五、技术要求

1．监测站房的验收

（1）监测站房应做到专室专用。站房应密闭，安装空调，保证室内清洁，环境温度、相对湿度和大气压等应符合 ZBY120 的要求。并有可查询开启记录的门禁系统。

（2）监测用房应有完善、规范的接地装置和避雷措施，防盗和防止人为破坏的设施。

（3）各种电缆和管路应加保护管铺于地下或空中架设，空中架设电缆应附着在牢固的桥架上，并在电缆和管路以及两端做上明显标识。电缆线路的验收按 GB 50158—2006 执行。

（4）水污染源在线监测仪器可选择落地安装或壁挂式安装，并有必要的防震措施，保证设备安装牢固稳定。在仪器周围应留有足够的空间，以方便仪器的维护。

2．在线监测仪器的验收

（1）验收期间不允许对在线仪器进行零点和量程校准、维护、检修和调节。

（2）实际废水比对试验　采集实际废水样品，以水污染源在线监测仪器与 GB/T 11914 方法进行实际水样的比对试验，比对试验过程中水污染源在线监测仪器与国家标准方法测量结果组成一个数据对，应保证至少获得 6 个测定数据对，计算实际水样比对实验相对误差。80%相对误差值应达到本标准实际水样比对试验验收指标。实际水样比对试验验收指标见表 2。

表 2　水污染源在线监测仪器实际水样比对试验验收指标

仪器类型	实际水样比对实验验收指标	试验方法
化学需氧量（COD_{Cr}）在线自动监测仪	±10%（COD_{Cr}<30 mg/L）	用接近实际水样浓度的低浓度质控样替代
	±30%（30 mg/L≤COD_{Cr}<60 mg/L）	
	±20%（60 mg/L≤COD_{Cr}<100 mg/L）	
	±15%（COD_{Cr}≥100 mg/L）	

（3）质控样考核　采用国家认可的质控样，分别用两种浓度的质控样进行考核，一种为接近实际废水浓度的样品，另一种为超过相应排放标准浓度的样品，每种样品至少测定 2 次，质控样测定的相对误差不大于标准值的±10%。

3．联网验收

联网验收由通信及数据传输验收、现场数据比对验收和联网稳定性验收三部分组成。

（1）通信及数据传输验收

按照 HJ/T 212 的规定检查通信协议的正确性。数据采集和处理子系统与固定污染源监控系统之间的通信应稳定，不出现经常性的通信连接中断、报文丢失、报文不完整等通信问题。为保证监测数据在公共数据网上传输的安全性，所采用的数据采集和处理子系统应进行加密传输。

（2）现场数据比对验收

数据采集和处理子系统稳定运行一个星期后，对数据进行抽样检查，并对比上位机接收到的数据和现场机存储的数据是否一致，检验数据传输的正确性。

（3）联网稳定性验收

在连续一个月内，子系统能稳定运行，不出现除通信稳定性、通信协议正确性、数据传输准确性以外的其他联网问题。

（4）联网验收技术指标要求

验收检测项目	考核指标
通信稳定性	1．现场机在线率为 95%以上；2．正常情况下，掉线后，应在 5 分钟之内重新上线；3．单台数据采集传输仪每日掉线次数在 5 次以内；4．报文传输稳定性在 99%以上，当出现报文错误或丢失时，启动纠错逻辑，要求数据采集传输仪重新发送报文
数据传输安全性	1．对所传输的数据应按照 HJ/T 212 中规定的加密方法进行加密处理传输，保证数据传输的安全性；2．服务器端对请求连接的客户端进行身份验证
通信协议正确性	现场机和上位机的通信协议应符合 HJ/T 212 中的规定，正确率 100%
数据传输正确性	系统稳定运行一星期后，对一星期的数据进行检查，对比接收的数据和现场的数据完全一致，抽查数据正确率 98%
联网稳定性	系统稳定运行一个月，不出现除通信稳定性、通信协议正确性、数据传输正确性以外的其他联网问题

4．超声波明渠流量计的验收

超声波明渠流量计的性能指标满足 HJ/T 15—2007 中的相关要求。超声波明渠流量计的检测验收方法、指标和要求，参照 HJ/T 15—2007 中第 5 章“检验项目与试验方法”执行。

辽宁省固定污染源烟气在线监测系统验收实施细则（试行）

为保证辽宁省固定污染源烟气在线监测系统建设质量，制定本细则。

一、验收组织

固定污染源烟气在线监测系统由市以上环境保护部门组织验收。市以上环境监测站对在线监测系统数据有效性、准确性进行监测评价并出具监测评价报告。市以上环境保护部门根据监测评价报告和现场考核作出验收结论。

二、验收程序

建设单位在固定污染源烟气在线监测系统建设完成后，按照管理权限，向市以上环境保护部门提出书面验收申请并提交完整的验收资料文件。市以上环境保护部门接到验收申请后，组织监测站、信息中心、环境监察等相关部门开展验收工作，并出具验收报告。

三、验收实施

1．环境保护部门在收到建设单位书面验收申请后，3 个工作日内通知监测站开展监测评价。7 个工作日内，组织相关部门完成现场验收。

2．监测站接到通知后 15 个工作日内完成监测评价并出具监测评价报告。

3．环境保护部门在监测评价报告、现场考核完成后，5 个工作日内作出正式批复（含现场验收）。

4．收费标准按照当地物价主管部门核准的对外技术服务收费标准执行。

5．由各市验收的设备，验收报告经市级环境保护部门批复后报省环监局备案。

四、申请验收的条件

具备以下各项条件的建设单位可申请验收：

1．固定污染源烟气在线监测系统由建设单位完成调试，经过 168 小时试运行，并提供调试与试运行报告。

2．排污口安装的固定污染源 CEMS 的安装位置及手工采样位置应符合 HJ/T 75—2007 的相关要求。

3．数据采集和传输以通信协议均应符合 HJ/T 212 的要求，并提供试运行期间数据采集和传输自检报告，报告应对数据传输标准的各项内容作出响应。

4．在接受验收前，需进行技术性能指标的调试（该调试可由供应商、用户或受委托的有检测能力的部门承担）。调试检测技术指标见附表 1。

五、技术要求

1．监测站房的验收

（1）监测站房应做到专室专用。站房应密闭，安装空调，保证室内清洁，环境温度、相对湿度和大气压等应符合 ZBY120 的要求。并有可查询开启记录的门禁系统。

（2）监测用房应有完善、规范的接地装置和避雷措施，防盗和防止人为破坏的设施。

（3）各种电缆和管路应加保护管铺于地下或空中架设，空中架设电缆应附着在牢固的桥架上，并在电缆和管路以及两端做上明显标识。电缆线路的验收按 GB 50158—2006 执行。

（4）固定污染源烟气在线监测仪器可选择落地安装或壁挂式安装，并有必要的防震措施，保证设备安装牢固稳定。在仪器周围应留有足够的空间，以方便仪器的维护。

2．在线监测仪器的验收

（1）现场验收。设备应具有国家环境保护总局环境监测仪器质量监督检验中心出具的适用性检测合格报告，型号与报告内容相符合。设备型号与数量应与投标文件相一致。

（2）现场验收期间，生产设备应正常且稳定运行，可通过调节固定污染源烟气净化设备从而达到某一排放状况，该状况在测试期间应保持稳定。验收时，颗粒物、流速、烟温至少获取 5 个该测试断面的平均值，气态污染物和氧量至少获取 9 个数据，并取测试平均值与同时段 CEMS 的分钟平均值进行准确度计算。

a. 颗粒物相对误差计算：

$$R_{ep}=(\rho_{CEMS}-\rho_i)/\rho_i\times100\% \quad (1)$$

式中：R_{ep}——颗粒物相对误差，%；

ρ_i——参比方法测定的颗粒物平均质量浓度，mg/m^3；

ρ_{CEMS}——颗粒物 CEMS 与参比方法同时段测定的颗粒物平均质量浓度，mg/m^3。

b. 流速相对误差计算：

$$R_{ev}=（V_{CMS}-V_i）/V_i\times100\% \qquad （2）$$

式中：R_{ev}——流速相对误差，%；

V_i——参比方法测定的测试断面的烟气平均流速，m/s（可与颗粒物测定同时进行）；

V_{CMS}——流速 CMS 与参比方法同时段测定的烟气平均浓度，m/s。

c．烟温绝对误差计算：

$$\Delta T=t_2-t_1 \qquad （3）$$

式中：ΔT——烟温绝对误差，℃；

Δt_1——参比方法测定的平均烟温，℃（可与颗粒物测定同时进行）；

t_2——烟温 CMS 与参比方法同时段测定的平均烟温，℃。

d. 气态污染物（含氧量）准确度计算：

气态污染物（含氧量）CEMS 与参比方法同步测定，由数据采集器每分钟记录 1 个累积平均值，连续记录至参比方法测试结束，取与参比方法同时段的平均值。取参比方法与 CEMS 同时段测定值组成一个数据对，每天至少取 9 对有效数据用于相对准确度计算。

$$RA=\frac{|\overline{d}|+|cc|}{RM}\times100\%$$

$$\overline{RM}=\frac{1}{n}\sum_{i=1}^{n}RM_i$$

$$\overline{d}=\frac{1}{n}\sum_{i=1}^{n}d_i\cdots\cdots$$

$$d_i=RM_i-CEMS_i$$

$$cc=\pm t_{f0.95}\frac{S_d}{\sqrt{n}}$$

$$S_d=\sqrt{\frac{\sum_{i=1}^{n}(d_i-\overline{d})^2}{n-1}}$$

式中：RA——相对准确度；

n——数据对的个数；

RM_i——第 i 个数据对中的参比方法测定值；

d_i——每个数据对之差；

$CEMS_i$——第 i 个数据对中的 CEMS 测定值；

[注：在计算数据对差的和时，保留差值的正、负号]

S_d——参比方法与 CEMS 测定值数据对的差的标准偏差。

其中置信系数（cc）由 t 值表查得的统计值和数据对差的标准偏差表示：

t 值表（95%置信水平）

5	6	7	8	9	10	11	12	13	14	15	16
2.571	2.447	2.365	2.306	2.262	2.228	2.201	1.179	2.160	2.145	2.131	2.120

$t_{f,0.95}$——由 t 表查得，$f=n-1$。

（3）验收技术指标要求见下表

验收检测项目		考核指标
颗粒物	准确度	当参比方法测定烟气中颗粒物排放浓度： &

关于进一步加强电力业务许可证管理促进火力发电企业污染减排工作的通知

辽环发[2008]71号

各市环保局，各火力发电企业：

为贯彻落实《国务院节能减排综合性工作方案》（国发[2007]15号），大力推进电力行业污染减排工程的实施，确保实现辽宁省“十一五”主要污染物总量减排目标，根据原国家环保总局关于污染减排的有关规定及国家电力监管委员会《电力业务许可证管理规定》（国家电力监管委员会令第9号）、《关于进一步加强电力许可监督管理工作的指导意见》（电监资质[2008]5号）、《关于加强电力业务许可证管理促进燃煤电厂二氧化硫治理的通知》（办资质[2007]62号）、《关于开展燃煤电厂二氧化硫治理筛查标注工作的公告》（第14号）等有关要求，辽宁省环保局、东北电监局决定，所有火力发电企业在申办电力业务许可证时，必须严格实施环境保护核查制度。现就有关事项通知如下：

一、火力发电企业向电力监管机构申请或变更电力业务许可证时，须提供由省环保局出具的环境保护核查意见。

二、环境保护核查的内容

1．“环境影响评价”和“三同时”制度执行情况；

2．排污申报登记、领取排污许可证及排污费缴纳情况；

3．主要污染物总量减排任务完成情况；

4．污染治理设施建设是否满足国家和省有关污染减排的技术要求，是否按照规定安装在线监测装置，并与环保、电力监管机构实现联网，在线监测数据传输是否符合国家和省里有关规定；

5．污染治理设施稳定运转率和污染物排放达标情况；

6．是否有健全的环境管理机构和管理制度，环保档案是否完备；

7．有无环境违法行为和环境信访问题。

三、火力发电企业申请环境保护核查时应提交以下材料

1．企业申请环境保护核查的文件；

2．执行国家和省环境法律、法规、标准及政策等方面情况的报告，包括污染治理设施运行情况、排污费缴纳情况、环境应急预案编制情况及污染事故发生

处置和处理情况等材料；

3．执行“环境影响评价”和“三同时”制度的相关材料；

4．环保部门核发的《排放污染物许可证》或排污许可证明；

5．由市级以上环境监测资质单位出具的企业上年或当年环境监测报告；

6．所在地环保部门为企业出具的有无环境违法行为、是否按期足额缴纳排污费和有无环境信访案件等情况的认定材料；

7．脱硫设施建设及已建成脱硫设施运行管理情况报告，并附烟气排放流程、监测点位及数据采集点位设置图。

四、经审核，企业申请材料符合要求后，省环保局组织相关部门及行业专家进行审查或现场核查，并出具环保核查意见。

五、电力监管机构根据企业提供的环境保护核查意见及相关材料核发《电力业务许可证》或《限期临时运营证明》（限期临时运营证明在有限期内效力等同于电力业务许可证）。

火力发电企业向电力监管机构申请调试运行时，须提供环保部门出具的试生产批准文件。

环保部门和电力监管部门要加强对发电企业排放的监管，重点监控火力发电企业脱硫设施建设和运行情况，对达不到环保要求的，坚决予以查处。

二OO八年十二月四日

关于加强国家重点监控企业环境监督管理促进污染减排有关问题的通知

辽环发[2008]72 号

各市环保局：

为贯彻落实环境保护部办公厅《关于印发 2006 年国家重点监控企业名单的通知》（环办函[2008]152 号）和《关于开展国家重点监控企业相关数据季报直报工作的通知》（环办[2008]40 号）的有关要求，进一步加强国家重点监控企业环境监督管理，促进污染减排工作，现提出如下要求，请认真组织落实。

一、各市要把国家重点监控企业作为污染减排的重点，按照全省污染减排计划及省市政府签订的责任书的要求，分解落实减排任务，监督有关企业按期完成减排工程。同时，要进一步挖掘减排潜力，充实调整减排计划，确保实现减排目标。要及时检查、调度减排项目进度，于每季度结束后的 10 日内，将进展情况报省局总量办。

二、加大环境监察力度，确保污染治理减排设施稳定运行。要督促国家重点监控企业自觉履行国家环境保护法律法规，每月至少进行一次现场监察，随时掌握治理设施运行和企业排污状况，及时发现和消除环境安全隐患，严肃查处超标排放、偷排、污染治理设施偷停等环境违法行为。要建立企业监察档案，做到月查月报，定期报送省环境监察局。

三、加快在线监测系统建设，保证污染治理设施稳定运行，确保在线数据为减排项目提供有力支撑。要按照省局的统一部署，抓紧完成国家重点监控企业的在线监测系统和市级监控中心建设，确保 2008 年底前所有国家重点监控企业和减排计划要求实施在线监测的项目全部建成运行在线监测系统，并与省局联网。在线监测数据必须保存半年以上，污染治理设施投运率要达到 95%以上。同时，要做好在线监测数据的比对和有效性审核工作，充分发挥在线监测数据强化监管和支持污染减排量核算的作用。

四、建立、健全国家重点监控企业直报数据的汇审制度。各市要按照环保部《关于开展国家重点监控企业相关数据季报直报工作的通知》（环办[2008]40 号）的有关要求，认真做好直报工作，确保数据翔实准确。直报环保部的数据，要经市环保局各相关部门专题研究，综合分析后审定，对污染物排放量或排放浓度发生重大变化的，要说明原因。

五、全面核实各国家重点监控企业污染物排放情况等基本信息，做好实施排污许可证制度的相关准备工作。请各市环保局对各企业 2007 年度污染物排放情况等基本情况逐家进行核实审定，填报《国家重点监控企业污染物排放状况调查表》（详见附件 1），于 2008 年 10 月底前，报送省局污染控制处。

六、做好国家重点监控企业名单补充、调整和监测点位确定等相关工作。对已经关闭的企业，要根据 2007 年环境统计数据，按照排放量由大到小的顺序，依次递补同等数量的企业；对限期停产整改、自然停产等原因不能取得监测数据的企业，要逐一作出说明。排污口数量较多，无法在规定时限内完成监测任务的国控企业，各市环保局可以在物料衡算的基础上，将占企业排放总量 80%以上的排污口作为监测点位，其余排污口排放情况可采用类比推算或对照环境统计、排污申报登记等数据进行核算。

直报环保部的数据、递补企业的监测结果以及分析报告，应于每季度最后一个月的 20 日前一并报送省环境监测中心站。

七、要按照辽宁省新颁布实施的《辽宁省污水综合排放标准》（DB 21/1627—2008）要求，对国家重点监控企业（废水）的污水排放及污水处理设施的运行效果等情况，进行逐家分析。对不能达标排放的企业，要督促其尽快制订达标方案，做到“一厂一策”，确保企业在标准规定的时限内实现达标排放。同时，要将治理项目纳入污染减排计划，进一步推进污染减排工作。

八、要按照国家主要污染物总量减排监测办法、统计办法的有关要求，加强对国控企业的排污总量监测和统计工作，建立完整的污染源基础信息档案及污染源监督性监测数据库，按要求向上级监测部门报送监督性监测数据。要保证污染源监督性监测运行费用专款专用，任何单位和个人不得挤占、截留和挪用。省局将对各市污染源监测、统计工作开展情况、经费保障情况等进行监督检查。

附件：

1．国家重点监控企业污染物排放状况调查表

2．环境保护部办公厅《关于印发 2006 年国家重点监控企业名单的通知》（环办函[2008]152 号）（略）

3．环境保护部办公厅《关于开展国家重点监控企业相关数据季报直报工作的通知》（环办[2008]40 号）（略）

附件 1

国家重点监控企业污染物排放状况调查表

市级环保部门（盖章）

排 污 单 位（盖章）________________________

法定代表人（盖章）________________________

地　　址________________________

邮 政 编 码________________________

联　系　人 ________________________

联 系 电 话 ________________________

一、排放水污染物调查表

<table>
<tr><td colspan="2">排污口编号/名称</td><td colspan="2"></td><td>废水排放去向</td><td colspan="4"></td><td>废水名称</td><td colspan="4"></td></tr>
<tr><td colspan="2">排放天数（天/年）</td><td colspan="3"></td><td colspan="4">排水总量（万米³/年）</td><td colspan="5"></td></tr>
<tr><td rowspan="8">污染物</td><td>名称</td><td>化学需氧量</td><td>石油类</td><td>氰化物</td><td>砷</td><td>汞</td><td>铅</td><td>镉</td><td>六价铬</td><td>悬浮物</td><td>挥发酚</td><td>氨氮</td><td>总磷</td></tr>
<tr><td>平均排放浓度（mg/L）</td><td></td><td></td><td></td><td></td><td></td><td></td><td></td><td></td><td></td><td></td><td></td><td></td></tr>
<tr><td>最高排放浓度（mg/L）</td><td></td><td></td><td></td><td></td><td></td><td></td><td></td><td></td><td></td><td></td><td></td><td></td></tr>
<tr><td>最大排放量（千克/日）</td><td></td><td></td><td></td><td></td><td></td><td></td><td></td><td></td><td></td><td></td><td></td><td></td></tr>
<tr><td>排放总量（吨/年）</td><td></td><td></td><td></td><td></td><td></td><td></td><td></td><td></td><td></td><td></td><td></td><td></td></tr>
<tr><td>计划削减量（吨/年）</td><td></td><td></td><td></td><td></td><td></td><td></td><td></td><td></td><td></td><td></td><td></td><td></td></tr>
<tr><td>完成削减量年限</td><td></td><td></td><td></td><td></td><td></td><td></td><td></td><td></td><td></td><td></td><td></td><td></td></tr>
<tr><td>“十一五”总量指标</td><td></td><td></td><td></td><td></td><td></td><td></td><td></td><td></td><td></td><td></td><td></td><td></td></tr>
</table>

备注：

注：当有较多（一个以上）排污口，可自行添加页续填。

二、排放大气污染物调查表

排气筒编号/名称				排气筒高度（米）			
排放时间（小时/天）				排放天数（天/年）			
燃料种类/消耗量（吨/年）/含硫率*				排气总量（万标米^3/年）			
污染物	名称	烟尘	工业粉尘	二氧化硫			
	平均排放浓度（毫克/米^3）						
	最高排放浓度（毫克/米^3）						
	最大排放速率（千克/小时）						
	排放总量（吨/年）						
	计划削减量（吨/年）						
	完成削减量年限						
	“十一五”总量指标						

备注：

注：*对于工艺尾气，此栏填写车间（工段）及废气名称，当有较多（一个以上）排污口，可自行添加页续填。

三、无组织排放大气污染物调查表

无组织排放车间（或工段）名称				废气名称	
排放时间（小时/天）				排放天数（天/年）	
产品名称及产量（吨/年）				燃料种类及消耗量/含硫率（吨/年）	
污染物	名称	工业粉尘	二氧化硫		
	最大排放速率（千克/时）				
	排放总量（吨/年）				
	计划削减量（吨/年）				
	完成削减量年限				
	“十一五”总量指标				

备注：

四、贮存（排放*）固体废物调查表

固体废物名称					
类别编号					
固体废物形态					
产生量（吨/年）					
主要有害成分及含量					
贮存（排放）量（吨/年）					
处理方法和地点					
计划削减量（吨/年）					
完成削减量年限					
备注：					

注：*本表所称“排放”，包括所用设施、场所不符合环境保护标准的“贮存”、“处置”的固体废物。

参考文献

[1] 张天胜，厉明蓉. 日用化工废水处理技术及工程实例[M]. 北京：化学工业出版社，2002.

[2] 张学勤，曹光杰. 城市水环境质量问题与改善措施[J]. 城市问题，2005（4）：35-38.

[3] 水利部国际合作与科技司. 河流生态修复技术研讨会论文集[M]. 北京：中国水利水电出版社，2005.

[4] 何旭生，鲁一晖，等. 河流人工强化净水工程技术与净水护岸方案[J]. 水利水电技术，2005（11）.

[5] 张自杰，等. 排水工程[M]. 北京：中国建筑工业出版社，2000.

[6] 娄金生，谢水波，何少华，等. 生物脱氮除磷原理与应用[M]. 北京：国防科技大学出版社，2003.

[7] 高廷耀，顾国维. 水污染控制工程：下册. 2 版. 北京：高等教育出版社，2000.

[8] 陈忠明，李赛君，等. 工业水污染控制[M]. 北京：化学工业出版社，2003.

[9] 王宝贞，王琳. 水污染治理新技术[M]. 北京：科学出版社，2003.

[10] 赵华林. 挑战中的机遇——污染物总量减排的历史使命、内涵与方略. 环境保护，2008（5）.

[11] 国家环境保护总局总量控制办公室. 主要污染物总量减排管理实用手册. 北京：中国环境科学出版社，2007.

[12] 郝吉明. 大气污染控制工程[M]. 北京：高等教育出版社，2000.

[13] 石田耕三，李虎. 环境自动联系监测技术[M]. 北京：化学工业出版社，2008.

[14] 国家环境保护总局科技司. 燃煤锅炉烟气除尘脱硫设施运行与管理[M]. 北京：北京出版社，2007.

后 记

为普及污染物减排相关知识，推进辽宁主要污染物减排工作的深入开展，根据国家节能减排的法律、法规和相关政策，结合辽宁实际编写了这本书。

由于污染减排工作涉及范围广，本书仅从二氧化硫和化学需氧量两项主要污染物减排技术及管理来探索，并附录相关政策规定，力求为政府机关、企事业单位、环保工作者和广大群众在实际工作中提供一点帮助。由于水平有限，成书仓促，错误和不足之处请读者在实践中批评指正。

在本书的编写过程中，参考了一些相关节能减排的文献、著作和互联网的信息资料，实难一一列出，在此谨表示衷心感谢和诚挚歉意。

编者

2009 年 6 月